哈佛记忆课2

[美] 哈里·洛拉尼 著

Harry Lorayne

徐建萍 译

北京联合出版公司
Beijing United Publishing Co.,Ltd.

**图书在版编目（ＣＩＰ）数据**

哈佛记忆课 . 2 /（美）洛拉尼著；徐建萍译 . —北京：北京联合出版公司，2015.4（2023.6 重印）

ISBN 978-7-5502-4629-4

Ⅰ.①哈⋯　Ⅱ.①洛⋯　②徐⋯　Ⅲ.①记忆术－研究　Ⅳ.① B842.3

中国版本图书馆 CIP 数据核字 (2015) 第 011870 号

**哈佛记忆课2**

作　　者：〔美〕洛拉尼
译　　者：徐建萍
出 品 人：赵红仕
责任编辑：王　巍
封面设计：赵银翠

北京联合出版公司出版
（北京市西城区德外大街83号楼9层 100088）
北京新华先锋出版科技有限公司发行
天津旭丰源印刷有限公司印刷　新华书店经销
字数135千字　620毫米 × 889毫米　1/16　17印张
2015年4月第1版　2023年6月第3次印刷
ISBN 978-7-5502-4629-4
定价：59.00元

# 序　言

此前，我已经教授了大家一些记忆技巧和方法，本书中我将继续为大家提供行之有效的记忆策略。这些方法已经被很多人亲身验证过了，你可以放心地尝试。如果你按部就班地跟着书中我所讲的内容进行练习，你肯定会受益匪浅。记忆不仅能够帮助我们学习知识，在工作和生活中，良好的记忆也是非常重要的一种能力。卓越的记忆力总能为人带来好运，使人得以出类拔萃。

历史上许多杰出的大人物都拥有惊人的记忆力：确立天皇权力政治制度的圣德太子，他能同时倾听并记住 10 个人的汇报，并能分别给予恰当的判断和处理；拿破仑在指挥作战中，不仅能准确地记住他的各个部队的具体战斗位置，而且还能记住许多士兵的姓名和面容；英国哲学家米尔，在不到 10 岁的时候已经熟练地掌握了几门外语；林肯 43 岁时偶然遇见自己 20 年前参加战役时的指挥官，竟能立刻喊出他的名字，在场的官员们无不感到惊讶和钦佩……

不要再怀疑自己是否具备这样的天赋，或能否成为这样的天才，事实上，几乎所有的人通过训练，都可以拥有超强的记忆力。而这里我要传授给大家的，都是能够立竿见影的记忆法。书中我还将为你提供相关的记忆测验，训练的效果是可以进行验证的。

还是那句话，我不可能仅仅通过一本书就教会你记住所有的知识。

但在你渐渐掌握这些方法的过程中，你就会知道该如何更广泛地应用它们。记忆法的应用范围其实极其广泛，可以用于任何一门学科、任何一个领域的学习，甚至在我们的生活和工作环境中，也无时无刻不在发挥重要的作用。在之前的一本书中我也说过，如果你感到应用受到局限，那定是你的想象力受到了局限。若想拥有超常的记忆力，注意力、想象力、观察力等都是非常重要的基础。本书中，我将为你做出详细的训练指导。你会发现，掌握那些神奇的记忆魔法，真的不是什么困难的事情。期待翻开本书的你，将成为下一个记忆天才！

# 第 1 章　记忆的奥妙

/ 记忆是一个十分神奇的奥秘，只要我们掌握正确的法则，就一定能揭开她那美丽的面纱。/

# 1. 记忆力的无穷魅力

归根到底，我们所有的知识都有赖于记忆，如果我们的记忆力超群，那么我们的学识就会非常渊博。

## ✳ 增强你的记忆力

准确而敏锐的记忆力是所有事业成功的基础，我们所有的知识都建立在我们记忆的基础上。柏拉图说过："所有的知识不过是记忆。"而西塞罗在谈到记忆时认为："记忆是一切事物的宝藏和卫士。"一个有力的例子足以证明这点：如果你记不得字母表中 26 个字母的发音，你现在完全不可能读这本书！

如果你认为自己的记忆力不好，这并不奇怪，因为成千上万的人都这样想。可不管你信不信，实际上并不存在这回事。

让我们仔细看看，记忆力的好坏到底是指些什么东西。

从古到今，一些名人都被认为记忆力非凡。像拿破仑，就以记住部队里每个军官的名字而闻名天下；霍特尔将军凭着记忆几乎能够复述出英法大战中的每个事件；托斯卡尼指挥整个交响乐章可以不用乐谱；美国前任邮政部长法利记住了成千上万个人的姓名。

如此非凡的记忆绝技可能会使你感到望尘莫及，特别是当你像其他许多人一样连几天前见过的人的名字也想不起来的时候，当你在会上发言不带手稿连十分钟也讲不下去的时候，当你早起找不到钥匙的时候，当你刚看完的书在脑海里就烟消云散的时候，这种自卑感尤为强烈。

不错，有很多人因某一特定方面的非凡记忆力而出名，但是请注意"某一特定方面"这几个词。他们的记忆盛名与某些特定的内容有关，这个客观事实说明，他们的记忆力才能仅仅局限于那个特定的方面而已。

本书的最终目标不仅仅在于造就某一方面的杰出记忆力，而是要使你的记忆力在整体上、在各个方面都达到一个更高的水平。经过训练与未经训练的记忆力的差别不一定就只表现在对词汇、数字、预约或公务的记忆上，而是对所有事物的记忆上，既包括公务也包括社交。

归根到底，我们所有的知识都有赖于记忆，如果记不住字母、词汇、标点和句子的意义，那么你连我们这本书也读不了。没有记忆也就不会有人类文明的进步，每一项新的发明都是以记住前人的经验为基础的。

也许这对你来说有点牵强附会，但事实的确如此。实际上，如果你完全丧失了记忆力，你就不得不像一个新生的婴儿那样从零开始学习。你会记不住怎样穿衣、刮脸，怎样用你的化妆品，怎样驾驶你的车，怎样使用餐刀或叉子。所以，我们应当把习惯的一切事物归之于记忆，习惯即记忆。

记忆方法是训练有素的记忆的一个组成部分，这并不是一件新鲜或奇怪的事。其实，"记忆"这个词是由古希腊女神 Mnemosyue（记忆女神）这个名字派生出来的，早在希腊文明时代就已开始使用了。奇怪的是经过训练的记忆系统不为人知，也不为许多人所用。那些学会记忆秘术的人大多数不仅会为自己惊人的记忆能力感到惊愕，同时也会为来自他们家庭的、朋友的赞美之词感到吃惊。

有人认为这太奇妙了，最好不要告诉别人。成为办公室唯一能记住每种形式的数字和价格的人有什么不好？作为唯一能在一个聚会上卖弄一番，并显示某些让人表示惊奇不已的才能的人又有什么不好呢？

另一方面，我认为应当把训练有素的记忆力放在突出的地位，这正是这本书要达到的主要目的。也许你们有些人会认为我是一个表演者，但教你一种记忆游戏并不是我的目的。我不想把你置于舞台上，而是想交给你经过训练的记忆令人吃惊的实际用途。本书传授了许多绝技，它们足够使你向朋友们显示你是何等聪明过人。更重要的是，它们是一些极好的记忆练习，并且所有绝技中采用的方法都可以在实际中应用。

人们经常向我提出的问题是："要记住那么多东西是不是会让大脑混乱？"我的回答是："不会的！"人的记忆力是无限的：鲁塞斯·西比奥能够记住所有罗马人的名字；塞勒斯能叫出他军队中每个士兵的名字；而塞尼卡2000个词汇只听上一遍，就能记住并且复述出来。

我相信你记得越多，你能记住得也越多。记忆在许多方面就像肌肉，为了更好地服务和被使用，肌肉必须加以锻炼，使其发达。记忆也是如此。区别在于肌肉会因训练过度而引起疲劳，记忆却不会这样。正如可以教你学会任何其他事物一样，也可以教会你怎样去获得一种训练有素的记忆力。事实上，要获得一种训练有素的记忆力要比学会演奏一种乐器容易得多。如果你能读、写英语，有一般程度的常识，只要你阅读和学习这本书，你的记忆力就能够得到训练！在获得了训练有素的记忆力之后，你也许将有更强的注意力，更敏锐的观察力，甚至更丰富的想象力。

请记住，不存在诸如记忆力不好这样的事！这对于你们中间那些多年来以"坏记性"为借口的人来说或许是一个震动。我再说一遍，不存在诸如记性不好这样的事，只存在经过训练的或未经过训练的记忆力都是片面的。就是说那些能记住姓名和相貌的人却记不住电话号码，而那些能记住电话号码的人，在他们的一生中，却记不住他们想叫出的那些人的名字。

有些人博闻强记，然而记起来却特别慢。正像另外一些人，他们记得很快，忘得也很快。如果你采用本书传授的系统和方法，我担保你能够迅速而又持久地记住一切事物。

你希望记住的事物必须在某些方面与你心中已知道的或记住的事物有联系。当然，你们大多数人会说你们已经记住了或是记得住许多事情，但并没有将这些事物与另外一些事物联系起来记。完全正确！如果你是有意地联想，那么你已经开始具有训练有素的记忆力了。

## * 当前的记忆能力

很少有人立即测试他们的记忆，正因为如此，很多人错误地认为自己的记忆力的潜力和习惯一定受到某种限制。由于在求学阶段接受过（或未接受过）的训练，你下面将要尝试的一些简单任务，在某些情况下会变得非常难以完成，甚至在另外的情况下变成不可能完成的任务。不过，这些任务的难度确实完全在普通人大脑的能力范围之内。在下面这些容易而且令人愉快的测试练习中，如果出现了记忆功能较差的情形，请不要为此而焦急，因为本书的目的就是提高你的记忆能力。

在继续讨论之前，我建议你对自己的记忆力做一次测试。不进行这样一次测试，你就很难看到自己的进步，就很难看到自己的记忆力经过适当训练之后的提高程度。

自然，在所有这些测试中，时间因素是很重要的。因此，在开始测试之前需要看一下表。

### 测试 1
用五分钟记下面 10 个历史事件与年号，然后用纸把年号盖上，凭记忆把年号写出来，一个 1 分。

| 美国费城第一次大陆会议 | 1774 年 | _____ |
| 菲律宾群岛的发现 | 1521 年 | _____ |
| 英国清教徒在美国普利茅斯登陆 | 1620 年 | _____ |

| | | |
|---|---|---|
| 美国第一部电视机 | 1843 年 | _____ |
| 英国第一部印刷机 | 1474 年 | _____ |
| 莱特兄弟发明飞机 | 1901 年 | _____ |
| 第一个大学学位授予妇女 | 1841 年 | _____ |
| 本尼迪克特·阿诺德诞生 | 1741 年 | _____ |
| 美国买下佛罗里达 | 1819 年 | _____ |
| 阿克的女儿琼被处火刑 | 1431 年 | _____ |

得分 _____

## 测试 2

用四分钟记下面 10 张扑克牌的点数，并设法记住它们的顺序。像前面一次一样，设法把它们回忆起来。记住了是红桃 3 还不够，还要知道它排列在第八。以此类推，一个 1 分。

（1）方块 8 　　（6）黑桃

（2）梅花 6 　　（7）方块 2

（3）黑桃 Q 　　（8）红桃 3

（4）黑桃 5 　　（9）梅花 9

（5）梅花 J 　　（10）黑桃 6

得分 _____

## 测试 3

下面的 10 个词汇只看一次，努力记住它们以及它们的次序，然后盖住它们，填写答案并按说明给自己打分，答对一个得 1 分。

墙纸　冰激凌　山　剪刀　裙子

绳子　指甲　爪　护士　镜子

请按正确的顺序逐项填空：

_____

_____

得分 _____

**测试 4**

给你 60 秒钟的时间记住下面的 10 项内容。这一测试的目的是让你以随机次序记住所有的项目，同时记住它们相应的号码。60 秒结束后，填写答案，答对一个得 1 分。

（1）原子　　（6）瓷砖

（2）树　　　（7）挡风玻璃

（3）听诊器　（8）蜂蜜

（4）沙发　　（9）刷子

（5）小巷　　（10）牙膏

按下列指定的号码次序填入你所记住的事项。

（10）_____　　（1）_____

（8）_____　　（3）_____

（6）_____　　（5）_____

（4）_____　　（7）_____

（2）_____　　（9）_____

得分 _____

**测试 5**

用三分钟看以下 10 个词汇，然后合上书，看看你能记住多少。仅仅记住火车还不够，还得记住火车是排在第五，这样才算对。词汇和顺序都记对了得1分。

（1）戏院　　（6）车票

（2）书店　　（7）马戏场

（3）刮水器　（8）打字机

（4）蔬菜　　（9）眼镜

（5）火车　　（10）蛋糕

得分 _____

## 测试 6

用五分钟记下面10种商品及其价格，然后用一张纸把价格盖住，写下你所记得的价格数，一个1分。

| 草帽 | 20 美元 | _____ |
| 纺织物 | 205 美元 | _____ |
| 电动割草机 | 121 美元 | _____ |
| 冰床 | 270 美元 | _____ |
| 收音机 | 625 美元 | _____ |
| 电动刀 | 19 美元 | _____ |
| 橡皮船 | 251 美元 | _____ |
| 艇外推进机 | 783 美元 | _____ |
| 室内唤起记忆器 | 60 美元 | _____ |
| 羊皮外套 | 140 美元 | _____ |

得分 _____

## 测试 7

下面是10个单位和这些单位的电话号码，研究的时间不要超过两分钟，并请记住所有的电话号码，然后盖上电话号码，根据单位回答相应的电话号码，一个 1 分。

| | |
|---|---|
| 健康食品商店 | 783-5953 |
| 网球伙伴 | 640-7336 |
| 本地气象局 | 691-0562 |
| 本地新闻机构 | 242-9111 |
| 本地花商 | 725-8397 |
| 本地汽车修理厂 | 781-3702 |
| 本地剧院 | 869-9521 |
| 本地迪斯科舞厅 | 644-1616 |
| 本地社交中心 | 457-8910 |
| 喜爱的饭馆 | 345-6350 |

得分 _____

## 测试 8

用三分钟看下面 10 个数字，然后合上书看看你能记住多少。顺序也要正确，光回想起 96 还不够，还必须记住 96 排在第四。如此等等，数字和顺序都对得 1 分。

（1）22　（2）48　（3）87　（4）96　（5）14
（6）75　（7）33　（8）94　（9）78　（10）69

得分 _____

## 测试 9

用大约一分半读完这 10 个数。然后取一张纸，凭记忆将它们写出。每个写在正确位置上或正确顺序中的数字可得 1 分。请注意，这里最重要的是记忆力强度问题。

72　　44　　32　　78　　62

21    73    98    76    51

得分 _____

**测试 10**

想象有人从一副洗好的扑克牌中抽去了 5 张牌,其余的 47 张牌都只报给你听一次。你能通过记忆说出哪 5 张牌没有报过或是遗漏了吗?我们来试试看。这张列有 47 张牌名的名单你只能看一次,然后用铅笔草草记下你认为遗漏的 5 张牌的名称。写的时候不准看书,阅览时间切不可超过四分钟。正确列举每张遗漏的纸牌可得 2 分。

| | | | | | |
|---|---|---|---|---|---|
| 红桃 J | 梅花 A | 梅花 8 | 红桃 6 | 方块 A | 黑桃 9 |
| 梅花 Q | 红桃 4 | 红桃 K | 梅花 4 | 黑桃 7 | 黑桃 10 |
| 方块 7 | 红桃 5 | 梅花 7 | 方块 K | 梅花 10 | 红桃 3 |
| 方块 2 | 红桃 10 | 黑桃 J | 梅花 9 | 梅花 K | 方块 Q |
| 黑桃 3 | 方块 10 | 红桃 8 | 方块 8 | 红桃 9 | 黑桃 8 |
| 黑桃 6 | 梅花 5 | 红桃 7 | 黑桃 5 | 黑桃 4 | 梅花 2 |
| 红桃 Q | 黑桃 A | 黑桃 Q | 方块 5 | 方块 3 | 方块 6 |
| 梅花 3 | 红桃 2 | 黑桃 2 | 方块 J | 梅花 J | |

得分 _____

现在可以把这 10 项测试的结果相加,看看你可以得多少分。不知道你对自己当前的记忆能力满意否。

# 2. 揭开记忆的面纱

人类之所以能够认识世界，改造世界而成为"万物之灵"，关键就在于人类具有卓越的记忆能力。

## ＊ 记忆的概念

"就在我嘴边上！"

有多少次你这样说过，并承认"就是想不起来了"；又有过多少次在你需要什么的时候，任凭你如何拼命地想，就是想不起来。

当然，这问题不是你一个人才有，几乎所有的人都受到过记忆力差的困扰。这也是人类的一个最常见的不幸。但这是可以改变的。

现在，在你自身内部，就蕴藏着克服因记忆力差而产生的烦恼的能力。如果你真想利用这一能力的话，这能力就能使你的记忆力在几天内提高几十倍。

你生来天资不低，这天资就是你的记忆力。而你若想使这一记忆力得到充分发挥，你就务必去调动它，使用它。它就在你身上，一直伴随着你去达到你以往从来未曾达到过的目标。

这全靠你的记忆了！

"记忆"是我们每个人每天都在进行着的一种生理和心理活动。对"记忆"这个问题的关注、考察、探讨和描述，从远古时代就开始了。

古希腊人认为有一位记忆女神——摩涅莫绪涅，而且认为摩涅莫绪涅女神是九位科学和艺术女神——缪斯的母亲。记忆女神对人们有什么贡献呢？希腊大戏剧家埃斯库罗斯（公元前525—前456）通过他剧中的主人公普罗米修斯作了这样的描述："请听，我为凡人做了些什么？我为他们发明了数字，教会他们把字母连缀成词，给了他们记忆——凡此种种，都是由缪斯的母亲所兴起。"

这当然只是古希腊的神话，而不是事实。当人们对记忆这个事物还不能进行科学的研究和认识时，就难免给它涂上一层神秘的色彩。但是，从神秘的希腊神话中可以看出，那时候的人们就已经很注意记忆这种现象及其重要作用了。

让我们回到现实里来，通过我们随时随地都可以遇到的记忆实例，来考察和认识记忆的科学含义。

比如，您和一位好久未见的老朋友忽然相遇，立刻就能认出他，并能叫出他的姓名，尽管您好像早已把他忘得无影无踪了。又比如，您过去学过的成语典故、外语词汇，看过的电影镜头，听过的歌剧唱段等等，一旦需要，就会很快在脑海中重现出来……这样的事例，可以信手拈来，举出很多很多。这些都是记忆的具体表现。

总之，在日常生活中，人们感知着各种事物，产生各种思想和感情，进行各种活动，都可以作为经验，经过识记在头脑中保持下来，并在以后的一定条件下得到恢复重现。这就是记忆。

记忆就是人们把在生活和学习中获得的大量信息进行编码加工，输入并储存于大脑里面，在必要的时候再把有关的储存信息提取出来，应用于实践活动的过程。

我们把两者结合起来，可以将记忆的含义表述得更确切一些。所谓"记忆"，就是人们对经验的识记、保持和应用的过程，是对信息的选择、编码、储存和提取的过程。人的记忆能力，实质上就是向大脑储存信息，以及进行反馈的能力。

记忆在人们的生活实践中无时不有，无处不在。它是人的生理、心理活动的一种本质特性。人生是充满活力和创造力的，而一切活力与创造力都离不开记忆这个源泉。失去了记忆，人的行为就必然会失去活力和创造力，甚至会失去许多属于"本能"的本领，人就很难生活下去。即使勉强存活下去，实际上人生也就不成其为人生了。生活中常有因意外事故（如工伤、车祸等）或疾病（如脑炎、精神病等）而丧失了记忆的人，大家都知道，这是非常不幸的事情。

人类之所以能够认识世界、改造世界而成为"万物之灵"，关键就在于人类具有卓越的记忆能力。正是依靠记忆能力，人类才得以学习、积累和应用各种知识、经验，才能不断地推动历史的发展和社会的进步。

总之，记忆对人类的生存、进化和社会前进是非常之重要的，记忆是人类生存进化之本。

## ＊ 明确的记忆意图

先请你做一个实验：把下面的一段文字读一次，读时请尽可能记住所有的内容。

电梯操纵者把门关上，除了操纵者、助手和你外，还有 12 个人在乘电梯。以下是每次停下时的出入人数记录：

出 2 人，入 3 人；

出 3 人，入 4 人；

出 8 人，入 6 人；

出 4 人，入 3 人；

出 6 人，入 12 人；

出 7 人，入 4 人。

问：电梯共停了多少次？

这下子可考住你了。你也许只顾记住出入电梯的人数，可就是没注意到简单的停梯次数，结果哑口无言。可见，再简单的数字，你没有在意时，也会变得复杂起来。相反，再复杂的事物，只要有意识地去记忆，也会记得住。著名的精神分析学之父弗洛伊德坚持这样的观点：要想记住一件事，必须做个有心人。平时，我们被介绍与同事的两三位朋友认识，往往不到几分钟，就已把他们的姓名忘得一干二净。这是因为我们一开始就没有记忆的意图。如果你的确需要记忆，当没有听清楚别人介绍姓名时，应该非问明白不可。要知道，对方往往因为你这样注意他而格外高兴地回答你，同时你也可以因为集中注意力而记住了他的姓名，得到了确切的印象。在记忆之前，提出记忆任务是十分必要的。因为如果你事先不想记住某些事，就不可能对这件事产生足够的注意力。有些事物你看到过，但没想到以后还要提到它，所以你就不容易回想起来。例如，你回家或许每天都要上楼去，但你能说出那里一共是多少级楼梯吗？

　　由此我们可以得出这样一个结论：对一些发生在自己身上的事情记不起来，并不能证明你的记忆力不佳，因为这主要是你没有记忆的意图。

　　你借了5美分给别人，可能很快便忘记了；但你借了50美元给别人，恐怕就不会那么容易忘记了。这是因为你有了记住这件事的意图。

　　记忆的意图出于各种不同的需要，也出于各种不同的兴趣。

　　有这样的人，他可能忘记了约会，忘记了孩子，忘记生活中的许多琐事，但对于他本行的公式、定律、数据却记得一清二楚。我们来看一下爱迪生的例子：

　　1871年圣诞节，爱迪生刚参加完自己的婚礼，突然想出个解决当时还没有试验成功的自动电报机问题的点子，便悄声对新娘玛丽说："亲爱的，我有点要紧事到厂里去一趟，我今晚一定回来陪你吃饭。"新娘一听，心里不大乐意，但一看他那紧张的样子，只得无奈地把头点了点。他这一去，到晚上也不见人影。一直到将近半夜的时候，有人去找，见厂里点着灯，隐隐约约有人在晃动着。进去一看，爱迪生正在那儿聚精会神地干活儿。来人不禁脱口而出："你这个新郎，原来躲在这儿，害我们找得好苦呀！"爱迪生恍如大梦初醒，忙问："什么时候了？""总有12点啦！"爱迪生大吃一惊，"通通通"地直奔回家，一路上边跑边叫："糟糕！我忘记了！今晚要陪玛丽吃晚饭呢。"

爱迪生为什么会把如此重要的事情给忘了呢？问题就出现在"重现"这个阶段上。尽管都有记忆意图，但由于对某一部分接受过强，而对另一部分就相对减弱了，以致爱迪生忘记了自己的新婚之夜。

有意识的记忆可以使记忆的时间保持得长一些。初次见面的人及其服饰、在电话簿上查到的电话号码等，一般说来人们是很少有意识地去记的，因此就是当时记住了，过后也就遗忘掉了。

像这样的记忆叫作短时记忆。这种记忆当然与自己的意识有关。与它相反，如过了很长时间仍能提取出来的记忆，就叫"长时记忆"。

心理学家斯帕令曾对这个短时记忆究竟能保持多长时间做过试验。他把无意义的12个数字，让人看半秒，然后请试验者说出来，结果只说出了4个。他又把数字增加到十四五个，结果还是记住4个。把数字减到10个、8个，试验结果仍然相同。这说明，不管在半秒之内，被试者的头脑多么敏捷，也许他能把全部数字在一刹那间都记住了，但一下子又忘得只剩4个了。

心理学家彼得逊教授还做过这样的试验：他选了两班学生，把一件事情同时告诉他们，并要求他们记忆。他对第一班学生说：两小时以后要进行测验；对第二班则说测验放在两周以后。两个小时后，他让两个班一同参加测验，结果第二班的成绩不及第一班；两周以后再测一次，这回第一班又不如第二班。可见，时间意图对记忆力有影响。

这启发了我们：不要随便更改计划，把一件事提前或推后进行，这样效果很可能就不及按原定计划的时间去做好。

那么，以后你要记住：无论事情大小只要有意图地记忆，注意力就会格外集中，记忆就会长久。因此意图是记忆的动力。

## ＊ 记忆创造奇迹

历史上，我们可以看到许多杰出的人物，如政治家、军事家、革命家，他们都有惊人的记忆力。

比如，在古代那些未开化的部落里，酋长和祈祷师能够在部落遇到各种灾难时，告诉人们进行抵御的有效方法，使整个部族团结一致，共赴灾难，靠的就是他们出色的记忆力。他们详细地记住了祖先一代代传授下来的经验和教训，这些经验和教训像神灵一样帮助部族战胜了灾难。因而酋长和祈祷师们被族人认为是最有智慧的人，并拥有至高无上的权力。

日本飞鸟时代，制定了"17条宪法"，确立天皇权力政治制度的圣德太子，他能同时倾听并记住10个人的汇报，并能分别给予恰当的判断和处理。拿破仑在指挥作战中，不仅能准确地记住他的各个部队的具体战斗位置，而且还能记住许多士兵的姓名和面容。英国哲学家米尔，在不到10岁的时候已经熟练地掌握了几门外语。发掘世界著名的特洛伊遗迹的学者修里曼，幼年时就能背诵古希腊诗人霍梅罗斯的长诗，成年以后，几个月内便能学会一门外语。亚伯拉罕·林肯，他在43岁时，偶然遇见自己20年前参加"里鹰战役"时的指挥官，竟能立刻喊出他的名字，使在场的官员们无不感到惊讶和钦佩。

再说一个林肯的故事。有一次，林肯得悉自己亡友的儿子小阿姆斯特朗被控谋财害命，并已被初步判定有罪。于是林肯以被告的辩护律师的资格，查阅了法院全部案卷，阅后他要求法庭复审。这个案子的关键在于，原告方面的一位证人福尔逊发誓提出证据说，那一天晚上11点钟，在月亮下清楚地目击小阿姆斯特朗用枪击毙了死者。按照法庭的惯例，作为被告辩护律师的林肯与原告的证人福尔逊进行了一场辩论：

林：你发誓说认清了小阿姆斯特朗？

福：是的。

林：你在草堆后，小阿姆斯特朗在大树下，两处相距二三十米，能认清吗？

福：看得很清楚，因为月光很亮。

林：你肯定不是从衣着方面认清的吗？

福：不是的，我肯定认清了他的脸蛋儿，因为月光正照在他的脸上。

林：你能肯定时间是11点吗？

福：充分肯定。因为我回屋看了时钟，那时是11点一刻。

林肯问到这里，转过身发表辩护词说："我不得不告诉大家，这个证人是个彻头彻尾的骗子。"接着，他申诉了自己的理由。原来，林肯抓住了对方一个破绽。对方说："我肯定认清了他（指被告）的脸蛋儿……"而林肯指出："那天是上弦月，到晚上11点钟，月亮早下山了。既然没有月光照射，怎么可能看清被告的脸呢？"

林肯这里运用了无可辩驳的逻辑推理来攻破对方的诬告，而这种推理的思维活动正是建立在对知识的记忆基础上的。

在生活中，记忆力的重要性随时随处都可见到，即使是玩游戏，也体现出记忆力的奥妙。如有些高明的棋手，能闭目下棋，而且一个人能同时与七八个人对弈。要把那么多的棋盘记住，着实不是一件容易的事情，这要靠出色的记忆力。

人人都渴望自己具有丰富的知识和卓越的才能，成为栋梁之材。

要成为人才，就要有一定水平的智力。而记忆力作为一切思维的基础，加强记忆力的重要性便不言而喻了。

可是，有的人不懂得这个道理，甚至轻视记忆力。乔治·杜阿梅尔对这种观点做过尖锐的批评：在我出生的那个时代里，记忆丝毫没有被视为一种不幸的美德……后来，我看到教育界出现了对记忆的严重歧视，并越来越歧视它。人们恶意地把记忆这种美德同智慧对立起来，这是愚蠢至极的行为。记忆不但无碍于智慧，反而给人增添智慧，并给智慧提供营养和材料。一个聪明人，如果记忆力差，又不好好训练，那他仍是一个废物，一个可怜的人。因为他失去了应用自己的聪明才智的最好机会。人们不应歧视记忆，而应驾驭它，使它俯首帖耳。伏尔泰也说过："人，如果没有记忆，就无法创造和联想。"也许你已经考虑到："我不是不想记忆，而是天生记性差。"说这话似乎显得无可奈何，但请你不必丧气。要知道，记忆力固然与天生的素质有一定的联系，但它确实是可以通过训练而得到很大提高的。

# $\mathcal{J}$. 记忆力不是天生的

"记不住"这只是欺骗自己的借口，相信自己，只要有信心，我们可以记住一切。

## ＊ 建立记忆的信心

有许多人认为："就如同人一生下来，头脑有好有坏一般，记忆力的好坏也是天生的！"但我敢断言：记忆力的好坏绝对不是天生的。

我们常听人说："我的记性真差。""我对数字真是无可奈何，朋友的电话号码都记不住。""仅有一面之缘的朋友的名字和长相，我老是记不住。"……可是，对于数字的记忆力不好，并不表示记忆力真的不好；无法记住朋友的名字，也不见得是记忆力差的象征。人一生下来，对于数字、文章、名字等需要直接去记忆的东西，在能力上就有着不同的差异。对于其中的一项特别强，并不表示所有的项目都很强。相反地，对于其中的一项特别弱，也并不表示所有的项目都很弱。

这种差异可以靠训练来改善。记忆时最重要的就是抱着能够记忆的自信与决心。若是没有这种自信与决心，脑细胞的活动将会受到抑制，脑细胞的活动一旦受到抑制，记忆力便会迟钝。关于这一点，我们可以从心理学上得到证明。在心理学上，我们将这种情形称为"抑制效果"。一般的反应过程是：没有自信→脑细胞的活动受到抑制→

无法记忆→更缺乏自信，形成一种恶性循环。

因此，改善记忆的第一个步骤就是恢复自信，使它演变成为良性循环，这就是学习记忆术的首要条件。不过，若是只有自信而不去努力的话，还是无法使记忆力变好的。曾为口吃苦恼，后来却成为希腊大雄辩家的狄摩西尼斯，也是因为有充分的自信，加上超过别人数倍的努力，才有了日后的成就。

心理学家乌德斯华在研究中表明：任何人都可以增强自己的记忆力。乌德斯华十分强调自信的重要性。他说，凡记忆力强的人，都对自己的记忆力充满信心。古恩西也说过，记忆力这部机器越是开动得多就越有力量，只要你信赖它，它就有能耐。

其实，正常的人是不可能没有记忆力的，如果不信，请试着回答下面的问题：

写下从孩提时代到现在你所记得的 10 个人的名字（你的家庭成员除外）；

试唱（或背诵）一首孩提时代的儿歌或童谣；

请尽可能把最初所学的法语（或其他外语）词汇回想出来；

试写出一至两个小学时代的老师或校长的姓名；

试把过去游览过的地点及有关事情叙述出来；

试把两年前读过的某本书的书名及作者姓名写出来；

五年前你可曾出席过什么盛会，请尽可能详尽地记述出来；

写出三个五年以来还未见面的校友或朋友的姓名；

看看能回想出多少个两年来未用过的电话号码或地址；

试复述一年之前所听过的笑话；

试说出五个现在朋友的姓名，回想起你与他们见面的时间、地点及具体情况；

列出过去你养的或邻居养的猫或狗的名字。

怎么样？当你将上述问题回答过之后，你会发现自己的记忆力比你原来所预料的好得多。不过请反过来想想，为什么这些事记得这么牢固，而另外一些事却忘掉了呢？

## ＊ 好记忆的基础

对数字感到厌烦的人，如果喜欢打桥牌，可能很快就能学会算牌；对人名没任何概念的人，却往往能对明星的名字朗朗上口；而有许多学生讨厌记法文单词，但是他们却能够很流利地唱出法国流行歌曲。

对于自己所关心的事物，我们往往能毫无困难地记住。因此，小学生能够将上学途中所见到的玩具店名记得一清二楚。除了因为儿童的脑部活动比较活跃外，更重要的是他们对事物充满了好奇心。相反地，一个每天赶公共汽车上下班的人，对于窗外的街景却丝毫没有印象，就是因为他没有抱着有趣的心情去欣赏。因此，记忆的先决条件在于兴趣。

得克萨斯州有一种开放式的小学，它们取消了学年制，并把教室的墙壁改装成能够自由移动的装置。有些地方，甚至连课桌也不用，完全让儿童依照自己的想法去计划读书课程。实行这种方法后，儿童在理解和记忆方面的能力提高了很多。

兴趣固然是记忆的源泉，但是，要一个人对他所讨厌的科目发生兴趣，也不是一件容易的事。遇到这种情形，可以和担任该科目的老师，或该科目成绩特别优异的学生们谈谈，因为他们已经有了若干年的研究心得，必定对该科目有着很浓厚的兴趣。从彼此的交谈中，他很可能会发现自己对于该科目疏忽的地方，甚至可引发自己对该科目的兴趣。虽然这仅是一点点的兴趣，但是它就像滚雪球一般，能使他的求知欲不断增加，进而帮助他大量地吸收知识，提高记忆力。

对于看过的歌剧，我们常常会忘掉它的故事情节，但对剧中某一幕的印象，我们往往却能够记忆在脑海深处。例如我们小时候看过的"十诚"，其中摩西扬手把海水分开成为一条狭道，然后率领子民渡过的情景，至今依然历历在目。虽然全剧的情节已记不清了，然而，这个画面却可能一直清晰地烙印在脑海里。这种记忆很可能是由于第一次见到如此壮观的场面造成的吧！

记忆在脑部的功能中，占了相当重要的地位。脑部有所谓的旧皮质与新皮质。从发生学上来说，旧皮质是先形成的，它担任了睡眠等维持生命所不可欠缺的机能，而新皮质则担任比较理性地思考等意识活动。

具有震撼力的记忆是最不容易忘记的，因为它突破了旧皮质而达到新皮质和生命的本能连接在一起，再经过长时间地附着。因此在一般的记忆消失之后，它仍然能留存在脑海里。

因此，把你所要记忆的事物，营造成一种对自己能发生震撼作用的效果，便是一种基本的记忆法。

如要记忆下列 10 种物品：

小猫　帽子　小狗　挂钟　桌子

衣柜　眼镜　鹦鹉　鞋子　戒指

反复背诵的强记固然是一种方法，可是往往过不了多久就会忘记。为了便于记忆，我们可以把上述的 10 件物品先加以分类，比如：小猫、小狗、鹦鹉是动物；帽子、眼镜、鞋子、戒指是穿戴在身上的东西；挂钟、桌子、衣柜则是家里的摆设。把这些物品一一加以分类之后，就很容易记住了。

德国大音乐家门德尔松，在他 17 岁那年，曾经去听贝多芬第九交响曲的首次公演。等音乐会结束，回到家以后，他立刻写出了全曲的乐谱。这件事震惊了当时的音乐界。虽然我们现在对贝多芬的第九交响曲早已耳熟能详，可是在当时，首次聆听之后，就能记忆全曲的乐谱，实在是一件不可思议的事。

在门德尔松的脑海里，必定有个排列整齐的资料柜，并且将每个音符，分别严密地放入抽屉里。如果将他和那些同时聆听，却未能把音符放入抽屉里的人相比较，门德尔松自然能够正确地记忆这些音符了。

记忆力好的人，他的资料柜一定排列得井然有序；记忆力不好的人，则往往不加分类地把事物乱堆。如果我们能时时留意，把想记忆的事物分类整理，在装入或取出资料的时候，就比较省事了。好的记忆并没有多神奇，关键是掌握好的记忆法则。

## ＊学会遗忘

你也许常常抱怨自己忘得多，不过这其实不一定是什么坏事。真正的"过目成诵"者甚少。假如对所有见过的东西都过目不忘，那不是真正的聪明，倒可以说有点儿可悲了。有些人学习法文，将一本法文词典，从 A 起顺着一页一页地默记下去；有的人为了锻炼记忆力，竟然逐页背诵电话号码簿。这都是很愚蠢的办法。将词典里的词汇硬压进脑子里，到了应用时就会茫无头绪，反而造成混乱。再比如，你只需要某个开车时间，却把整个列车运行表都记住了。这不但加重了大脑的负担，时间长了还会变得神经衰弱。你一定要记住如下的秘诀：没必要记住的东西就彻底地忘掉好了。可以说，每一个知识渊博的人同时也是一个知识贫乏的人。因为他的注意力集中在某些最有用的知识上，而对其他一些他认为不重要的东西却一点也不注意，即到了所谓"视而不见"的地步。英国作家柯南·道尔笔下的福尔摩斯就是这样。作者说他"知识贫乏的一面，正如他的知识丰富的一面同样地惊人"，"关于文学、哲学和政治方面，他几乎一无所知"，甚至"连哥白尼学说及太阳系的构成，也全然不知"。对此，福尔摩斯反而感到是理所当然。他认为，即使懂得这些，也要尽力忘掉。他说："我认为人的脑子本来像一间空空的小阁楼，应该有选择地把一些有用的家具装进去。只有傻瓜才会把他碰到的各种各样的破烂杂碎一股脑儿地装进去。这样一来，那些对他有用的知识反而被挤了出来；或者，最多不过是和许多其他的东西掺杂在一起。因此，在取用的时候也就感到困难了。所以，一个会工作的人，在选择要把哪些东西装进他的那间小阁楼似的头脑中去的时候，他确实是非常仔细小心的。除了工作中有用的工具以外，他什么也不带进去，而这些工具又样样具备，有条有理。如果认为这间小阁楼的墙壁富有弹性，可以任意伸缩，那就错了。总有一天，当你增加新知识的时候，你就会把以前所熟悉的东西忘了。所以最要紧的是，不要让一些无用的知识把有用的挤了出去。"

福尔摩斯这些话虽然有失偏颇（例如他不应把各科的知识完全割裂开来等），但他认为"应当记忆有用的知识"的观点却是正确的。

古罗马有句谚语："记忆如钱包，拼命装反而漏得一文不剩。"世界上不可能有那些记得一切知识的"通天晓"。因而，第一必须要了解什么东西有记忆的价值；第二就是下定决心，无论如何都要记住它们。从某个方面看，记忆术其实也是"善忘术"，关键是你要选择好记什么，忘掉什么。

# 第 2 章　巩固记忆的基础

/ 让记忆成为永恒，在我们需要的时刻出现
在脑海中，用她无所不包的胸怀来容纳一切。/

# *1.* 记忆的前提：注意力

只有关注正在发生的一切，我们才能清楚地认识我们现在这个世界。

通常，我们对眼前的事情注意得不那么周到。其实，真正的记忆术就是"注意术"。有人把它看成万世不变的记忆法则，自然有他的道理。

所谓注意，就是集中精神注意事物和行为，并把它们固定于意识之中。因此注意力越强，印象便越深刻。我们之所以会很快地把见到的、听到的、感受到的东西忘掉，就是因为没有对它们给予必要的注意。要知道，任何记忆力的训练应从训练集中注意力开始。这里让我们先做几个小实验：

1. 拿一样东西（小闹钟、钥匙或小玩具等）仔细看30秒，然后闭上眼睛，试着把你对这样东西的感受详细地说出来。如果某些细节你还不清楚，请再看一遍，然后闭上眼睛再说。如此重复，直到能把该东西说得清楚为止。

2. 请选择三个思考题（如一项计划、一个科学或文学的题目、亲身的一次经历等），每题思考三分钟。先思考第一题，然后思考第二题，最后是第三题。思考题目时，思想不能开小差，尤其不能想到另两道题。

3. 请打开收音机，将音量调到你自己勉强能听清为止。微弱的声音将迫使你注意力高度集中。不过，此练习每次最好不要超过三分钟。

我们做完这几个练习以后，你就知道，注意力越集中，记忆就越迅速、牢固。因此，你要集中注意力，特别要训练这一点。

你也许常常抱怨自己的注意力难以集中，对此不必灰心丧气。试想，在有限的时间内，对于你自己喜爱的事物，你的注意力难道不是也很容易集中吗？例如，看了亲人的照片，在橱窗里看到自己仰慕的商品，翻阅一段左查右找需要核对的文字……这些都能证明，只要受了意识的支配，你的注意力是可以集中的。

让我们有意识地总结一下自己的注意力状况吧。把下面一页分成左右两栏：把你感到注意力难于集中的事物写于右边，而易于集中注意力的事物写于左边。

| 易集中注意力的事物 | 难集中注意力的事物 |
| --- | --- |
|  |  |

看这张表，左边写的十之八九是你感兴趣的或你时常接触到的，而右边则恰恰相反。可见，对某一问题或事物平时了解较多、比较感兴趣，都可提高你的注意力。

宾夕法尼亚州匹兹堡大学语言学教授斯特娜夫人很注意教育自己的女儿，她从小便让女儿接受注意力的训练。她常与女儿玩一种叫"留神看"的游戏。每当路过商店的门口之后，她就问女儿该商店陈列橱窗内摆的是哪些商品，让她数出留在记忆中的各式商品，说出越多，打分就越高。这样训练很有成效——当女儿五岁时，在纽约州肖特卡大学的教授们面前，她把《共和国战》朗诵了一遍就一字不差地复述下来，令教授们大吃一惊。斯特娜夫人说："我这样做，是为了让她注意事物，养成敏锐地观察事物的习惯。"

通过这个例子我们知道，注意力的测定是一项重要的内容。它包括了注意力的广度、稳定性、分配、转移等内容。其中，注意广度很重要，也叫作注意范围，指的是同时间内所能把握对象的数目。视觉的注意范围一般利用速视器加以测定，在不超过1~10秒的时间内，在速视器上呈现一些印有图形、数字和字母的卡片，由于呈现时间很短，眼睛来不及移动，被测者所能知觉的数量就表示了他的视觉注意广度。实验研究的结果表明，在1~10秒的时间内，成年人一般能够注意到6~8个黑色圈点，或4~6个彼此不相联系的外文字母。

注意范围的大小是受被知觉对象的特点影响的。例如：对排列一行的字母比以分散在各个角落上的字母的注意数目要多些；对大小相同的字母比大小不同的字母所能注意的数目要多些。因而被注意的对象越集中，排列得越有规律，注意的范围就越广。

集中注意力，就是把注意力集中到一个题目，或自愿选择的一件事情之上，而不让注意力转向吸引它的其他题目上去的机能。它是人脑的一种定向反射活动。所谓定向反射活动，就是有机体朝向某种事物，以及查明事物的情况和意义的反射活动。借助于定向反射活动，人们就可以有选择地比较完全而清晰地反映客观事物。定向反射活动，有的是由事物本身的特性（如相对强度、新异性等）引起的。这种定向反射没有预定目的，也不需要意志努力，是不由自主地产生的。譬如，教室里正在安静地上课，突然有人推门走进来，在座的学生就会不由自主地看着来人。同这种定向活动联系的注意，可谓不随意注意，也叫无意注意。

而另一种定向反射活动，则需要由一定的目的并经过意志努力所引起。例如，在一个嘈杂的环境中坚持写作，同这种定向活动相联系的注意，便是随意注意，也叫有意注意。不随意注意和随意注意都是人脑活动的反映。人们在注意某种事物时，大脑皮层就会产生一个优势兴奋中心。在同一时间内，大脑皮层只能有这一个优势兴奋中心，而其他区域都或深或浅地处于抑制状态。

以上所谈的都是注意力的有关原理，那么，如何才能集中注意力呢？

无须多加证明，任何一个人都不可能相信，人们随时都可以轻而易举地将注意力集中起来。这确实不错，如果你要一心一意地学习，首先希望有个比较安静的学习环境。作家齐弗尔在写作时要避开喧嚣的声浪，每天到纽约公寓地下室的储物室里才动笔，一待就是三个小时；福楼拜和拜伦喜欢在夜深人静时做文章；小托尔斯泰则非要到安静之处才动笔。

环境太重要了，这有两个原因：一个是人所共知的，只有在安静的环境下才能专心致志；另外，一个固定安静的环境，可以使你学习时置于同样的物质条件之下，产生集中注意力的条件反射。当你置身于同样的物质条件下时，你的思想将会自然而然地处于警觉、注意和专心的状态。随着这种习惯的养成，要集中注意力就容易得多了。如果没有这种条件，往往会适得其反。大发明家爱迪生就有过这样一段经历：

一次，爱迪生过生日。朋友们知道他早就想尝一尝美味的鱼子酱，便决定在生日这天请他吃一次。生日那天，爱迪生和几个朋友一边就餐，一边滔滔不绝地探讨起白炽灯来。正当讨论得最热烈的时候，那盘早已约定好的美味佳肴端了上来。这时，爱迪生正在讲灯丝的材料，他顺便把鱼子酱送到嘴里，继续评论说：

"为发明电灯的灯丝，我那一千多种材料都用了，到底用什么呢……"鱼子酱吃完了，演讲的爱迪生也停了下来，用手在桌子上画了一个大问号。

这时有人问他，你知不知道刚才吃的是什么东西？

"不知道，是什么东西？"

"是鱼子酱呀!"

"怎么? 哎呀, 是鱼子酱?"这位心不在焉的发明家惊叫起来。

无须多加说明, 这里爱迪生对鱼子酱的注意力几乎等于零, 这是因为他将注意力专注到自己的问题上去了。虽然这是宴会, 但事实上人们的谈论已造成一个学术的环境而不是外表上的宴会环境。于是, 注意力就这样被转移了。

所以, 我们一旦选好了环境坐下来, 就不应该心不在焉。看无关的书报杂志, 思考无关的事情, 都会分散你的注意力。

有人喜欢把桌子放在窗户前来用功, 这也许有利于采光。但是, 光线容易刺目, 造成注意力难以持久, 加上窗外的景物, 对集中注意力也没多大好处。

还有一些看来似乎是微不足道的因素, 我们也不可忽视。最好能避开客厅, 预防中途要吃要喝等。一个注意力高度集中的人, 可以到达忘却饥饿的程度, 因此你记住: 一定要排除各种可能中断工作和学习的因素。只有这样, 良好的注意力才容易培养出来。

连续的脑力劳动, 会令人感到疲劳。当你疲惫不堪时, 不管如何努力, 也难以看得进一个字。你或许也想用"坚持就是胜利"一类的格言来鼓舞自己, 但这无济于事, 继续干下去不但会把自己弄得疲惫不堪, 甚至会产生厌恶感, 而且于事也无益。所以, 当你感到无法集中精神时, 不如休息一下再干。与其晚上熬夜, 少睡三个小时, 不如将这段时间放在早上。这已被很多人的亲身经验证明了。

苏霍姆在《儿子的信》中说:

清晨起来, 上课以前用功一个半小时, 这是黄金般的时间。凡是早晨我能做到的事, 我都要把它做完。30年来, 我都是从早晨5点开始自己的工作的, 一直到8点。30本有关教育学方面的书, 以及三百多篇学术文章，都是利用早晨5点到8点的时间写成的。我已养成了脑力劳动的节律，即使我想在早晨睡觉，也是办不到的。我的全部身心，在这个时间内只能从事脑力劳动。

我建议你用早晨一个半小时的时间去从事最复杂的创造性的脑力劳动：思考理论上的中心问题，钻研艰深的论文，写专题报告……如果你的脑力劳动带有研究的成分，那只能用早晨的时间去做完。

当然也有些人不一定在这个时间用功。但不管如何，应当把你最重要的任务安排在一天里你最容易集中注意力的时间去做，你就能花较少的力气做完较多的工作。

也可以这样说，只有在体力允许的情况下，才能集中注意力。

集中注意力还有一个关键问题值得注意：如果有一位小学生，让他阅读黑格尔的哲学著作，能看懂吗？他也许只看了第一行字便把精力转移到周围的事物上去了。机械的方法是不能将东西装进脑里的，即使是成年人，如果读一本令我们不能理解的书，光靠硬读，不理解书中的内容，那是无法不开小差的。

那么，是否对看不懂的书就不看了呢？显然不行，这样我们永远无法学到新的知识。我们可以寻找一个办法，这就是预习。这里指的预习，是包括先阅读几本较为浅易的书，待打下一些基础后，就可以比较有条件地读通原来那本书了。也就是说，能读通就可以为集中注意力创造条件。所以，打好基础知识很重要。另外，对书中某一个句子，只要有两三个字不懂其义，就很可能无法弄通整个句子的意思，因此绝对不要不查字典就把这类字放过。

这段的关键是：务必掌握阅读所必不可少的基础知识。

另外，如果你充分认识到读书或工作的重要性，你就比较容易集中注意力。然而要做到这一点，必须培养眼前的兴趣。

阅读的兴趣当然取决于长远的目标，但这样做是不够的，还有一点是要考虑到直接的、眼前的目标。

　　为了加强阅读的目的性，书的前言与目录应当认真阅读，这可以领会作者的写作意图和全书概貌，这种了解很有助于提高你的兴趣从而能够增强记忆。

　　关于学习如何集中注意力，以上谈到的方面都是十分重要的，现在概括如下：

1. 选择环境；

2. 排除分心；

3. 精力充沛；

4. 目的明确；

5. 要有知识基础；

6. 增加眼前兴趣。

　　在具体运用上，各行各业都有自己的特殊做法，每个人也可以有所不同。

　　注意力的高度集中表现为能够专心致志地集中注意力于所应进行的活动，它能保证工作和学习的高效率。注意力高度集中时，智力和体力活动都极度紧张，无关的运动都停止了，人体的各个部分都处于静止状态，甚至有时抬起的手都忘了放下，呼吸变得轻微缓慢，吸气短促而呼气延长，常常还发生呼吸暂时停止（即屏息）、心脏跳动加速、牙关紧咬等现象。一般来说，注意力高度集中只能是短时间的，此时所识记的东西，往往能记很长时间，甚至一辈子不忘。

　　良好的注意力有时无须意志控制就能表现出来。例如看一部有趣的小说，人们有时能达到废寝忘食的地步，甚至周围发生了什么也不知道。这种注意是由人的直接兴趣引起的，而在学习中，更多地需要用意志力来维持注意力集中。注意力的良好习惯是可以通过培养训练来形成的。

　　培养良好注意力首先要明确学习目的。当你学习某一学科知识感到内容枯燥乏味又难懂时，最容易分心，但若真正了解了这门学科的作用，就能狠下决心专心致志地去学习它。经过一段时间的刻苦努力，你在解决困难中得到了乐趣，注意力的集中就变得容易了。

其次，我们要进一步了解自己注意力的优点和缺点，扬长避短，通过相应的训练来克服缺点。

容易分心的人，在学习中走神时可暗示自己"注意目标"，这样能够维持注意力的集中。

"注意目标"与"注意听课"不同。前者作为认识活动，以获得对某种知识的理解为对象，容易专注于认识对象。人一旦不能在认识对象身上发现新东西，"注意"就会转移到别的事物上。为了使注意力专注于某一内容，必须努力深入发现那些还没被理解的特征。"注意目标"是指令自己为达到目的而去探索；"注意听课"只包含一个要求听课的指令，并没包括探索知识的要求，很难保持专注。即使不断地暗示"注意听课"，也还会听不下去，甚至暗示的本身反而起了分散注意力的作用。

这样，就必须先明白目标是什么。具体就学生的学习来说，就是这一课应该掌握哪些知识。例如，某节化学课要学习氧气，学生首先要在预习中或从老师的提示中记住这一节课的要求，要懂得氧气的物理特性和化学特性，记住实验室制取氧气的方法及体现氧的化学特性的几个反应方程式，懂得氧气在各方面的用途。明确了目标，暗示集中注意力就变得容易了。到这一节课上完时，根据目标回忆各项基本要求能否记住。到你记住了这些知识后，一种胜利的愉悦向你袭来，你对这科的学习逐渐感兴趣，那时，就更容易集中注意力了。

注意力的分散往往在两种情况下容易发生：一是认为完全懂了，在学习中没有新发现；二是觉得太难，无法发现新东西。因此遇到前一种情况，在听课时应暗示自己注意老师讲解与自己所知有何差异；对后种情况则要注意联系已有的知识，循序渐进。

## ＊ 注意力训练

### 训练 1

在桌上摆三四件小物品，如瓶子、纸盒、钢笔、书等，对每件物品进行追踪思考各两分钟，即在两分钟内思考某件物品的一系列有关内容。例如思考瓶子时，想到各种各样的瓶子，想到各种瓶子的用途，想到瓶子的制造，制造玻璃的矿石来源等。这时，控制自己不想别的物品。两分钟后，立即把注意力转移到第二件物品上。开始时，较难做到两分钟后的迅速转移，但如果每天练习十多分钟，两周后情况就大有好转了。

### 训练 2

盯住一张画，然后闭上眼睛，回忆画面内容，尽量做到完整，例如画中的人物、衣着、桌椅及各种摆设。回忆后睁开眼睛看一下原画，如不完整，再重新回忆一遍。这个训练既可培养注意力的集中，也可增强注意广度。

在地图上寻找一个不太熟悉的城镇，也能提高观察时集中注意的能力。

### 训练 3

把收音机的音量逐渐关小到刚能听清楚的地步，听三分钟后回忆所听到的内容。集中注意力的训练形式可以多种多样，随处都可因地制宜进行训练。例如，在等人、候车时，周围有各种繁杂现象和噪声，这时可以做一些背书训练或两位数的乘、除心算，这种心算没有注意力的集中是无法进行的。

### 训练 4

这个练习要在家里做，舒舒服服地躺下，全身尽量放松。选择一件你所熟悉的简单物体，像钢笔、铅笔或书等。（不要把注意力放在牌号、标题或刻印在上面的其他东西上。）选定之后，闭上眼睛，尽量在这个东西上想象几分钟。开始时会有些困难，因为与之相关的东西差不多总会溜进你的头脑里。在你集中精力想铅笔的时候，你可能会想到拿着铅笔的手或印在铅笔上的字等，所有这一切都说明你的思想偏离了铅笔本身，没有像要求的那样坚持在铅笔上。

训练5

白日做梦，追溯思考。假设你在读一本书、看一本杂志或一张报纸，你对它并不感兴趣，于是突然想到了大约十年前在墨西哥看的一场斗牛表演。你是怎样想到那里去的呢？看一下那本书，或许你会发现自己刚刚读的最后一句写的是遇难船发出了失事信号。集中分析一下思路，你可能会回忆出下面的过程：

遇难船使你想起了英法大战中的船只，只有一部分人得救了，其他的人都遇难了。你想到了死去的四位著名牧师，他们把自己的救生带留给了水手。有一枚邮票纪念他们，由此你想到了其他的一些复制邮票和硬币、5分镍币上的野牛，野牛又使你想到了公牛以及墨西哥的斗牛。

这只是成千上万个例子中的一个，既然几乎每个人都不时地会白日做梦，这种集中注意力的练习实际上随时随地都可以做。

经常在噪音或其他干扰环境中学习的人，要特别注意稳定情绪，不必一遇到不顺心的干扰就大动肝火。情绪不像动作，一旦激发起来不易平静，结果对注意力的危害比出现的干扰现象更大。要暗示自己保持平静，这就是最好的集中注意力训练。

训练6

准备一张白纸，用420秒，写完1~300这一系列数字。测验前先练习一下，感到书写流利，很有把握后再开始。注意掌握时间，越接近结束速度会越慢，稍放慢就会写不完。一般写到199时每个数不到一秒钟，之后的三位数字的书写每个要超过一秒钟，另外换行书写也需花时间。要求在 420 秒钟内准确写完 1~300 这一系列数字。

测验要求：

（1）能看出所写的字，不至于过分潦草；

（2）写错了不许改，也不许做标记，接着写下去；

（3）到规定时间，如写不完必须停笔。

结果评定：

第一次差错出现在 100 以前为注意力较差；出现在 101~180 间为注意力一般；出现在 181~240 间是注意力较好的；超过 240 出差错或完全对是注意力优秀。总的差错在 7 个以上为较差；错 4~7 个为一般；错 2~3 个为较好；只错 1 个为优秀。如果差错在 100 以前就出现了，但总的差错只有一两次，这种注意力仍是属于较好的。要是到 180 后才出错，但错得较多，说明这个人易于集中注意力，但很难维持下去。在规定的时间内写不完则说明反应速度慢。

将测验情况记录，留与以后的测验做比较。

**训练 7**

用两分钟查下面的数字表，看"23"共出现多少次。如"04023"算有一个"23"，"23923"算有两个"23"。

表中共有 200 个五位数，每分钟要查 100 个。可以先试一试，估计好时间的分配再正式开始。如果提前或延迟五秒查完可忽略不计，相差多则重来。

| | | | | | | |
|---|---|---|---|---|---|---|
| 15238 | 23156 | 32104 | 14132 | 20153 | 83201 | 10694 |
| 69432 | 13982 | 96580 | 11205 | 25103 | 30298 | 29462 |
| 98203 | 63297 | 20172 | 28810 | 15203 | 10891 | 90258 |
| 60236 | 58920 | 76301 | 10559 | 25173 | 39710 | 15975 |

| | | | | | | |
|---|---|---|---|---|---|---|
| 15985 | 14785 | 12058 | 32589 | 63201 | 96541 | 14520 |
| 21580 | 92820 | 26301 | 58930 | 14720 | 30119 | 11097 |
| 28340 | 13579 | 24680 | 25839 | 14725 | 36945 | 36500 |
| 15208 | 14639 | 95200 | 75269 | 68951 | 48966 | 75231 |
| 23923 | 04023 | 08632 | 90235 | 70850 | 06909 | 03056 |
| 87722 | 70023 | 69987 | 20750 | 13069 | 09650 | 20450 |
| 17201 | 80023 | 90140 | 04197 | 06306 | 36201 | 70246 |
| 43215 | 66026 | 32323 | 19850 | 20040 | 19842 | 02170 |
| 32334 | 30453 | 02583 | 53828 | 77234 | 69100 | 38443 |
| 18652 | 23460 | 32433 | 42834 | 33820 | 23748 | 83642 |
| 95124 | 69506 | 29984 | 53266 | 30234 | 69500 | 30987 |
| 10258 | 32058 | 23393 | 39233 | 13230 | 23239 | 12300 |
| 30244 | 39466 | 39620 | 83433 | 30987 | 27158 | 71258 |
| 76674 | 82003 | 49966 | 43823 | 63009 | 87403 | 96605 |
| 92692 | 50319 | 06206 | 61007 | 52039 | 63207 | 32069 |
| 99170 | 88640 | 99810 | 77490 | 06636 | 05025 | 37021 |
| 46503 | 36909 | 69033 | 20091 | 06528 | 60238 | 30229 |
| 30111 | 19000 | 13606 | 03698 | 52003 | 30210 | 21200 |
| 06302 | 85019 | 20300 | 32092 | 92426 | 04699 | 29623 |
| 08740 | 00250 | 06905 | 42025 | 85640 | 98203 | 56009 |
| 52290 | 25800 | 23748 | 56920 | 41789 | 65003 | 85097 |
| 31520 | 45609 | 20361 | 03200 | 14295 | 50090 | 60120 |
| 55033 | 36096 | 26906 | 36900 | 12009 | 36090 | 30069 |
| 69850 | 20220 | 20369 | 63089 | 65001 | 10320 | 20690 |
| 00360 | 69901 | 02009 | 09202 | | | |

表中共有 27 个 "23"。

结果评定：

找出 26 个为优秀；漏 1~2 个为较好；漏 3~5 个为一般；超过 5 个为较差。

记录成绩，留作比较。

### 训练 8

从 300 开始倒数，每次递减 3。如 300、297、294，倒数至 0。测定所需时间。

要求读出声，读错的就原数重读，如"294"错读为"293"时，要重读"294"。

测验前先想想其规律。例如，每数 10 次就会出现一个"0"（270、240、210……），个位数出现周期性的变化等。

结果评定：

两分钟内读完为优秀；两分半钟内读完为较好；三分钟内读完为一般；超过三分钟为较差。这一测验只宜自己与自己比较，把每次测验所需时间对比就行了。

### 训练 9

用一分钟仔细阅读下面一段文字，然后回答文后的问题。（注意：阅读前和阅读的过程中，不要看文后的题目；回答问题时，请不要再看上面的文字。）

2 月 4 日上午 9 点钟，在一个十字路口附近，一辆载有 4 个写字台、3 对沙发和 42 张课桌的蓝色马车，和一辆载有 35 箱啤酒、42 箱汽水的灰色马车撞在了一起。部分课桌散落了一地，另一辆车上的啤酒、汽水分别有 15 箱和 20 箱受损，混在一起的啤酒和汽水流满了路面。还好，只有蓝色马车的驾驶者受了点轻伤。

请回答下列问题：

（1）两辆马车是什么颜色的？

（2）有多少啤酒和汽水受损？

（3）车上的写字台多，还是成对的沙发多？

（4）车上的课桌多，还是汽水多？（汽水按箱计算数量）

（5）车祸的出事地点在哪？

（6）车祸发生在什么时间？

正常地讲，一般人应答对四问以上，如果没答对四个问题，说明注意力需要锻炼。

### 训练 10

用录音机把自己朗读的一篇文章录下来，然后播放，尽量把音量放低，低到刚好听清为止。播放时注意先听两三句话就关掉录音机，小声默念听到的内容。然后再听两三句，再复述内容。这项练习一般五六分钟即可，经常进行这种训练，对提高注意力，增强记忆力很有帮助。

### 训练 11

准备一块带秒针的表。用眼睛盯住秒针，并随秒针移动，一直看秒钟走完三圈，也就是三分钟。这期间不要被其他事情打断，也不要因为想其他的事情而破坏注意。

### 训练 12

从 207 开始，每隔两个数倒数，一直数到 0，如 207、204、201、198、195……如果中途错了必须从头开始重数。注意力不够集中的人，经常做这个练习非常有好处。

### 训练 13

这个练习称为"头脑抽屉"训练，是练习集中注意力的一种重要方法。

请自己选择三个思考题，这三个题的主要内容必须是没有联系的。例如：科研课题、数学课题、工作计划、小说、电影情节、旅游活动或自身成长的某段经历等都可以。题目选定后，对每个题思考三分钟。在思考某一题时，一定要集中精力，思想不能开小差，尤其不能想其他的两个问题。一个题思考三分钟后，立即转入下一个题的思考。

# 2. 记忆的魔法：想象力

神奇的想象力是我们战胜一切困难的力量之源，想象力给了我们无穷的力量。

在记忆中，经常会碰到这样的情况：由于某样要记的东西没有任何实际的内容，既谈不上理解也没有什么兴趣，那只有靠死记硬背了，如电话号码、某个难读的地名译音，而死记硬背的效果是有限的。这时，你不妨采用一下联想。柏拉图这样说过："记忆好的秘诀就是根据我们想记住的各种资料来进行各种各样的想象……"

想象无须合乎情理与逻辑，哪怕是牵强附会，对你的记忆只要有作用，都可以进行，比如你要记住你所遇到的某人的名字，那么，也可用此法。

爱迪生的朋友在电话中告诉他电话号码是 24361，爱迪生立刻说：记住了。原来他发现这是由两个 12 加 19 的平方组成的，所以他一下子就记住了。当然这种联想要有广博的知识作基础。

我们的想象力是根据空间或时间上的相近事物，在人们的经验中形成联想来进行的。有时也利用同音、近音、同义、近义等等语言的特点来进行。

让我们来做一个小实验：下面有一组词汇，你用心看两分钟，目的是尽量记忆。

帽子　　　　信封　　　　房屋　　　　纽扣

| | | | |
|---|---|---|---|
| 猫 | 电话机 | 钱 | 铅笔 |
| 袜子 | 书 | 仙人掌 | 鳗鱼 |
| 上衣 | 木夹 | 车灯 | 点心 |
| 办公桌 | 花边 | 米饭 | 钓钩 |

如果让你顺次序把它们默读出来，你会发现，许多都忘记了。为什么呢？方法不对。如果运用想象力，问题就简单得多。你不妨设想这么一个荒诞的故事：

有一顶帽子，它底下放一部电话机；电话机上尽是刺，因为这是仙人掌。拿这个仙人掌听筒的人确实不方便，何况他的嘴里还塞满了点心。点心里有一个小信封，拆开里面还有钱。钱上印一条鳗鱼，忽然这条鳗鱼变活了，钻到办公桌下。原来这办公桌是所房屋，其烟囱是支巨大的铅笔，它像火箭一样向上升起，落到上衣上。上衣有花边，中间有纽扣。但上衣口袋是有洞的，铅笔漏到地上的袜子里，袜子夹着木夹。忽然铅笔又飞走了，飞到猫吃的米饭碗里。猫正蹲在一本书上，它一受惊就逃出门外，被一盏车灯照射。它向前一扑，恰巧被车前的钓钩钩着了。

这样的想象力当然是非常古怪、荒唐，因为这些画面大多不出现在现实中，就是童话中也很少有。但因为这想象力仅是为了把一些事物从外表上把它们凑合在一起，不需要任何思想内容，也不要起码的逻辑，完全为了帮助记忆。

如果记忆的对象比较抽象，你不妨多花些工夫，先把它们转化为具体的形象。例如要记比利时的工业种类，其中有冶金业、锌和铅的工业、陶器工业、玻璃制造业……

你先把冶金业想象成一座火炉，锌自然是一个电池了，铅则可想成一个运动员用的铅球，然后是陶坛（陶器工业）、杯子（玻璃制造业）等。

接着你便可以开始驰骋你的想象了：高炉产生了一个个电池，装在手电筒中照着一个人推铅球，铅球一掷，击碎了前面两个陶坛及杯子……

不要怕建立大胆的甚至是愚蠢的联想，更不要怕有人因感到惊讶而出现一些讽刺，重要的是这些形象在脑中要清清楚楚，尽力把动的图像与不同的事物联结起来。如果能经常这样运用，你就会大大加强记忆力的。

另外，比联想更进一步的，是发展想象力。想象力不但可以把我们记忆的知识充分调动起来，进行融汇、综合，产生新的思维活动，而且还可以反过来使原来的知识记忆得更牢固。

总的来说，想象力是改造旧形象、创造新形象的能力。你想测定一下自己的想象力吗？下面介绍一种小游戏：把一滴墨水滴在白纸上，然后用力将它压成许多不规则的墨迹,据其形状试试你能想象出多少名称。

在柯南·道尔的《福尔摩斯探案全集》中，福尔摩斯凭着惊人的记忆力，加上运用丰富的想象力破了许多案子。书中的福尔摩斯说过这么一段话："一个逻辑学家不需要亲眼见到或者听说过大西洋或尼亚加拉瀑布，他能从一滴水上推测出它有可能存在。所以整个生活就是一条巨大的链条，只要见到其中的一环，整个链条的情况就可以推想出来了……比如遇到一个人，一瞥之间就要辨识出这个人的历史和职业。这样的锻炼看起来好像幼稚无知，但是，它却能使一个人的观察能力变得敏锐起来，并且教导人们：应从哪里观察，应该观察些什么。一个人的手指甲、衣袖、靴子和裤子的膝盖部分，大拇指与食指之间的茧子、表情、衬衣袖口等等，不论从以上所说的哪一点，都能明白地显露出他的职业来。如果把这些情形联系起来，还不能使案件的调查人恍然大悟，那几乎是难以想象的了。"

这段话说到观察力，但更重要的是想象力，正是由于福尔摩斯有这种想象力，所以推理特别严谨：他在与华生医师第一次见面时，就断定对方从阿富汗来，对方表示十分惊讶，福尔摩斯这样解释："在你这件事上，我的推理过程是这样的：这一位先生，具有医务工作者的风度，但却是一副军人气概，那么，显而易见你是个军医；你是刚从热带回来，因为你脸色黝黑，但是，从你手腕的皮肤黑白分明看来，这并不是原来的肤色；你面容憔悴，这就清楚地说明你久病初愈而又历尽了艰辛；你左臂受过伤，现在动起来还有些僵硬不便。试问，一个英国军医在热带地方历尽艰辛，并且臂部负过伤，这能在什么地方呢？自然只有在阿富汗了。这一连串的思想，历时不到一秒钟，因此我便脱口说出你是从阿富汗来的。"小说未免有夸张之处，但这种快速的推理包含在快速的想象中，而这二者均建立在对事物规律的牢牢记忆的基础上。

对于有健忘症的人，想象力显得特别重要。去旅行时，为了不忘记带剃刀，你就由刮脸刀联想到你的旅行包，你可以这样想：我的旅行包是用光滑的皮革做的，它不需要刮脸刀，于是你就想象旅行包已被电动刮脸刀刮过了。

这太可笑了，但行得通。当你以后拿起旅行包时，自然会想起刮脸刀。反过来，当你要回想一件事情时，就请回想与此事有关的联想就行了。

为了想起你的照相机放在哪里，请尽力回想一下你最后一次使用相机时的情景：当时照什么景物，照谁？然后如何把相机收在包里，回家后做过什么事情……总之，不断将当时的情景具体化、明晰化，就有可能想起来相机放在哪儿。

在读某一本书的时候，为了记忆，我们也要进行想象，极力将当时的情景形象地想象一番。例如看《双城记》某些章节，我们可以看完后闭目联想，在脑子里"想象"，把人物的服饰、表情、动作、语言等方面结合起来想，便可以记得很牢了。

马克·吐温曾经为记不住讲演稿而苦恼，但后来他采用一种形象的记忆之后，竟然不再需要带讲演稿了，他在敝锄杂志中这样说：

最难记忆的是数字，因为它既单调又没有显著的外形。如果你能在脑中把一幅图画和数字联系起来，记忆就容易多了。如果这幅图画是你自己想象出来的，那你就更不会忘掉了。我曾经有过这种体验：在30年前，每晚我都要演讲一次，所以我每晚要写一个简单的演说稿，把每段的意思用一个句子写出来，平均每篇约11句。有一天晚上，忽然把次序忘了，使我窘得满头大汗。由于这次教训，于是我想了一个方法：在每个指甲上依次写上一个号码，共计10个。第二天晚上我再去演说，便常常留心指甲，并为了使不致忘掉刚才看的是哪个指甲起见，看完一个便把号码揩去一个。但是这样一来，听众都奇怪我为什么一直望自己的指甲，结果，这次的演讲不消说又是失败的。

忽然，我想到为什么不用图画来代表次序呢？这使我立刻解决了一切困难。两分钟内我用笔画出了6幅图画，用来代表11个话题，然后我把图画抛开。但是那些图画已经给我一个很深的印象，只要我闭上眼睛，图画就很明显地出现在眼前。这还是远在30年前的事，可是，至今我的演说稿还是得借助图画的力量才能记忆起来。

这样，我们就不难了解某些对地名有超人记忆力的人。他们的方法是时时看地图，所以一闭上眼睛，就能联想起那幅图画。于是，地理位置就清楚地凸现出来了。

想象力是人类所独有的一种高级心理功能。有了想象力，就使我们的认识不受时间和空间的限制，使人扩大了认识范围。要知道，新形象并不是各种旧形象的简单相加，而是经过深思熟虑以后，对旧形象经过加工创造而来的。所以，进行联想应有丰富的知识基础，要尽量使我们的知识面扩大。例如，牛顿为什么能把万有引力与下落的苹果联想在一起呢？这是因为他有深奥的学问，他说过："我不知世人对我是什么看法，不过我觉得自己只是好像在海滨玩耍的一个小孩子，有时很高兴地拾起一颗光滑美丽的石子，但真理如大海，远在我面前，未被发现。"

这种谦逊的态度和求知的欲望是十分感人的。

总之，对联系很少或只有孤立联系的材料，必须要建立一个"人为"的联系。即对本来无意义的材料附加一定的"人为"意义；或者在一个材料事例中设几个起提示作用的中介（或称启示点、支撑点）；或者在材料周围寻找一些起提示作用的要点，以使机械识记变得容易、灵活而有趣味。这可以称之为人为联想式。

例如在教外语单词时，凡遇到象声词，教师就应提醒学生其象声的特点，以引起声音的联想，以帮助记忆。有时同时记忆同义词或反义词，也是为了相互引起联想，由此及彼，增进识记。有时采用分类记忆，如把四季、12个月、星期等词分类记忆，也可起到相互辅助，互为"依托"、形成人为联系的作用。在外语单词记忆中，人们可能对各个词的记忆不平衡，有的记忆得牢些，有些差些，建立了人为联系后（如同义、反义、同类、相关等），可以把记忆较强的一个作为"启示点"或"支撑点"，引起其他词的再现。在同时记忆这些词时，等于在两者或更多者之间建立了一定的联系（接近联想、相似联想、对比联想等），因而增进了记忆的能力。

一位小学教师在教学生"指南针"时，不是简单地问："指南针有什么用？"因为这只需一句话就答完了，而且问："你们知道什么人、在哪儿用指南针？"这一问，打开了学生联想的闸门。他们从大海想到天空；从高山想到森林；从飞行员想到潜水员；从勘探队员想到旅行家。通过联想扩展了思路，收到了良好的记忆效果。有时某些抽象的名词，如世界、国家之类的词，怎么对孩子们解释并让他们记牢呢？著名儿童教育家菲特尔教授是这样讲的：

"我从自己住的地方讲起，左右邻居一长排的房子叫街道，把许多街道合起来叫区，把许多区合起来叫县或市，把许多县或市合起来叫州，把许多州合起来叫国家，把现在各地的国家合起来叫世界。"

看！他利用想象力不仅帮助学生牢记，而且帮助学生加深对抽象概念的理解。

想象力为什么能起作用呢？在世界上，客观事物有着千丝万缕的联系。有的表现为从属关系，有的表现为因果关系。把反映事物间的那种联系，把在空间或时间上接近的事物，及在性质上相似的事物和人们已有的知识经验联系起来，是增强记忆的好方法。从记忆的生理机能看，联想能有效地建立脑细胞之间的触突联系，有助于记忆网络的形成，这样不但可以长期保持，也容易再现。所以，请你记住：用想象力编织记忆之网。

## ＊想象力训练

### 训练1

从剧本或诗歌中读一段或几段，最好是富有想象的段落，例如：

茂丘西奥：她是精灵们的媒婆；

她的身体只有郡吏手指上的一颗玛瑙那么大；

几匹蚂蚁大小的细马替她拖着车子，

越过酣睡的人们的鼻梁……

有时奔驰过廷臣的鼻子，他就会在梦里寻找好差事；

有时她从捐送给教会的猪身上拔下它的尾巴来，

撩拨着一个牧师的鼻孔，

他就会梦见自己又领到一份俸禄；

有时她绕过一个士兵的颈项，

他就会梦见杀敌人的头，

进攻、埋伏、锐利的剑锋，淋漓的痛饮——

忽然被耳边的鼓声惊醒，

咒骂了几句，

又翻个身睡去了。

把书放到一边，尽量想象出你所读的内容。如果 10 行或 12 行太多了，就取三四行。你实际的任务是使之形象化，闭上你的眼睛你必须看到精灵们的媒婆，你必须想象出她的样子只有一颗玛瑙那么大，你必须看到廷臣在睡觉，精灵们在他的鼻子上奔驰，你必须想出士兵的样子，并看到他杀敌人的头，你要听到他的祷词，祷词的内容由你设想。

让我们回到白日梦上去。你已经读过了《罗密欧与朱丽叶》中的以上几行，或者是其他剧本或故事中的若干句子。现在把书放到一边，想出你自己的下文来。当然做这个练习时你不能先知道故事的结尾。你要假设自己是作者，创造出自己的下文来，你要想象出他们做事时的形态样子，直至你心目中的形象如实眼所见一样清楚。

### 训练 2

拿一张纸，写上一个自己感兴趣、比较了解、积累了较多知识的题目。例如：物理、日本、纽约、华盛顿、英国等。然后，在想象时尽量把知道的、有关这个题目的知识都写在纸上。例如，写日本：可以写日本的历史、现状、战争、地形、气候、经济、政治、风俗习惯等。写英国：可以写英国的兴衰原因、文化成就、著名人物、农民起义等等。

### 训练 3

做自由想象力训练。要求是从一个词中联想出 10 种事物，然后把这 10 种事物连贯起来。例如：由"儿童"一词可想出：风筝、法国电影、山口百惠、鞋、商店、集邮、革命、老房东、核桃。把这 10 个事物连贯起来就是：儿童都喜欢玩风筝；由风筝想象到电影《风筝》；由电影想到日本电影演员山口百惠的演技真好，她的鞋总是很漂亮；由鞋想到自己的鞋带断了，需要到商店买一双新的；由商店想到在商店工作的杰克喜欢集邮；由集邮想到杰克那儿现在存有许多"革命"期间的邮票；由"革命"想到自己在"革命"期间下乡时的老房东来了，还带来了许多土产，其中有自己最喜欢吃的核桃等……

请继续用物理、足球、火箭、马等四个词进行自由想象。

### 训练 4

请用两分钟时间，将下面 10 组词用联想的方法联在一起进行记忆。

皮鞋——下雨　　　　　轮船——月亮

火车——梯子　　　　　牡丹——黄河

稿纸——白菜　　　　　鸡毛——烟筒

闹钟——软床　　　　　麻雀——玻璃

马车——鸡蛋　　　　　轮胎——香肠

### 训练 5

请把每组 10 个实物词联想在一起：

（1）杂志、鲸鱼、老虎、大衣、手表
　　　馒头、自行车、杨树、提包、轮船

（2）留声机、蔗汁、啤酒、马车、电线
　　　轮船、鸽子、子弹、苹果、牛仔

### 训练 6

请把每组 10 个抽象词联想在一起：

（1）民主、蓬勃、太空、路线、片面
　　　明亮、原则、哲学、卫生、制度

（2）回想、富裕、营养、作风、素质
　　　情绪、满意、习惯、方针、结构

# *3.* 记忆的基石：观察力

*仔细观察一切，你就会发现，原来生活如此美好。*

生活中有这种现象：当你用一个锥子在金属片上打眼时，劲使得越大，眼就钻得越深，记忆的道理何尝不是如此？印象越深刻，记得越牢固。深刻的事件、深刻的教训，这通常都带有浓厚的客观性，如你看到一架飞机坠毁，这当然是记忆深刻的：又如你因大意轻信了某人，被骗去了一大笔钱，这也容易记得深刻。但生活中许多事情并不是这样，它本身没有什么动人的场面、跌宕的变化，那么，我们从主观上要获得强烈的印象，就要观察。我们脑海中所存的记忆，像银行存款一样，假如没有钱存着，无论怎样设法努力，也不可能有现金提取出来。这就等于我们所经历过的事物，如不把它们储存在记忆中,回想又从何谈起呢？

因此，我们要把经历过的事物，像去银行存款似的储存起来，以备用时提取，这种储存叫"铭记"。铭记分两种：一是自发地、主动地去记的，叫"自发铭记"；另一种是无意识的，但因印象强烈而自然"浮现"于脑海的，叫"被动铭记"。而精细的观察可以使我们达到"自发铭记"的目的，只有这种铭记才能记得更多、更准、更有储存可能，从而也就更有意义。

一切事物，只有经过深刻的观察后，才可以使印象深刻化。反过来说，要使印象深刻化，非要经过深刻的观察不可。

根据心理学家做的实验结果证明，即使是训练有素的观察者，也难以把亲眼见到的事物作出正确的报告来。因为一般人对他自己见过的事物，总是观察得不够仔细，报告时往往加进了自己的想象。所以，在不少犯罪案件中，几个现场目击者的证词往往风马牛不相及，给破案造成了困难。

这是由于他们对突发事件既没有事先的记忆意图，也不可能冷静地观察，这样就极容易在主观的偏见中不自觉地歪曲了事实的真相。

观察对于记忆有第一等的意义。因为记忆的第一阶段必须要有感性认识，而且只有强烈的印象才能加深这种感性认识。从眼睛接受信息时，就要把它印在脑海里。对于同一幅景物，在婴孩的眼中和成人的眼中看来都是一样的，在一个普通人和一个专家眼中也是一样的，但它所引起的感觉是不一样的。在观察时，一定要在脑海中打上一个烙印，这种烙印包含着对事物的理解和想象，而不是一个只有光与形的几何体。

达尔文曾对自己做过这样的评论："我既没有突出的理解力，也没有过人的机智。只是在觉察那些稍纵即逝的事物，并对其进行精细观察的能力上，我可能在众人之上。"

大凡智商高的人，其观察力往往也很高。科学家从平常的现象中可以悟出非同一般的规律，艺术家可以抓住刹那间的事物特征而构思出美好动人的艺术形象，这正是由他们超人的观察力所带来的。

如果说一切思维活动始于记忆力，而记忆力又始于观察力。假如最初的印象是错误的，那就说不上正确的记忆。又假如最初的观察与过去雷同，那就不可能产生新的记忆，更谈不上运用两次记忆的差异产生新的联想，推动思维的进一步开展了。

那为什么有的人观察问题往往会有错误呢？原因是：

1. 人们只是对刚刚能意识到的一些因素发生反应，而事物的组成是复杂的，有时恰恰是那些不易被人注意的弱成分起着主导作用。

如果一个人太过拘泥于事物的某些显著的外部因素，观察就会被表象迷惑，深入不下去。

2. 只是对无关紧要的一些线索产生反应，结果把观察、思维引入歧途。

3. 为自己喜爱或不喜爱之类的情感因素所支配。与自己的爱好、兴趣相一致的，就努力去观察，非要搞个水落石出不可；反之，则弃置一旁。这样使人的观察带有很大的片面性。

4. 受某些权威的、现成的结论的影响，不敢超越雷池半步，人云亦云。这种观察毫无作用。

5. 不能识别影响感知的全部因素。

在上述情况下，人们的观察往往是不全面的，甚至是错误的。那么正确的观察应该怎么做呢？

1. 要有明确的目的。为什么观察，观察什么，都应预先了解清楚，做到心中有数。

2. 观察之前做好准备工作，即预先制定观察的计划、步骤，并熟悉观察对象的有关知识。

3. 观察要系统全面、聚精会神、反复琢磨，有利于发现别人没有发现的特点。

4. 要尽可能让多种感觉器官参与观察、不仅用眼，也要用耳、用手、用脑记。

5. 观察要勤于记录。有记录才可以据此作出必要的总结。这些总结可以作为下次观察的基础。

在日常生活中，要从"观人于微""观事于微""观物于微"着手锻炼，从观察速度、广度、深度这三个方面努力。

但这些仅仅是观察的一般方法，如果要观察到具体某一图景，还要用具体的方法。

例如要观察日出，如果只是一般地粗略说出红霞万丈，朝阳东升，那毫无疑问是看不到细处的。善于观察大自然风貌的屠格涅夫能够从太阳与云的关系、太阳本身光和热的变化、周围云霞的色彩变化等因素来观察，结果得出一幅十分精细的具体的画面，试看他的一段文字：

……朝阳初升时，并未卷起一天火云，它的四周是一片浅玫瑰色的晨曦。太阳，并不厉害，不像在令人窒息的干旱的日子里那么炽热，也不是在暴风雨之前的那种暗紫色，却带着一种明亮而柔和的光芒，从一片狭长的云层后面隐隐地浮起来，露了露面，然后就又躲进它周围淡淡的紫雾里去了。在舒展着的云层最高处的两边闪烁得有如一条闪闪发亮的小蛇；亮得像耀眼的银器。可是，那跳跃的光柱又向前移动了，带着一种肃穆的欢悦，向上飞似的拥出一轮朝日。

请看，作者的观察多么细致。作者观察的焦点主要抓住太阳渐渐升起几个阶段，给云层带来的变化，以及光线的变化。他抓住这一点，就使整个画面清晰地呈现在读者面前。

比较平常的观察，像是看建筑物，例如看一座大会堂，如果你由长至宽、由上至下，再看了其他细节，即使当时记忆再深，过了48小时以后，要你准确地描述一下，你将会感到困难，因为那样的观察只能是走马看花，而不是观察入微。

下面给你介绍一个方法：

1. 先观察全貌：长方形、三角形还是球形。
2. 规模大小和长、高的比例，等等。

3. 观察建筑艺术：正面、四角、柱子、窗户、几层楼、屋顶……

4. 观察细节：飞檐、雕刻、金属饰品，等等。

这样才能算得上真正的观察，才会在你的记忆中留下持久的印象。

那么，如果不是观察建筑物，而是要观察风景、图画、实物、人貌，那怎么办呢？我们可以按下列的步骤去做：

——观察全貌、占地大小；

——观察和估计规模的大小；

——整个结构（外表、风格和色调）；

——研究各部分的关联及其特点；

——研究再深入至各部分的细节。

这个办法的步骤也不能死记，最好的办法是你自己提出问题，并自己来回答它，如：屋顶是什么形状？是三角形的；高度是否大于宽度？否，高度不到宽度的四分之一；有几根柱子？正面有八根；建筑物墙脚上面的雕刻图案表示什么？表示古代的战役，等等。运用这些程序，我们来看看雨果在观察巴黎圣母院之后的描述：

巴黎圣母院就像杜赫吕大寺院一样，没有用那些教堂惯有的带着厚重四方形的圆拱顶将它装扮成冰冷的隐蔽所，有的仅是一份威严的淳朴。它也像布赫斯的大教堂一样，没有巨大的、轻捷的、重叠的、拥塞的、粗糙的、风化的穹隆。不可能把它列入这些暗淡、神秘、低矮、好像被圆拱割裂了的教堂里面。它的天花板差不多是埃及式的，一切都是象形的，一切都是经典式的，一切都是象征式的。装饰品中菱形和锯齿形比花纹多些，花纹比鸟兽多些，鸟兽又比人像多些。与其说是建筑家的作品，不如说是主教的作品。它是艺术的第一个变形，全部经受了始于东罗马帝国时期，而终于好征战的居约姆王朝的神政和军政时期的考验。我们的大教堂也不可能列入另一类教堂里面，那些教堂巍峨临空，全是彩绘玻璃和雕刻，形状尖峭，姿态生硬；一方面有带着政治色彩的公共场所气息和小市民气息，一方面又有艺术品的自由、广阔和倔强。建筑的第二个变形，就不再是象形的、不可更改的和祭典式的了，而是美观的、进步的、平民化的，始于十字军时代而终于路易十一王朝。巴黎圣母院不是像第一种那样的纯粹罗马式，也不是第二种那样的纯粹阿拉伯式。

从上面的描述可以使人看出伟大作家的观察力是多么的精细。他不但在看，而且在想。既有历史的对比，又有同类的对比，把一座古建筑"看"出了剔透玲珑的立体感来。

观察的顺序反映了一个人头脑中的条理性。从远到近或从近到远，从大到小或从小到大，从浅到深或从深到浅，从静到动或从动到静，等等，无不是这种条理性的表现。在与客人初次会面时，也有一定的观察顺序，因为以后还要详细谈到，这儿先简单提及一下：

1. 仔细听清人家的姓名。
2. 注意其脸部特征。
3. 鼻子是高是平？
4. 双眼皮或是单眼皮？
5. 他的名字能否和其他人名或事物联系起来？

按这样的顺序反复地进行观察，对记住别人的姓名和容貌会有帮助。

又例如学习词汇，也应有一定的程序。每遇到一个新词的时候，就要进行下列程序的记忆：

1. 注意：这是新词。

2. 细心注意它的拼法，把它的词义弄清。

3. 研究其拼写法与发音的特点，最好查一查较详细的词典。如"high"（高）这个词汇，寻找其发音特点，可知"h"是发音部分，而"gh"是不发音的。

4. 注意词汇的前后关系，在文句中的位置及其作用。最后，还要分辨出它是作主语还是谓语，以及是动词还是名词等。

5. 分析其拼写法有什么容易记住的特征。如"forget"（忘却）一词，就是由"for"（替代、因为、关于）和"get"（得）二字拼连而成。

6. 该词的拼法、发音、意义等能否联想起其他词汇？

通过上述的观察程序，我们对这个词的记忆将会大大加深。

注意力和观察力是记忆的双翼。善于观察的人，容易把握事物的基本特征，对观察过的事物记忆深刻。在实验课上进行物理或化学实验，观察能力强的学生收获就比观察能力弱的学生大得多。创造性的活动更需要良好的观察力。许多有巨大成就的科学家，都具有非凡的观察力，一些科学家能滔滔不绝地说出许多事理，甚至许多事物的细节，也是得益于他们精细的观察及思考。例如巴甫洛夫就提倡"观察、观察、再观察"，并把这作为座右铭，刻在他实验室的门墙上。

一个求知者，对周围的事物观察得越精细、越全面，就越能发现问题，越能对事物提出更多的"为什么"，促使自己不断思考，智力就会相应地发展。思考的过程就是大脑神经细胞兴奋、新的暂时神经联系形成的过程。从脑生理机制来看，这种活跃十分有利于记忆。比如一个刚学植物知识的一年级学生观察种子发芽，并不仅仅是视觉器官感受事物形态后直观反映到大脑。当他在观察中发现，不同的培养环境，有的种子发芽有的不发芽，将观察到的情况作对比，就会由思考而认识到种子发芽的条件是必须有充足的空气、适宜的温度和足够的水分。在观察芽的各部位时，关于种皮、子叶、胚芽、胚轴、胚根的已有知识重新在他头脑中活跃起来，参与对新事物的分析判断，促使了进一步的思考。伴随着观察、思考、理解、再思考的过程，知识就被牢牢地记住了。

要想获得较好的观察力，必须掌握观察要领。

首先，要有明确的观察目的任务，没有明确的目的任务就没有注意力的集中。如同我们漫游百老汇大街，所见到的千千万万的人与物都没能留在脑海里，印象中只有满街模糊的脸孔，又如在旅游活动前老师嘱咐学生注意观察，回来后写作文，由于没有明确说明写什么，一些学生事先又不会拟定计划，所以尽管看到了许多东西，但却写不出好文章来。

其次，观察要有必要的知识准备。这是因为观察伴随着思考，思考需要有关的知识作对比、做判断依据。

最后，要有周密的观察计划。外界的事物在不停地运动变化，时间一分一秒流逝，使得我们要观察的对象也随之出现、变化、消逝。因此，有意识的观察应配以周密的观察计划，免得到时候因事物的变化而手忙脚乱。例如学生带着写《欢乐的节日》的作文任务去参加节日活动，事先就要计划好怎样观察节日的气氛，怎样观察活动场面，怎样观察一些细节来表现人们的欢乐心情。否则，回来只能写一些"人群招展、掌声雷动"之类的词语，一些最有表现力的细节，如人物的神态、动作等都没观察到，文章就显得空洞无物。

除上述三点外，在观察中还要注意实事求是，与自己原先设想不符合时，要尊重客观事实，多问几个为什么。

要想提高观察力，最重要的是多实践。各行各业的人都可结合本职工作去锻炼观察力。如中学生在做大量的实验、写观察日记、写说明文之前，都可以事先做好知识的准备和观察计划，然后才着手。一般的观察步骤是：

1. 先观察全貌，得出总体印象，找出总体特征；
2. 找出总体中各个组成部分的特征及相互间的关系；
3. 观察各个部分的重要细节。

## ＊观察力训练

### 训练1

选一种静止物，比如一幢楼房、一个水塘或一棵树，对它们进行观察。按照观察步骤，对观察物的形、声、色、味进行说明或描述。这种观察可以进行多次，直到自己已能抓住满意的特征。

### 训练2

以运动的机器、变化的云或物理、化学实验为观察对象，按照观察步骤进行观察。这种观察特别强调知识的准备，要能说明运动变化着的形、声、色、味的特点及其变化的原因。

### 训练3

抓住生活中的一件事，比如班里有位女同学因身体不适呕吐了。马上注意全班同学的各种反应：有的嫌难闻，捂住鼻子往外跑；有的调皮鬼说："啊！丰富的午餐。"男班干假装看不见，在做作业；女班干及热心的同学扶着生病的同学去卫生室，帮助打扫脏物……这件事继续发展如何，结果如何，都要留意观察。经常有意识培养自己的观察能力，智力的各方面素质都将会得到有效的提高。

### 训练4

选一个目标，像电话、收音机、简单机械等，仔细把它看几分钟，然后等上大约一个钟头，不看原物画一张图。把你的图与原物进行比较，注意画错了的地方，最后不看原物再画一张图，把画错了的地方订正过来。

**训练 5**

随便在书里或杂志里找一幅图，看它几分钟，尽可能多观察一些细节，然后凭记忆把它画出来。如果有人帮助，你可以不必画图，只要回答你朋友提出的有关图片细节的问题就可以了。问题可能会是这样的：有多少人？他们是什么样子？穿什么衣服？衣服是什么颜色？有多少房子？多少富户？图片里有钟吗？几点了？……

**训练 6**

把练习扩展到一间房子。开始是你熟悉的房间，然后是你只看过几次的房间，最后是你只看过一次的房间。不过每次都要描述细节。不要满足于知道在西北角有一个书架，还要回忆一下有多少层？每层估计有多少书？是哪种书？……

**训练 7**

画一张美国地图，标出以下地方：

你所在的那个州的州界

你所在的那个州的首府

纽约

首都华盛顿

圣路易斯

洛杉矶

伊利湖

苏必利尔湖

密西西比河

俄亥俄州

标完之后，把你标的与地图进行比较，注意有哪些地方搞错了，不过地图在眼前时不要去订正，把错处及如何订正都记在脑子里，然后丢开地图再画一张。错误越多就越需要重复做这个练习。

在你有把握画出整个美国之后就画整个北美洲，然后画南美洲、欧洲及其他的洲。要画得多详细由你自己决定。

**训练 8**

训练你估计距离和数量的能力。散步时估计一下到达远方某一房屋、树木、纪念碑或其他东西有多少步远。然后数一下你走了多少步，自己核对一下。如果你估得不对，下一次估准一点。望着一所大房子，估计一下窗户的数目；看一下商店的橱窗，估计一下陈列商品的数目，然后实打实地数一下，自己进行核对。

**训练 9**

辨别各种声音。坐在家里或办公室里，你可以听到数不清的各种各样的小声音，有的是家里的，有的是邻居家的，还有街上的、河里的或你住的那个地方的声音。大多数噪音你是熟悉的，但要把一种和另外一种区别开来并不是件容易的事。如果你从来没做过这类练习的话，请辨别一下这些声音。

**训练 10**

辨别人的声音。要区别家里的人或朋友的声音当然没有问题，但对那些只听过几次甚至一次的声音，辨别起来可能就有困难了。你可能注意到电话里的声音变了，其变化的程度也因人而异。要注意音调的高低和变化,注意说话的模式和速度,下次再听到时,设法把它们辨别出来。

**训练 11**

另一个好的方法是听收音机。随便选一个台，收听收音机里的声音。如果觉得声音很熟悉，想办法辨别出讲话的人来，随后再核对一下是对是错。如果你记得说话人的面孔，但想不起名字，查查节目预告或等到节目完了时注意听一下。一般说来，结束时会重提一下他们的名字。

这些练习要反复做，直到你比较熟练为止。

**训练 12**

在有条件时经常做一做如下的练习：在看到一辆汽车或自行车时，用两秒钟的时间看完它的车牌号，然后马上闭上眼睛，回忆这个号码。开始时可能不习惯或回忆不上来，但经过一段时间的训练，观察能力就会越来越敏捷，六七位的数字只要扫一眼，马上就能回忆出来。

**训练 13**

回忆自己比较熟悉的一个人的相貌，回答下列问题：

（1）他的脸形与脸色；

（2）头发的颜色和发型；

（3）鼻子的形状；

（4）眼睛的特点；

（5）眉毛的形状及浓淡；

（6）牙齿的情况；

（7）下巴的形状；

（8）耳朵的特征。

要求：回答完后，下次见到他时，再进行仔细观察，就会发现自己尽管很熟悉他，但对他观察得很不够。

# *4.* 记忆的巩固：复习

不断重复是最好的记忆方法，好的东西是反复镌刻在记忆碑上的乐曲。

前面所说的：注意、观察、联想等所有帮助我们记忆的事物，要怎样才能确切地运用于记忆呢？这里有几个法则我们要说一说。

前面也曾说过，我们铭记的事物，保持在脑子里的印象，一遇到机会，常会再度出现于我们的意识里，有时无须借助于意志的力量，也会突然浮现出来，这样的出现，叫作"再生"。可是，实际上我们所经历过不知多少的事物中，能铭记、保持、再生的，不会有许多。假如你现在将一本课本阅读几页，发现新字并把它记录起来，依照本书所讲述的法则而去集中注意力、查阅辞典理解它们的意义，在脑子里造成联想等，过了几天之后，将它们在脑子里"再生"出来，试看所记忆的有多少？

然后，你仔细检查所记得的新字，它们在课本里哪页读过，重读过的有多少次？那么你便会发现它们大部分是你重读次数比较多的。

为什么重读过的新字容易"再认"呢？这个理由，心理学家艾宾浩斯曾发现使人惊异的关于忘却的情形。

艾宾浩斯在研究实验中，发现人们记住的事物，在最初的一天至第二天会很快地忘却。他的实验方法，是让被试者用多种方法去记忆没有意思的音节，结果是：

| 时间 | 忘却率 |
|------|--------|
| 20 分钟内 | 47% |
| 2 日后 | 66% |
| 6 日后 | 75% |
| 31 日后 | 79% |

艾宾浩斯教授获得的实验结果，还经过了不少心理学家的研究试验，所得的结果也大致相同，证实了他实验的正确。

从上面心理学家们的研究结果，我们可以知道，凡对一件事物初学会的时候，是最容易忘却的，所以我们必须要及早予以复习；如果对初学的事物不注意作及早复习的话，所学过的事物，其中的细节部分，一定会首先被忘却。

所以，我们对于新学得的字也好，任何事物也好，一定要多多复习。如果我们要深刻地记忆一件事物，就必须要在学习之后的几个小时内加以复习。而必须要记忆的事物，在学习后的第一个星期内，更要规定复习的时间，才可以收到效果。例如四五个人见过面后，要将他们的姓名和面貌记忆起来，那么就要在会见后的几小时内把他们的姓名和面貌反复回想，至晚上睡觉以前，又再回想几遍，这样才不容易忘却。

对新的事物或新字保持记忆而进行复习的时候，可有下列两种方法：

1. 分散法——复习 30 分钟休息 5 分钟，再复习 30 分钟后又休息 5 分钟，这是一个有规律的间隔；
2. 集中法——学习下去不做休息，继续学习到记住为止。

这两种方法哪一种比较好呢？根据心理学家们的实验结果，证明了分散法的效率比较高。

如有一个人规定每天练习钢琴 30 分钟，另一个人则规定每逢星期日练习两个小时，结果那个规定每天练习 30 分钟的人的成绩，一定会比每星期练习两个小时的好，这是分散法比集中法效率高的一个证明。

可能人们的集中能力是各有不同之处的，有些人在学习 10 分钟之后要休息 7 分钟的时间，有些人却只休息 3 分钟就够了。总之，分开短时间来学习和练习，比起长时间持续的疲劳学习的效果要好。

上面所说的情形，不少心理学家和生理学家曾做过许多精密的实验，都已获得验证。不过在休息的时间中，却要尽力避免做那些与所要记忆事物有关的精神活动，最好能做一些轻松的运动。因为，新的、要铭记的事物，往往在休息的时间中做整顿，以与其他的记忆连接而定格在脑中。

休息的时间虽然是很短的，但却具有很大的作用。它可以使我们恢复新鲜的身心。同时，我们在经过一段时间休息之后，对于同一件事物，更会产生出新的兴趣来。

例如我们在阅读一篇文章的时候，往往并不完全明白文章中所包含的意义，可是经过了一个短时间的休息之后，我们很可能就会发现文章的新意义来，这时候我们就有了新的兴趣了。可是，只是规定要做规则的复习，对于增强记忆方面还是不够的，必须要有自我的测验，才可以获得令人满意的良好效果。自我测验的方法，最重要的是进行自己背诵。心理学家雅沙·埃·基治的意见是，人们学习的时间，应以 80% 用于背诵，以 20% 用于阅读，因为背诵对于记忆是最有功效的。

自我测验、背诵，都是自己督促自己的方法，所以都能获得良好的效果，因为：

第一，自我测验可以使用变化的方法去反复阅读同一篇文章的某一节。

第二，自我测验适于观察自己成功和失败的原则。你意识到自己的进步，可能增加你的勇气和自信；犯了错误，则又可以努力改过。

第三，自我测验能增强阅读时的注意力，从而可以得到正确的理解和观察。

我们对于学识或其他事物，如果经过彻底的学习，总比粗心大意学习记忆得长久，因为粗心大意学习，在学习的时候既不会作强力的注意，学习过后，又不做复习，自己认为已记住了，事实上到日后回想起来，脑子里一点也没有留存，这是不妥当的。

我们对于学识或其他事物的学习，要得到长久的记忆，就必须作彻底的学习，即是在学习过之后，一定要有规定的时间来复习它们，这样，才有可能把它们确切地记住，并且记忆得长久，心理学家把这种复习的方法叫作"过剩学习"。

但如果我们对于学识或事物只是一味地学习，过后并不将它们应用也是会忘掉的。如对一种学识或事物作过剩学习，初期能很努力，以后规定每隔一定时间就予以复习，那么就会有长时间的记忆。

例如我们听过一个词汇，如果只听过一次，就很容易忘掉；但我们若"过剩学习"，即在初学会之后，不断地练习和使用，那就不会忘却了。

综合上面的情形，我们可以得到增强记忆力的几条定律：

1. 新的事物、新字、人物、观念等，要尽可能地反复温习或回想，使它薄刻地固定在脑海中；

2. 新的事物或新字，要有规律地间隔反复使用；每次不要过多；

3. 在记忆的时候，要反复作自我测验的背诵；

4. 学习了一种事物，以后常常都要背诵温习。

从前面所叙的定律中，可以看到记忆的方法是千变万化的。

记忆的定律，不论应用到什么地方，也只不过是一种手段，这是没有什么秘密可说的。因此，最好采用适合自己实际情况的定律。或者我们可以将这些定律逐条试用，其中那些对自己没有帮助的就把它舍弃。

这样，我们就可以从中发现最好使用的方法，从而选择适合自己的予以采用。

有些时候，会有这样的情形，就是自己以为保持在记忆中的事物，忽然忘记了。

例如一位意大利人看到了一株树的时候，说："唔，这树英语叫 peach（桃）吗？是不是呢？"

当他苦思不决时，旁边有人说："是 cherry（樱桃）呢，还是 pine（松树）呢？"

其实他本来已记得这株树的英文叫 cherry（樱桃）的了，但嘴上却说不出，所以旁人一对你提起，你便立即说出这是 cherry 来。

上面这种话到嘴边而又说不出来的情形，我们常常会遇到。人们对曾经见过的事物的记忆，本来就有"自发再生"的作用，而这种情形显然通过"自发再生"的作用是不能完成的，但对曾经经历的旧经验还存有"再认"的认识作用，所以不能说这是忘记。

"再认"作用于我们的记忆。如有些事物我们以为是忘记了，可是一看到或一听到的时候，又会从"再认"的作用中记忆起来，这种情形，就是由于有多种感觉相辅而得到的效果。

## ＊复习的训练

### 训练 1

利用录音机来锻炼自己的记忆速度。以背课文为例，步骤如下：

第一步，按朗读速度录下课文中每句话的一两个词，即在录音时先默读，到该词时出声读，对句中其余的词默读就行了。然后放录音，同时背诵课文，让录下的词提示自己在有限的时间内顺利地背出来。录音前，在准备发音的词下标号，避免遗忘，以保证录音过程顺利进行。

第二步，将背诵课文中容易出错的地方的正确语句录下来，再在放录音的同时小声背诵。尽量做到不让自己背诵速度慢于录音速度，也不要企图靠录音提示，而是自己主动回忆，背错或背不出时，倾听录音机发出的正确读音。

第三步，录一遍完整的课文，抢先在放录音前两三秒开始背诵。如果没有把握，先跟录音同时背诵一次。

如果是政治之类的内容，把提出的问题录下，如"请解释什么是爱国主义"，录下这句话后留出一段刚够回答这个问题的时间，然后又录"请解释什么是国际主义"，再留出刚够回答的时间。这样迫使自己适应迅速回忆。

如果用词汇做训练，在用快速记忆法记下后，将这些词汇录三遍：第一遍隔三秒出现一个词汇；第二遍隔两秒；第三遍隔一秒。然后放录音，争取在录音机发音前回忆出词汇。由于间隔时间不断缩短，迫使反应速度逐步加快。

另外，可以将英语单词组对，录下其中之一，在放录音时听到录音机读出一个单词，要立即反应出对应的另一个来，紧接着又到下一对，不允许有空隙时间。

训练 2

限时限量回忆训练是要求在一定时间内规定自己回忆一定量材料的内容。例如一分钟内回答出一条政治问题，五分钟内回答出一本教材的要点等。这种训练分三个步骤：

第一步，整理好材料内容，尽量归结为几点，使回忆时有序可循，整理后计算回忆大致所需的时间；

第二步，按规定时间以默诵或朗诵的方式回忆；

第三步，用更短的时间，只在大脑中以思维的方式回忆。

在训练时要注意两点：

一是开始时不宜把时间扣得太紧，但也不可太松：太紧则多次不能按时完成回忆任务，就会产生畏难的情绪，失去信心；太松则达不到训练的目的。训练的同时还必须迫使注意力集中，若注意力分散了将会直接影响反应速度，要不断暗示自己。

二是训练中出现不能在规定时间内完成任务时，不要紧张，更不要在烦恼的情况下，赌气反复练下去，那样会越练越糟。应适当地休息一会儿，想一些美好的事，等自己心情好了再练。此外，对反应速度训练意义的理解，会对训练本身产生良好的影响。从时间计算上来看，假使我们回忆的速度可以提高30%，那么，就能腾出更多的时间来进行创造，相对而言，可以说是延长了我们的生命。回忆的速度提高了，学习效率就会相应提高，这样，取得优异成绩的可能性将更大了。了解这一意义，我们的训练就有强劲的动力了。

为了加速训练过程，在每次训练时，将它与自己的长远目标联系起来，每次训练都要向目标走近一步，这样就会产生兴趣，使训练越来越容易。还可以进行"自我奖励"，即给自己发奖，比如说，你暗示自己："快些回忆完这个内容，让你吃一个苹果。"到完成任务休息时，就真正享用奖品。这能使我们感到胜利的愉快，保持最佳心情去解决问题。实际上，也是要求我们给每次训练订出目标：最近目标——完成任务，取得奖赏；较长目标——争取考试成绩提高；最终目标——不断向事业成功进取。

提高反应速度的训练还可以利用各种时间空隙，在车上、路上、开会前，都可做限时限量的回忆训练，既可增强记忆，又可锻炼在不利情况下集中注意力。

第 3 章　神奇的记忆魔法

> ╱快速记忆并不是什么神奇的事，记忆女神用她那魔法，让每一个追随者都能拥有惊人的记忆力。╱

# *1.* 代码记忆法

**卓越的记忆法则使我们以最小的投入，获取最大的回报。**

代码记忆法将为你展示怎样用实物（它们可以用图表示），而不是用数字来表示。这并不是一个特别新颖的想法，它首先是由斯坦尼斯劳斯·明克·范温斯克大约在 1648 年介绍给我们的。1730 年，英格兰的里查德·格雷博士对这个观点加以修改，他把这种想法称为"字母或数字对应词"。这种想法很了不起，方法却有点笨拙。因为在他的系统中不仅用了辅音，也用了元音。从 1730 年以来，这种想法虽然在根本上没有发生变化，但也做了许多修改。

为了使你学会这种方法，你必须首先学会一种简单的语音字母表。没必要感到灰心丧气，这个表只有 10 个音，用不了 10 分钟你就可以学会它们。这将是你花去的时间里最有价值的 10 分钟。因为这一语音字母表最终会使你以认为绝对不可能的方式记住数字或者是与其他事物有联系的数字。

现在就 1、2、3、4、5、6、7、8、9、0 每一位数字给你一个不同的辅音，你必须记住它们。为便于记住每一个辅音，现在在给你一个"记忆帮助"，仔细地并全神贯注地读这些辅音。

代换数字 1 的音总是——t 或 d，字母 t 有一笔向下。
代换数字 2 的音总是——n，打字机打出来的 n 有两笔向下。

代换数字 3 的音总是——m，打字机打出来的 m 有三笔向下。

代换数字 4 的音总是——r，"four（4）"这个词的最后一个字母是 r。

代换数字 5 的音总是——l，罗马数字的 5 是 l。

代换数字 6 的音总是——j，ch、sh 和发软音的 so 字母 j 转个方向就有点像 6。

代换数字 7 的音总是——k，发硬音的 c、发硬音的 g。7 这位数可以用来组成 k。一个 7 正写，另一个 7 倒写（k）。

代换数字 8 的音总是——f 或 v，手写体的 f 和 8 都有两个零，一个在另一个之上。

代换数字 9 的音总是——p 或 b，数字 9 翻过来是 p。

代换数字 0 的音总是——s 或 z，z 是单词"zero"（零）的第一个音。

如果你努力去将每一个小小的记忆都用图表示的话，你会很轻松地记住它们。记住字母并不重要，我们只对声音感兴趣。这正是为什么把这个叫作语音字母表的原因。对有的数字，给了不止一个字母，但这些字母的语音在每种情况下都相同。你的嘴唇、舌头和牙齿都以一致的方式来发 p 和 b，p 和 v，或 j、sh、ch 等等。表示惊叹的词"哎呀（gee）"中的字母 g，其读音按语音字母表将代表 6 这个数字。然而在"去（go）"这个词中的 g 却代表 7 这个数。在"大衣（coat）"这个词中的 c 代表 7 这个数，而在"分币（cent）"这个词中 c 字母却代表零。因为它发"s"的音。在"膝盖（knee）"或"刀（knife）"中的 kn 字母表示 2 这位数，因为 k 不发音。记住，重要的是发音而不是字母。

现在将下面列举的数字对应关系读一遍：

1. t（d）　　2. n　　3. m　　4. r　　5. l

6. j    7. k    8. f（v）    9. p（b）    10. s（z）

将这一页翻过去，看看你是否记住了从 1 到 0 的声音。把它们的顺序打乱，考考你是否记住了它们。到现在为止，你应当把它们全部记住。可以再给你一种记住这些发音的方法，即告诉你这个毫无意义的短句：TeN MoRe LoGic FiBS。这将帮助你记住从 1 至 0 的发音。可是还是有必要不按顺序地认识它们，这样你才不至于在很长的时间内都依赖那个毫无意义的短句，给你提供的那些记忆方法其实已经足够了。

这个简短的语音字母表最为重要，你要不断练习这些发音直至它们成为你的第二天性。只有达到这种程度，掌握系统的其余部分才可能水到渠成。这里有一种可以帮助你完全学会这些发音的练习方法：无论什么时候看到一个数字时，你心里都把它变为声音。例如，也许你看到一个汽车牌照上的数字是 3746，你能够把它读作 m、k、r、j。你可能看见一个地址 85—29，就能把它读作 f、l、n、p。你可以看着任何一个单词，将其分解成数字。"摩托（motor）"这个词是 314，"纸（paper）"这个词是 994，"香烟（cigarette）"这个词可以分解成 0741（双写的 tt，与单分的 t 的发音相同，因此它表示数字 1，而不是 11）。

a、e、i、o 或 u，这些元音在语音字表中没有任何意义。字母 w、h，或者 y［记住"为什么（why）"这个词］也是如此。

在继续往下学之前，请做下面的练习。第一栏的单词应当变成数字，第二栏的数字必须分解为发音。

climb（爬）——            6124——

butler（男管家）——         8903——

chandelier（枝形吊灯）——   2394——

sound（声音）——          0567——

bracelet（手镯）——        1109——

你现在准备学习提到过的一些"代码"，但建议你在进入学习"代码"前，彻底掌握这些发音。好啦！因为我们现在知道了所有从1到0位数相应的语音发音。

你可以看到我们能为任何一个数选择一个词，无论这个数包含了多少位数字。例如：如果我们要为21这个数选择一个词，我们可以用下边任何一个词：net（网）、nut（坚果）、knot（结）、gnat（小昆虫）、nod（点头）、neat（整洁）、note（笔记）、knit（编织）等等。因为它们都是以n（2）这个音开头的，以t或者d（1）这个音结尾的。再如14这个数，我们可以用tear（眼泪）、tire（轮胎）、tort（侵权）、door（门）、tier（包扎工）、deer（鹿）、dier（可怕的）、dray（马车）、tree（树）等等来表示。因为它们都以t、d（1）这个音开头，以r（4）这个音结尾。记住我们只对辅音感兴趣。

你想得出怎样组成这些词汇的方法吗？如果你知道了，那么我们就再往前走一步，给你第一批"代码"。我们给你的每一个代码词都是加以特殊选择的。因为相对来说它们比较容易在你心里变为图像，这一点很重要。

由于数字1只包括了一位数。那个1是由t或d来表示的。我们必须使用只包含一个辅音的词，这个词是"tie（领带）"。从这里开始，"tie（领带）"这个词对你来说将一直代表1这个数。

正如我们所说，很重要的一点就是把这些事物变成图像，因此有必要对这一点作些解释。"Noah（诺亚）"这个词一直代表2，想象一个白发苍苍的老人在挪亚方舟上。

"ma（妈妈）"这个词一直代表3，在这里建议你想到自己的母亲。

"rye（燕麦）"这个词一直代表4，你可以想象一瓶燕麦威士忌或是一卷燕麦面包。一旦你为这个或任何一个代码词决定了一幅特别新颖的图像后，今后一直都用那幅特别的图画。现在你知道怎样找到这些词汇了吗？它们全部都只有一个辅音，那个辅音表示这个数字。

"law（法律）"这个词一直代表 5，这个词本身不可能用图表示。我们建议你想象穿着制服的法官，因为它们是法律的代表。

"shoe（鞋子）"这个词一直代表 6。

"cow（母牛）"这个词一直代表 7。

"ivy（常春藤）"这个词代表 8。对这个词，你既可想象到毒漆树，也可想到绕房而生的常春藤。

"bee（蜜蜂）"这个词一直代表 9。

10 有两位数 1 和 0。因此 10 的词必须由一个 t 或 d 和一个 s 或 z 音按照顺序构成，我们将采用单词"thumb（大拇指）"，想想你自己的大拇指。

通常要记住刚才给你的 10 个完全没有联系的词是有些困难，但如果代替任何数字的词只包括一定发音，你会发现这样做并不困难。事实上，如果你将代码 10 个词读上一遍，注意力稍加集中，你完全有可能知道它们，试试看吧！

当你自己说数字的时候，首先把它想成声音，然后尽量记住。按顺序或者不按顺序地考考你自己，你应该知道数字 3 是"ma（妈妈）"，而不是"tie（领带）""Noah（诺亚）"。这就表明采用小小记忆法之后，你的记忆力很奇妙。你要照着这样做，直到单词变成你的第二天性。当你碰到一个数字，如果你认为你记不住它的代码词，就想一想代表那个数字的发音，并且说出任何你心中想到的以那个辅音开头或者结尾的词。当你说出一个正确的词，就会增强你的判断力，你将知道这个词是正确的。例如：你想不出数字 1 的代码词，你可以对自己说："玩具（toy）、拖纤（tow）、茶（tea）、领带（tie）。"当你刚说出"领带（tie）"时，你就知道那个词是正确的。

现在你能看到我们做了些什么，接着你要逐步熟悉每一个项目。首先帮助你记住语音发音,那些发音又是你记住那些重要的代码的帮手，而代码词又将帮助你记住涉及数字的一切东西。现在看看你是否熟悉这些代码词。

1. tie（领带）            6. shoe（鞋）

2. Noah（诺亚）          7. cow（母牛）

3. ma（妈妈）            8. ivy（常春藤）

4. rye（燕麦）            9. bee（蜜蜂）

5. law（法律）           10. thumb（大拇指）

如果你完全掌握了最初的这10个代码词,我们将告诉你怎样用它们来记住有顺序和无顺序的事物。给你10样物品，不按顺序排列，并证明你在读一次后就能记住它们！

9—钱包（purse）          5—打字机（typewriter）

6—香烟（cigarette）       2—电视机（TVset）

4—烟灰缸（ashtray）       8—手表（wristwatch）

7—盐瓶子（salt shaker）    3—灯（lamp）

1—钢笔（pen）            10—电话（telephone）

列在表上的第一项是9——钱包（purse），你要做的事是使9变成一个代码词，即蜜蜂（bee）并在这个代码词和"钱包"之间产生一种荒谬的或非逻辑的联想。如果你已认识到确实在心里"看见"这些荒谬的联想的重要性，就不会有麻烦了。对这一项，你可以想象你自己正打开一个钱包，一群蜜蜂从里边飞出来螫你。将这幅图"看上"一会儿，然后看另一幅。

6（鞋子shoe）——香烟（cigarette）。你能"看见"你自己吸一

075

只鞋而不是一支烟，"看见"有几百万只香烟从鞋中掉出来，或者"看见"你自己穿着巨大的香烟而不是鞋子。

4（燕麦 rye）——烟灰缸（ashtray）。你可以"看见"你自己在把烟灰弹进一个勺形的燕麦面包卷而不是一个烟灰缸，或者你正给一个烟灰而不是给一片面包抹黄油。

现在在教你把每项物品与和它相应的代码词荒谬地联系起来的一种或更多的方法。对每一项你只能用这些图画中的一幅，用我们给你的那幅，或者你自己想到的那幅。你心中最先想到的非逻辑图画往往是最为适用的，因为那幅画在以后还会出现在你心中。在练习记忆以上 10 个项目时，我们会给你帮助，因为这是你第一次试用这种方法。在这以后，你就应该独自使用这种方法了。

7（母牛 cow）——盐瓶子（salt shaker）。想象你自己在给一头母牛挤奶，但挤的是盐瓶而不是乳房，流出来的是盐而不是牛奶。

3（妈妈 ma）——灯（lamp）。你可想象你母亲戴着一只巨大的灯而不是一顶帽子，看见灯开了又关上。

5（法律 law）——打字机（typewriter）。你可以"看见"一个警察将手铐放在一个打字机上，或者你看见一台打字机走在警察经常巡逻的路上，像警察一样晃动着一根警棍。

2（诺亚 Noah）——电视机（television set）。你可以想象诺亚乘着一台电视机而不是乘一只方舟航行。

8（常春藤 ivy）——手表（wristwatch）。你可以"看见"几百万只手表而不是常春藤生长在你的房子周围，或者你可以"看见"你自己戴的不是手表而是常春藤。

1（领带 tie）——钢笔（pen）。想象你自己戴的不是领带而是一支巨大的钢笔，或者你可以"看见"你自己用领带写字而不是钢笔。

10（大拇指 thumb）——电话（telephone）。"看见"你自己正

用你的大拇指拨电话盘，或者你拿起电话，其实拿的是你的大拇指（有可能与一只鞋跟说话）。

现在，取出一张纸，从 1 到 10 编上号，尽量按顺序填入物品，不要看书。当你碰到数字 1 时，只要想到你的代码词"领带（tie）"，你立刻会回想起戴着钢笔而不是领带的荒谬图画，于是你认识到数字 1 即钢笔。当你想象诺亚时，你会看见他在一台电视机上而不是在方舟上，于是你知道了数字 2 是电视机。

你很容易记住这一切，妙不可言之处在于你也能不按顺序地记住它们，当然你可以看到这样做并没有什么两样。你也可以倒着顺序把它们叫出来——只需想到 10 的代码词"大拇指（thumb）"，就能逐步回到"领带"那里。

现在你应当为自己的能力感到吃惊，学新的代码词时，应当和你学前 10 个代码一样。当完全掌握了它们之后，在你朋友身上做做试验。让他们将一张纸从 1 到 20 或 25（或者随便多少，只要你愿意）编上号，然后让一个人随便地叫出那些数字中的任何一个，并且指出任何确切事物的名称。要求他把那个事物的名称写在叫出数字的旁边，一直这样做下去，直到每个数字旁边都有一个事物为止。现在从数字 1 起到最后一个数字读给他听，如果要他说出任何一个数字，你要立刻说出相应的事物；或者叫他说出任何事物的名称，你来告诉他那个事物的数字！

不要让那最后一部分把你吓住，实际上它也没有什么了不起。如果现在问你盐瓶子的数字，你会"看见"一幅荒谬的图画，一头母牛身上有盐瓶子而不是乳房。因为"母牛"是数字 7 的代码词，那么你就知道盐瓶子的数字 7。

当你完成这一切时，看看你伙伴脸上吃惊的表情吧！

等到你知道从 11 到 25 的代码词时，再转入下一节。

11. tot（小孩）            19. tub（浴盆）

12. tin（罐头）          20. nose（鼻子）

13. tomb（坟墓）         21. net（网）

14. tire（车胎）          22. nun（尼姑）

15. towel（毛巾）         23. name（名字）

16. dish（盘子）          24. Nero（尼禄）

17. tack（平头打）        25. nail（指甲）

18. dove（鸽子）

对于"小孩（tot）"，最好想象一个你认识的孩子。对于"12"来说，你可以"看到"有人叫出物品名字，主要是由"锡"做的。至于"坟墓（tomb）"，想象一座墓碑。对"20"来说，你可以"看见"那个物品搁在你的脸上而不是"鼻子（nose）"上。至于"网（net）"，你可以用一个打渔网，一个发网，也可以用一个网球拍。

对于"23"，你可以"看到"你希望记住的组成你名字的物品。例如，那个物品是香烟，你可以想象自己的名字是用香烟印出来的，字体很大很大。如果你认为那个想法不怎么样，你或许可以想象用你自己的名片来代替"名字"，或者任何标志着你姓名的东西。无论决定采用什么图画，你必须始终保持一致。对于"尼禄（Nero）"，我们可以想象一个人正在拉小提琴。

请记住，一旦你决定采用一幅特殊的画来代替任何词，你就得一直采用那幅图画。

在本节结束以前，请学会代替 26 到 50 的代码词，当然这些代码词像所有的代码词一样遵循语音字母表的规则。

26. notch（峡谷）        39. mop（拖把）

27. neck（脖子）         40. rose（玫瑰）

28. knife（刀子）        41. rod（杆子）

29. knob（球形把手）

30. mice（老鼠）

31. mat（席子）

32. moon（月亮）

33. mummy（木乃伊）

34. mower（割草机）

35. mule（骡子）

36. mmch（火柴）

37. mug（大杯子）

38. movie（电影）

42. rain（雨水）

43. ram（公羊）

44. rower（划船者）

45. roll（面包卷）

46. roach（蟑螂）

47. rock（岩石）

48. roof（房顶）

49. rope（绳子）

50. lace（鞋带）

　　如果与26相联系的是香烟，你可以"看见"一支巨大的香烟，上面有一个凹口。至于"割草机"，想象一台草坪割草机。对"大杯子"，想象一个啤酒瓶。你既可以用一根钓鱼竿也可以用窗帘杆来表示41。在将"雨水"这个词与42进行联想时，通常想象雨水正把想回忆起的那个特殊项目淋湿。至于"面包卷"，你可以想象用一个早餐面包卷。

　　在继续朝后学之前，一定要知道从1到50的代码词。你应该知道排在较后的词，也应该知道排在较前的词。练习记住这些词的好方法是用从26到50的代码词有序或无序地记25个事项，把从26到50的事项编上号，而不是从1到25的事项。大约一天以后，或当你感到有些含混不清时，你可以试一试列一张50个项目的单子。如果你拿得准能作出印象强烈的荒谬联想，记所有这些项目，就不应当有任何困难。

## ＊代码记忆训练

### 训练 1

记住下面的数字与字母的对照，看到数字应立即想到对应的字母。

1——t、d          6——j、ch、sh、g

2——n            7——k、c

3——m            8——f、v

4——r            9——p

5——l            0——s、z

### 训练 2

根据下面的字母，写出相应数字。

hypnotize（表述）_____          nail（指甲）_____

top（顶端）_____          butler（男管家）_____

rain（雨）_____          climb（爬）_____

postpone（推迟）_____          husband（丈夫）_____

mess（食堂）_____          name（名字）_____

### 训练 3

根据下面的数字，写出相应的字母。

6124 _____          8903 _____

3308 _____          7025 _____

4362 _____          1189 _____

3721 _____          4763 _____

3461 _____          1001 _____

# $\mathcal{Q}$. 形象记忆法

*记忆就像一根绳，把美好的事物如同珍珠般地串联起来。*

将一张列表中要办理的事情进行归类或置于一个背景下编成故事，人们在记忆日常生活中的大部分琐事时，就能更容易记住。但是，这仍不能保证万无一失，人们可能只记住其中的一部分，除非再掌握一种方法，一种回忆体系，用于核实每件要记住的事物。

一切记忆方法，或一切记忆手段的目的，都在于使记忆不发生漏洞。我们已经学习了代码记忆法，现在要学习另一个记忆体系，一个在古希腊时代已广为人知的记忆体系，其先驱是西莫尼代斯（Simonides）。这种体系使人有秩序地记忆事物，可避免杂乱无章造成的人力和物力上的浪费，如东奔西跑而浪费的金钱和汽油等。因此，它很适用。它还有助于记住整个程序的各个阶段，比如打开冷水加热器的照明小灯；又如以免担心忘记检查某种事而心神不宁，离家外出前必须做的事……一旦掌握了这种记忆方法，人们还可能发现其他用途。这种方法风行达数世纪，只是在发明印刷术后才黯然失色。如同代码记忆体系一样，形象记忆法是形象联想原则的实际应用，我们还要把这一原则应用于许多方面。某些联想可能显得滑稽可笑或牵强附会，但如果这种联想能帮助更好地记忆，又何必计较呢？这些联想只在思想深处进行，除非本人公之于众，否则永远无人知晓。

具有神奇记忆力的人，总是自发地利用藐视逻辑的形象联想。心理学家 A.R. 卢里亚在《神奇的记忆力》一书中描述了俄国记忆学家谢列谢夫斯基的故事，如果人们读一读这本书，就如同进入了一个幻想世界，令人咋舌。谢列谢夫斯基的思维体系是一个银屏，他自然而然地进行形象思维，可以说达到了随心所欲的程度。人人都能掌握和发展同样的技术，但并非每个人都能成为专家，这种技术能增强对个人思维的控制力、提高自信心、不断进步，并能接受遗忘现象，我们将其作为正常记忆过程的一部分。那位神奇的俄国记忆学家，实际上有很大缺陷，因为他怎么也忘不了那些既无重要意义，又无用处的细节。他不能挑选主要记忆材料，往往发生一叶障目的情况。这表明，记忆力和智力是两种不同的能力，虽然两者有机地结合在一起。大部分聪明的人都具有良好的记忆力，但科学研究表明，记忆力好的人并不一定智力好，具有神奇记忆力的人并非人人智商（IQ）都很高。实际上，记忆力、知识和实践，比智商更重要，尤其现在智商的主要衡量标准是根据教育体制下的个人成绩。英国的研究证明，人们能够经过训练而通过智商测验，而且所有人都能在训练中取得不同程度的进步。

　　当然，记忆力—判断力对立论并非新东西。蒙泰涅就是在这种理论的基础上建立了他的反经院式教育的教育学，这一学说的继承人特别强调判断力的重要性。然而现在，在技术培训中，尤其在成年人的技术培训中又出现了新的问题：他们在想象中把一袋粮食的形象"附着"在第一个地点上，比如屠宰场，如果他接着讲战争中的粮食供应问题，就在想象中把一袋粮食的形象"附着"在第二个地点，比如这一地点是个粮店，继续以此记忆方法把演说词的每一部分都安排妥当。为了回想整个演说词，只需从一个地点走到下一个地点，按照自然顺序在内心追忆他的思想脉络。由于演说家把演讲词的第一部分附着于第一地点，把第二部分附着于第二地点，并以此类推，这也就是"第一地点"这一成语的来源。后来，这一成语演变成"首先"的意思。

每位演说家均有他自己的地点顺序，并一贯遵守这一顺序。演说家在阐述互不相关的若干问题时，特地运用这种记忆方法，因为人的思想有分析性，只有在两个主题之间表现出逻辑联系时，才能从一个主题演绎到另一个主题。地点记忆法完全符合人为顺序的需要，因为它能够摆脱逻辑思维的框框。

人们很可能觉得在自己家中走一圈，沿着自然顺序从前门走到后院，并给每个地点（房间）编号，这是很容易办到的。如果记忆事物的数量比现有地点（房间）少，编号是很容易办到的；如果记忆事物的数量比现有地点（房间）多，只要在每个房间内划分几个详细地点即可。例如，起居室可分为如下地点：地毯、沙发、壁炉、留声机、音响设备等，要始终朝同一个方向前进，按顺时针方向前进最好。为记清多次地点记忆顺序，要把每次附着于每个地点上的事物的形象记牢。这样，人们便巩固了形象联想记忆，并能按照已确定的顺序启动回忆。

下面是附着记忆物和地点的列表：

| 附着记忆物 | 地点 |
| --- | --- |
| （1）马车库经营者 | （1）前门 |
| （2）银行 | （2）走廊 |
| （3）邮局 | （3）客厅 |
| （4）洗衣店 | （4）餐厅 |
| （5）超级超市 | （5）厨房 |

左边是要办的事的列表，并按先后顺序排列。右边是记忆附着点，即家中熟悉的地点，可随意按既定顺序排列。

要按下列顺序使用地点"记忆法"。

1. 想一想第一件要记住的事，即找马车库经营者。要在心里想象待修的马车堵在前门口的情景，要让这个"马车经营者——前门口"的联想在脑海里停留一会儿。

2．你对要记住的事做同样方式的想象和联想。至于"银行—走廊"的联想，要使大脑里出现如下情景：有待存进银行的所有支票散落在走廊的地上。

3．至于"邮局—起居室"的联想，可想象要邮走的包裹放在心爱的沙发上，沙发则是整个起居室内较容易看到的家具。

4．在"洗染店—餐厅"的联想中，可想象待洗的衣服丢在餐桌上，又脏又皱、急待送洗，或者有待小心叠好、放在口袋里……

5．最后是"市场—厨房"的联想，这种联想是完全符合逻辑的。因此，可想象厨房空空如也，或做相反的想象，厨房里装满了从市场买来的食品。为了按顺序办理表上的事情，人们只需按照平时的习惯，从一个房间走到另一个房间，原来附着于每个房间的待办事项的形象，便自动涌向脑海。这里只需要花一点儿时间和做微小的努力，便可使联想形象浮现出来，这就是把特定物品的形象附着在特定的地点上的地点记忆原理。为此，要发挥想象力，使特定事物的形象附着在地点之上；而在习惯上，这些物品不应放在这些地方。这里"市场—厨房"的联想，碰巧符合了逻辑思维，这种巧合是极少的。既然必须服从附着物的排列顺序，而且应当一贯遵守同一地点系列，那就绝对不能决定哪个附着物置于哪个地点，这是因为地点是既定的，不能变动的，而且附着物的顺序也是事先排定的。不应当随便进行调整以适应逻辑联想，这样做就扰乱了地点记忆法本身的活动。最好是接受某些稀奇古怪的联想，而且欣然接受。将第一附着物置于第一地点，将第二附着物置于第二地点，以此类推。要用 15 秒钟对附着物置于其地点加以想象，以巩固它们之间的形象联想。对于太容易的联想，必须特别当心，因为这种联想具有很快地转入下一个联想的倾向。必须始终保证处理信息所要求的是最短时间，不应幻想会有不费力的记忆，只有进行了有效的努力，才能保证准确的回忆。

记忆信息在脑子里约保留 24 小时，然后便会消失。地点记忆体系的运行，就像人们使用黑板一样，用粉笔写在上面的字不可避免地要被其他字代替。如果由于某种原因，人们不愿意利用自己的家作为实施地点记忆体系的场所，那么，可用其他场所代替。例如，另外的建筑物、大街或主要街道、贸易中心，甚至马车、衣服上的口袋或手提包，以及自己熟悉的其他场所或物品。可利用的场所和物品不胜枚举。

形象记忆法建立在形象联想的基础上，也就是说，使要记的物品在脑子里形成清晰的形象，并将这一形象附着在一个容易回忆的固定地点上。为了使用这种记忆方法，必须放弃逻辑联想的动机，因为这种思维体系恰恰建立在没有逻辑关系的形象联想的基础上。

首先，必须确定一连串熟悉的地点。这是最重要的一步，不可草率从事！要花时间划定一个由地点构成的固定的界线分明的网络，以用于形象记忆体系。在开始阶段，20 个地点足够了。

第一步，如果愿意的话，可想象和规划一下住宅。从前门开始，按顺序逐个房间进行规划。一旦最后决定了前进的方向，可用箭头做标记，一目了然。在进行回忆的时候，可沿着同一方向在脑子里寻找记忆的轨迹，亦即循着地点顺序进行回忆。在实施这种体系之前，要彻底了解各个地点，并能在脑子里按它们所在的顺序进行想象。

第二步，给各地点命名和编号，可参考如下列表（这是我个人的列表）：

1. 信箱  2. 前门
3. 内院  4. 装玻璃的门
5. 走廊  6. 起居室
7. 客厅  8. 厨房
9. 餐厅  10. 卧室

| 11. 挂衣服壁橱 | 12. 小盥洗室 |
|---|---|
| 13. 淋浴室 | 14. 办公室 |
| 15. 洗涤间 | 16. 蓝色房间 |
| 17. 浴室 | 18. 黄色房间 |
| 19. 花园 | 20. 车库 |

在这一范围内，我们没有在房间内详细划定地点，因为这是一座大住宅，无此必要。如果在一个工作室，我们将按如下方式划定地点：

| 1. 信箱 | 2. 前门 |
|---|---|
| 3. 走廊 | 4. 音响设备 |
| 5. 皮沙发 | 6. 扩音器 |
| 7. 长沙发 | 8. 矮桌 |
| 9. 壁炉 | 10. 棕色椅子 |
| 11. 书架 | 12. 留声机 |
| 13. 餐桌 | 14. 壁画 |
| 15. 装玻璃的前门 | 16. 长靠背椅 |
| 17. 独脚小圆桌 | 18. 落地灯 |
| 19. 挂钟 | 20. 地毯 |

如同大家看到的，划定地点并不困难，每个房间均可详细划定地点。经验告诉我，整个房间作为一个物品形象的附着体，在回忆记忆物品形象时效率更高，因为地点的形象特征越突出，与记忆附着物做形象联想越容易。例如，当我想到厨房时，涌入我脑海里的第一个，也是我最熟悉的物品就是厨箱。我的厨箱是铜绿色的，显得古色古香，比现在市场上能买到的清洁厨箱实用得多。可随便选择附着地点，最好选择自己最喜欢的东西作附着点。在选定之后，不要再变动它们的存放位置。

第三步，要重新在脑子里将选定的附着地点，按顺序或按着既定方向过一遍，要使每个附着地点及其编号显现出清楚的形象。人们应当能够记住选定的地点，因为它们是沿着住宅的自然布局而选定的。既然都是熟悉的地点，就能够在需要时立即按顺序想起它们的形象。还要重读一遍地点的编号列表，检查一下是否能明确清晰地在想象中看到它们的形象。在这一点上，不应有任何模糊不清之处。一位夫人对我说，她总是忘记附着在一张小桌上的物品，因为这张桌子放在门后，那儿光线很暗。要预防这种失误，就不要选择看不清楚的东西作为附着地点，因为这种东西很可能成为记忆体系中的薄弱环节，造成记忆漏洞。

第四步，在确定了各个附着点的列表之后，就要准备使用地点记忆法，按顺序记忆一系列东西。但在此之前，为了避免重犯我多年来容易犯的错误，并保障记忆工作顺利进行，要注意如下几点。

1．避免仓促开列附着地点列表，要从容地安排附着地点系列，以便从此之后不再改变，这是最重要的阶段。细心选择地点，先做练习，以证明其有效性。如果所选地点光线昏暗，其位置又不在自然顺序之中，人们在回忆时，将会感到困难。应当在感觉选定的整个地点系列得心应手之后，再开列图表。

2．避免选择两个相似的地点。例如，沙发旁边的两张同样的小桌，两个相似的大衣柜，两把或几把同样的椅子。可把相似的家具构成一个单独形象。实际上，如果把同一件物品的记忆形象附着在两件相似的家具上，要在回忆时区别这两件家具是不可能的，这对整个附着地点系列起破坏作用。

3．不要选择门作为附着地点，除非这门的形状很特别。为了避免混乱，可把门排除在附着地点之外。各种门大同小异，人们都好像变成幽灵，不知道房间有门。

4．要选择永久性的地点。不要选择经常移动位置的东西作为附着地点，比如书籍。除了永远放在同一地方的干花之外，其他花不可作为附着地点，因为花盆需要经常移动。

5．避免附着在地点上的物品形象太多。开始时，不要试图用此法同时记忆太多的东西，一天一次就够了。形象记忆体系的运用如同在黑板上写字一样，擦掉旧的，才能写新的。最初的几次试验，记忆印象在脑子里停留的时间可能长一些，因为更换新旧记忆材料的间歇时间较长，还因为比以后花费的努力更大。久而久之，由于新记忆材料的联想方式更灵活，旧的记忆形象将逐渐消失。如果在初期，地点唤起的不是一个联想记忆体系的形象，而是两个，那也不要太焦急，只要在这两个形象之间分清新与旧，便可继续下去。如果需要在一天内记住几个物品列表，就要将附着地点分开来使用。例如，用前12个地点记忆市场的12种商品，用13到17的5个地点记忆另外5件事。

不要试图加快形象联想过程。随着实践的增多，人们联想的速度会加快，但毕竟要花点时间，至少要花几秒钟。巩固记忆永远不是瞬间的过程，时间和努力永远是记忆信息深处的组成部分，即使人们没有意识到这一点。

对形象联想加了评论和感觉或感情上的判断，也可加深记忆。这种做法使记忆信息更加个人化，而人的个性表现在许多不同的方面。请看下例：

记忆材料：面包。

形象联想：面包太大放不进信箱里去。

感情判断：不得不把面包碾碎，真可惜。

不要拒绝做不合理的、稀奇古怪的、不合逻辑的联想。毫无疑问，人们将以逻辑的名义反对形象记忆体系。人们会说："这是彻头彻尾的愚蠢。"但不妨尝试一番，人们将看到这类联想对于记忆所带来的效率！

要有耐心。为了取得成功的机会，就要费时间，领会形象记忆法的精神实质，将它视为有效的工具，并能最终得心应手地加以运用。

## ＊形象记忆训练

### 训练1

竖着列一张旅游必备物品的列表，并与已选定的地点列表并列在一起。将第一个地点与第一个附着记忆物作形象联想，将第二个地点与第二个，将第三个地点与第三个，依次进行到底。最后，看着地点列表，回忆附着在各地点上的物品。

旅游必备物品如下：

（1）护照　　　　　　　（2）马车

（3）旅游支票　　　　　（4）轮船票

（5）通讯录　　　　　　（6）留声机

（7）洗漱用品　　　　　（8）吹风机

（9）刮须刀　　　　　　（10）雨伞

（11）游泳衣　　　　　 （12）药品

（13）针线活用品　　　 （14）防晒霜

（15）洗衣用品　　　　 （16）太阳镜

（17）旅游鞋　　　　　 （18）风雨衣

（19）太阳帽　　　　　 （20）家里的钥匙

### 训练2

这里的三个列表是由不同词汇组成的，这些词汇是按照心理学家使用列表的方式排列的。不过，这些列表只为形式练习使用，毫无实际用意。要逐渐研究这些词汇，从第一个词汇开始，并用地点记忆法记住10个词汇，然后再加上5个，设法记住列表1的20个词汇；接着用同样方式学习列表2；至于列表3，开始时先记15个词汇，然后再加上最后的5个。三个词汇表如下：

|  | 列表 1 | 列表 2 | 列表 3 |
|---|---|---|---|
| 1 | 木柴 | 狗 | 猪 |
| 2 | 火堆 | 火柴 | 沙子 |
| 3 | 大象 | 餐盘 | 汤匙 |
| 4 | 叉子 | 书 | 杂志 |
| 5 | 岩石 | 花 | 草 |
| 6 | 稻草 | 后桅驶风杆 | 蜜蜂 |
| 7 | 餐巾 | 岩穴 | 松树 |
| 8 | 火 | 雾 | 玉米 |
| 9 | 货场 | 房间 | 雨 |
| 10 | 厄运 | 羽毛 | 黑麦面包 |
| 11 | 脚 | 手 | 抓伤 |
| 12 | 牙医 | 医生 | 外科医生 |
| 13 | 水 | 风 | 拿 |
| 14 | 心理因素 | 两倍 | 狡猾的人 |
| 15 | 月饼 | 背 | 醋渍小黄瓜 |
| 16 | 洗澡 | 修女 | 护士 |
| 17 | 葡萄酒 | 威士忌 | 马 |
| 18 | 十字架 | 星 | 法律 |
| 19 | 三角形 | 正方形 | 圆圈 |
| 20 | 愤怒 | 害怕 | 爱 |

看了这些五花八门的词汇表，只要没有不适之感，便可用于形象记忆法的集体练习。请大家逐个读词汇，并跟着做附着地点的形象联想记忆。然后，按既定顺序沿着地点路线走一遍。最后，当人们记住

全部词汇时，便能见号知词了，而不必再按顺序背诵。这种练习提高记忆力效果更为显著。

**训练3**

现在，详细叙述怎样用地点记忆法记住烹调木瓜子鸡的菜谱。

（1）在第一地点信箱上附着如下形象：几只褪毛开膛的子鸡，全身涂了一层加咖喱的人造黄油，放在一只盘里待烤。

（2）在第二地点前门上，移植如下想象：把子鸡放入烤箱中层，烤箱门上的温度计显示红色阿拉伯数字4。

（3）在第三地点内院中，寄托的形象是：在一只碗里放着搅拌好的水果、洋葱、辣椒、柠檬等调味品，当定为30分钟的计时器响铃时，把碗里的酸辣调料浇在烤黄的子鸡上。

（4）在第四地点玻璃房门上，嫁接如下想象：一个金黄色的木瓜被切成小方块，堆放在子鸡周围。在定为10分钟的计时器响铃时，烤熟的木瓜散发出热气。

（5）在第五地点走廊里，附着的形象是：碾碎的大米已经蒸熟，将用为烤子鸡的配餐。

将烤子鸡的全过程在脑子里重新过一遍电影，可使人们准确地掌握时间。烤子鸡共需一个小时，分五个阶段。

这只是一个运用形象记忆法的小例子，人们还可以把烤子鸡的程序划分成更多的阶段，用更多的地点附着记忆。当上述划分方法有其好处，这就是在一个形象联想中，同时想象几种调料混合在一起比较容易。这样，人们能够获得十分确切的形象，忠实地反映调料的构成成分及其混合后的浓度、颜色和口味。这种形象想象法还能塑造极其逼真的形象，可用于记忆大部分菜谱。如果你从朋友那里得到一份新菜谱，便可用地点记忆形象联想法进行记忆。

**训练 4**

每天开一张实用物品列表，并对练习记忆的方法加以评述。在开始练习时，要重读和想象一次附着地点。对自己的附着地点，要做到极其熟练的程度。在头几次练习过程中，在记忆材料时，可看一遍地点列表，不久之后，人们将不再需要这样做。开始时，选用 10 件记忆物品做练习，然后用 15 件，最后用 20 件。此外，还要把练习方式和遇到的困难记下来。可以按照这一节中所举的几张列表范例进行练习，但最好创造自己的列表。因为，使用自己创造的列表，会增强练习的兴趣，更有助于提高记忆力。创造个人列表的内容十分广泛，比如，需要办的事情、要买的东西、个人财物、珍贵物品、关心的事物、主要愿望、需要在电话上对某些人说明的事情，等等。要使用自创的列表，这比照本练习有趣得多。

抓住一切实践机会运用形象记忆体系特别重要，因为这样做非常有利于改善记忆力。如同观察能力一样，形象记忆体系也会逐渐成为人们日常生活中不可或缺的组成部分。日常生活中的实际应用，会加速对这个体系的掌握。常用的东西不会忘记。常用记忆力，就可避免记忆力衰退。

# *9.* 鸟瞰记忆法

知识渊博的人必定具有良好的记忆力，否则再多的知识也会化为乌有。

你小时候是怎样记住知识的呢？

也许你和我们大多数孩子一样一次记一节吧？一般来讲，儿童时期记诗都采用这一方法，但实验显示这不是一个好方法。

如果你还能回忆起来的话，我们前边讨论过某样东西越是生动，记得就越容易。把一个有着完整意思的句子拆开，就使得它失去了对文章的固有结合力，记起来自然要难多了。

当然并不是所有的回忆和记忆都会被割裂、破坏。

为了在记忆的尺度方面更上一层楼，你必须学会使用整体与部分相结合这一方法。也就是说，如果要记的东西不是很长，那么整体记忆则是上策；反之，如果要记的东西太长，不好以整体的方法来记，这时也最好先从整体的角度来理解全文，然后再将它分成尽可能少的几部分，这样记起来就容易得多了。

回忆一下你在学校背诗、背课文的情景：放学后开始背，背了一段之后就开始忘了，过一会儿又接着背第二段，这样反复看，最后你终于背完了末段。这时你以为你已能将全部诗（或课文）背下来了，你当然可以这样想。但就在你背诵全文时麻烦就来了，从一个段落跳到另一个段落，其连接处是你最紧张的地方。

心理学家对此的解释是：全诗的整体意思已不存在了，你只找到了段落内的联系，但段与段之间的联系你却没有找到。

使要记的东西在大脑中产生一个完整的形象，这叫作"鸟瞰记忆法"。对于量较大的东西我们要分开来记，但关键在于要使每部分都要尽量完整，并能与上下文有力地联系起来。

在这方面，内战期间的林肯就是个典范。

在一次招待会上，林肯一反常规，采用先让众人把问题提完他再讲话的形式，目的是使自己的讲话不会被打断。大家一个一个地提问，最后，林肯把他们的问题在40分钟之内统统做了答复。他这种方式就是采用了鸟瞰记忆法，抓住每一个问题的核心把它记下来。人们惊奇地发现，他在回答这些问题时，还能把目光转向刚才提问的人。在一次国会听证会上，他空手步入讲台，凭借自己的记忆回答了所有问题。这当然也是采用了鸟瞰记忆法。

鸟瞰记忆法还可以应用在对人名、长相等的记忆中。一些记忆专家们也曾用它表演他们的"拿手好戏"。

整体记忆也越来越多地被运用到对运动员的训练之中。例如某国的运动队在训练过程中，采用"自我暗示"的训练方法。教练员不进行分解动作的教学，而是向运动员讲解整体的、连贯的动作，并配以示范，最后再由运动员自己试做几遍。对练习中出现的不足，也采用自我暗示的方法加以纠正：运动员躺在地板上，闭上双眼，回忆自己做每个动作的形象，以便检查自己的不足。

篮球训练的实验证明：甲组在20天中每天进行20分钟的实际投篮训练；乙组在20天中不作任何投篮训练；丙组在20天中每天只做30分钟的模拟投篮动作的训练。最后的结果是：

甲组得分提高24%；

乙组得分提高 0%；

丙组得分提高 23%。

国际象棋冠军阿鲁卡因，在成为冠军之前曾把自己关在农村的房舍里，戒了烟酒，每天除了一些身体活动外，主要把时间用来进行这种"鸟瞰法训练"。他以自己为假想敌，反复思考怎样击败他们。

棋坛大师与多名棋手同时对弈的事情已不再是什么新闻了，但他们在对弈中体现出的记忆力却一直是被人称颂的。其中主要方法也是"鸟瞰记忆方法"。

心理学家们的研究发现，人的短时记忆是以组块（chunk）为单位进行的。构成每一组块的信息量是相对的。一个字母、一个单词、一个词组，乃至一个句子都可以是一个组块。组块内部的信息是互相连接的，而不是各自孤立的。实验证明，短时记忆所能保持的组块数为 7±2。例如：

"图书馆，碳水化合物，恋爱"

这可视之为三个组块，但若我们将它们打乱，就成为：

"书爱水图化恋馆物合碳"。

这就构成了 10 个组块，记起来也就难多了。

利用组块来帮助增加记忆容量是一个好方法。只要我们多留意，生活中有许多东西都可以通过"分块"来简化。比如电话号码：6449361。把它分成 644，936，1 这样三块来记要比单记 7 个数字容易得多。当然，如果你能看出这组数字内部的关系 64，49，36，1 分别是 $8^2+7^2+6^2+1^2$ 那就更容易了。

不断有实验证明，采用鸟瞰的整体方法要比部分法在时间上节省20%。有个最著名的实验：一个年轻人拿着两首诗，每首 240 行，其中一首用整体法来背，另一首用部分法来背。实验要求他每天学 35 分钟直至最后完全背下来。结果使用整体法每天背三遍，只花 10 天，用了

348 分钟；而使用部分法每天背 30 行，却花 312 天，共用了 431 分钟。

可以看出，鸟瞰法比部分法可少用 83 分钟。但也有一些实验显示：由于长度的不同，有时部分法则显得更经济一些。假设某材料很长，记忆顺序为 ABCD……这时，你可以用这样一种方法：先记 A，待 A 完全记下来后再记 AB，之后再将 ABC 连在一起记。这样，到最后不但该材料全部记下来了，它的各部分之间的联系也同时得到了加深。这样做与"各个击破"之后再把它们连贯起来的方法相比，它的"整体感"加强了。不足的是，它的前部重复次数多于后部。但若将记忆过程略加调整，如：ABC → BCD → CDE……这样就可以避免力量分配不均了。

鸟瞰记忆固然有其优点，但当文章太长，材料太多，无法使用整体记忆时，不如化整为零。例如，连续 4 个小时的学习不如学 50 分钟休息 10 分钟，或把它们分为一天一小时，这样做的效果会更好些。

心理学家阿尔玛做了这样一个实验：他让两组智力水平差不多的学生读经济方面的材料。第一组每天读五遍；第二组每天读一遍，连续读五天。刚读完时检验成绩差不多，但两星期之后的复查表明：第二组的成绩比第一组好得多。第二组记住了材料的 1/3，而第一组只记住了 1/10。

得出上述结果的原因在哪里呢？

原因就在于分散学习中，学生有休息时间，可以进行巩固，从而促进了记忆力的提高。而且，分散学习可以避免因长时间学习而造成的兴趣下降、注意力减退等问题。同时，分散学习还可以避免前后所学的材料互相干扰。

当然，分散也有一定的限度，不可以分得过散，每次学习的时间不能太长。这一点在前面已有论述，这就无须重复。总之，"集合"与"分散"都是相对的，哪种好些，哪种次之，应根据材料的长短、内容、性质、难度及各个人的具体情况而定，选择最适合自己的方法，而不是硬性照搬。也就是说，如果要记的东西是短小的（比较而言）那就采用整体法，反之用部分法。但这时也最好先用鸟瞰法对整体作了解，将其分成尽可能大的几块来记。不管采用什么方法，一定要记住这一规律。

开头部分最容易记住，结尾部分次之，中间部分最难回忆起来。

这样可使你更好地分配时间和精力，尽量减少遗忘的发生。

本书在编排上是专为使你能从"整体"和"部分"的结合上获益而设计的。为了能使你对所学的或所记的有一个全面的了解，并在这之后可以轻松地完成每一章节的学习，本书将以鸟瞰的形式向读者做系统的交代，使读者能对自己的记忆力的提高方法有一个生动的印象。这样就节省了翻阅全书了解情况的时间。这也是本书与其他书的不同所在。

本书中"整体"与"部分"，协调有序。作为"部分"的章节彼此相连，贯穿全书，使你的记忆进行得轻松自如。

## ✱ 鸟瞰记忆训练

训练 1

用分块记的方法记忆以下数字：

9162536——

1492536——

81644936——

192549——

4163664——

1008164——

1218149——

361640——

14410064——

62522525——

## 训练 2

请你在最短时间内记忆以下词组：

| | | | |
|---|---|---|---|
| 阿尔卑斯山 | 牛顿 | 火车 | 大西洋 |
| 希腊 | 犹太 | 龙卷风 | 图书 |
| 爱侣 | 老虎 | 春风 | 纽约 |
| 神灯 | 莎士比亚 | 火山 | 郡主 |

## 训练 3

请采用重复记忆的方法来记住下列数字和字母：

A C E F G B U T O Z M I L T T
2 0 1 3 4 9 8 0 5 1 9 8 0 1 1
V O Z W T A B C G X M P Q Z A
7 0 4 5 9 1 3 6 8 2 7 7 0 2 1
B T T E F N A V O E S H I F T
1 1 0 9 1 7 4 3 2 8 9 0 0 3 8
H O W A R E Y O U I A M F I N
5 6 4 9 2 1 7 3 2 6 4 9 1 1 8
C O U L D Y O U H E L P M E T
3 8 9 4 8 4 8 0 1 5 4 7 2 9 0

# 4. 联想记忆法

要了解事物，如同珍珠般地珍藏起来，永远在记忆库中发光。

联想是一种心理事实，表象和概念通过联想得以彼此追忆。人的头脑中经常存在着大量的联想，当人受到各种刺激时，这些联想便发挥其作用。联想在获取记忆过程中，起着非常重要的作用，一件事物唤起另一件事物，联想有助于各种新的记忆材料纳入一定的结构。构成联想的方式，既能为回忆提供便利，也能使回忆更加困难。心理学家莫里斯州·N.扬格和沃尔特·B.吉布森，根据自然记忆和人为记忆的普遍理论，强调指出："在自然记忆中，联想是有逻辑的……但是，如果自然和逻辑的联想体系失灵，人为的、不合逻辑模式的联想可以在记忆中用作辅助手段。"各种有助于快速回忆的记忆法，也是建立在这个基础上的。

人们毫不费力地通过自发联想，回忆旧的记忆。这一过程称为无意识记忆。无论什么刺激，如声音、气味，看到的某个细节，都可引发对记忆的回忆。在通常情况下，人们的回忆是通过相似的事物或两个事物的区别实现的。当人们遇到某个人时，他们会寻找共同兴趣、一致之点。当人们读小说时，他们几乎无一例外地记住这类文学作品的共同之处：其主题或主要情节，其故事或阴谋诡计以及小说中的人物。他们不难回忆起在一本小说中读过的某个特定人物，因为他们在另一本小说中也读到过，或在实际生活中遇到过类似人物。文学作品令人感动，人们被小说中塑造的人物性格所吸引，因为这些人物的性格能在现实生活中找到回响。每个人的身上都有点罗密欧与朱丽叶的影子，不仅因为人都有爱情，而且也都或多或少地受到来自社会和家庭的罗密欧与朱丽叶式的摧残，它们阻碍了人的最美好的爱情心愿的实现。大部分读者首先发现自己与小说中的人物的共同之处。与此相反，具有批评精神的人，特别是文学、电影、戏剧评论家，他们则首先研究文学作品的创新之处，即有别于过去同类作品的内容。评论家们竭力勾画某个艺术家或作家的特有风格，找出他们在观察和感触事物，以及在表达一般人的思想感情的方式方面所特有的东西。例如卓别林和基通有各自表达忧、欢的极不相同的方式，因此，给人以非常不同的感受。

富有创造精神的人，表现出坚持不懈地寻找联想的特性。他们的精神一贯处于紧张活动状态，善于把每个联想都作为发现新事物的跳板。关于创造性问题，保罗·瓦莱里曾写过一本有独到见解的书，以揭示灵感的奥秘。灵感是诗人的第一联想，它不由自主地、突如其来地浮现在诗人的头脑中。但是，这只是诗人创作的起点。如果作者不积极寻找其他联想，他最多只能写出美妙的诗句，却写不成诗。只有创作劳动，才能把灵感变成真正的文艺作品。为此，要积极寻求有趣的联想，塑造独特的比喻形象，以及创造有关的韵律、节奏等。

几个世纪以来，各种观念的联想持续吸引着哲学家们的注意。联想主义之父、伟大哲学家亚里士多德，是区别有意识联想和无意识联想的创始人。然后，直到18世纪，戴维·休谟指出，无意识联想取决于与"外界的巧合"，因此，人不能加以控制。例如，人们并未想到在一块铺路石上绊一跤，但摔跤的事故发生后，人们脑子里会立刻浮现出一个联想，想起很久以前曾在一个地方发生过同样的事故，产生过同样的感觉。

厄班戈斯穷其终生研究联想问题，尤其是"毗邻"联想，即一连串更改自然性的联想序列，此问题后边再详谈。后来，卡尔·琼格研究了梦中的联想。在若干心理分析学研讨会上，梦境中的联想得到了充分的分析研究。一种普遍的看法认为，这是那些不情愿触及的、被埋没的联想，在无意识中自由浮现在意识中。莱翁蒂埃夫在其《记忆力的发展》一书中指出，当人们说："这事我想不起来了……"他们便是确认，首先有一个联想在他们思想的链条上展现。当人们说："让我想一想……"这表明他们在做恢复记忆的努力，在唤醒一种念头，而这念头的后面，将带出一连串的联想。在第一种情况下，人们的思想属于无意识范畴；而在第二种情况下，人则是在进行有意识的、自觉的联想。

将人们能够遇到的各类联想加以确定，是很有意义的。自由浮现的、自发产生的、凑巧出现的联想，几乎都是难以预料的。这可能是语音联想，即一个声音使人想起另一声音。而实际上，另一个声音，如果在另一个场合或在另一种语言中，则含有截然不同的意义。例如，法文中的"糕点"（gateau）和西班牙文中的"猫"（cato），发音非常相近。如果西班牙女孩玛莉亚送给一个五岁的法国女孩一只小猫，但却把猫说成糕点，法国女孩一定会笑着说："玛莉亚发疯啦，你怎么把猫叫作糕点呢！"

某些联想与前面的成分有联系，因此很容易找到。这里存在着一种因果关系，这是尽人皆知的，只要沿着逻辑联想的思维轨迹就极容易找到。伊瓦诺夫举例说：福尔摩斯能够猜出他的朋友华生刚刚想些什么，因为他善于运用毗连联想法，抓住了一个念头在特定环境中导致下一个念头的链条。

由于环境状况是确定的和具体的，思想的发展也必然是有规律的。当人们试图揭开一个谜底时，他们就寻找可能存在的逻辑联系：动机、时机、机遇。当一个人与另一个讨论某个主题时，两人在同一时刻都在考虑这一主题，他们很可能作同样的联想，他们的心灵可能受到同样的感应。他们彼此说出自己的想法后，会不由自主地说："瞧，真奇怪，我们俩想得完全一样！"然而，这并不怎么奇怪，伊瓦诺夫指出，但要记住，这些联想与前面提到的自发联想，有很大的区别。既然无意识联想能提高记忆力，要求有意识联想发挥同样作用，自然是合情合理的。换言之，如果人们自觉地制造一些联想，并为了特定的、具体的理由加以使用，那么，他们就提高了控制自己记忆力的能力。人们还可以加强智力衔接，以改善回忆的功能；通过编织广泛的联想网络，扩大记忆能量；通过大量增加记忆标志，保持更多的记忆材料。有效记忆的关键是联想结构，因此，对联想的探索，或者对记忆材料之间关系的认识，是改善记忆力不可或缺的。在这方面加强游戏式的训练，人们就可以不知不觉地改善记忆能力。

学习记忆各种列表，是分析和联想的基本方法。这是一种很容易做的测验记忆力的方法，心理学家们多年来一贯这样做。用学习记忆列表测验记忆成绩，既可说明记忆技术的有效性，又是日常生活中的一项实用手段。因为人们可以通过练习完成日常生活中的许多事情，比如写信、传呼、电话、去市场采购东西等各种日常杂务。把常容易弄错或忘记的物品写在一张纸上，以增强记忆，这种方法是很适用的。在开始练习学习记忆列表以后，虽然感到越来越无此必要，但仍可继续使用这些纸片，把它们放在口袋里，作为一种保险措施或检查记忆效力的手段。要知道，过分依赖笔记和记事纸片，人们会忽略自己的记忆力，使其变得迟钝。为了记住列表，必须分析表上的不同物品，并进行必要的联想。当人们分析一件物品时，可从以下不同角度加以观察。

1. 类比法：强调两件物品的相似之处。类比法，即在两个或几个本来构造或实质不同的物品之间，通过想象找出其相似之处。例如广她使我想到我姐姐克里斯蒂娜，因为她们俩都长着蓝眼睛。

2. 区别法：强调区别对比的几件物品，找出他们之间的不同之处。例如："我想起布莱克（英文是黑色的意思）先生的名字了，因为他长着纯白头发。"

3. 分类法：根据不同事物或不同观点的特征，分别归类。分类是组织思想的自然法则，结成偶数是最简单的分类法。鞋和袜子、水瓶和水杯、眼睛和眼镜，总是相辅并行的。

所有这些思想方式，都是互相补充的，人们可以将其组合起来，以改善记忆。肯尼其斯·希格比宣布，他使用分类技术提高了对列表物品的记忆能力，从记住一张列表的19%，提高到65%。无论什么样的分类和联想都可以使用，用比不用好。记忆材料的组织程度与回忆的有效程度是成正比的。也就是说，记忆材料的组织程度越高，回忆的有效性就越大。

此外，在进行联想时，最好有意识地使用形象想象，这可进一步提高记忆效率。下面是利用分类法增强记忆的一个范例：

A. 发信

B. 到银行取款

C. 理发

D. 磨剪刀

这个列表中的事可以组合成如下偶数：A项和B项结成双，因为银行门前有个邮箱；C和D项结成对，因为理发员需要剪刀理发。

要把不同的事物分别归类就要进行联想；要进行形象联想，就必须对不同事物之间的关系做形象想象。归根结底，要发挥想象力来丰富联想。

如上述范例中的A项和B项成双，便可做如下想象：人们把支票簿投入邮箱，却把信递给银行职员取款。这场滑稽的悲剧形象把银行与发信连在一起，同时又把两个行动分开。它们之间的类比性，就在于两个行动发生在一个相近的地点。

再如把 C 项和 D 项结成对，则可做如下联想：理发师误用已经钝了的旧剪刀给人理发，理发者的表情是多么痛苦！

由于长期训练，联想思维会变成人的第二天性。数一下一张列表上的不同东西，将其分别归类，利用类比法在它们之间发挥形象联想，找出它们之间的区别或对立关系，一切取决于人的想象力，它会使列表上的东西变得真正容易记忆了。

形象联想的原则，可用如下方式贯彻执行：在获取一个记忆的时候，首先观察要记住的东西（比如钥匙）。接着，要仔细注视其周围。然后，要把钥匙周围的东西（在这种情况下，最好放在电话机旁边）做一番形象的想象，并记在脑子里。最后，要对钥匙—电话机作形象联想。在回忆钥匙放在何处时，钥匙和电话机便形成一个形象，同时浮现在意识中。当人们回忆把某件东西放在何处时，他们就是这样自发联想的，人们在想象中同时看到要找的东西以及放东西的地方。将这种自发联想方式变成有意识的动作，人们就会改掉过去常常忘事的习惯，保证牢记自己所存放的东西。

对基本原则的透彻了解，是提高学习成效的关键。一旦掌握了做各种菜肴的基本原则，烹饪会变成一件愉快的事。为掌握做酸模沙司的方法，就要懂得各种沙司的做法，比如白沙司或棕沙司、奶油白沙司或融冰沙司。酸模沙司应归于哪一类？还要懂得做白沙司的原则。要做白沙司，就必须首先将黄油加热溶解，并趁热拌入面粉后再煮沸，直至面粉变成焦黄色，再放入鱼肉制作的白汁，因为这种沙司是浇在鲑鱼上吃的。在进食以前，还要在变稠的白沙司中浇上鲜奶油，使其更加美味可口。如果想编制新的制作配方，并按原则将其归类，只要掌握各种配料的用法，以及它们在烹调上的细微区别，就可办到。例中，在最后烹调时加入白沙司中的调料，但必须有助于保留其味道。在这种情况下，应该加赫雷斯白葡萄酒和碎酸模叶，并用文火煨几分钟。最后，撤掉火，再加入鲜奶油，还要按照口味的轻重，调入食盐和胡椒面。由于口味和健康需要而调整各种菜肴配料的艺术，建立在烹饪学的普遍原则基础上，而特殊菜肴的配方仍需以烹饪学的普遍原则为依据。因此可用两种办法减少脂肪热量，一是用加了特氟隆涂料的不粘锅，二是使用少量的人造黄油。

另一个例子是关于打结的方法及怎样记住这些方法。有一天，我出席一次佩戴塔希提缠腰布的示范表演。一位身着一块长方形轻薄棉布的塔希提人，能够用 50 种方式佩戴这块布。这位表演小姐对我说，只有少数人能记住 3 种佩带法。我决定尽我之所能，研究这样多的佩戴方法赖以发展变换的几项基本原则。我取得了成功，终于从中找出三大原则。

1. 将缠腰布的四角结在一块或在距其中间几公分处抓起缠腰布，形成新的末端，让缠腰布四角下垂。这样打结时可减少腰布的长度。

2. 将缠腰布的结打在身前、背后、身旁，肩上或肩下、颈后或胸前。

3. 将缠腰布交叉佩在身前或身后。如果缠腰布很长，可将底下的部分放在两腿之间，系在愿意系的地方，如系在腰带上，髋部或胸部。

这样，无论谁都能找到三个以上佩戴方式。为了增强记忆，必须懂得事物变换的普遍法则，又掌握其分类方法。剩下来的就是，只要记住其区别就行了，也就是说，记住普遍原则派生出来的变化。

还可研究一下如下分类记忆法的范例：这是一张办事的清单，包括 10 件事，其中有的在前面已经提到过。现将这 10 件事从上到下开列出来：

     （1）找鞋匠        （6）去发廊理发

     （2）买胡桃        （7）买莴苣

     （3）买面包        （8）磨剪刀

     （4）去银行取款    （9）买香蕉

     （5）买水瓶        （10）发信

    首先，看一看这些要办的事，并随心所欲地加以分类。比如说，对于要购买的食品进行分析，然后归类，青菜和水果可归为一类，胡桃和面包可归入另一类。其次，将要购买的食品编入一个故事中。例如，编一个"胡桃面包"和"香蕉"的故事，便可将五种食品中的三种组成一个形象加以记忆。这种记忆体系有助于回忆，因为，乍一看，各种食品之间毫无联系，而按照分类记忆体系，将其组成一个个清楚的、单独的统一体，就容易记忆了。

    如果将各种不同的联想结合起来，并置于形象想象之下，便掌握了一种特别有效的工具，用以改善其记忆。形象联想和想象力为良好的记忆创造必要的前提条件。哲学家戴维·休谟说得好，联想是一种"美妙的力量"，人人都能够掌握它。

## ＊联想记忆训练

### 训练1

    用两分钟研究下列词语。这是一些动物的名称。想象一下这些动物所处的位置，并编造一个故事，将它们联系在一起。将这一页盖上，拿一张纸，将每个动物准确无误地写在其原来的位置上。

    狗    豹    熊猫    猫    马

虎　山羊　鸡　斑马　野猪

## 训练 2

要按照如下每组词汇做联想练习。将脑子里出现的第一个联想记下来。任思想自由发展，不必把思维限制在逻辑范围内。这样，人们将在大脑的银屏上映出胡思乱想出来的故事。这些词汇共分五组：

（1）书、花、香肠、肥皂

（2）椅子、冬天、纸、忧愁

（3）椅子、蜡烛、滑溜、母亲

（4）灯、垃圾、星期一、足球

（5）柯达、河流、植物、神秘

## 训练 3

下面所列的词组包括各种物品，要设法将这些物品归类。数一下这些物品，并在各组物品之间进行联想。经过两分钟思考后，将物品名称写在一张纸上，并记在脑子里。然后，再观察一番，将它们组成一个完整的结构。

| | | |
|---|---|---|
| 香槟酒杯 | 方桌 | 帽子 |
| 叉子 | 台灯 | 椅子 |
| 留声机 | 长靠背椅 | 扑克 |
| 床 | 炒锅 | 提包 |
| 松树 | 城门 | 一盆花 |
| 勺子 | 三角 | 方块 |

## 训练 4

要将阅读如下文字时浮现在头脑中的东西联想起来：

（1）郁金香　　　（6）灌木丛、小海湾

（2）猫、鞋子　　（7）手杖、皮革

（3）甜食、忧愁　（8）主席、篮子

（4）画、刀　　　（9）睡莲、化学家

（5）天空、汽车　（10）云、幸福

## 训练5

这个练习引导人们发挥联想思维。首先，要写出如下词汇在思想上引起的一切联想：

（1）骆驼　　　（4）指甲

（2）马德里　　（5）玻璃杯

（3）阳光　　　（6）圆环

## 训练6

为下列每个抽象词汇找一个具体的想象联想（比如"爱"的具体形象联想是"心"）：

（1）冬季　　　　（11）时间

（2）贫穷　　　　（12）死亡

（3）摇摆舞　　　（13）耐心

（4）热　　　　　（14）饮食

（5）自由　　　　（15）疾病

（6）华尔兹舞　　（16）力量

（7）具体　　　　（17）厌倦

（8）正义　　　　（18）速度

（9）希望　　　　（19）温柔

（10）贪婪　　　　（20）幸福

**训练 7**

以各种方式将以下词汇分组，以便于记忆。发挥想象力，编造一个故事，并将这些词汇穿插在故事中：

（1）熊猫　　　　　（6）空气

（2）二轮运货马车　（7）蕨类植物

（3）蜜蜂　　　　　（8）猫

（4）金纽扣　　　　（9）太阳

（5）雏菊　　　　　（10）水

# *5.* 荒谬记忆法

最大胆的记忆方法就是用最荒谬的法则来串联记忆的目标。

现在教你以一种新的方式进行记忆。那些记忆力未经过训练的人在仅仅听到或看到一次后，他不可能照顺序记住 20 个相互没有联系的项目。你也相信这点，如果你读了并且学习了本节后，完全能轻松地记住几十个没有联系的项目。

在进入实际的记忆之前，必须解释一下，你经过训练的记忆力将几乎完全建立在心视图像或是意象上。如果你把它们弄得尽可能荒谬，这些精神图像很容易被回忆起来。以下是 20 个项目，你将能够在一个短得令人吃惊的时间内按顺序记住它们：

| | | | |
|---|---|---|---|
| 地毯 | 纸张 | 瓶子 | 床 |
| 鱼 | 椅子 | 窗子 | 电话 |
| 香烟 | 钉子 | 打字机 | 鞋子 |
| 麦克风 | 钢笔 | 留声机 | 盘子 |
| 胡桃壳 | 马车 | 咖啡壶 | 砖 |

柏拉图曾经说过，方法是记忆的母亲。因此，现在要教你称为记忆的联系的方法。经过训练的记忆力将主要由荒谬的心视意象所构成，所以让我们将以上 20 个项目变成荒谬的心视意象吧！千万不可惊恐！

这不过是孩子的玩耍，实际上同一场游戏差不多。

你要做的第一件事是，在心里想到一张第一个项目的图画——"地毯"。你们所有的人都知道地毯是什么，要在你的心中"看到"地毯，不要仅仅看到"地毯"这个词。实际上，你要很快就看到任何一种地毯，还要看到你自己家里的地毯，因为它是你非常熟悉的东西。要记住事物，你必须将其与你已知道或者记住的事物以某种方式相联系，你马上就要这样做了。这些项目本身将作为你已记住的事物，你现在知道或者已经记住的事物是"地毯"这个项目。新的，你想记住的事物是第二个项目"纸张"。

好了，这里是迈向你经过训练的记忆力的第一和最重要的一步。你现在必须将地毯与纸张相联想或相联系，联想必须尽可能地荒谬。例如，你可以将家里的地毯想成纸做的，看看你自己是怎样走在上边，真正听到纸张在你脚下发出沙沙的声音。你可以想象是一种荒谬的联想，一张躺在地毯上的纸不是一次较好的联想，它太具有逻辑性了！你的心视意象必须是荒谬的或是非逻辑的，把这当成事实吧。如果你的联想具有逻辑性，你将记不住它。

现在，你必须在心里用大致一秒钟的时间真切看到这幅荒谬的图画。请不要试图看到这些字，而要确切地看到你断定的那幅图画。首先闭上你的眼睛，这样也许会使你更容易看到图画。一旦当你看到图画时，不要再去想它并且继续往下进行。你眼下已经知道或记住的东西是"纸张"，因此，下一步是将纸张与一览表中的下一个项目进行联想或联系起来。下一个项目是"瓶子"，在这一点上，你不要再把注意力放在"地毯"上，为瓶子与纸张想出一个全新的、荒谬的精神图像来。你可以看见你自己在读一个巨大的瓶子，而不是一张纸，或是正在一个巨大的瓶子上，而不是在纸张上书写。要么，你可以想象瓶口中流出的不是液体，而是纸，或者瓶子是由纸造的，而不是用玻璃造的。从中挑出你认为是最荒谬的联想并且心视它一会儿。

怎么强调心视这幅画以及尽可能使其荒谬的必要性并不过分。当然，你完全用不着停下来想上 15 分钟去发现最无逻辑性的联想，首先闯进你的脑子里的荒谬联想通常是最适用的。我教给你两种或两种以上的方法，你可以用这些方法把 20 个项目中的每一对组成画面。你将你认为最荒谬的一个或者你自己想到的那一个联想挑选出来，并且仅仅使用这一个联想。

我们已经把地毯与纸张联系上了，接着又将纸张与瓶子联系上了。现在我们进行下一个项目"床"。你须得在瓶子与床之间作出荒谬的联想，放置在一张床上的瓶子或类似的情况会太具有逻辑性了，因此你可以想象你自己睡在一个硕大的瓶子上而不是一张床上，或者是你可以看见你自己在一个瓶子里，而不是一张床上，或者是你可以看见你自己从一张床里，而不是一个瓶子里喝了一口酒。（也真够荒谬的了）在你心中把这两幅画都想上一会儿，然后停下不再去想它。

你当然认识到，我们总是将以前的一个物体与眼前这个物体联系在一起。因为我们刚才已用了"床"，这就是上一个物体，或者说是我们已经知道并记住的事物。眼下这个物体或者说是我们想记住的新事物是"鱼"。接下来，在床与鱼之间进行联想或将二者结合起来，你可以"看到"一条巨大的鱼睡在你的床上，或是想一张床是由一条巨大的鱼做成的，并看见你认为是最荒谬的图画。

鱼和椅子：看见巨大的鱼坐在一把椅子上，或者一条大鱼被当作一把椅子用，再则，你在钓鱼时正在钓的是椅子，而不是鱼。

椅子和窗子：看见你自己坐在一块玻璃上，而不是在一把椅子上并感到扎得很痛，或者是你可以看到自己猛力地把椅子扔出关闭着的窗户，在进入下一幅图画之前先看到这幅图画。

窗子和电话：看见你自己在接电话，但是当你将话筒靠近你的耳朵时，你手里拿的不是电话而是一扇窗子；或者是你可以把窗户看成是一个大的电话拨号盘，你必须将拨号盘移开才能朝窗外看，你能看见自己将手伸出一扇窗玻璃去拿起话筒。看见你认为最荒谬的图画并看上一下。

电话和香烟：你正在抽一部电话，而不是一支香烟，或者是你将一支大的香烟向耳朵凑过去对着它说话，而不是对着电话筒，或者你可以看见你自己拿起话筒来，一百万根香烟从话筒里飞出来打在你的脸上。

香烟和钉子：你正在抽一根钉子，或者你正把一支香烟而不是一根钉子钉进墙里。

钉子和打字机：你在将一根巨大的钉子钉进一部打字机，或者打字机上的所有键都是钉子。当你打字时，它们把你的手刺得很痛。

打字机和鞋子：看见你自己穿着打字机，而不是穿着鞋子，或是你用你的鞋子在打字，你也许想看看一只巨大的带键的鞋子，并在上边打字。

鞋子和麦克风：你穿着麦克风，而不是穿着鞋子，或者你在对着一只巨大的鞋子播音。

麦克风和钢笔：你用一个麦克风，而不是一支钢笔写字，或者你在对一支巨大的钢笔播音和讲话。

钢笔和收音机：你能"看见"一百万支钢笔喷出收音机，或是钢笔在收音机上表演，或是在大钢笔上有一个收音机。你正在那上面收听节目。

收音机和盘子：把你的收音机看成是你厨房的盘子，或是看成你正在吃收音机里的东西，而不是盘子里的，或者你在吃盘子里的东西，并且当你在吃的时候，还一边听着盘子里的节目。

盘子和胡桃壳："看见"你自己在咬一个胡桃壳，但是它在你的嘴里破裂了，因为那是一个盘子，或者想象用一个巨大的胡桃壳晚餐，而不是用一个盘子。

胡桃壳和马车：你能"看见"一个大胡桃壳驾驶一部马车，或者看见你自己正驾驶一辆大的胡桃壳，而不是一辆马车。

马车和咖啡壶：一只大的咖啡壶正驾驶一辆小马车，或者你正驾驶一把巨大的咖啡壶，而不是一部小马车，你可以想象你的马车在炉子上，咖啡在里边过滤。

咖啡壶和砖块："看见"你自己从一块砖中，而不是一把咖啡壶中倒出热气腾腾的咖啡，或者"看见"砖块，而不是咖啡从咖啡壶的壶嘴涌出。

这就对了！如果你的确在心中"看"了这些心视图画，你再按从"地毯"到"砖块"的顺序记 20 个项目就不会有问题了。当然，要多次解释这点比简简单单照这样做花的时间多得多。在进入下一个项目之前，只能用很短的时间看每一幅通过精神联想的画面。

现在让我们看看你是否已记住了所有这些项目，如果你将"看见"一张地毯，你的心里会立即想起什么来，当然是纸张。你看见你自己在地毯上，而不是在纸上写字，现在，纸张令你心中想起了瓶子，因为你看见一个纸造的瓶子。你看见你自己睡在一个瓶子上，而不是一张床上。床上睡着一条硕大无比的鱼，你正在钓鱼，捕捉椅子，将椅子从关闭着的窗户里扔出去，试着这样做吧！你将看见并且会记下我所有这些项目，而不会遗漏或是忘记任何一项。

这是否太异想天开或是太令人难以置信了？是的！可是正如你所看见的那样，所有这一切是完全可信和可能的。为什么你不试着自己列出你自己的项目单，并采用刚才你学会的方法来记住它们呢？

当然，我们认为所受到的教育从来都是让你们具有逻辑性的思考，在这里要告诉你作出非逻辑的或是荒谬的图画。对有些人来说，这样做有点艰难。开始，你也许会碰到一些困难，然而，不需多久，你心中想起的第一幅图将会是荒谬的或是非逻辑的。这里有四种简单的规则来帮助你达到这一目的。

第一，把你的项目想得不成比例，换句话说，就是放大。在我对以上项目的简单联想中，我常用"巨大的"这个词，其目的是使你得到不成比例的东西。

第二，只要有可能，就设想你的项目正在进行之中。不幸的是，我们都很容易记住那些暴力的和让人难堪的事情，而对那些愉快的事情则不然。如果你曾感到非常难堪，或是碰上了一起什么事故，那么，不管它们是多少年以前的事，你都会非常生动地记起它们来，而不需要经过训练的记忆力。每当你想到许多年前发生的那一件令人难堪的事情时，你仍然会辗转不安的，你或许仍然可以详细地描述出那一事件的始末来。因此，只要可能，你在联想时尽量想那些剧烈的行为。

第三，你将项目的数量进行夸张。我在电话和香烟之间进行简单的联想时，你可以看到成百万支香烟从话筒中飞出，并打在你的脸上。如果你看见香烟点燃了，并且烧着了你的脸，那么你的图画中既有了行动，也有了夸张。

第四，代换你的项目，这是最常用的一种方法。很简单，不过是设想出一个项目来代替另外一个项目，像抽一根钉子而不是一支香烟。

尽量将以上列出的一种或更多的规则应用到你的图画中去。稍加实践后，你将发现，你心中会源源不断地产生任何两个项目的荒谬联想，需要记住的物体实际上都是一个连着一个的，形成一条荒谬的链子，这就是为什么要将这种方法称之为记忆的荒谬法。整个荒谬法归结起来如下。

将第一个项目与第二个项目联系，又将第二个与第三个联系，第三个和第四个，等等，使你的联想尽可能地荒谬和非逻辑，最重要的是在你心里"看见"这些图画。

在以后的章节中，你将学到一些实际应用——它如何帮助你回想每天的日程或要办的事，你又如何采用这一系统来帮助你记住讲话。荒谬系统帮助你记住多位数字和其他许多事情。然而，不要超过你自己现在所学的东西，现在也不要为这些事情操心。

当然，你现在立即可以用这个荒谬系统来帮助你记住购物单，或者是帮助你在你的朋友们面前露一手。如果你想把它作为一种记忆绝招来试一试的话，叫你的朋友说出一串物品的名称，并把它们写下来，这样他可以检查是否正确。如果当你做试验时发现你很难叫出"第一个"项目的话，建议你把那个项目与试验你的那个人联想起来。如果"地毯"是第一个项目，你能"看见"你的朋友卷起你的地毯。同样，如果当你第一次尝试把这个当成绝招的话，你便记住了其中的一个项目，问一问那个项目是什么，并反复对那一个特别项目进行联想。你的联想若不够荒谬的话，你就无法在心里看到它的形象，自然你也就记不住了。在你加强了你最初的联想后，你将能够从头至尾地、喋喋不休地讲出所有的项目了。试一试看结果怎样吧！给人留下深刻印象的是：你的朋友要求你在两个或三个小时以后，说出这些项目来，你也能够做到，最初的联想会出现在你心中。如要你想给你的听众留下印象，倒背那些项目，换句话说，从最后一个项目起，叫到第一个项目。

这个系统自动地为你工作，真是够令人吃惊了。只需想想最后一个项目是什么，你将回想起与之相连的倒数第二个项目，等等。照此类推下去。

## ＊ 荒谬记忆训练

### 训练1

请你用最大胆的假象来记忆下列项目，可以不按顺序来记忆。

扑克牌　　小汽车　　游客　　医生

羊　　　　白宫　　　总统　　纵火案

钢笔　　　咖啡杯　　书本　　泥土

国会山　　刺杀　　　小汤姆　火车

## 训练 2

请你按照对应的数字与字母的顺序来记忆下列项目。

（1）——A　　　　（2）——G

（3）——F　　　　（4）——H

（5）——U　　　　（6）——X

（7）——Q　　　　（8）——V

（9）——D　　　　（10）——M

## 训练 3

请你必须按照排列好的顺序来记忆系列项目。

（1）山岩　　　　（2）fox

（3）希腊人　　　（4）before

（5）union　　　（6）潜水

（7）油画　　　　（8）book

（9）north　　　（10）吸血鬼

# *6.* 间隔记忆法

记忆就像一个钱包，如果把它装得太满就会合不上口，里面的东西也会全部掉出来的。

提高你的记忆的另一步骤，就是要把记忆与另一关键因素相结合。这一重要因素就是"间隔"。

它能使记忆力为你工作得更有效、迅速和方便。

你已对记忆的能力有了一定的了解，现在再看一看怎样利用"间隔"或叫"间隔记忆法"来加速你的记忆进程。

人在试图记忆某物的一段时间里，大脑仍能为这一有意识的记忆提供所记的内容。那么，这一回忆可不可以产生更大的效益呢？

可以，而且是出乎意料的。

间隔记忆法与回忆现象相结合就如同一把锁配上了钥匙。

假如你正在打电话，对方是个商人，他告诉你，如果你可以马上给另一个人打电话的话，那人可以帮你做一笔大买卖。你听到这个消息当然会非常高兴了，这不费举手之劳就可以办成的好事实在是难得。

你马上把手伸进口袋，想拿出笔来记上这个电话号码，可不巧，笔没水了，这组号码就只有凭脑子记了，你沮丧地重复着这组号码。但在交谈中你还能记得住吗？号码能在你的脑子里保留到给那人打电话的时候吗？要是电话占线，你还能在几分钟后回忆起这组号码吗？

这看上去像是件小事，只是打一个电话，但要记的却好像很多。你是否有过这样倒霉的时候，刚告诉你的号码就忘记了？

人对电话号码的记忆一般都采用听到后反复重复几遍之后便去干别的了，可在想打电话的时候又怎么也想不起来这号码了。其实，只要你把上述做法稍加改进，就可避免遗忘了。

换句话说，在你重复一遍电话号码或其他什么要记的东西之后，停顿一下，然后再重复第二遍。在重复第三遍之前再停顿一下，然后再重复第三遍。在重复第四遍之前再停顿一下，这是因为：凡在脑子中停留时间超过 20 秒钟的东西才能从瞬间记忆转化为短时记忆，从而得到巩固并保持较长的时间。当然，这时的信息仍需要通过复习来加强。

间隔时间应为多久呢？

一般来讲，间隔时间应在不使信息遗忘的范围内尽可能长些。例如，在你学习某一材料后一周内的复习应为五次。而这五次不要平均地排在五天中。信息遗忘率最大的时候是早期信息在记忆中保持的时间越长，被遗忘的危险就越小。所以在复习时的初期间隔要小一点，然后逐渐延长。你可以这样做：

|  | 日 | 一 | 二 | 三 | 四 | 五 | 六 |
|---|---|---|---|---|---|---|---|
| 复习次数 | √√ | √ | √ | √ | √ | √ | √ |

如果要记的东西很多，例如一篇讲话的要点，你又应怎样记呢？

下面的文字是讲演的中心词，他们彼此相连，这样好记一些。你把它读几遍直至能不看着背下来。这种方法叫"集合法"。

请在下面空格处写上你用了多少时间。

1. 工程的性质

2. 资金节源

3. 资金的使用与分配

4. 资金的偿还

5. 工程的远期目标

你全部背下来所用时间为：_____

在完成了用"集合法"记忆之后，我们看看用"间隔法"的情况。下面也是一个讲话的提纲。这回这么做：看一遍之后目光从题上移开约10秒钟，再看第二遍，并试着回想它。如果你不能准确地回忆起来就再将目光移开几秒钟，然后再读第三遍。这样继续着直至可以无误地回忆起这几个词，然后写出所用时间。

1. 原子能的利用

2. 在国防中的作用

3. 潜在的破坏作用

4. 反应堆的危险

5. 核世界的未来

你所用的时间：_____

哪种方法好呢？

第一种的记忆方式虽然比第二种方法快些，但其记忆效果可能并不如第二种方法。许多实验也都显示出间隔记忆要比集合记忆有更多的优点。

间隔学习中的停顿时间应能让科学的东西刚好记下。这样，在回忆现象的帮助下你可以在成功记忆的台阶上再向前迈进一步。

采用集合方法记忆电话号码的结果是怎样的呢？这种心理学家称之为"初级印象"的记忆在脑子中根本留存不住。

在我们所有的感官中存在着一种叫作"记忆回音"的现象。也就是说，在刺激终止之后感官仍然作出反应。这种现象最常见的例子就是灯泡的亮与灭。当我们所看到的灯泡熄灭时，我们眼睛在一个短暂的时间里似乎仍能看见那亮着的灯泡。另一个你也许经历过的例子就是当别人打了你耳光之后，尽管手的打击是一瞬间的事，但你似乎在相当长的时间里可以听到它的声音。有时我们也有过这样的感觉：当一个不太吸引人的人在讲话时，即使他的讲话停止了，你也只是在那一两秒钟之后感觉到。

这一点对学生倒是有利的，因为在你不专心听讲时，老师突然向你发问，很可能你这时只有完全依靠记忆回音来辨别老师问了你什么问题。

就打电话而言，你刚得到的这个回音若有了音隔，被别的信号冲断了，你就无法将它回忆起来。

当你需要通过浏览的方式进行记忆时，如要记一些姓名、数字、名单等，采用间隔记忆的效果就不错。假设你参加了一次几十人的酒会，你意识到其中 18 个人对你有用，你想记住他们，你就应在人家做介绍时重复一下这些名字。在之后的几分钟里自己也要每隔半分钟左右就默念一次这些名字。这样，你会发现记这些名字并不太困难。回到家后将他们的名字写下来。第二天再看一遍，这时你对这些名字可以说就完全记住了。

在开始进行间隔记忆时千万不要让其他重要的事来干扰你的记忆。这也是刚才所说的"记忆初期遗忘率最大"的规律，所以要把间隔放小一点。到了你看第二遍第三遍时，一般就不太容易被干扰了。正如在"第六天，奖励"中所学到的，你的回忆力在第二天要比前一天强。

比方说，你为了去墨西哥而在学西班牙语，你为自己订的计划是每天学 25 个单词，头一天你发现 20 个词你只记住了 2 个，可在第二天的回忆中你却能想起 23 个。就这样，你利用间隔记忆法逐步地超越着自己，并在几天之内轻松地达到自己预计的目标。在取得胜利的同时千万不可忽视了间隔的作用，要尽量把每天的间隔利用好，否则你将前功尽弃。

有人认为干工作前要有所准备，就像运动员在比赛前放松一样。我不完全同意这种说法，我觉得在工作前，特别是在记忆前，过多的休息、放松都是徒劳的。

我认识一名律师，他不同意我的观点，他说在工作开始前的一切准备都是必不可少的。正巧第二天我有事去他的办公室。他削铅笔，找卷宗，送还图书，打电话……足足准备了 10 分钟我们才开始谈起来。这使他不得不承认这准备工作有点浪费时间。

把该用的放在手边，这样可以使你的准备工作做得快一些，也少受一些干扰。最好的办法是在办公桌上放上工作清单。比如说，你将准备一次销售旅行，你的准备清单就应这样写：

我的准备清单：

记事本，新目录，旧目录，客户名单，铅笔（红、蓝、黑），火车时刻表，旅店名单。

间隔学习的优点除了以上所谈到的之外还有重要的一条不容忽视，即它可以弥补用集合法所学的东西不牢的缺陷。

让我们再回到电话号码的问题上来。假设你将那号码重复了三四次之后就走开了，你当时肯定以为自己已记下了那个号码，因为你已在口头上不停地出现了三四次了，但你却被这一假象蒙蔽了。

半小时以后，回音听不到了，数字没有了，你的记忆努力也完全白费了，其实由此带来的损失远不止记不起这组号码。

正如我们前边所谈的，间隔学习法在学习复杂事物时也是非常奏效的。所以，对你试图长久记忆的事物最好也采用间隔记忆法。

关于浏览帮助记忆有两种理论：

1. 浏览是最佳的记忆方式；

2. 浏览是最坏的记忆方式。

在某种意义上来看，这两种说法都是对的，关键要看你记什么及记忆目的。

浏览的优点是什么呢?

浏览最适合短时记忆，因为在浏览时，所了解到的东西被压缩在有限的时间内，即学即用，而随着效益的失去，它也就被忘记了。浏览的缺点不少，它把那些"塞进"大脑的东西在短时期内又从记忆中抹掉，这样对你的记忆力提高是没好处的。

总的来讲，你若真想达到提高记忆力的目的，浏览这一方法是不妥的。而对于像准备考试等情况的短时记忆，你可以利用睡眠记忆法来达到最理想的效果。

心理学家的许多实验都证明，当你从睡梦中醒来时，你的大脑记忆状态所受到的干扰是最少的，你所能回忆起来的事情也比你平时清醒状态下多得多。

心理学家 E．B．温·奥莫尔在一系列实验中发现，人的记忆平均在七小时睡眠后仍能保持不变；但是在清醒状态下的同样时间后却要下降几乎一半。

人们也用蟑螂做过同样的实验（这也是这类昆虫被用来为人服务的有限的几次之一）。实验结果几乎与上述实验一样。

结论是：遗忘在睡眠时速度慢，白天活动时速度快。这一结论基本上是可为人们所接受的。如果你必须采用浏览的方法，那么就请你在睡觉前重温一下，如有可能的话，最好是浏览完就马上进行温习。这样就可以产生理想的效果了。

通过适当地采用间隔记忆法，并有效地把它与睡眠记忆法相结合，那么你的记忆力层次就会再升华一次。

## *间隔记忆训练

**训练1**

把下面所有的项目迅速扫视一遍，然后做其他的事，大约10分钟后检查一下自己记住多少。

| | | | |
|---|---|---|---|
| 拿破仑 | 1827 | 水母 | back |
| 口水 | 救生员 | 蓝天 | 9b2a |
| 雅典娜 | 歌剧 | 美人鱼 | 小船 |
| 铜剑 | 女神 | 丘比特 | 上帝 |

**训练2**

下面是一次演讲的主题，看完第一遍后，回想一下；再看第二遍，再回想一下；最后看第三遍，看看记住多少。

（1）经济出现危机　　　（5）市场规律的作用

（2）出口大减　　　　　（6）生产厂商恶性竞争

（3）国外相似产品的竞争　（7）国家出口补贴取消

（4）海外市场消退　　　（8）新产品的出现

**训练3**

下面是一串长达36个字符的字母与数字组合。第一天看一遍，第二天看两遍，第三天看三遍……以此类推，看你第几天记住。

| | | | | | | | | |
|---|---|---|---|---|---|---|---|---|
| A | 8 | C | 4 | F | 2 | G | 7 | B |
| F | 6 | A | 5 | O | 1 | X | 1 | Z |
| N | 7 | P | 9 | Q | 3 | V | O | W |
| D | 4 | E | 2 | M | 5 | I | 7 | L |

# 7. 数字记忆法

*无论你看过多少书，问一下自己："我记住了吗？"只有留在记忆深处的东西，才是你自己的东西。*

在本节里,我们将把过去谈到的所有方法运用到数字和数量的记忆。人们一旦把形象联想完全纳入自己的思想方式之中,形象联想便成为一种很容易普及的技术。不要忘记,在记忆方面不存在奇迹,只有适当的精神活动。

人们忘记朋友的门牌号码、汽车牌照号码、电话号码的事屡见不鲜,这往往使人失望、恼火。人们不大喜欢数字,这当然是不注意数字的主要原因,但可以找到一种令人喜欢的办法来记住数字。要把这种办法当作游戏,在试着采纳之前,不要把它看得太复杂、太离奇或因费时过多而弃之不用。

我们曾听说过也有很少数的人能立刻记住数字,我也曾听到过一个人将多位数在他眼前晃过一次,他就能长久地记住它们。这些人也不知道他们自己是怎么记住这些数字的,只是能记住就行了。不幸的是,这种例子太少了,很难使我们信服。

怎样开始记住数字 522641637527？一位 19 世纪的记忆大师采用了一种方法。他叫他的学生将这些数字分成四部分，每部分有三位数：522、641、637、527。现在我们把这种方法引述一遍：把第一组和第四组联系起来，你会马上看见第四组比第一组大 5；把第二组与第三组相连，我们发现他们只相差 4；再则，第三组比第四组大 110，即是说527 变成 637，只有 7 保持不变；从第四组开始到第三组，第四组加上110；第二组比第三组多 4，第一组比第四组少 5。

有一些当代的记忆大师仍在毫不修改地讲授这一方法，当我第一次听到记忆这组数字的方法时，我感到仅仅是要记住那些指示语，人们首先不得不具有训练有素的记忆力，至于要想长期记住这些数字，几乎是不太可能的事。即使你已经记住了这个数，这种记忆方法没有任何荒谬的图画或是联想来提醒你在记忆中保持这个数字。如果你确定想照他们的方法去做，你必须死死盯住这个数字才行。当然，做到了这一点，事情就成功了一半——任何迫使学生感兴趣，去观察数字，并将注意力集中在数字上的方法，必定会获得某些成功。这种方法太像用一把大锤来打苍蝇，采用这种方法记住数字未免太累赘了。

用来记多位数的数字系统实际上是代码方法和形象方法的结合体。它迫使你将注意力集中在数字上，要做到这点并不难，并且其保持记忆的时间是相当惊人的！如果你掌握了从 1 到 100 的代码词表，这对你将是件很容易做的事情。如果你目前还未学会代码词表，这会使你想去学。当你继续往下学时，你不妨自己造词，我们将采用上面提到的相同的数字来解释这种方法。首先，让我们把那个多位数拆成几个两位数：52、26、41、63、75、27。现在每一个两位数都可以用一个代码来代表，或者可以使你从一个两位数联想到一个代码词。

| 数字 | 52 | 26 | 41 |
|---|---|---|---|
| 代码词 | 狮子（lion） | 峡谷（notch） | 杆子（rod） |
| 数字 | 63 | 75 | 27 |
| 代码词 | 好朋友（chum） | 煤（coal） | 脖子（neck） |

你要做的一切只是将这六个代码词连接起来，或者说是将六个你碰巧用上的词连接起来。想象狮子身上有一个巨大的峡谷形的颈套；想象你自己正将峡谷削成杆子；想象你抱住一大块煤就像它是你的朋友；最后看见你自己或者别人的脖子是用煤做的。

你应当在 30 秒内做这个连接，当你做完之后，在心里将这个过程重复一两遍，看看你是否已经记住了。在重复时，要做的是将你的代码词变换成数字，现在你将知道顺序的数和倒序的数。在实际练习中，你应当想出你自己的代码词并且当你从数字的左边往右边看时，将它们连接起来。

这样一来你就记住了那个多位数，只要将六个物体连接起来就记住了 12 位数，而且愿意保持多久就保持多久。如果你已进行了一番尝试并且已记住了这个多位数，你应当感到骄傲。我们这样说是因为按照有些智商测验，一个普通的成年人在听到或看到一次一组 6 位数一会（无论是按正数方向或是倒数方向），都应当将它记住。智商优秀的成年人应当以同样的方式记住一个 8 位数。你刚才记住了一个 12 位数，并且想将它保留多久完全不受时间限制。

也不要在听到别人说这样做"不公平"，因为你采用了一个"系统"时感到亏心。那些说这种话的人肯定嫉妒你，因为无论是有系统还是没有系统，他们都做不到这一点。总有人尖叫："用系统去记忆不合情理，你必须用正常的记忆力去记数。"好吧，谁说这种方法不自然呢？毫无疑问，记住比忘记更自然一些。何况采用我们的系统不过是有助于你天生的记忆力！正如早些时候说过的那样，任何人记住的任何事情必须与他们已知道或是记住的事物相联系，人们在所有的时间里都是这样来记忆的，有时候是有意识的，有时是无意识的。我们现在做的一切都将它系统化，那些说记忆系统是不自然的人，他们是对这个系统一无所知，或者是不知道怎样运用。

既然我们已为你新近获得记忆上的便利做了辩护，让我们再往前走一步吧。如果你已学会了——我敢肯定你已经领悟到了，为什么不用你的想象力使得这种方法更加简单易掌握呢？如果你喜欢的话，你只用四个字就可以记住一个 12 位数，只需一次选出适合 3 位数的词来，并将它们联系起来。例如，你可以这样想象：一匹"亚麻布（linen—522）"骑在一辆"战车（chariot—641）"上，车子拖着一个"补鞋匠（shoemaker—637）"（最后一个辅音是不加考虑的，因为你知道这个词只代表个位数），这个鞋匠过分"瘦长（lanky—527）"。

如果你想记住一个多位数，为什么不把它分解为 4 位数一列呢？用这种方法，你连一个 20 位数也会长久记住，只要用五个词汇——

42  10  94  83  52  14  61  27  90  71

这个数看上去令人生畏吧！肯定的！但是现在请你再看这个数吧：

| 数字 | 4210 | 9483 | 5214 |
|------|------|------|------|
| 代码词 | 租金（rent） | 香水（perfume） | 洗衣机（launder） |
| 数字 | 6127 | 9071 | |
| 代码词 | 欺骗（cheating） | 篮子（basket） | |

将租金与香水、香水与洗衣机、洗衣机与欺骗、欺骗与篮子联系起来——你就记住了一个 20 位数。

在你所从事的特别工作中，如果你认为有必要经常记住多位数，你不久就会采用你心中突然出现的第一个词来应对第一个 2 位、3 位或 4 位数。没有任何规则说你必须对任何多位数都要根据同样的分解单位数列来找对应的词。为了很快地记住数字，任何词都可以用。通常你会有时间想一会儿，找到适合于记住数字的最佳词汇，我将这留给你的想象力。然而，在精通这种方法之前，我要向你建议，你每次用的代码词能代表两位数即可。

以"听觉记忆为主"的人，对于声音和词汇的活力本身更加敏感。他们会自发地想到韵脚、同音异义词和其他的口头类比词语，他们觉得这样记忆很实用。

以下是 13 个数字的听觉代码范例：

0（zero）＝沃尔特·迪斯尼见到的奇怪动物泽罗（zorro）

1（un）＝士兵（hun）

2（deux）＝我的牲口棚里有两头漂亮的牛（boeufs）

3（trols）＝特鲁古瓦（Troyes），香槟地区的一个城市或意大利的特洛伊（Trols）城

4（quater）＝四盒糕（qateau quatre quarts）或四分之一升的小瓶朗姆酒（quart de rhum）

5（cinq）＝锌（zing）、小酒馆、小咖啡馆

6（six）＝锯子（scie）或香肠（saucisse）

7（sept）＝一株葡萄（cep）或牛肝菌、权杖

8（huit）＝牡蛎（huiter）或秘密会议（hutisclos）

9（neuf）＝鸡蛋（oeuf）或新（new）

10（dix）＝铁饼（disque）

11（onze）＝盎司（once）

12（douze）＝像光滑的皮肤（douce commela peau）或 12 只牛皮袋

以上 13 个数字的听觉代码，都是法文同音异义词，以便于不同国籍的人均可以学会以自己的母语为例，这只是一个建议，人们可用其他同音异义词代替。也可以借助顺口溜加强记忆。如："1、2、3，我去森林公园……"一切办法均可借用。可将荒谬记忆法勇于记忆数字，亦

可进行数字和价值的形象联想。例如，为记住要乘坐的381次轮船航班，可借助前面建议的数字代码加强记忆。这三个数字的代码形象是：

3＝特洛伊木马

8＝牡蛎

1＝士兵

要用一个故事把三个数字连起来，那么，可以设想，在特洛伊木马中，有很好的牡蛎被士兵吃掉了。必须指出，在编造这类小故事时，要注意排好数字的顺序。在这个故事中，首先是3，然后是8，最后是1，其形象代码为：特洛伊木马—牡蛎—士兵。这样，轮船航班号码才不会颠倒错乱。

与听觉记忆为主的人相反，以视觉记忆为主的人视觉更敏锐，他们很自然地善于观察，这是人尽皆知的道理，但视觉记忆有其优点，更容易记住形状、轮廓、几何图形、颜色。颜色的记忆则属于大脑的另一个记忆系统。大脑里留下清晰确切的形象，这往往属于文化修养领域。例如，当他们想到一支11人的足球队时，便清楚地想到队员们在球场上的形象，他们更喜欢通过视觉形象进行记忆。

以下是13个数字的视觉代码的范例：

0＝圆圈（圆形物）；

1＝一根电线杆（或柱子、方尖纪念牌）；

2＝双胞胎（或一对夫妇、二重唱、双套二轮马车）；

3＝三角形（或三位一体、金字塔、三轮车、三剑客）；

4＝方块（或四脚动物、四福音主义者）；

5＝五角大楼（或一只伸出五指的手、海星）；

6＝骰子的同位面：6点；

7＝七钎蜡烛台（或白雪公主的七个矮人）；

8＝八字形沙漏壶；

9＝新桥（或教堂的殿堂）；

10＝双手十指（或教堂的殿堂）；

11＝美国11人足球队（美国国家足球队）；

12＝12个鸡蛋（或中午的日暑仪、中午的时钟）。

这些数字视觉代码，容易与其相应的数字结合，并可用于编造联想故事。例如，为记住上例中的轮船航班号码，只需将代码换一下，即由三角形代替特洛伊木马，由八字形沙漏壶代替牡蛎，由木桩代替士兵。然后，可设想为：在木桩上放一个八字形沙漏壶，壶上有一个三角形的东西。这想象可能有点牵强附会，但这种形象将会留在脑子里。从这一形象出发，就会准确无误地回忆起381这个号码了。人们可以编造更复杂的故事情节。

利用听觉形象代码或视觉形象代码进行必要的联想，回忆一长串数字中的一个数字单位。例如，为记住只有一头奶牛在谷仓里，先用听觉形象代码，后用视觉形象代码，做如下情景的假象：

A. 听觉形象代码：押一个士兵扑向一头奶牛，大口吞食。

B. 视觉形象代码：一头奶牛拴在一根直立的木桩上。

这些形象应该使人回忆起数字2和奶牛这个词。再加上一点小小的个人印象，比如，"一头奶牛在木桩上蹭痒，真好玩"，这样多加一点感情上的背景情节，就会加深植入脑子里的记忆印象。

实验数字如下。

1. 头奶牛　　　7. 颗台球弹子

2. 辆汽车　　　8. 个瓶子

3. 件衬衣　　　9. 个杯子

131

4. 块冰　　　　　10. 个玻璃杯

5. 名士兵　　　　11. 个湖

6. 支铅笔　　　　12. 只鸽子

现在，请默写列表中每件物品的数量及每一类的数量。

人们现在把代码视为"附着性"代码，因为在代码上可以附着其他物品，这有点像地点记忆法。下面几段将介绍其他记忆技术。它们有时间把视觉联想和听觉联想结合起来。

通过模拟，实质上是通过逻辑类推，每个数字从辅音起表现为一个形象联想。

下面介绍的以形象联想代码为基础的数字记忆体系，是从 17 世纪发展起来的。从这一时期之后，法国、英国出版过许多关于这一主题的书籍，这里介绍的两种代码是杨格和吉布森选定的。第一套代码以形象想象为基础，第二套则用的是电话盘字母表。这是两套比较简单易行的代码。

10 个形象代码记忆法的原则是，为每个数字找出一个形象物体。只要有一点想象力，就不难想象出数字后面的象征：

0 = 盘子　　　　　5 = 张开五指的样子

1 = 标枪　　　　　6 = 蛇

2 = 天鹅　　　　　7 = 高杆上的信号装置

3 = 三齿叉　　　　8 = 计时沙漏壶

4 = 船帆　　　　　9 = 蜗牛

对于很快记住较短的数字，这是一个理想的办法，可用来记火车、约会和节目时间表。例如，为记住 8 点 12 分，就要想象计时沙漏壶、标枪和天鹅。用一小会儿时间，按顺序想象一下这三个形象。可以设想一幅连环画，编一个简单场景，把三个形象按顺序联系在一起。

电话盘字母代码记忆法是指在电话盘上，除 1 之外，所有数字都有其相应的字母，这使记忆电话号码变得相当容易。一般来说，记住一个由八个字母组成的字比记住由八个数字组成的一串数目要容易好多。此外，把几个字母附着在一个数字上，更容易记忆。这种记忆法，在巴黎被广为采用。

2 ＝ ABC    7 ＝ PRS    3 ＝ DEF

8 ＝ TUV    4 ＝ GHI    9 ＝ WXY

5 ＝ JKL    0 ＝ OQZ    6 ＝ MN

范例：

27    88    72    08

AS    TU    RB    OT ＝ ASTURBOT

显而易见，某些号码可以构成满意的词意，而其他的则只是一连串辅音字母，没有任何含义。在后一种情况下，也只好借助于其记忆代码体系了。

在日常生活中，人们需要记住一些数字，而联想有利于这种记忆，甚至使其变成有趣的活动。假使需要记住牙医住在四楼这个数字，4 代表船帆，那么，便可联想到，牙医正坐着帆船旅游。

最重要的是，要自发地跟着想象走，并用一个形象把物品与数字结合起来。为此，既可使用数字形象代码列表，亦可特地创造一些明晰、有力的形象。

为记住好几个数字，首先要加以分析，然后再在它们之间展开联想。假设需要购买客厅里画框中的一块 10cm×12cm 的玻璃，为记住玻璃的尺寸，首先要记住其形状是长方形的。是什么样的长方形呢？按照介绍过的第一张列表，玻璃的厚度是 10cm。即双手十指，其长度是 12cm，即 12 个鸡蛋。那么，便可记住用双手捧着一打鸡蛋这个形象。

人们看到，通过有关的具体形象记忆数字是多么方便。利用很久以前创造的旧的数字形象代码，是传统的经典做法。但是，我把这种理论扩大到个人自发联想方面而又进行得很顺利。我的做法是，发挥想象力，赋予数字以具体含义。无论是什么需要记住的数字，都可以想一想："它怎样发音？它的形状像什么？它使我想起什么熟悉的东西？"

这一切可能显得有点复杂，但重要的是，它切实可行。因为通过自己创造的数字形象联想，使数字带上一点个人化色彩，在脑子里留下的印象特别深，回忆起来自然就更容易一些。W.萨默斯特·莫姆说："想象力在冲动中发展，而且走向普遍观念的反面。成年人比青年人的想象力更丰富。"

集中注意力进行形象想象，是为了记住大部分简短数字。具体做法是：稍停一下，脑子里浮现出一个数字的形象。想象中看见这个数字是鲜红色的，写在一面白色的墙上，或者是由霓虹灯管组成的，在漆黑的夜空中闪光。努力使这个数字在想象中至少闪烁 15 秒钟。然后，再把它放还到原背景下。这样，可用背景氛围加强对数字的记忆。可以用这种方法记忆门牌、楼层、电梯号码。此外，还可大声重复这个数字，用声觉记忆法来增强记忆效果。

## ✳ 数字记忆训练

**训练 1**

确定一个记忆目标，比如要记住自己的门牌号码，以及好朋友和亲人的门牌号码，可以试用集中记忆方法，看一看哪种效果最好。比如，用 10 个形象代码记忆法记住一个号码，荒谬记忆法记住另一个号码，用视觉代码记第三个号码……

**训练 2**

用自由形象联想法记住朋友的电话号码，如果不奏效，可换用另一种记忆方法，或换记另一个号码，要让想象力自由发挥，因为寻求形象联想要费点时间，还要多实践。

**训练 3**

记住有关的重要电话号码，如家庭成员的、医生的、留声机修理工的、急救中心的电话号码，为此，可选择自己喜欢的记忆方法，多做练习，经常温习各种代码，记住的电话号码还要多找机会使用。

**训练 4**

用荒谬记忆法记住商店商品的价格。具体做法，如前所述，要面对商品停一下，让脑子里浮现出商品标签上的价格。把商品及其价格很好地想一想，对其价格做点评论。如果想增加练习的难度，还可对两种相同的商品质量及其价格做一番比较分析。

**训练 5**

选择一些生活中偶然碰到的数字，将其作为记忆对象，用一种自选的记忆方法记住。例如，街道上的门牌号码、某些建筑物的层数、一个房间里有几盏灯、一件首饰上有多少宝石，等等。另一类记忆对象是某些通讯人的邮政号码，以及家庭成员和亲密朋友的生日。

**训练 6**

用自选方法记住个人银行现金支票和储蓄簿的号码，以及银行存折密码和住房储蓄证号码。

# 8. 外语记忆法

记忆是学习一门语言的基石，只有建立在记忆基础上的语言才是永恒的。

很多人觉得学习外国语是困难的，因为外语看来与母语毫无关系，大量的新字形有待记忆，又无任何参考脉络可寻。

其实，并非完全如此，人们能够利用自己的观察和组织功能，为学习外语提供便利。只要进行观察，就可以成为一名"探知奥秘的好奇学生"。如果相信这些学习方法的效果，任何人都有能力接受学习的挑战。

同其他知识领域一样，必须温故而知新，将新学的知识与已学的知识进行比较。这种学习方式，恰如在母语文化与外语文化之间架起一座真正的桥梁，人们将看到，形象想象、感官活动、专心致志、形象联想和编织小故事是怎样把母语文化与外语文化连接在一起的，从而为学习外语提供有利条件。即使急于讲一种外语，边讲边找词儿，忧心忡忡，也能更大胆地讲，并因此更快更流利地表达。

形象想象可使人超越外语到母语的翻译过程，它能及时提供具体的表达词汇。其具体做法是，形象想象所学外语物体，并尽可能准确地重复其发音；或者，形象想象一个场景，并舍身处于这个场景，口念所学外语的词汇，身作相应姿势。在目前的外语教学中，普遍忽视上述做法，这大大影响了学习效果。

以法国人学习英语为例，法语"Le soleil brille"（太阳发出光辉）译成英文为"The sun shines"。在学习英语时，跳过英译法过程，集中想象英语太阳这个词正在发出光辉，同时口中重复着"The sun shines"，并体味英文"sun"和"shines"的音色和音质，如同感觉到这两个英文词是明亮的，正在发出光辉；或者在想象中联想到这两个英文单词显得黯淡模糊，有点像朦朦胧胧的英国太阳，带一点英国冷漠的寓意。

谁都知道，这一切纯系思辨，完全是主观的，但这几点小评论，增加了对英文词汇的个人理解，赋予它们与法国人生活相联系的故事性色彩，从而巩固了对英文词汇的记忆。在这样学习的时候，人们发挥了想象力，并使自己的一切感官活动起来。

在学习外语时，专心致志是继形象想象之后的重要问题。所谓专心致志，就是把精力集中在词汇的含义和句子的结构方面。一个字或一个成语的大结构中，包含着好几个信息成分，而这些信息又与人们已有的知识联系在一起。学习外语时，就要打开头脑里的新的记忆卡片箱，以便有效地排列一切新知识。这就是那些学会了几种外语的人的做法。

一个好的外语教师能向学生们指出，怎样做两种语言的比较，研究它们之间的区别，找出其共同成分。两种语言共同的东西是最容易学习的部分。以字的字根为例，要学会一个字，就要与自己对其字根的已有知识联系起来进行研究。同样，词根是词汇概念的核心。例如，英文字"mankind"（人类、男子），只要稍加分析，便比较容易学会。这是一个人与种类两字合在一起的复合单词。为掌握这个单词，可想象在一张世界地图上站着各种族的各类人。英文"kind"（种类）一词，尽管是个统称的抽象词，但放在特定背景下，就有了不同的具体含义，因此，比较容易记住。然后，可把英文"人类"这个词翻译成相应的法文字"Legenre humains"，并注意英文的"man"和法文的"homme"

一样，都具有"人"和"男人"双重含义。

　　在学习外语时要养成一个习惯，想一想一个外文字的发音是否令人想到母语中的一个字。要注意一个外语字和一个母语字之间相同的发音，然后再研究一下，两字之间是否还有其他相似之处。

　　在学习外语时，当人们听到一个新的声音或一个新字的发音时，要掌握其准确的发音，并要在母语中找到一个发音相同或相似的字。有些人几乎自动地做到这一点，这显著地增强了他们的记忆力。但这也并非一蹴而就，在最佳情况下，肯定可以找到几个发音近似的字。但是，所有初学外语的人，如能发出近似的音，也该十分满意了。词汇是学习外语的第一块绊脚石，困难来自发音，应当提高对不经常听到的发音的听力，接着学会这些发音，然后理解这些发音的含义，以便最后学习这些外语的语法和结构。一种语言的结构，反映了操这种语言的国家居民的思维方式，语言是了解他们行为和观点及其生活方式的钥匙。学习一门外国语言的现代方法，称为"直接学习法"，或称为"完全浸没法"，即使学生生活在外国语言环境中，也不允许他们说一句母语语言，以免他们借助母语与外语的翻译来学习外语，翻译练习留待稍后的阶段进行，但为了翻译得好，必须两种语言都精通。现代学习方法强调成语结构的重复背诵，语言实验室使学生如此训练，直至完全掌握外语结构。这种技术建立在模仿与重复的基础上，语法和发音规则的讲解和在课文中找到的应用范例，只能是本课程的补充部分，理解、分析、结合、联想，这一切都是保证长期记忆的精神活动。语言表达的熟练程度是在实践中培养的，借助收音机进行练习，可以人为地提高外语表达能力，但这种语言表达是刻板的。一口气背完一篇事先写好的讲话稿，可能并非难事，但作即席讲话翻译和对以意外提问迅速作出回答，则困难得多了。虽然可以通过现代对话设备进行尽可能多样的练习，但是，只有同操母语的对话者的真正交谈，才是对这些现代会话设备的价值的真正考验。

学习一种外语，可分为两个重要阶段，即被动阶段和主动阶段。这相当于记忆运行的两个阶段，即获取信息阶段和回忆提取信息阶段。前一阶段是被动的，记忆机制处于不自愿状态；后一阶段是主动的，记忆机制启动记忆标志，使信息浮现在意识中。因此，后一阶段更困难。在学习外语的第一阶段，学生懂得了外语的说法和写法，完全掌握发音、词汇和句法结构。在第二阶段，学生要积极参加运用外语的活动，要流利地讲外语，熟练地用外语写作，直接用外语思考。这就是从学习的被动到主动阶段。但是，只有不间断地实践，才能保证使用外语的这种熟练程度。因此，失掉使用外语的机会时，人们也就觉得失掉了外语。外语知识失掉的速度和程度，取决于人们学习外语的方式。如果人们在学习时打下了牢固的基础，对外语理解得深，对其结构掌握得牢，虽然失掉一段时间，只要重新回到操这种外语的环境中，他们使用这种外语的能力会很快恢复。但是，如果学习外语时，未在理论和正式训练方面打下牢固的基础，一旦失掉，再恢复起来就困难了。举例来说，两个四岁到九岁的儿童，在南美洲生活过五年，在当地接受了同等教育。后来，他们中的一人——杰克在中学选修了他在南美学到的西班牙语知识，学习了法语，并抓紧时间进行阅读，而另一人——汤姆却完全放弃了这种进修。10 年后，只有杰克还可以懂点西班牙语，而汤姆童年学到的西班牙语知识，几乎全忘光了。汤姆还能听懂西班牙语，但他发现，会话再重新组织不可缺少的西班牙语句子结构就困难了。

　　在学习外语中，感情的投资也很重要。同外国人建立友好联系，可增强学习动机，给学习外语增添一个积极因素。

　　提取贮存信息的可能性，取决于获得和贮存信息时的处理情况，最好的教士，也应是其教学专业的教育学家，教育思维艺术，也就是教育记忆艺术。人们通过思维活动，能够记住学习的基本内容。

　　丰富词汇是一种学术性的游戏，宛如玩巨大的积木拼图，经过思考之后，人们会发现怎样把新积木拼入已垒好的积木之间，并懂得哪块积木在整个画面上应占哪个位置。同时，在拼图过程中，人们还学会怎样发挥各个感官的作用，使他们保持警戒状态，以便及时进行仔细观察。在学习新词汇时，必须专心听讲，抓住一切感知线索加深所得到的印象。这个很简单的获知阶段完成得好，人们可在以后的学习中避免许多麻烦。举例来说，某些人不喜欢某几种外语的某几个发音，觉得很难学会。比如，有人觉得德语中的"ch"这个音很硬，在发"ah""ahos"这样的音时，深感困难。这有点像法语中的"r"这个喉头颤音，也很难发。因此，必须花一些时间，克服学习中遇到的困难。为此，要寻找与母语的联想，确定两种语言之间的具体区别。这样，人们会发现，法语中"r"发音的难度虽与德语中的"ch"不相上下，但"r"的发音到底还是随便得多，但只要重复朗读一系列带"ch"的德语单词，比如"ach""doch""hoch""loch"等，终究能够正确地发出这个音。克服发音障碍的窍门有两个：一是模仿，这要求听觉灵敏；二是细心研究发音时的口形。此外，还要借助字典掌握音标。

今天，唱片和录音带等视听手段的广泛采用，使自学外语，甚至在家自学成为可能，人们可以卓有成效地利用这类手段自学，但要遵守几项基本原则。在学习外语发音时，首先要想一想母语怎样发音，然后，集中注意外语的发音，边模仿边分析。例如，西班牙语中的"o"是个开放元音，而英语中的"o"则是个封闭元音，两者有很大区别：发西班牙语中的"o"这个音时，两唇必须放松，口要张开；而在发英语中的"o"这个音时，两唇必须绷紧，口要做尽可能小的圆形。要遵守发音规则，不同语言的发音区别是很微妙的，如果仔细分析这些发音区别，并把新的发音与自己已经熟悉的发音做比较，就不难察觉到这些微妙的区别，如盎格鲁—撒克逊语（英语、德语、佛来米语）、拉西语（法语、意大利语、西班牙语、葡萄牙语）、斯堪的纳维亚语（丹麦语、瑞典语、挪威语），等等。

一旦学会了一种外语，便可通过类比给学习下一种外语增加便利条件。也就是说，可以找出它们的相似和共同之处，以便分类纳入已贮存在大脑中的各类词汇的卡片箱中。人们将认识到，只有不同之处才是要学习的新内容。按照分类学习体系划分新老知识相同的一类，代表一种学习意识，把新学的知识与已掌握的知识统一起来，置于一个新的背景之下，获取记忆材料将变得简单易行。要花一定时间对新老知识进行归类。例如，意大利语中的"o"发音与西班牙语中的"o"是一样的。但是，正如我们已经谈到过的那样，意大利语和西班牙语中"o"的不同音，即英国"o"的发音和美国"o"的发音，这两个中的任何一个都不是纯元音，而是二合元音。也就是说，"o"这个元音受到其他元音影响而变音。比如"小船"（boat）中这个发音。英国人倾向突出"o"这个音，而我们美国人则倾向减弱"o"这个音。人们由此可以看到，只要做初步观察，就可得到很多的教益。

为了学习成语、动词和其他词汇，必须养成首先进行分析的习惯，然后再将其编入小故事中，以便通过形象增强记忆。这样做一次可记10~15个词，但初学使用时，一次记五个词为宜。假设一个外国人学英语，怎样记一篇课文中的生词表呢？首先，要弄懂每个字在课文中的含义；然后，再把这些生词置于一个新的背景之下，编入个人想象的一个故事中去。要编一段故事，把全部生词都用进去，故事越短越好。例如下列生词组：

| 意识到 | 继续 | 因而 | 好动的 |
|---|---|---|---|
| 旱灾 | 越多越热闹 | 鼹鼠 | |
| 如果……挨渴 | 黑白纪录片 | | |

首先把生词读一遍，并把注意力集中在难记的词上。这里，编造故事的关键词是"黑白纪录片"，一旦从这个字着手打开了思路，故事

便自行来到脑海里，此时，要相信自己的想象力。要记住这项练习的要求是，使所有的生词在一个故事背景下清楚地表现其含义。"昨天，我看了一部黑白纪录片，这种片子花钱不多，布景简单，往往在室内拍摄。这是一部小片子，只有一个情节，讲的是一个美国家庭，没有意识到好动的孩子会招来麻烦。在闹旱灾的时候，田地龟裂，鼹鼠乘机从地下钻出来。如果孩子不把一只水桶放在花园里，使鼹鼠得以前来喝水，它们可能要挨渴的。鼹鼠一天比一天来得多，小孩见了说：'鼹鼠越多越热闹！花园很快变成了一个战场，鼹鼠继续不断地到来。'"

这种练习，各种水平的人都能做，初学者可以使用简单句型、初级的故事结构。几个人用同一张生词表做练习，编造的故事千差万别，看了十分有趣。经过教师改正练习作业后，每个生词在不同的故事背景下都得到恰当的使用。然后，教师要求学生重抄一遍改过的作业。对学生来说，这就加深了对生词的学习和理解。这样的温习使学生记得更牢，使它们对生词在特定背景下的含义掌握得比较好。

我认为，这是学习外语最有效的方法。人们还可以通过对故事的形象想象和大声朗读，进一步提高这种练习方法的效果。人们可以用此种方法自学外语，但最好找人帮忙改正错误，一旦对错误放任自流，再改正就很难了。因此，要毫不犹豫地要求教师或朋友及时帮助改正错误。

书写也是帮助记忆的一种很好的方式。书写是一种创造性的活动，它同时包含着好几种大脑活动功能。既然新旧知识联想能提高记忆，那就应该充分利用联想法提高学习效果。为此，可利用照片、图表等视觉成分，为外语和母语的翻译提供有利条件，这是在更高学习阶段要做的练习。当眼前看着图像时，应该直接用外语形象想象，以加深记忆的印象。

语法是比较容易学的，如果把每条规则都表示成各种形态的图表，语法的基本规则始终是应该把每个词都置于上下文中理解，因此，与基本规则相联系的方法是很有效的。在记忆这个或那个词汇时，要紧密联系这个基本规则。这样就能够把一组新词汇最大限度地变成个人的知识。

实践表明，最普遍有效地组织记忆方法，是在学习中积极寻求个人的提纲、原则和其他词意联系。所以，应当在与已经约定俗成的语法保持一致的条件下，建立自己的词语联系体系。例如，在拉丁语系的各国语言中，"希望"这个词后面的从句中动词用虚拟式，以示祝愿和愿望之意。但在这方面，法文是个例外，与其他国家语言中使用表示祝愿和愿望的动词相反，法语在"希望"这个动词智慧的从句中动词用直陈式。为记住这一点，可设想，只有法国人才相当自信，他们把愿望视为现实。当一个法国人说"我希望他会来"这句话时，他坚信会如此。在思想上有了这个形象，人们在写作时就不可能在动词"希望"后面用错动词语式。有许多类似的例子，尚待每个人创造自己的概念联想，而这种联想活动，对每个人来说既有效，又生动活泼。

幽默特别难懂，因为它往往起源于文字游戏。从外语中翻译笑话的尝试，往往吃力不讨好，因为非内容即形式，总是丢三落四。但是，凭着对外文的直感及其双关语意，人们是能够鉴赏外国幽默的。例如，教授对着全班吵闹的学生说："这里唯一说话算数的，是我！"再如，鲸鱼说："够了，我要躲进水里了。"

所有这些原则都可以增加人们学习外语的兴趣，并能为他们的学习提供便利条件，但即使如此，仍会发生学过的东西由于一直不用而有时忘记的现象，那也不必过分自责，因为这种遗忘是完全正常的。记忆力适应人们的实际需要，客观环境给记忆力以促进作用，没有人能够自觉地回忆起沉睡在记忆库深处的信息，既然这些信息从未受到问津。一种遗忘或丢掉的语言，只要人们投入操这种语言的环境中生活一段时间，便会逐渐恢复起来。在懂得了这一点之后，可以放心，可能学得更好一些。

通过唱片或录音带复习外语，是一个好办法，可将学过的外语保持在积极记忆卡片箱内，不至于忘掉。

## * 外语记忆训练

### 训练1

形象联想有助于记忆科技或外语词汇。选择一些外国街道或地点的名字，首先专心听其发音，并找出在母语中的特别含义；然后，分析这些名字的组成部分，并编造一个短故事加深记忆；最后，将这些名字大声重复几遍，发音尽可能准确；同时，对每个专名的含义进行形象想象。

### 训练2

按照本节所介绍的方法，通过编造短故事背景记忆外语生词。起初，一次记5个生词，然后，一次记10个，最后，一次记15个。如果是自学外语，可找人帮助矫正发音。

### 训练3

按照本节所提的建议，通过提高听力和分析能力改善发音。选出一定数量发音困难的词，并对这些词的发音加以分析，以矫正发音，并进行形象想象。

### 训练4

要学会到外国旅行时常用的一些外语句子。为此，建议采用跟着发音准确的有关录音带进行学习的办法，这样可以学到质量好的音质。例如，某些歌星发音清晰，可资学习。实际上，配乐的歌词由于带有节奏和韵律，更有助于记忆，现在已经出了一些好的英语录音带。

### 训练5

要为到国外旅游做准备。为此，要阅读有关国家的报纸，这种准备工作至少在动身前一个月就开始。

**训练 6**

一旦到了外国，要减少由语言困难产生的顾虑，使自己的记忆力冷静下来，用上几天来细心听，不要好高骛远，企图到达后的头几天，就能一下子找到关键词汇，准确地表达思想。开始讲一种外语，结结巴巴的现象在所难免，而且这是完全正常的。迅速扩大日常用语词汇的捷径，就是多听广播。由于通过听广播比只同遇到的人进行简单交谈，接触词汇的面广得多，原来学过的外语，恢复得快多了。最后一个建议是，在听广播时，对节目不应太挑剔，因为在这一阶段，要集中学习日常用语。尽管内容不深，但有些对话比新闻容易懂，因为新闻往往使用的是加工过的语言，而且播得很快。

# 第 40 章　开发你的记忆潜能

／记忆是一个无限的宝库，只要你不断地去
开发，你一定会从中获得人生最大的财富。／

# 1. 用目标指引记忆

有目标指引的记忆是沿着知识道路前进的列车，它将带我们驶向智慧的彼岸。

不管你做什么事，总得抱有某种目的。那个目的，就像是射击场的靶子，又像是打猎场的猎物，是你处心积虑要追求的目标。

那个目标，诱惑着你，引导着你，使你步入更高境界。

首先，你必须清醒地意识到，自己的学习总是有一定目标的，那是成功地改进记忆效能的一个前提和基础。其次，你必须明确地认识到，自己追寻的目标是什么，那是推动你前进的主要动力。

如何达到那些目标呢？这正是撰写本书的目的。

当你开始阅读本书的时候，我曾告诉过你：读完这本书，你完全能够以每天百分之几十的步伐逐步提高自己的记忆能力，直至把自己的记忆潜能全部挖掘出来。因此，那就意味着，读完本书，你可以通过自己的努力去达到成功记忆的目标。

首先我要问你："为什么要阅读本书？"

你肯定会这样回答："当然是要成功地提高自己的记忆能力喽！"

不错，那无疑是你的第一个目标，但我还要进一步问："一旦你达到了那个目标，打算利用它做什么呢？"

这个问题，你不能回避，应当给予明确的解答，记忆毕竟是人们从事各项事业的一种手段，而不是目的。因此，提高记忆能力不应当，也不可能是你的终极目标。

每个人的生活目的都不相同，所追求的目标也千差万别，但是，他总得有自己的目标，不管这目标是什么，实现这些目标，起码有一个必要的前提，那就是成功的记忆。一旦你的记忆效能大为改观，无疑就清除了许多路障，你梦寐以求的其他种种目标也就更容易地变成现实。这一点，我以为是可以肯定的。

阅读了本书，并提高了记忆力之后，你的目标是什么呢？

也许你想到欧洲某个国家去观光，并了解那个国家的风俗民情及语言；

也许你找到一份工作，很想在上班前记住有关规则；

也许你自愿为那些公众福利机构尽一份义务，准备这些演讲，准备回答公众所提出的种种问题；

也许你像我一样，想去参加智力竞赛，自然需要搜集有关资料，准备各种答案；

也许，还有其他数不清的情况。不管是什么情况，总之，你有自己的目的——你的目标。那个目标实实在在地留存在你的意识中，要达到那个目标，其前提条件就是改进你的记忆效能。

是要学习某一种语言吗？那就必须尽快记住它的语法和词汇；

是要掌握新的职业的有关规则吗？那就必须尽快地记住它的细则；

是要为公众福利机构做演讲吗？那就必须准确记住演讲要点；

是要赢得智力竞赛的桂冠吗？那就必须准确无误地记住所有相关的问题。

因此，我认为，成功的记忆，是你实现既定目标的必要手段；反过来说，明确的目标，又是促进记忆效能的积极动因。

实验证明，你离所要达到的目标越近，目标的驱动力也就越大。就像磁铁，铁距它愈远，吸引力愈小；相反，铁距它愈近，吸引力愈大。

假如你做某种琐碎而讨厌的工作，不管是体力的、还是脑力的，开始时，动作很慢、进展迟缓，你总是为那些冗长讨厌的事而愁眉不展，只得耐着性子去做，当工作快要完成的时候，你顿时感到有了希望，劲头油然而生，越是接近尾声，干劲越足，效率越高。

让我们从历史上最为著名的一次讲演中，看看应如何在准备时将中心词语与有关的思想联系起来。

林肯 1863 年 11 月 19 日在葛底斯堡国家烈士公墓落成典礼上的讲演，是如何构造一篇讲演的最好典范。葛底斯堡是南北战争中最大一次战役的战场，由于在这样一个特殊环境发表讲演，林肯没有使用逸闻趣事，但他仍然避免了无关紧要的词语，从而使自己的讲演极其短小精悍、言简意赅、思想深刻而感情真挚。

87 年前，我们的先辈们在这个大陆上创立了一个新国家，它孕育于自由之中，奉行一切人生来平等的原则。

现在我们正从事一场伟大的内战，以考验这个国家，或者任何一个孕育于自由和奉行上述原则的国家是否能够长久存在下去。烈士们为使这个国家能够生存下去而献出了自己的生命，我们来到这里，是要把这个战场的一部分奉献给他们作为最后安息之所。我们这样做是完全应该而且非常恰当的。

但是，从广泛的意义上来说，这块土地我们不能够奉献，不能够圣化，不能够神化。那些曾在这里战斗过的勇士们，活着的和去世的，已经把这块土地圣化了，这远不是我们微薄的力量所能增减的。我们今天在这里所说的话，全世界不大会注意，也不会长久地记住，但勇士们在这里所做过的事，全世界却永远不会忘记。毋宁说，倒是我们这些还活着的人，应该在这里把自己奉献于勇士们已经如此崇高地向前推进但尚未完成的事业；倒是我们应该在这里把自己奉献于仍然留在我们面前的伟大任务——我们要从这些光荣的死者身上汲取更多的献身精神，来完成他们已经完全彻底为之献身的事业；我们要在这里下定最大的决心，不让这些死者白白牺牲；我们要使国家在上帝福佑下得到自由的新生，要使这个民有、民治、民享的政府永世长存。

现在，让我们为林肯的这篇讲演构造一个链条，看看它大致是个什么样子。

| 中心词语 | 连接的意思 |
|---|---|
| 87 年前<br>……一个新国家……<br>……孕育于自由之中<br>……奉行一切人生来平等的原则 | 为什么？ |
| ……现在正从事战争…… | 发生了什么？ |
| ……考验这个国家是否能长久存在下去…… | 为了什么原因？ |
| ……为烈士们奉献最后安息之所…… | 应该这样做吗？ |
| ……我们这样做是应该和恰当的 | 但我们能这样做吗？ |
| ……从广泛意义上我们不能…… | 为什么不能？ |
| ……因为那些曾在这里战斗过的勇士们已经把它圣化了…… | 那么我们能做什么？ |
| ……我们必须把自己奉献于此…… | 为了什么？ |
| ……为了烈士们开创却未完成的事业…… | 什么事业？ |
| ……使这个国家得到自由的新生……<br>使这个民有、民治、民享的政府永世长存…… | 达到什么结果？ |

这，就是目标的驱动力。

心理学家们曾做过这样的实验：被试者分 A 组和 B 组，让他们在同一块麦地里开展割麦竞赛。A 组在左边，B 组在右，两方参赛人数及麦田面积完全相同，唯一不同的是，A 组这边的田埂边，每隔三尺就竖立一面红旗，而 B 组那边则没有。

两组竞赛者同时开始割麦，但结果却不同：有红旗招引的 A 组，其劳动速度远远快于 B 组。此外还发现，A 组的参赛者越是靠近终点，其速度越快、其效率越高。

第二天又做了一次同样的实验，不过，正好调个儿：这次，B 组在左边，有红旗作标志；A 组在右边。结果不言自明，B 组的劳动速度、效率都超过 A 组。

你看，目标的驱动力有多大！

还有一个实验：把一只小老鼠放在"迷宫"中，让它自寻出口。当它选择了看似出口的目标后，便不顾一切地向那儿冲去，越接近目标，速度越快。等到跟前，才发现是死路一条，它又放慢速度，重新觅新的出路。很快，它又看到新的出口，便又一次冲过去，而且同样是越接近目标，速度越快。

这种境况，心理学家称之为"目标的斜率"。

我们都曾有过这样的体验：一个球体自高坡顶端往下滑滚，其速度是越来越快。同样的道理，人们越是接近目标，其干劲越足、效率越高。所谓"望梅止渴"，实际运用的正是这种心理效应。

比如，人们排长队抢购紧俏商品，去得都很早，离商店开门还有很长时间，这时，人们多漫不经心，随意交谈，队伍也七零八落，不成形状。一旦开门时间快到了，人们就开始紧张起来，纷纷排好队，特别是看到商店里有人出来开门，排队的人更是紧张，不由自主地往前挤，尽管他知道，此刻，他怎么挤也进不去，但还是忍不住尽量往前挤，以为越接近大门，就越有把握；越接近大门，购买东西的念头也就越强烈。

这种现象，我们真是司空见惯了，而且多有亲身体会，这实际就是"目标的斜率"在驱策着人们行动。

在这里，我想向你介绍一种具体有效的方法，即确立近期目标。

换句话说，你要学会安排记忆进程，把你的长远目标划分成若干不同的近期目标，一个一个地实现，一个一个地跨越，每当你到达一个近期目标，就能增强你的自信心，改进你的记忆效能，提高你的记忆速度。

当你达到了所有的近期目标后，你处心积虑要追寻的长远目标也就胜利在望了。而对那个长远目标的靠近，无疑会更强有力地刺激你的记忆效能，从而更有效地提高你的记忆能力。

比如，你要学习法语，倘若笼统地确立学习目标，会感到前途渺茫；如果确定不同的近期目标，先完成容易的部分，如每天学习10个名词，进而掌握动词、形容词、副词等，你就会感到信心十足，感到学习语言不再是枯燥乏味的工作。每一次克服了困难，获得了成功，自信心便会随之增长，而自信心同时又鼓舞人们去争取更大的成功。

其实，运用这种方法何止限于学外语呢？你要记住新的职业的有关细则，你要记住演讲的要点，你要记住为参加智力竞赛而搜集来的各种资料等等，都可以运用这种方法，化整为零，使你的长远目标分解成若干不同的近期目标，由易而难、由浅入深，不断地刺激你的学习兴趣，增强你的记忆力。这样，"记忆的死亡线"就不会出现，不会对你产生什么消极影响。

心理学家伍德沃斯曾做过一个实验：他先请一位跳高运动员在空地上凌空跳跃，然后测出其腾起的高度；之后，再请他在跳高场上跨越跳高横杆。起初，横杆的高度与凭空腾跳的高度一样；后来，每跃过横杆一次，就增加一点高度。结果发现，跨越横杆要比凭空腾跳高得多。最后，又请他一次性跃过最高限度，结果失败了。

这个实验说明，有目标（如横杆）比没有目标要好：确定一个个近期目标（横杆一点点升高）比上来就向长远目标冲击（一次性跨越最高限度）要好。

再比如长跑运动员，每个人心目中都有自己的目标，那就是：每一次都希望超过自己的最好成绩；每一次都渴望刷新世界纪录。超越自己，是近期目标，打破世界纪录则是长远目标。随着自己的纪录和世界纪录的不断刷新，他的长跑速度也就越来越快。

还有一个实验：被试者分为 A 组和 B 组，各方面条件都相同。先叫 A 组尽最大力气去做手中活计，然后记下完成时间；再让 B 组做同样的活计，事先告诉他们要与 A 组展开竞赛。结果，B 组的完成时间要比 A 组短得多。这是因为，B 组有明确的工作目标，所以速度快、效率高。

读到这里，你可能会说："道理我懂了，可是，你能告诉我有没有一个如何确定近期目标的模式？"

我必须坦率地告诉你："没有，从来没有一个固定的模式。"

如何确立近期目标，完全靠你自己去摸索，因为什么时候精力最充沛，什么时候工作效率最高，这是因人而异的，很难整齐划一。

有的人早上记忆好，可有的人晚上记忆好，关键是要把握住最佳记忆时间，把最重要的问题放在这段时间去理解、去记忆。

# 2. 赋予记忆特定的意义

所有有意义的事物都会在我们脑海中留下深刻的印象，因为特殊才永恒不忘。

在识记东西时，越是赋予它意义，就越能记得牢固。

不论记什么，只要对你有意义，你就能容易而且快速地记住它。

一次，一个高尔夫球迷的妻子向丈夫提醒道："嗳，别忘了明天是我们结婚周年纪念日！"

"怎么会忘呢？"那个球迷说，"去年的那一天，我一下子打进六个球。"

看来，这个球迷把进球的多少与结婚纪念日联系起来了，两件事对他说来都有其值得纪念的特殊意义，所以，就都牢牢地记住了。

你可能会问：抽象的事物怎么能被赋予意义呢？比如：

"一系列毫无关联的数字有什么意义呢？"

"购货单又有什么意义呢？"

"我怎么能从电话号码中发现意义呢？"

这样的问题多得数不胜数。总而言之，对于上述诸问题的答案也都可以归结成一个中心点：不论什么事物，不管这事物多么抽象，只要你觉得有必要记住它们，就都可以赋予其一定的意义。

比如说，这里有一组毫不相关的数字：235812，孤立起来，确实不易记牢，但是当你把它们分解开来时，你就会发现其中的一些窍门：

"2"后边加上"1"，"3"后面加上"2"，"5"后面加上"3"，"8"后面加上"4"，用公式表示即成如下样式：

2+（1）= 3+（2）= 5（+3）= 8（+4）= 12

记住 1234，也就容易记住 235812 这六个数字了。我的一位朋友对我说，他很快就记住了我的号码，是 33329916。我很惊讶，问他是怎样记住的。他回答说，这组号码表面看毫无意义，但是，把它们分解成几个部分，并与自己所熟知的数字挂起钩来，就容易记住了，比如这组数字，3332 是他所居住的区域邮政编码，99 又恰恰是他所居住的街道邮政编码，他住在 16 公寓，几组数字一加起来正好是 33329916。

连这些毫无意义的数字都记住了，购货单就更容易记住了，因为它们本身就包含有许多意义。比如说，你要去商店买鞋、小方桌、手套、雨伞和西餐用的叉子，倘若随意记一下，难免要丢三落四；如果稍加调整，就能列出一个有意义的购货单：

伞＝1（一根伞柄）

鞋＝2（一双鞋）

叉子＝3（叉子有三齿）

方桌＝4（四条腿）

手套＝5（五个手指）

这样，你只需记住 12345，就很快地联想到要买的东西了。也许你想去买牛奶、苹果、面粉、鸡蛋、面包什么的，把它们毫无秩序地装在脑子里，恐怕很容易忘记买这买那，如果你稍稍审视一下，就会发现一个记忆窍门：你做些调整，按照英文的头一个字母去记，就不会忘了。比如：

苹果（apple）= A

156

面包（bread）＝ B

牛奶（英文是 milk，但牛奶是牛产的，由奶联想到牛，牛的英文是 cow）＝ C

面粉（英文是 flour，但面粉要做成熟食，总得先和成生面团，生面团的英文写法是 dough）＝ D

鸡蛋（egg）＝ E

这样，你只需记住 ABCDE，就能很快联想起要买的货物了。

也许你想去买茶、莴笋、鸡蛋、苹果和梨，你不妨按下列秩序记：

梨（pear）＝ P

莴笋（lettuce）＝ L

苹果（apple）＝ A

茶（tea）＝ T

鸡蛋（egg）＝ E

这五个词汇的第一个字母可以组成一个新的词汇：plate（圆盘），你只需记住一个词就万事大吉了。

类似这样的排列组合，你还可以举出很多实例。比如你要去买鞋、长筒袜、手帕、壁炉、柴架和毛巾，做些调整，使之成为下列秩序：

鞋（shoes）＝ S

毛巾（towels）＝ T

柴架（andirons）＝ A

长袜（stockings）＝ S

手帕（handkerchieves）＝ H

这样，第一个字母便成了一个新词 stash（俚语作"储藏备用物"

的意思）。再比如，你要买苹果、桃、橘子、柚子、香蕉，可以做如下调整：

桃（peach）= P

苹果（apple）= A

柚子（grapefruit）= G

橘子（orange）= O

香蕉（banana）= B

这样，第一个字母又可以组成一个音节 pagob，你只需记住这个音节，便连带记住了要买的货物。

这种组合拼读的方法非常简便实用，你可以自己去实践，无疑会收到事半功倍的效果。

根据这个原则，你甚至会惊奇地发现，电话号码也有其特定含义，当然，那含义要靠你发掘才行。

比如说，识记下列数字号码，只要动一动脑筋，就不会感到困难：

2244（可以分解作 $2 \times 2 = 4$；是的，4 是正确的）

3618（可以分解作 $3 \times 6 = 18$）

268（都可以被 2 整除）

2173（可以分解作 $21 \div 7 = 3$）

44106（可以分解作 $4 \times 4 = 10 + 6$）

24361（可以分解作两打加上 19 的平方：两打 $12 \times 2 = 24$，19 的平方 361，合起来是 24361）

很多人之所以能记住许多电话号码，其所运用的方法，主要是上面介绍的分解法。当然，这种号码不多，容易记忆。如果号码很长，且不容易巧合而构成某些含义，那该怎么办呢？比如，这里有一组电话号码：954618922，一时找不出更好的记忆方法，你索性就把它们分解成一个个语流，954、618、922 就比较好记了。

此外，很多善于记数字的人，往往把数字当成一种记号，要记的时候，把它赋予某种意义。我认识一位女教师，她竟能记住所有朋友的电话号码，其方法很简单，即联想法。比如一个朋友叫 Silver，电话号码是 6372879。Silver 在英文中是"银"的意思，她记住"水银"（mercury）一词，推想到 Silver，其电话号码是 637，2879。

如果你特别善于识记词汇，还有一个方法可以一试：你先用 10 个字母固定指代 10 个阿拉伯数字：A 代表 1，B 代表 2，C 代表 3，D 代表 4，E 代表 5，F 代表 6，C 代表 7，H 代表 8，I 代表 9，J 代表 10（0）。假如电话号码是 017254，把它们全都转换成字母，便成了 JEABED。等你要打电话时，再把它们还原成阿拉伯数字。

总之，记忆各类数字（包括电话号码），其方法多种多样，但原则只有一个，即设法给这些字赋予一定意义，这样才能记得牢固。

机械记忆，说白了，就是死记硬背。

有个小男孩，对动词"go"的过去式（went）和过去分词（gone）的用法总是混淆不清，该用 went 的时候，总是用 gone，该用 gone 的时候，又总是用 went，不管怎么教，他总是改不了。最后，老师发火了，放学后，把他一个人留在教室里，罚他在黑板上写一百遍"I have gone"。

自然，小男孩感到十分沮丧和不幸，他不能和其他同学一起玩，只能留下来，一遍遍地重复这个对他来说很难而又讨厌的默写工作。谢天谢地，他终于写完了。这时，恰巧老师没在教室，小男孩早已不耐烦了，不想等老师回来再走，就写了一张便条贴在黑板上，算是向老师告假，也算是"示范"：

I have finished, so I have went.

"went"又用错了，正确的写法应当是："So I have gone."

机械地默写，对这个小男孩来说，除了惩罚的作用，实在没有任何积极意义。

这是为什么呢?

道理很简单,这样的记忆很难与神经系统建立起有效的联系,因而不会在大脑皮层留下清晰的印记。相反,如果你是有意识地识记意义明确的材料,就容易在大脑中形成暂时的神经联系,容易与原有的知识结构、信息积累挂起钩来,使人产生兴趣,激发联想,从而更有效地调动各种记忆方法。

因此,如果你要想记某些东西,首先得设法赋予其一定意义,尽量避免机械记忆,这样才能记得深、记得牢。

我们不妨来做一个实验:有三组词汇,每组 10 个。请你仔细默记下来,然后合上书,按原有的排列顺序把它们默写下来。

A 组

1. 这个(this)

2. 小的(small)

3. 男孩(boy)

4. 跑步(run)

5. 全部(all)

6. 那个(that)

7. 方式(way)

8. 到某处(to)

9. 他的(his)

10. 家(home)

都能按顺序写下来吧? 我想问题不大。你想过没有,是怎样记住它们的呢?

B 组

1. 小女孩（girl）

2. 玩（play）

3. 洋娃娃（doll）

4. 服装（dress）

5. 鞋（shose）

6. 短袜（socks）

7. 帽子（hat）

8. 马车（carriage）

9. 车轮（wheel）

10. 车轴（axle）

这一组词汇你能准确记住多少呢?

C 组

1. 小汽车（car）

2. 书（book）

3. 天空（sky）

4. 食品（food）

5. 工作（work）

6. 树（tree）

7. 帮助（help）

8. 椅子（chair）

9. 鹅卵石（pebble）

10. 罐（can）

三组词汇都默写完以后，请你自己比较一下记忆结果。

哪一组记得最准确呢?我想,一定是 A 组记得最准确。因为 A 组各个词汇的意义关联密切,按其次序排列,便可以构成一个完整的句式:"这个小男孩全部朝那个方向往他的家跑去。"简练一点说:"这个小男孩一直跑着回到家里。"

B 组能记全吗?大概要困难点。但我想你能按次序记住五六个词汇,因为这五六个词汇毕竟还有意义可以寻绎,读过之后,至少还能在心里形成一个简单的画面。如果想要使画面变得更清晰一些,你就得在已给的 10 个词汇之外再加些衬词,这样就能协助你记住了。我们试着想象这个画面:一个小女孩和洋娃娃玩过家家,她给洋娃娃穿衣服、穿鞋、穿袜、戴帽,然后把它放在小客车里,客车有车轮和车轴。

C 组最难记,那简直是一堆杂乱无章、没有任何关联的词汇的堆积。

这个实验告诉我,识记系统条理的材料,显然要比识记杂乱无章的材料容易得多。所谓系统条理,是指某些事物按其特定的秩序和内部联系组合而成的整体,即按照事物的内在属性,把它们聚在一起,使分散的趋于集中,零碎的构成系统,紊乱的形成条理。系统化的过程就是大脑积极思维的过程。某些事物构成系统后,就容易记忆,这就像士兵各就各位地列队,哪儿缺人,空档马上就能显现出来。

那么,C 组就一定不能构成某些特定意象吗?当然像 A 组和 B 组那样,将 10 个词汇排列组合成一个完整的句子,似乎不太可能。但是,假如我们换个方式,把意义相关的词汇再组合一次,至少可以压缩一些记忆的内容吧?

根据这个思路,可以试着把这 10 个词汇两两搭配起来,构成 5 个组合词:

1. 汽车手册(由小汽车 car 和书 book 组成);

2. 鲜美食物(由天空 sky 和食品 food 组成);

3. 生长的树(由工作 work 和树 tree 组成);

162

4. 安乐椅（由帮助 help 和椅子 chair 组成）；

5. 小石罐（由鹅卵石 pebble 和桶 can 组成）。

这样，你只需记住五组词就可以了。

让我们继续做实验。

这里有两组音节，紧承上文，姑且称之为 D 组和 E 组吧。D 组 10 个词汇都是有意义的，你可以根据上面讲的原则去记忆。请写下开始和结束的时间。

D 组

开始时间 _____

1. 蜡（wax）

2. 牛（cow）

3. 鸡蛋（egg）

4. 跑（run）

5. 果酱罐头（jam）

6. 杀（kill）

7. 陷阱（trap）

8. 砰然声（slam）

9. 硬的（hard）

10. 挣得（earn）

结束时间 _____

E 组与 D 组就全然不同了，它是由 10 个毫无意义的音节构成的。请写下开始和结束的时间。

开始时间 _____

1. Tud

2. Jol

3. Zam

4. Yot

5. Buk

6. Gran

7. Bryd

8. Snop

9. Kiug

10. Blem

结束时间 _____

D组和E组，哪一组难记呢？显然是E组。你再检视一下记忆时间，我猜想，记住E组的时间要比记住D组的时间至少要多上10倍。这说明，毫无意义的音节，不能构成完整意象，彼此孤立，因而很难记住。

假如我们多做一步工作，试着给这些毫无意义的音节赋予一定意义，看一看能记住多少。这里，我只是示范地做头几个，以下由你举一反三，自己去填。

E组

1. Tuk —Tuck（叠起）

2. Jol —Jolly（高兴的）

3. Gam —Slam（砰然声）

4. Yot —（以下由此类推）

5. Buk —

6. Gran —

7. Bryd —

8. Snop —

164

9. Klug —

10. Blem —

给这些毫无意义的音节赋予一定的含义，记忆 E 组就像记忆 D 组一样容易了。

通过实验，你可能体会到了，凡机械记忆，只能识记一个个孤孤零零、毫无关联的物象，构不成联系网，抑制了大脑的积极思维，必然费力不讨好。相反，若是给要识记的内容赋予某些意义，使之与其他物象发生联系，调动了大脑的积极思维的活动，你就能记得准确，且经久不忘。

读到这里，你实际上已经开始涉猎到记忆过程中的一个重要原则了，那就是实证记忆。

这种记忆方法，是靠实物触发联想，从而加深印象。

比如说，很多家长教孩子如何记住大小月的区别，就让他们握紧双拳，用指根的尖骨和指根之间的骨窝演示求证。从左手算起，小拇指根部隆起的尖骨代表一月大（31 天）；其旁边的骨窝代表二月平（28 天）；环指根部隆起的尖骨代表三月大（31 天）；其旁边的骨窝代表四月小（30 天），12 个月以此类推下去。其中左手的食指和右手的食指握拳并列，彼此挨在一起；恰好正是七月和八月，都是长月（31 天）。用这种形象易懂的方法教授小孩识记大小月份，他们记得很快，且终身不忘。

再举例说，有个导游告诉我，起初他分不清溶洞内什么是石笋，什么是钟乳石。后来，他发现了一个有效的记忆办法。

"我总是先想到第二个音节的最后一个字母。"一次，他在洞内导游的时候对我说："'石笋'（stalagmites）的第二个音节是以 g 结尾，由 g 我联想到'战俘营'（stalag），战俘营很多在地下，由地下我就想起石笋是一些从地下长起来的东西。而'钟乳石'（stalactites）的第二个音节是以 c 结尾，由 c 我联想到'天花板'（ceiling），由天花板，我就想起钟乳石是一些从顶部垂下的东西。"

不知你注意到没有，从九月开始到第二年四月为止，许多饭馆的门前常常悬挂着一个大招牌，上面写着"牡蛎的季节"并且在字下面画一个大大的"R"，那意思就是提醒你说，从九月份开始到第二年四月为止，在英文中每个月的拼读都有一个"r"。如九月是 September，十月是 October，十一月是 November，十二月是 December，一月是 January，二月是 Feburary，三月是 March，四月是 April，而在这八个月中，牡蛎是最受欢迎的食品。这样的广告牌，实际是运用某些实证记忆的原则而设计出来的，目的是为了招揽顾客。

用音乐来协助记忆，很多人感到难以想象。

我认识一位钢琴家，他从不用通讯录之类的东西记录电话号码，而是用音乐符号来记忆。具体说，他把每一个电话号码都由阿拉伯数字转换成音乐符号，从而形成不同的音阶。他把所有要记的电话号码都谱成曲子来吟唱，从而加深记忆。每次拨电话前，他先暗自吟唱一遍，就把号码回想起来了。

我曾谈到如何给抽象的数字赋予一定的意义来记住它们，其实，把阿拉伯数字转换成不同的音阶来记忆，也是这个原则的灵活运用。这种方法经实践证明是行之有效的，因而被广泛应用着。

谐音记忆，就是运用双关语的原则来识记事物的某些特征。运用这种方法来识记人名，尤其有效。

有一位女教师，运用这种方法记住了班上所有学生的名字，且历久不忘。

一个名叫 Henry Fowler 的男学生，是校篮球队员，他在比赛时常常因犯规被罚出场。她就把这个名字与发音接近的 foul-er（意指"犯规被罚的人"）联系起来，就好记多了。另一个名叫 Sylvia Boeing 的小姑娘，爱拉小提琴，她就把这个名字与发音相近的 bowing（意指"拉提琴的弓法"）联系起来，这样 boe-ing 的名字便记住了。

为什么谐音法能帮助记忆呢？

谐音，可以使识记的材料具有双重意义，这样，在开始识记这份材料时，就能使之分别与大脑中已有的知识结构的不同层次相结合，等到需要对识记物回收时，便多了一条回收的渠道。这时，只要双关语的此一侧面能够再现，那么，彼一侧面往往也就随之而出了。

对比记忆方法实际是把你想要记住的东西与已经记住的东西联系起来，加以横向比较，加深印记。

目前，很多大学开设的诸如历史、文学、地理、社会学等课程，都采用了这种横向比较的方法，对学生进行基本训练、扩大知识领域。

这种方法在历史教学和研究中应用得最为广泛。比如同一年发生的历史事件，把它们并在一起记忆，就建立起了回忆的联系网络，从而可以举一反三。历史学界盛行的年表、年鉴、大事记等工具书，就是运用的这种方法。

举例说，假如你要识记皮尔斯于 1852 年当选美国总统这一历史事实，你最好能连带记住这一年所发生的其他历史事件。比如，"圣母玛利亚"的神圣观念为人们所接受；12 月法国改为法兰西帝国，拿破仑任皇帝，称为拿破仑三世；韦伯斯特没有得到提名竞选总统，不久病逝；罗杰特的名作《英语单词及词组辞典》正式问世；斯托夫人的《汤姆叔叔的小屋》正式刊行。

总之，现在已有越来越多的人愿意运用这种对比记忆的方法记忆地址、电话号码、分类表，等等，都有了较好的效果。

我们都有这样的体会，识记直观形象的材料远比识记枯燥抽象的材料容易得多。

往往初来乍到的新事件更容易留在脑海中，而每天都能碰到的事反而记不住。比如，某天你在回家的路上，与迎面走来的人擦肩而过，你大约是不会太留意他的，除非这个人长像特别。第二天清晨，你在上班的路上突然被一个横躺在街上的躯体绊倒，刹那间你首先会想到什么呢？你肯定会想："我被人绊倒了。"至于绊你这人是谁，在短期内，你是不会把他和你昨天匆匆见过的那个人联系起来的。你昨天见的人太多了，他不过是其中一人而已，已不具备明显特征，你怎么可能记住他呢？

许多实验证明，凡是栩栩如生、个性鲜明的事物，就容易在脑海中留下清晰印记，就容易从记忆库存中提取出来。即使遗忘，只需稍加温习，就可以很快地重新掌握，而且不再轻易忘记。这是什么道理呢？

这是因为，人们对客观事物的认识是从感知开始的，而感知又首先是从直观形象开始的，在认识获得的最初阶段，直观形象的东西就容易被大脑接受和保存。

有一个实验，请被试者记忆两组词汇：第一组词汇都用墨笔写在白纸上，测试结果发现，中间部分的词汇最不易记，而开头和结尾的词汇记得最牢；第二组词汇中，有一部分是第一组记不住的，这次仍把这些难记的放在中间位置，但是，用鲜红颜色写在浅绿色的纸上，色彩极为鲜艳，测试结果就与第一组不同。即使这些难记的词汇又位于中间部分，由于色彩艳丽夺目，就容易引人注意，从而被牢牢记在心里。

这个实验说明，记忆任何东西，应尽可能赋予其醒目的特征，唯其如此，它才能在你的记忆系统中以突出的形象站立起来，迫使你不得不注意它，不得不记住它。

我有一个朋友，常常抱怨她丈夫从不注意她的穿戴，为此，她想出一个吸引丈夫注意的计策。

一天晚上，他们要去参加宴会，刚跨进家门，她丈夫突然叫住了她。

"伊莉科斯，你脖子上戴的是什么东西呀？领带不是领带，项链不是项链，多难看啊！"当丈夫的感到不满了。"呵，你现在终于注意我的穿戴了！真是谢天谢地！"她得意扬扬地说，"好吧，这回听你的，我马上去换件礼服来。"

你看，这位妇女用一件不同寻常的穿戴唤起了丈夫的注意，从而达到了她的目的。还有一个故事很滑稽。

某日，著名的小提琴演奏家科锐斯特和一个朋友在大街上漫步。路过一家渔店时，他闲适地伫立在窗前，欣赏着各式各样的标本。其中有一条鳄鱼，张着大嘴、瞪着眼珠，特别引人注目，他仿佛记忆到什么。蓦地，科锐斯特转身对朋友大叫道：

"天哪！多亏那条张牙舞爪的鳄鱼提醒了我，晚上，我还有个演奏会呢！"

你看，栩栩如生的形象刺激了这位提琴家的注意，更唤起了他几乎遗忘的事情。

由此你可以注意到，越是形象的事物，就越能触发人的联想，也就越容易记忆。因此，不管记什么事物，不管它多么抽象，你都应尽可能给它赋予形象。

上面所谈到的种种记忆的方法，诸如实证记忆、音乐记忆、谐音记忆、对比记忆、形象记忆，等等，都是以联想为前提，而联想的展开，又离不开有意义的事物。只有了解了这一点，学会运用这一点，你才能在改进记忆能力方面再迈进一步。

# 3. 让情绪服务于记忆

情绪是人生的大敌，记忆会在情绪的破坏下而停滞不前。

做了情绪的奴隶，最大的浪费是：时间白白地流逝过去了。

时间是无价之宝，容不得丝毫的浪费。

然而，由于你屈从于情绪的奴役，一而再、再而三地找出种种理由推迟该做的事情，尽量逃避记忆这个苦差，你可能这样想过：

"我就是缺乏信心。"

"我太爱分心。"

"我有点心不在焉。"

"试着记住？算了吧，我有点累了。"

"我很难长时间集中于某事。"

"我的心思总是徘徊不定。"

"我就是没有情绪去做。"

我敢打赌，你的理由远不止这些。长此以往，你就很快会养成一种懒散的陋习，在已确定的工作面前畏缩不前，并且不断地寻找着新的借口。

表面看来，你倒是轻松了，什么事情都可以挡住，整天沉醉于幻想而不必务实了。然而，你想过没有：这样下去会给你带来什么样的恶果？时间匆匆逝去，你却一事无成。

等到你蓦然回首，后悔就晚了。

因此，你必须清醒地认识到，在改进记忆效能的征途上，你已经从起点迈出，步入了一个新的阶段。在这个阶段中，你面临的最大问题，是如何战胜情绪，朝着既定的目标勇往直前。为此，我建议你不要轻易地放弃自己的努力，时刻敦促自己、强迫自己，使自己的记忆系统处于高度紧张状态，等到达到既定目标再松弛一下，那样效果就会更好。

有人做过这样的实验：一组人，坐在舒适的椅子上，甚至半仰着身子，在那里读书；另一组人，坐在硬板凳上，从事紧张的演算工作。过了若干时刻，前一组人很快就疲倦了，产生了一种入睡的感觉；而另一组人，身心集中，精神亢奋。结果，后一组人记忆效果要比前一组人高出 10%。

心理学家库特·莱米恩把这种情形概括为"紧张状态"，是指某种行为向完成状态过渡的趋势，这个时候，人的兴致最高。比如，端来一盘食物，吃到大半的时候，你可能就饱了，但还是想把盘子里东西吃完，否则就感到别扭；再比如，小孩玩游戏，玩到兴头上，谁叫他他也不理，既不觉得饿，也不觉得累，非要玩完游戏才罢休。同样的道理，这个时候，人的记忆功能也最有效。

心理学家们又根据莱米恩的理论做了进一步的实验。实验要求被试者在限定的时间内背诵一组词汇，进行到一半的时候，突然打断他们，再给一些新的词汇，要求他们限时记忆。结果，不管是先记的，还是后记的，记忆效果都不好；相反，如果让他们连续记忆一组词汇，中间没有干扰，结果记得就很牢。

这个实验说明，连续记忆一组词汇，被试者就会全身心地投入到记忆目标中，因而记忆效果最佳；假如中间又加进新的词汇，就打断了"紧张状态"，必然影响记忆效果。

因此，从理论上说，寻找借口、放松自己，实际上就随意破坏了记忆系统的"紧张状态"，使之不能连续正常工作。结果，浪费了时间，什么事都干不成。这难道还不应当引起我们的警惕吗？

你是不是经常会这样说：

"不行，我学得太苦了，得休息一下，脑子都乱了。"

言下之意是说，大脑已经疲倦了，该休息了。

这是最后的借口了。

如果说，其他借口多多少少还有那么一点点根据的话，那么，这个借口可以说毫无事实根据。

它完全是推脱者杜撰出来的延宕之辞。

人类的大脑与肌肉不同，肌肉长时间处于紧张状态，必然要产生酸痛感，而长时期的脑力劳动却不会使大脑疲倦。如果你在长时间的脑力劳动后感到疲惫，那不是大脑的疲倦，而是身体的某些部位疲倦了。

略微回想一下最近一次长时间脑力劳动后的疲倦感受，是哪个部位最先感到疲劳呢？

眼睛，最有可能先疲劳。因为长时间盯着某物，眼部肌肉过度紧张；其次，颈部和背部肌肉也很快会发紧。

而大脑怎样呢？你注意到没有，当你停下手头的工作，大脑仍旧和开始工作时一样，始终处于清醒状态。

我们不妨看个实验。

有位女学生，连续12个小时从事脑力劳动，结果发现，她仍然能始终如一地演示各种心理功能，只是效率上略低。但是，其原因不是大脑累了，恰恰相反，是身体的其他部位支撑不住了。

这个实验要求她以最快速度做两个四位数相乘的练习，一个跟着一个，不间断地心算，连续做了12个小时，竟没有休息。实验者在一旁时刻测试着她的运算速度和准确性，发现效率始终没有明显地降低。最后，由于身体疲倦，加上饥渴的缘故，她才不得不停下来。

除了身体疲倦外，一般情况下，如果你从事的工作很难做；或者，

172

你对它根本就不感兴趣，可又不得不做，结果，你刚开始做的时候就犯嘀咕：是继续做呢，还是停下来？开始就分心，粗枝大叶，那样也会造成心理疲倦的。

但是，大脑不会疲倦。

堵住各种借口，抗击情绪的奴役，除了理论上的分析之外，这里还想具体向你介绍一种方法，即制定一个学习、工作时间的安排表，科学地安排记忆时间。

日程表

|  | 星期一 | 星期二 | 星期三 | 星期四 | 星期五 | 星期六 | 星期日 |
|---|---|---|---|---|---|---|---|
| 上午 8 时 |  |  |  |  |  |  |  |
| 9 时 |  |  |  |  |  |  |  |
| 10 时 |  |  |  |  |  |  |  |
| 11 时 |  |  |  |  |  |  |  |
| 12 时 |  |  |  |  |  |  |  |
| 下午 1 时 |  |  |  |  |  |  |  |
| 2 时 |  |  |  |  |  |  |  |
| 3 时 |  |  |  |  |  |  |  |
| 4 时 |  |  |  |  |  |  |  |
| 5 时 |  |  |  |  |  |  |  |
| 晚 7 时 |  |  |  |  |  |  |  |
| 8 时 |  |  |  |  |  |  |  |
| 9 时 |  |  |  |  |  |  |  |
| 10 时 |  |  |  |  |  |  |  |
| 11 时 |  |  |  |  |  |  |  |

首先，填写你每天在单位或家中的固定工作时间，然后，再排列出每天的闲暇时间。

上班前的清晨与下班后的晚上，是大可利用的余裕时间。清晨，头脑清醒，往往是识记的最佳时间，这已为实验所证明，也为大多数人所接受。"一日之计在于晨"，你要抓住这个有利时机去识记新的内容。识记是记忆的基础，要想成功地提高记忆能力，必须从识记入手。所谓"记忆"，由"记"与"忆"两大部分组成："记"是"忆"的前提，没有"识记"，不可能有"回忆"。所以，识记是成功记忆的最重要一环，把它放在清晨，再合适不过了。当然，这里也可能存在着细微的差异：有的人，在刚刚醒来时识记效果最好；有的人，则在醒来一段时间后，识记功能才会逐渐达到巅峰状态。但总的说来，清晨识记东西特别快，这是一个基本事实。

晚间，思维活跃，往往是理解的最佳时间。心理学研究表明，晚上八点到十点，人们的大脑皮层处于最兴奋状态，记忆系统最为活跃，对信息的回收能力也最强。借此良机，最好去重温早上识记的内容，反复琢磨，浸润融合，这样，就能记得更牢。

除此之外，余下的就是每天固定的工作学习时间了。

每天坚持按计划行事，最大限度地利用自己的时间和精力，种种借口托词也就无从介入了。

很多人还没有做过任何努力，就自暴自弃地认为自己很难持之以恒地按步骤加强记忆，这是一种思维定式。

你想过没有，在改进记忆效能的过程中，还有一种几乎叫人意识不到的情绪在严重地影响着你的记忆力的提高。

这种情绪，即思维定式，或叫先入之见。

先入之见怎么会妨碍记忆呢？

请先看两个实验。

第一个实验是回忆照片内容。在英法战争期间，实验者请一些将赴战场的预备军官看一张照片。照片上是两个荷枪实弹的士兵肉搏厮杀的场面，英国兵正背对着镜头，手持刺刀，向对面冲来的手拿来福枪的士兵刺去。

看了一两秒钟，然后把照片拿走，要求被试者叙说照片上的内容。

回答几乎差不多，他们都回忆说，他们对迎面冲来的法国兵印象极深，相反，对英国兵的进攻却印象模糊。这说明，他们对战争早就抱有某种先入的畏惧感，因而，一看到有法国士兵攻击的场面，就与这种畏惧感发生联系，从而在大脑中留下清晰的印象。

第二个实验是回忆讲话内容。被试者对政治都很有兴趣，且政见分明。一派信奉共和党，另一派赞成民主党，把他们聚在一起听讲演，讲演的内容全是有关国家人事、政治要闻等。

讲演前，告诉他们这是记忆实验，讲演的内容一定要认真记忆，但当时并不准备提问，而是在三周以后才提问。讲演的内容作了仔细安排：其中一半内容是斥责民主党的；一半内容是为民主党唱赞歌的。

三周后的回忆测试表明：追随共和党的人牢牢记住了斥责民主党的讲话内容，而信奉民主党的人则仅仅记住了与他们观点相一致的讲话内容。

这两个实验足以说明，先入之见是如何影响着记忆效果的。

如果你听到或看到的东西，恰恰是你事先有所预想，或者有所期望的内容，那么你将很容易记住它们；相反，如果你听到或看到的东西，恰恰是你本来就不感兴趣，甚至是反感的内容，那么你将很难记住它们。

读到这里，你就会意识到，你始终感觉自己不能按计划行事，那本身就是一种先入之见。这种思维定式，迫使你承认对自己的计划不感兴趣，甚至反感，从而放弃任何努力，那不是最大的错误吗？

因此，你一定要排除思维定式的干扰，按照你制定的学习计划，科学地安排记忆时间，并且坚持下去。

根据日程安排，有针对性地训练自己的记忆能力，这确实是行之有效的学习方法。

但是，每天应当学多少，怎样测定学习标准，这是因人而异的，也是因时而异的。

有时，你发现自己正以异乎寻常的速度获取新的知识，记忆效能也充分地调动起来，仿佛不知疲倦地为你工作。但转瞬间，你又会蓦地感到记忆机关好像出了什么毛病，运转不灵了，甚至，你感到自己又退回到原来的起点上。

为此，你感到悲观失望，甚至怀疑自己的一切努力都将是竹篮打水。

事实当然不是这样。

这种现象是正常的、短暂的，人人都有可能遇到，就好像大脑一片空白，所有的记忆机能都处于一种停歇的状态一样。

这种现象，我称之为"记忆死亡线"。

一般情况下，不管你学什么，开始的时候，记忆效率总是很高，用不了多久，你就能初步摸索出一些掌握这门知识的路数。这时，你的记忆功能就像是加了油的机器，运转得十分轻快；又像是高山滑雪的运动员，从高山顺坡滑下，大有一泻千里之势。

然而，初步掌握的知识毕竟是有限的，随着知识视野的开阔，你会越发感到该记的东西太多，或是实例，或是词句，或是数据，如此等等，都应当记住。

遗憾的是，正需要记忆功能鼎力相助的时候，它却懈怠下来。到后来，它甚至好像完全在原地踏步，再难以百尺竿头更进一步了。这实际就到了"记忆的死亡线"上了。这就像高山滑雪运动员，滑到了一处平地，速度必然会越来越慢，但是，慢归慢，它并没有完全停下来，直至另一个高坡前，速度才会完全停顿下来。

同样的道理，记忆功能也一直在"记忆的死亡线"上慢慢运行着，直至你接触新的学习材料，向新的知识高峰攀登为止。以后，你又开始识记新的东西，而以往的学科知识不再闯入记忆范围。

如果你是个强者，你就会客观地面对现实，寻找着新的对策，闯过"记忆的死亡线"。具体方法后面还要谈到。

# 4. 奖赏自己的记忆力

对自己的过人之处要不断地奖励，这样自己的优点才可以不断地发扬光大。

任何体育活动，优胜者总要得到奖励，这似乎已是天经地义的事，那为什么在记忆活动中，有了进步就不该得到奖赏呢？运动员得到奖励，必然会受到鼓励，不断进取；同样的，你的记忆也需要及时得到奖赏，这样，才能刺激自己的记忆能力有更大的提高。

"你所说的'奖赏'具体指什么呢？"记者在采访我时问道，"说到奖赏，总免不了破费，既花钱，又费事，不是有些得不偿失了吗？"

看来，世人对"奖赏"一词的特定含义理解得太肤浅，往往把它与我们日常生活中所常用的诸如奖励、报偿等混为一谈，未免令人遗憾。

其实，我所说的"奖赏"与我们习惯的诸如奖励、报偿等词在表面上看不出差异，但其作用与效果是大不相同的。首先，在日常生活中，该奖励的而不奖励，可能会打击当事人的积极性，从此消极下去；而在记忆活动中，该奖赏的不奖赏，就有可能分散注意力，使记忆活动不能止常进行下去。其次，在日常生活中，奖励的时间不合适，至多起不到应有的作用：而在记忆活动中，倘若奖赏时间不合适，不仅起不到应有的作用，反而会适得其反，要花费更"昂贵"的代价。

为了使你更准确地理解我所说的"奖赏"，建议你稍停片刻，回忆一下当初阅读本书时发生了什么事。

请你回答下列问题：

1. 阅读头几章时，有没有其他无关本书的念头干扰你呢？

2. 你曾放下书去倒一杯咖啡吗？

3. 你曾去给某位朋友打电话了吗？

4. 你曾打开收音机，去听听你所喜爱的歌曲了吗？

5. 你无意看到客人的糕点糖果后，是否放下书去拿几块来吃？

请在每个问题之后写上"是"与"不是"。

你的答案是什么呢？

也许你觉得这些问题很无聊，其实不然。它们对我来说是有意义的，至少它们向我显示了你在学习过程中是否有所分心，而且这种分心是否能转换成令人愉悦的奖赏，从而更有效地刺激你的记忆。

如果对上述五个问题的回答从第二到第五都填写"是"字，那么，你肯定就不大可能全神贯注地阅读了，你的记忆已被分心所干扰了。

如果对所有问题都填上"不是"，说明我列举的事由不一定符合你的实际，因为完全杜绝分心是不大可能的。是什么事情或念头曾打断你的阅读呢？请你自己写下来：

1. _____

2. _____

3. _____

4. _____

5. _____

我们知道，记忆本身并不是一件令人开心的事，记忆时，会使大脑增加多余的负担，所以每当记忆时，大脑就会浮现出自己更喜欢做的事，而迫使精神分散，从而妨碍正常的记忆功能。这时，如果再想记忆，困难就更多了一层，因为必须先排除杂念，再集中注意力，然后再来记忆。比如，上面的答案，从第二到第五都填上"是"，说明你分心太多，很难再集中精力了。如果你仅仅被一两个念头或举止所打断，那就不一定是坏事。此时，你不一定要急于排除这些念头，恰恰相反，而是有意地找出这些念头，使之成为你心中潜在的目标。你应告诫自己：只有完成了这项工作，才能满足自己的欲求。这样，你就能利用这些念头作为诱导物，从而就容易突破这种记忆障碍。

从这个意义上说，分心也不可一概而论。固然，分心过多，必然会打断我们的记忆链条，从而难以再集中注意来弥合已断裂的记忆链。但是，适当的分心，在某种程度上又会使这种消极因素转换成积极因素。比如，当你完成了预定的任务后不妨喝一杯咖啡，打个电话，吃点糖果什么的来奖赏自己。

但是，这里强调的是，你必须做完既定的事情，才能奖赏自己，无论如何，不能坐等奖赏，不能屈服于分心的压迫。

同样的道理，阅读本书，也应当因势利导地使分心成为近期目标完成后奖赏的必要手段。你应当严格要求自己：只有读完一章后，才能干别的事；没有读完，决不能迁就自己。只有这样，你才能更有效地提高你的记忆能力，才会使分心这个消极因素转换成积极因素。分心是难免的，也是必要的，但是，分心必须有一定的限度。

怎样设定这个限度呢？

我以为，这种分心应以不转移全部注意力为限度。

既然是分心，它总得中断一下记忆线索，使你从实际学习状态中略微超脱出来。但是这种中断的时间决不能过长，因为过长时间的间断，必然会转移注意力。

有一个学生听了我的课，便学着奖赏自己，但效果总是不好。我就问他：

"你怎样奖赏自己呢？你在什么情况下奖赏自己呢？"

她回答说：

"因为第二天要上新课，我不得不预习，不过，我实在对它没兴趣，匆匆忙忙地翻了一遍，就看电影去了。"

很显然，这个学生并没有真正领会我所说的"奖赏自己"的深切用意。奖赏的目的，不是为了让你全身放松，而是为了让你小有满足之后，更专心致力于你的工作。因此，这种奖赏要求：

第一，得有分寸。这个分寸得使你不要从正在做的事情中离开太久，而看电影，则完全把你的心思转移开来了，使你远离了正在做的事情，因而你就不可能再对此事产生注意，自然也就记不住。

第二，得分时间。奖赏应在完成某些具体工作后才能获得，而这个学生为了获得这种奖赏，匆匆完成了表面的工作。这实际是为奖赏而奖赏，奖赏的真正用意则被埋没了。

因此，我再次强调，分心必须有一定的限度，决不能让它转移你的全部注意力。

其实，有时你的要求并不一定太高，你不过是想喝杯茶，走动走动，或者凭窗远眺，做几次深呼吸。及时满足这些要求，看起来不起眼，却能足以刺激你的学习劲头，而且不会分心太久，不致注意力分散。

不到奖赏的时候，决不能迁就自己；但是，该奖赏的时候，决不能延宕。延宕奖赏同滥加奖赏一样，都达不到奖赏的真正目的。

小男孩大多很调皮，做母亲的往往无可奈何，只好说："等你爸爸回来再惩治你！"爸爸回来了，狠狠地斥责了他一顿。但是你想过没有，这种训斥在孩子心里会有什么反应？他能把这种训斥与几个小时前的淘气联系起来吗？大约是不会的。孩子只是把这个训斥与正在发火的爸爸联系起来，由于时过境迁，训斥的本来意义已不复存在了。

惩罚与奖赏是一对孪生姐妹，惩罚要及时，同样，奖赏也要及时，早不行，迟也不行。

心理学家泽西尔德曾做过一个实验，证实了在记忆过程中及时奖赏的价值。

实验要求被试者在七分钟内尽可能地回忆并写下三周以前所有愉快的经历。写完后，再换张纸，要求他们同样在七分钟内尽可能回忆并写下三周以前所有使他不高兴的事情。

写好以后，把两张纸收起来，告诉被试者实验已完，不给他们任何外在的压力和暗示。21 天以后，突然再把他们集中起来，叫他们重做三周前的工作。

两次填写的表格对照起来，是很能说明问题的。下面是统计结果（按百分比计算）：

|  | 高兴的经历 | 不高兴的经历 |
| --- | --- | --- |
| 第一次回忆 | 16.35 | 13.7 |
| 第二次回忆 | 7.0 | 3.86 |

实验表明，不仅在最初记下的种种经历中，高兴的事情远比不高兴的事情记得多，就是在 21 天以后，高兴的事情也同样记得更多。

统计数字还表明，最初记录下来的高兴经历有 42.81% 在第二次回忆中被记住了，而不高兴的经历仅有 28.18% 能在第二次回忆中记住。

这足以说明，高兴的事情更容易记住。

奖赏自己，其本身就是一件令人愉悦的事情，自然能在脑海中留下清晰的印记。但是，这与记忆具体的内容有什么关联呢？这就涉及暗示的功能了。

当你完成了既定的任务后，及时地奖赏自己，或喝杯茶，或打个电话，或凭窗远眺，你会感到志得意满：一方面，完成了任务，精神需要满足了；另一方面，又及时地奖赏了自己，物质需要也满足了。这对你来说，无疑是件令人高兴的事，从而在脑海中留下深刻印象。

过了一段时间，你可能忘记了某些记忆的细节，但是，你对自己当时所产生的愉悦感却是难以忘怀的。那种情感的体验，就是一种暗示，由情感的暗示，联想到当时物质需求的满足情形，继而联想到精神需求的满足情形。这样，你就很容易回想起当时学习的细节，回想起你要记住的东西了。

# 第 5 章　快速记忆的实际应用

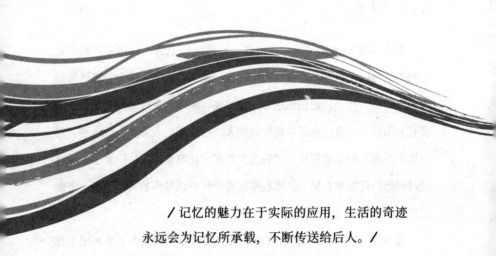

／记忆的魅力在于实际的应用，生活的奇迹
永远会为记忆所承载，不断传送给后人。／

# *1.* 巧记电话号码

在日益繁杂的社会交往中，记住重要的电话号码也已成为生存的一种必要手段。

在大多数情况下，你不会站在电话簿旁打电话，但你要查找忘记了的电话号码，就常常需要使用电话簿。确实，许多人认为，电话号码簿里有号码，所以，记住电话号码没必要，但事实上，每时每刻电话局都有人值班，以应付忘记电话号码的人。除了忘记人名和人脸之外，对记忆力最常见的抱怨就是："我完全不能记住电话号码！"大多数没有受过训练的记忆力很单一。那些常常能记住电话号码的人，并不一定能记住人的名字，反之亦然。

理查德·希蒙博（著名的音乐家和魔术师）知道大多数人记不住电话号码，于是，他想出了这样一个办法，使每一个人很容易记住他的电话号码——他告诉人们拨他的名字 R.希蒙博（Richard Himber），他设法为他的电话安了一个交换装置，使其电话由字母"RH"开始，后面为"4—6237"。当你拨 i—m—b—e—r 后，就可接通。

当然，这解决了那些记得他名字的人的问题，但不幸的是并不是所有的电话号码都能这样安排，但是，你将学会记住电话号码，电话接线员会为此喜欢你。

在纽约和多数大城市，电话号码是由一个呼叫名字、一个总机号码、四个干线号码所组成，像"哥伦布（Columbus）5—6695"。用两三个词汇或事项进行荒谬的联想，在你的联想中再加上一个想法，你就能记住这个电话号码是谁的。

如今，大多数电话都是拨号电话。因此，有必要记住呼叫名字的头两个字母，依靠这两个字母来拨号，我们要仔细考虑那两个字母。于是，你要学会的第一件事情就是要找到一个词，这个词能立即帮助你回忆起呼叫名字的头两个字母和总机号码。自然，这个词很容易形成一个画面；可以把电话号码"CO5—6695"作为一个例子，我们怎样才能找到一个能够回忆起CO5的词呢？很简单，这个词必须以字母"CO"作为开头，紧接着的辅音应该是根据我们的语音字母表，能够回忆起总机号码数字的声音，假如这样，这个字母应该是"1"声，代表"5"。

能够形成画面的任何词都可以。跟在"L"声后面的是什么语音无关紧要，因为那些语音将被忽视，选择这个词的唯一标准是头两个字母和紧接着的辅音。例如，词"圆柱"（column）将回忆起CO5，这个词尾的字母"mn"将被忽视；词"衣领"（collar）"小马"（colt）"颜色"（color）"寒冷"（cold），或"竞技场"（coliseum）也适合于这种方法。如果你认为能够形成一个画面的词，在帮助回忆起交换数字的辅音字母后面没有其他字母，可以使用它，词"煤"（coal）是适合于这种情况的一个例子。

记住，你不必一定要使用只有两个字母的词，在你心中出现的第一个词常常是（虽然并不总是）你使用的词。如果你想记住开头是"Beachview8"的电话号码，你可以使用"牛肉"（beef—BE8）这个词。下面的几个例子可使你理解这种概念：

regent2——租金（rent）——列那狐（reynard）

esplanade7——逃跑（escape）——自动楼梯（escalator）

grarmercy8——坟墓（grave）——图（graph）

delaware9——深的（deep）——代理人（deputy）

gordon5——黄金（gold）——目标（goal）

clover3——夹钳（clam）——爬（climb）

你该明白，这有多简单！没有任何理由说不能找到一个使你能回忆起任何呼叫名字和总机号码的词，不过，我要提醒你，你选择的这个词，仅仅对你有意义。如果给 10 个人同样的呼叫名字和总机号码，也许他们每一个人将使用不同的词帮助回忆。虽然常常是选择名词最好，但这并不意味着你非要使用一个名词不可。有时你会发现，选择一个你知道的词汇，对于记住某个名字总机号码，刚好恰当。如果是这样的话，就选择外语词，这没什么关系，要紧的是，这个词能够使你回忆起电话号码。可以给你一个目录，它包括纽约市使用的全部交换姓名，以及根据这些交换姓名而使用的交换数字；也可以给你能够回忆这些交换姓名和交换数字的词。当你发现你必须记住一个电话号码时，你就能立即选择一个可以记住这个号码的词，以代替记住一个长长的目录，这才是最好的方法。

为什么有些电话号码我们选择"列那狐"这个词来帮助记忆？当我还是一个小孩儿的时候，《列那狐的故事》中的列那狐就是我最喜欢的一个动物形象。所以，列那狐能够在我心中产生一个明确的画面。如果你从没读过那些奇妙的故事，那么，列那狐就对你毫无意义。如果在联想中使用列那狐，我会很容易地想象到一只狐狸，清晰的记忆将会告诉我，这个电话号码的开头是"RE2"，而不是"FO7"（fox 泛指狐）。

上面这个例子恰恰能说明，虽然你没有找到适合记住一个呼叫名字和总机号码的词，但你总能够找到些别的什么，甚至一个荒谬的短语或词，帮助你在以后回忆起这个呼叫姓名和总机号码。这种方法不仅适用于记住电话号码，而且还适用于一切必须引用某个词才能产生的联想。

好，现在继续研究怎样记住电话号码的其余部分。如果你已经懂得了怎样选择一个词来记住呼叫名字和总机号码，那么，要记住电话号码的其余部分就容易了。现在，你也许正在为怎样记住四位干线号码而发愁，没关系，因为任何四位数字都能被转化成你的两个代码词。例如4298，你能够从雨（rain—42）联想到松瓶（puff—98），6317——好朋友（chum—63）到平头钉（tack—17）；1935——浴盆（tub—19）到骡子（mule—35）等等。你获得了记住电话号码的前后两部分的方法，剩下要做的就是把这两种方法合起来用。让我把电话号码"CO5—6695"作为一个例子，这一串数字很容易记，从煤（coal—CO5）到火车（choo—66）到铃（bell—95），你一下就能够记住；再比如电话号码"AL1—8734"，你可以使用这几个词——祭坛（altar）到雾（fog）到割草机（mower）；电话号码"OX2—4626"——牛（oxen）到蟑螂（roach）到峡谷（notch）。

在你表演怎样记住某人的电话号码之前，必须指出，这种方法有点美中不足：如果你在心中产生出一幅有关蒸气（steam）、绳索（rope）和坟墓（tomb）的荒谬画面，你会根据这些词，记住"ST3"[蒸气（steam）]和4913[绳（rope），坟墓（tomb）]，但是，你记住的这四位数字是"4913"还是"1349"？这就是美中不足之处。记住一个电话号码一星期左右，你可能把前后两个代码词搞混。当然，如果你使用一个早已记住的电话号码，这实在是一个纯理论上的问题。你曾经使用过几次某个电话号码，就会马上想起这四位数字。我曾说过多少次，对于你的准确记忆，这些方法会给你带来奇妙的帮助，不使用这些方法来记电话号码，你多半记不住。

然而，对于你不能马上记住的电话号码，有许多方法能避免这种混乱。现在，我给你介绍三四种正确的方法，你可以从中选择一两种你认为最好的方法。

第一种方法是创造两个连环词代替一幅完全荒谬的画面。例如，电话号码"ST3—4913"，你可以想象一种蒸汽（steam）用绳索（rope）套住一座坟墓（tomb）的画面。如果你使用连接的方式，你将从蒸气联想到绳索，从绳索联想到坟墓，因为这种连环的方式可以使你长久回忆。这样，你就会记住这个电话号码的准确排列顺序。

我还常常使用另外一种方式。这种方式是创造一幅完全荒谬的画面，但这幅荒谬的图画本身又有一种逻辑顺序。我用刚才那个现成的例子来解释：一种蒸气用绳索套住了一座坟墓，这是一幅完全荒谬的画面，但它是在一幅荒谬的画面中具有逻辑顺序的好例子。你按照这种方式创造的联想，不可能认为坟墓在前面，也不可能认为绳索在后面——这两个词（自然，当你想拨某个电话号码时，这两个词能变换成相应的数字）一开始就能按照正确的顺序来想象。

如果你想进一步弄清这种方法，我再给你举一个例子。电话号码"DES—3196"——分配（deal）、草席（mat）、海滩（beach）三个词，完全能够使你记住这个电话号码。如果你想象你站在海滩上分配草席（河沙沾满了你的全身，沾满了那些草席），那么，你就创造了一个具有逻辑性的荒谬联想。"草席"这个词肯定是在"海滩"这个词前面，于是，你记住的这个电话号码数字是"3196"，而不是"9631"。

我总想试着找到一个词，它可以转化成四位干线号码的两位以上（而不仅是两位数字）。例如，"ST3—4913"，我能够想象，一种蒸气（steam）撕破（ripped）了一位姑娘衣服的卷边（hem），或者蒸气（steam）—赔（repaid）—卷边（hem），或者蒸气（steam）

—赔（repaid）—我（me），等等。其次你能够找到一个词，这个词可以转化为四位干线号码数字。

我相信，你多半愿意使用上面三种方式的一种或者更多种。然而，这里还有一两种可以避免弄混电话号码数字的方式，以供你多方面选择。

你总是使用一个代码词，记住四位干线号码的前二三位数，和任何不是代码词但发音适合的词代表后两位数字。例如，为记住一个电话号码的干线数字"6491"可用"樱桃"（cherry）来记住"64"，但在你的联想中，不能用"蝙蝠"（bat）来记住"91"而只能用其他的词，像"甜菜"（beet）或"船"（boat）来记住"91"。经过一段时间后，当你想回忆这个数字时，你会记住"64"是前两位数，因为"樱桃"是一个代码词，"甜菜"或"船"不是代码词，所以，"91"是后两位数。如电话号码"IN1—4048"，你可以这样想象：印第安人（indian）—玫瑰花（rose）—仙女（fairy），"仙女"不是一个代码词，所以"84"是后面两位数字。这种方法很有吸引力。

使用这种方法，完全消除了弄混数字的可能性。当然，为避免弄混数字还有其他一些方法，例如，想象你的项目中一个要比另一个大得多，等等。但我现在还没有更多的材料来说明这些办法。

就电话号码所涉及的问题来讲——如果你弄混了干线数字，最坏的情况就会发生，第一次，你会打错电话，但第二次，你会打对。

再提一下，如果"零"是两位数字的头一个，仅为这两位数字选用一个词，例如"05"可选用"帆"（sail）或"卖"（sale），例如"07"可选用"病人"（sick）、"短袜"（sock）、"麻袋"（sack），等等。如果你遇到两个"零"，可选用"海"（sea）、"缝制"（sew）或"动物园"（zoo）。

好，现在，你学会了怎样记住任何电话号码。为了记住这个电话是谁的，只需加上一个词在你的联想中，如果这个电话号码属于与你有所交往的某人，或者你认识的一般人，如裁缝、卖肉人、食品商人、医生和任何能够被描绘的人，就在你的联想中放进这个人。例如，某个裁缝的电话号码是"FA4—8862"，就创造一个裁缝—农庄（farm）—横笛（fife）—链条（chain）的联想。如果你听从我的建议，对最后两位数"62"不使用代码词，你将用下巴（chin）来代替链条（chain）。你能够想象，这个裁缝（一个男人正在缝补），正在他的农庄种植横笛，他用他的下巴演奏横笛。如果你喜欢这种连接的方式，把四个项目连接起来就行了。

因为一个裁缝、医生、牙科医生，能够被想象，所以，你可以把想象的画面放进你的联想里。如果你想把电话号码同人的名字连起来记，你必须使用一个代替词。海斯（Hayes）先生的电话号码是"OR7—6573"，你能够想象这样一幅画面：一捆干草（bale of hay）——海斯在监狱（jail—65），一边吹口琴（organ—OR7），一边梳（comb—73）头发。如果你使用连接的方法——连接干草到口琴，口琴到监狱，监狱到梳头。如果你愿意，可以采用我提出来避免弄混干线数字的最后一个方法——把头发改换成昏迷（coma）、游戏（game）或逗号（comma），等等。

假如你想记住西维尔伯（Silverberg）先生的电话号码"JU6—9950"，你会看见一座闪闪发光的银色冰山（sivericeberg）坐在法庭上，好像一个法官（judge—JU6）在抽着一个大烟斗（pipe—99），它上面盖有鞋带（lace—50）。在这一幅荒谬的画面里，这是"逻辑性的非逻辑"的顺序。我使用这同样的数字，向你表明怎样运用任何方法，记住干线的正确数字。

连接的方法——从冰山联想到木槌（这座冰山正不断地敲打着法官的小木槌），接着从法官联想到烟斗（看见像一个法官一样的巨大烟斗），再接着从烟斗到鞋带（想象你自己正抽着一支装满鞋带的烟斗，或者看见一个烟斗变成鞋带）。

为记住这个电话号码，如果你想在联想中使用更少的项目，你可以创造这样的联想：像法官一样的冰山上站满了小学生（pupils——9950）。

使用最后那种方法，可把鞋带改成其他能够代表"50"这个数字的词，像少女（lass）、丢失（lose）、谎言（lies）或套索（lasso）。

我举了用不同方法记住电话号码的例子，因为我认为，这样做可以使你选择最容易的方法来记忆。正如这本书的其他章节所指出来的那样，我仅仅给你提供理论上的例子，你还必须在实践中加以灵活运用，才能决定哪一种方法对你效果最好。

我怀疑你是否发现记住一个平时极少使用的电话号码是必要的，事实上，凡你想记住的电话号码都是有用的。而且，如我前面所述，联想将帮助你回忆起最初你打过几次这个电话号码，过后你可以忘记最初的这个联想，或不要试着记它。因为不管怎样，这个电话号码多半会永久地留在你的记忆中。

通常，说明某件事比做这件事花的时间更长，记住一个电话号码仅是一瞬间的事，除非你把它作为一个记忆的表演。你想很快地记住一个电话号码，一般来讲，会有充分的时间去找到适当的词，以便产生联想。为了找到那些引发联想的词，首先必须考虑这个数字的事实本身也帮助了你的记忆。如果我的这本书能够使你考虑，或者把注意力集中在你想记住的某些事物，那么，我感到我做了一些工作，因为你的记忆力肯定有所增强。

## *2.* 记住约会及重要日期

重要的约会是不应该忘记时间和地点的，否则你会为此痛恨一生。

如果在某天的一些时间里，在你特别的事务中，或在你的社交活动中，你必须参加许多次约会，这一节将对你很有用处。这种记忆方法是：一旦你有一个约会，你就产生一种有意联想，靠产生的这种联想，你能够回忆起某个星期天的全部约会，不必为此使用笔记，或为需要备忘录而发愁。

对那些不愿记每周的约会或计划的人，我要建议他学会本节的方法。你永远不会知道什么时候能够发现它有用，但是一旦你学会了它，并使用它，那将是有利无害的。

你要做的第一件事，是给每周的每天配一个数字，因为一周有七天，所以数字应该是从"1"到"7"。根据日历，星期日应该是每周的第一天，但我发现许多人把星期一作为第一天，我猜想，这是因为在我们这个世界里，星期一是开始工作的第一天。在以下的解释中，我把星期一作为第一天，如果你习惯把星期日作为第一天，就做相应的改动。按照这种方式，每天相应的数字应该是：

星期一——1    星期二——2    星期三——3

星期四——4　　星期五——5　　星期六——6

星期日——7

　　一旦你知道每天相应的数字，就能够把一天的每一个小时转换成相应的代码词。你将使用已经知道的代码词，帮助你记住时间和约会。一天的任何时间都由一个代码词来表示，你没有必要记住所有这些词，它就能自行生效。

　　按照这种方式，每天的每一个特定的小时都能转换成一组两位数的数字——"天"，是第一位数，"小时"是第二位数。例如，你想记住一个特定的时间：星期三4点钟——星期三是每周的第三天，因此，第一位数字应该是"3"；4点钟是约会的时间，因此，第二位数字应该是"4"。现在，有了一组两位数——"34"，"34"的代码词是"割草机"，所以，"割草机"一定表示星期三4点钟。

　　星期一两点的代码词是"罐头"。星期一是每周的第一天，时间是两点钟。按照同样的方式，你将记住下面的时间：

　　星期四1点钟——杆子（41）

　　星期五8点钟——熔岩（58）

　　星期日6点钟——笼子（76）

　　星期二9点钟——球形把手（29）

　　这不是很简单吗？自然，如果你把某一天的一个小时转换成相应的代码词，那很容易，例如，"峡谷"是"26"的代码词，因此，它一定表示星期二6点钟。

　　11点和12点不能转换成一个代码词，因为它们本身就是两位数字所组成，而10点钟能转换成一个固定的代码词，可以用"0"代替"1"和"0"。换句话说，星期六10点钟就能转换成"60"（干酪），因为

193

星期六是第六天，10 点钟是"0"。"玫瑰花"表示星期四 10 点钟，星期一 10 点钟是"大拇指"等。

我将教你两种方法，掌握每天"11"点和"12"点的转换。这两种方法我都试过，并且检验过。第一种方法同记住其他的方法相同，所以比较容易（虽然并不是最好的）。把 11 或 12 加到某一天数字的后面，这样就可以把任何一天的 11 点或 12 点转换成一组三位数。即星期二 11 点——211，星期四 12 点——412，星期日 12 点——712，星期三 11 点——311，等等。现在，你可以根据语音字母表，选择一些适用于每天 11 点或 12 点的代码词，这些词可以一直使用。如果你打算采用这种方法（先不要决定是否采用，直到你了解了第二种方法以后再决定），我还可以给你提供一些可用的词，你可以选择它们，或者使用你自己发现的词。

星期一　11：00——星棋布（dotted）加（toted）

　　　　12：00——拉紧（tauten）

星期二　11：00——打结（knotted）编结（kintted）

　　　　12：00——印度人（Indian）

星期三　11：00——紧密配合（mated）模仿（imitate）

　　　　12：00——羊肉（mutton）连指手套（mitten）

星期四　11：00——袭击（raided）发散光线（radiate）

　　　　12：00——腐烂的（rotten）写（written）

星期五　11：00——点火（lighted）装载（loaded）

　　　　12：00——拉丁语（Latin）装满的（laden）

星期六　11：00——欺诈（cheated）疲倦（laded）

　　　　12：00——五分镍币（jitney）关住（shut in）

星期日　11：00——穿外套（coated）幼子（cadet）

194

12：00——小猫（kitten）棉花（cotton）

第二种方法是两种方法中较好的一种。首先，我把每天11点或12点转换成两位数字，以代替三位数字：把11点看作"1"，12点看作"2"。因此，就可以把星期五11点看作是"51"，星期五12点—52，星期日11点—71，星期日12点—72，等等。当然，你不可以使用同一点或两点相同的代码词。可以按照字母表，为这些数字选择其他的代码词。

让我举几个例子——星期二11点，你可以选择代码词"难题"（nut），以后，当你想象你的联想时（我将马上解释这种联想），因为你明白你为星期二1点钟选择的固定代码词是"罗网"。所以，"难题"不代表星期二1点钟，而代表星期二11点。

"下巴"（chin）能够代表星期六12点，你选择的固定代码词"链条"代表星期六2点。所以，你明白，"下巴"一定意味着星期六12点。现在，你理解了吗？一般来讲，这种方法应该这样进行——对于每天的11点或12点，使用同每天的1点或两点同音的代码词，但不使用你为每天的1点或2点选择的固定代码词，这样就完全正确了。

如果你的约会常常需要精确的时间，事实上，在这个时候，你不需要进一步了解怎样记住约会，因为你会把一切记在心里。假设你在星期二9点钟去看牙科医生，你想确信不要忘记它，就把星期二9点钟转换成一个代码词："球形把手"，并联想到那个医生。你能够想象一个巨大的球形把手像一个牙科医生，或者，你看到牙科医生从你嘴里拔出一个把手，而不是一颗牙齿。如果你必须记住星期一2点钟去银行存钱，可从"罐头"联想到银行；如果你必须在星期五11点乘飞机，可从"装载"（loaded）或"少年"（lad）（根据上面所学的方法，这是为11点和12点选择的代码词）联想到飞机；如果你星期三10点要去拜访一个朋友，可从"老鼠"（mice）联想到你的朋友，等等。

如果你常常同你不太熟悉的人约会，或者你想象不出他们，那么，就可以在你的联想中，根据他们的名字使用一个替换词。

这就是你要做的一切。如果你曾为整整一星期的全部约会产生过一种联想，想记住为此制定的时间表，比如说，星期二——复习一下为这一天选择的代码词——星期二——鼻子、网、尼姑、名字、尼禄、指甲、峡谷、脖子、小刀、把手、编结或打结、印度人或霓虹灯。一旦想到你曾联想过的代码词，你就知道它意味着什么！你想到"脖子"，立刻就知道曾产生过"脖子"的画面。比如说医院，这将提醒你，必须在星期二7点去看望在医院的朋友！就这样，多么简单！你仅仅需要试一试，就能知道它的效果。

就我个人而言，我是用这些方法来记住每周的时间表的。我的一些约会安排得很精确，比如：3点15分、3点30分或3点45分，但我发现这并没有关系，如果我联想到约会那天的3点钟，确切的记忆将告诉我，约会的时间是这个小时过15分、30分或45分。可是，有一些事情你必须记住准确到分的时间，如火车等。为了做到这一点，在产生的联想中，你需要加一个词，这样，你记住的就是四位数，而不是两位数。

在四位数字中，前面两位数代表天数和小时，后面两位数字代表分钟。例如，如果你去看牙科医生的时间是星期二9点42分——把天数和小时转换成"把手"（29），把代表"42"的代码词"雨"加进联想之中。当然，假如这样，你就明白你遇到了与同学曾遇到过的怎样记住电话号码的四位干线数字相同的问题。

上面的例子中，你怎样确知去看牙科医生的时间是星期二9点42分，而不是星期四2点29分？如果你不能确信代码词属于前面一个，还是属于后面一个，这种情况就会出现。这类问题可以按照同解决电话号码相同的方法来解决，最好的办法是产生一种"逻辑性的非逻辑联想"。因此，尽管它可以是一种荒谬的想象，但是一个代码词必须逻辑地紧跟另一个代码词。

如果你产生一幅这样的画面：牙科医生从你嘴里拔出来的是一个"把手"，而不是一颗牙齿，并且，牙科医生是在"大雨中"拔的牙。这样，你就知道了把手在前面，雨在后面。我曾提出过的记住电话号码的其他建议，也可以用在记住约会上。如果为你的想象使用连接法，你将从牙科医生联想到把手，接着，从把手到雨。为最后两位数字（在这里，这两位数字代表分钟）采取选择一个与固定代码词不同的词的方法很适用，它将帮助你记住除11点和12点之外的任何时间，但它并不是在任何地方都必须，因为你不总是为某天某时使用专门的代码词。

这两种方法哪一种好，你自己作出判断。我建议你两种方法都试一试，选择一种最简便易行的方法。

为记住某次约会时间是几点几分而发愁，我认为没有必要——如果想记住分钟，我将采取这种方式——我必须记住，在星期一3点25分去买一台电视机——我想象一台电视机就像一块"墓碑"，"指甲"在屏幕上表演。

很清楚，我使用的是"逻辑性的非逻辑"想象的方法。在上面的联想中，毫无疑问。"墓"（星期一3点钟）在前面，"指甲"（25）在后面。另一个例子：星期三12点10分，我要去游泳——想象一幅我自己游泳的画面，我碰到一颗"水雷"，它炸伤我的"大拇指"。在这里，我为星期三选择这些代码词：鼠、草席、月亮、木乃伊、割草机、骡、火柴、大杯子、电影、地图、手套和水雷。（我总是用"手套"表示星期三11点，"水雷"表示星期三12点。）这幅荒谬的想象将提醒我，"水雷"并不是我选择的一个固定代码词，它代表12点，而不是2点。"大拇指"（10）是联想的最后一部分，代表分钟。就这样，我记住了游泳的时间是星期三12点10分。

两种方法我都用过，但我必须再一次强调，我认为最好的方法，对于你来讲并不一定是最好的，哪一种方法好，由你自己决定。我相信，一旦你懂得了基本原则，你会自己选择使用哪一种方法。

你可能对这样一个小问题感到疑惑："我怎样区别是上午 7 点，还是晚上 7 点？"这是一个很好的理论问题，但如果你停下来想一想，你会认识到，如果为实际的目的使用这种方法，这种冲突几乎不存在。你一定明白，上午的约会同晚上的约会有很大的不同，所以不太可能弄混。例如，你是否常常在早晨或晚上看牙科医生；你也知道，晚餐时间是下午 7 点，而不是早晨 7 点。如果你约一个朋友在公共图书馆前共进午餐，时间是中午 1 点，快到那个时间你也很饿了，这自然提醒了你约会时间到了。

你看，一点问题也没有。当然，万一你有这方面的问题，你不妨在你的联想中，加进一个词，告诉你时间是上午还是下午。你可以为上午使用"目标"（aim），为下午使用"诗"（poem），或者其他的任何词，你甚至可使用白和黑，把黑加进你的联想中，黑代表下午，白代表上午。但相信我，所有这些几乎没有必要，我提到它的唯一目的，是要向你证明，运用一个有意联想能够记住一切。

现在，如果你使用这一节里介绍的记忆方法，就不再需要记事本和备忘录，只要你使用这种方法，就会得到一定的帮助。这种方法的要点在于，当你要记住一个约会时，把约会的天数、小时（或者还有分钟）转换成代码词，从约会本身联想到那些代码词。

当你每天早晨起床时，或者如果你愿意，也可以在前一天晚上复习约会那天的所有代码词。

当你曾经在联想中使用过的一个代码词出现在脑海中时，你会知道它的意义，它将提醒你，在这个特定的时间里必须做什么。

当这一天过去时，你应该形成一种检查为这一天选择的代码词的习惯，并定期进行，以免万一你忘记了一个约会，尽管你在早晨曾记起此事。代码方法不但帮助你记住重要的周年纪念，而且也能帮助你记住历史上的重要日期、地址、价格或型号。

就日期而言，如果你想记住某人的周年纪念日或生日，就从这个人或者他的名字的替换词联想到日期。按这样的方式进行，假如戈登（Gordon）先生的生日是4月3日，从戈登先生的替换词"花园"（garden）联想到"公羊"（ram）你就会记住这个生日。公羊代表"43"。戈登先生的生日是在一年的第四个月的第三天。

当然，并不是每一个日期都能换成基本的代码词，能够代换的日期只能是在一年的头9个月内，在一个月的头9天之内，其他日期将是一个三位数，所以，应该运用不同的方法。我能告诉你怎样选择表示三位数字的词，以及在大多数情况下怎样去做。但如果每一年的所有时间都按这种方法去做，你可能被弄糊涂。

在你的联想中，如果选择的代码词是"绷紧"（tighten—112），你怎样才能知道，它表示的是1月12日，还是11月2日？大概不太可能知道。如果你在11月2日把生日卡片送给你的一个朋友，而这个朋友的生日是1月2日。那么，这张生日卡片就晚到了，或者早到了大约两个月。

因此，必须要有一个明显的区别，以避免这种混乱，最容易的方法——用一个词表示三位数字，代表的日期应在头9个月内。对于10月、11月、12月，使用两个词：代码词表示月份，另一个词表示天数。如果你弄不清哪一个词在前，就使用一个不是固定代码词的词表示天数，按这样的方法，你会明白，固定的代码词总是代表月份。事实上，并没有必要用一个词表示9个月的月份和天数，如果这样做，你将知道无论哪个代码放在什么地方，代表第一个两位数字一定指的是月份，另一个词一定指的是天数。

如果在你的联想中有两个词，每一个词都表示两位数字，其中一个词表示的数字超过"12"，显然，这个词代表天数。仅仅在少数情况下天数是 10、11、12，月份也是 10、11、12。遇到这种情况，我建议你使用怎样记住电话号码所介绍的方法，运用"逻辑性的非逻辑"想象，从而知道哪一个词在前；或者，总是用固定的代码词代表月份，选择一个适合于语言字母表但又不是固定代码词的词表示天数。

如果在学校学习，有必要记住"年""月""日"，那么可选择一个表示"年"的词，加进你的联想中，例如，每一个人都知道《独立宣言》签字的日期，我就把它作为例子。如果你联想"宣言"，或者两个替换——"汽车""现金"，你将知道签字的时间是 7 月 4 日（74—车），年代是 1776 年（76—现金）。没有必要为年代的头两位数字发愁，因为一般人都知道这一世纪发生的这些重大事件。但如果确实记不住年代的头两位数，再加一个表示这俩数的词，放进你的想象中。

学校的学生常常不得不记住某一历史事件的年代，这没问题，因为在你的联想中，除历史事件本身之外，只需再加一个代表年代的词。1804 年，拿破仑称帝。如果你荒谬地想象拿破仑加冕时的情况：王冠刺伤了他的头，头很"痛"（sore—04），你就能记住这一历史事件。

芝加哥的大火发生在 1871 年，就从大火联想到"小屋"（71）。如果你产生一种荒谬的想象：一条巨大的海船沉没了，因为它是用"罐头"（12）制造的，你会记住泰坦尼克号是在 1912 年沉没的。

有时，有必要记住每个重要人物的生卒年代。这恰好有一个例子。如果你想象出一个搬运工人（stevedore）穿着像小姑娘那样的衣服，正在与一头熊（bear）打架的场景，你会回忆起罗伯特·路易斯·史蒂文森（Stevension）生于 1850 年（小姑娘—lass—50），死于 1894 年（熊—bear—94）。

现在，你大概还会像一个小孩儿，当问你在学校怎样学习时你会抱怨道："老师要求我们知道我们还没出生之前发生的事情。"

在学校的地理课学习中，知道一个国家的出口产品常常很重要。那么，为什么不使用连接方式去记住它们呢？同样，如果你想记住任何国家或地区版图的总轮廓，就用你曾用来记住意大利版图形状的方法，来记其他国家和地区的版图形状。

意大利地图的形状像一只靴子，这就很容易记住。如果你看看其他国家地图的轮廓，通过想象，使它看起来像能形成某种画面的东西，再把它同那个国家的名字联系起来。这样，你就记住了这个国家地图形状的总轮廓。

现在，你完全可以不用那些记满地址的小黑书，运用联想的方法就能够记住某些小姐的地址。记地址可以按以上介绍的方式进行：把所有的名字转换成声音，声音转换成词，把这些词同某个人住的地方联系起来。如果你在心中想象，你握着一根飞绳（rope）降落（landing）在地毯上（carpet），它将帮助你记住卡伯尔（Karpel）先生住在第49号（rope—绳索）街521号（降落—landed）。

当然，这些方法也适用于记某种东西的型号和价格。如果你在服装行业工作，你想记住某种样式型号，就把型号同这件衣服的突出特征联系起来。如第351号是一件后背用格子布拼贴的衣服，你能"看见"那布块在溶化，溶化（melt—351）；一件蓬蓬袖衣服是3140号，把蓬蓬袖同床垫（mattress—3140）联系起来，等等。

衣服的价格也可以包含在同一联想中。用什么方法记住日期，怎样联想衣服型号和价格，这完全取决于你。当然，我的这种方法对所有买卖都适用，可以用像记住其他数字的方法来记价格，把价格同那个物品联系起来。为避免混乱，你可以用基本代码词表示"美元"，在语音字母表上选择合适的词表示"美分"。也可以采用记电话号码和日期的那种方式，用一个词代表三位或四位数字，因为一般是知道某一物品的价格是否上了一百美元。

如果你把"枫树"（maple）同某一本书联系起来，你一定知道这本书的价格多半是 3.95 美元，而不是 395 美元；但如果你把"枫树"同一台留声机联系起来，它应该是 395 美元，而不是 3.95 美元。要真那么便宜的话，我不买上几十台留声机才怪！瞧！就这样做。在了解了以上的方法之后，你绝对不会忘记日期、价格、某种类型的数字、地址等。我必须再一次指出的是：开始的时候，你会觉得写下它们更容易，但用不了多久，你产生的联想比你用笔记下得更快。

更重要的是，你可能会认为，产生这样或那样的联想，有可能把你弄糊涂。不要为此而烦恼，我再一次提醒你，一旦你通过某种联想记住了一条消息，你会使用这条专门的消息，它将深深地嵌在你的心里，而那些联想仅仅是手段，而不是目的，你可以忘掉它们。

## 9. 牢记他人的姓名与相貌

如果你能对只见过一次面的人，立即亲切地叫出他的名字，那么你一定会拥有许多朋友。

在社会交往中，记住他人的姓名与相貌是非常重要的事。许多人的成功源于他良好的记忆，但还是有许多人记不得他刚交往的人。

人们已尝试用各种方法来帮助他们记姓名，有些人采用字母表或是字首方法，这就是说，他们花了巨大的努力只是想长期地记住人的姓名的开头字母，这更是一种无用的努力，因为不管怎样，他们通常忘掉了字首字母。即使他们记住了字首字母，那字首字母又怎样告诉他们人的姓名呢？如果你把艾德勒先生称为阿曼杰勒先生，或其他什么先生，他是不会仅因为你称呼的名称中有着与他的姓名相同的第一个字母而感到高兴的。

虽然把东西写在纸上有时能够帮助记忆，但在像有关记住姓名这样的事上，却不能依靠这种方法。也许能将其与另一个很好的联想方法结合起来采用，像以后我将要解释的那样，但不要单独使用。如果你能画出一张与这个人一模一样的脸，那将更好。因为你将知道这个名字属于这张面孔，使用两个有形的东西来形成某种荒谬的联想。但不幸的是，我们大多数人都画不到这样好，否则，我们就不需要花这么多的时间了。

有些记忆教师要他们的学生保存一本"记忆本",写下每一个他们必须记住的人名。正如我所说,它如果与联想方法一道用,尚能有一点效果,否则一点用处也没有。当然,如果你每次遇见一个人,你就拿出记事本,希望从中找到这个人的名字,以便引起你的记忆,这可能有点帮助。但如果这样做,我不认为能满足那个人的自尊心,因为他的名字你是从记事簿上"硬钩"下来了,而不是从你心里冒出来的。

我确信,没有必要告诉你记住人名和面孔是多么重要。不过,这里有一个目前最常见的对记忆的抱怨:"我不能够记住名字!"今天的生活方式使我们几乎避免不了每天遇见许多陌生人。你在不断地遇到一些人,你要记住他们,但你直到再碰见他们才想到使用你的记忆法去记住,这样做就太晚了。

推销员记住他顾客的名字不重要吗?或者一个医生记住他病人的名字,一个律师记住他当事人的名字不重要吗?当然,这是重要的。每一个人都想记住人名和面孔,而多次砸了一桩大买卖,损失了一大笔钱,受了窘或坏了名声都是因为忘了一个重要人物的名字。是的,甚至可以追溯到古希腊罗马时代,西塞罗使用一种记忆方法,记住了他的成千个村民和士兵的名字。

我听说,有一个年轻的小姐,是一个受欢迎的纽约夜总会的衣帽管理员,因为她从没有发错客人衣帽而受人赞扬。她记下了衣帽属于谁的,据说她从没有弄错过客人的衣帽。这似乎对你并不重要,因为这种衣帽管理是很容易做的,也是一般衣帽管理人员常用的方法。但这位年轻的小姐使她在这个夜总会里有某种吸引力,她得到的大量小费就证明了这一点。当然,这并不是完全记忆名字和面孔,因为她并没有去记住名字,但有一点是相同的:她必须把某顶帽子或某件外套或两者一起同某个人的外貌联系起来。

曾经有人告诉我一个大旅馆的侍者也有相同的名气,无论什么人曾住过这家旅馆，即使只有一次，当他再来住时，这个侍者都能叫出他的名字。最后我听说，就这样他赚了足够的小费，以至于买下了这家旅馆。

如果确实有必要证明的话，这些都向你证明，人们喜欢让人记住，甚至愿意为此掏腰包。这个干衣帽管理工作的女孩和旅馆侍者确实比与他们干同样工作的那些人挣得了更多的钱。一个人的名字是他拥有的最宝贵的财富，再也没有什么比听到自己的名字被人叫出来或知道自己的名字被人记住更让人高兴的事了。我和我的一些学生曾在一次会议上记住了整整 300 个人的名字和面孔，你也能做到。

在实际进入怎样记住人名和面孔的方法之前，我想证明，这些方法能使你记住人名和面孔的记忆力至少增强 25% 到 50%，仔细地阅读下面几段。

大多数人记不住名字的主要原因是因为一开始他们就没记过！更进一步说，一开始他们甚至从来没听清楚这个名字。你常常是像这样被介绍给一个陌生人："利德先生，遇见了斯特弗——斯（stra—ph—is）先生吗？"你听到的名字是一个含含糊糊的声音，可能因为介绍人自己都没有记住这个名字。因此，他只好模棱两可地说。另一方面，你大概会感到再也不会遇见这个人了，于是你说："很高兴见到你。"你从没操心要真正地弄清这个名字，甚至花了一些时间同这个人交谈，最后与他道别，你仍然没听清这个名字。

大多数人对这种处境唯一的想法是一个自我回答："哎呀！那天与我谈话的那个阔气的绅士叫什么名字呢？"当没人乐于回答时，于是你只好耸耸肩："哦，算了。"反正没什么了不起。

人们发现他们在同别人交谈时经常用这些词：伙伴、老友、甜心、爱人，这是因为记不清别人确切的名字而感到窘迫，用来逃避记住别人名字麻烦的代称。奥列弗对"亲爱的"这个词下定义时说："大多数人用这个词称呼某个异姓是因为在瞬间想不起他（她）的名字！"

因此，这是你要记住名字所需遵循的第一条规则——确定开始就听清楚了这个名字。如果你能看见这张面孔的奇特之处，当你再看见它时，就会认出来。你要专心听这个名字，不要产生错误。我从未听到有人这样抱怨："我知道你的名字，但我似乎记不清你的脸。"总的来说都是名字产生的问题。因此，再说一遍，你要确定听清了这个名字，别让那个作了含含糊糊介绍的人一走了之。

　　如果你没听清这个名字，如果你没有绝对的把握听清它，再一次问问他的名字。有些时候，甚至在听到这个名字后，你还没有确切弄清这个名字的发音。如果这是事实，可请他为你拼出这个名字，或者你自己试着拼一下，如果你拼错了，他会纠正你。你对他的名字感兴趣，他会感到很高兴。

　　最后，如果形成了一个对遇见的陌生人试拼名字的习惯，你将很快熟悉各种名字的拼法。当你能够拼出许多人的名字时，你会感到那是一笔财富。尔后，你将能够知道某些国家的人名在某些语音中应如何拼写。你将知道意大利语没有字母"j"，因此"j"声在意大利名字中总是拼成"g"；"j"或软音"g"以及有时在波兰名字中的"sh"常常拼成"ex"；"eye"有时由字母"aj"拼成；在意大利的名字中，"ch"或"tz"的声被拼成一个双"c"；"sh"在德语名字中，特别是在名字的开头，总是被拼成"sch"等等。当然，并不总是这样，我偶尔遇见一个人，其名字的发音像"Burke"，但却被拼成"Bourque"。然而，许多看过我演示的人都证明，我每次拼那些人的名字，正确率达85%；或者足够给他们留下深刻的印象。这样你会明白，无论什么人都是可行的。我之所以要提出这一点，是因为正确或几乎正确地拼一个人的名字，几乎与记住名字同样重要。

　　如果确信拼准了你理解的那个名字，并同你的朋友或亲属的名字相同，可以提及一下，这会在你心中加深名字的印象。假如这是一个奇特的名字，一个以前你从未听说过的名字，也可以这样做，不要感到害羞，这是光明正大的事情。因为当你对每个人的名字小题大做时，他们会感到高兴。我想，这是人之天性所致。

在和人交谈过程中，应经常提起对方的名字，但不要像一个傻瓜一样含糊不清。当然，在交谈中恰到好处地重复对方的名字无论何时都是必要和适当的，我并不认为这样滑稽可笑。我曾经读过一些介绍这方面情况的"记忆经验"，都提出应按这样的范例进行交谈——"当然，是的，格林佩珀先生，我每个季节都到欧洲去旅行。哦，格林佩珀先生，你不是很喜欢罗马吗？格林佩珀先生，告诉我这一点……"但是如此这般一直进行下去，却并不会给格林佩珀先生留下深刻印象，反而让他手足无措。

不，正如我所说，无论何时何地你感到适合就尽量用它。当你说再见或晚安时，别只说些希望再次见面的一类省略式告别，而要说："再见，詹森先生，我希望我们将很快再见一面……"这将使名字更加牢固并且明确地留在你的心里。

常常只是开始这样做的时候有点费力，但当它成为一种习惯后，你甚至不会意识到你在这样做。按照最后的这几个段落建议的要求去做，如果你感到不够明确，从头到尾再读一遍。

对于一些人来说，所有这一切就只是记住名字的方法。它是很简单的，因为按照上边的提示和建议，你会对名字感兴趣的。而正如我所解释的那样，兴趣是记忆的大部分内容。

如果你使用这些规则，并联系我教你的其他方法，你决不会再忘记一个名字或一张脸。简化这一过程，首先你将学会记住名字的方法，接着，你要明白，怎样把这个名字同这张脸联系起来。事实上它们是互相联系的，由名字可回忆起相貌，由相貌也可引出名字。

所有的名字能够被分成两类。一类名字有意义，另一类名字完全没意义（对于你而言）。像科克、布朗、科恩、卡本德、柏林、斯托姆、希弗斯、福克斯、贝克尔、哥德、哥德曼、瑞尔、克拉瑞尔，等等，这样的名字都有意义。像克拉考尔、昆蒂、沙利文、蒙纳、利德曼、卡索、林克弗、斯摩棱斯克、莫拉诺、摩尔根、雷斯、尼克，等等，对你来讲则毫无意义。当然，这个名单几乎是无止境的，以上只是几个例子。

有一些名字可以归为"没有意义"这一类，但你能够在心中联想或创造一幅画面。当你听到沙利文这样的名字时，就会想起一种橡皮后跟，因为一个非常熟悉的橡皮后跟的商标是沙利文。你还能够联想或想起约翰·沙利文——一个拳击冠军。当然，林肯这个名字，能够联想到我们的第十六位总统亚伯拉罕·林肯的画像；由约旦这个名字能联想出一幅约旦河的画面；犹·马其奥这个名字使你联想到棒球。因此，我们现在可以把名字分为三类：那些真正有意义的名字；那些对你本身没有什么意义但能够联想到一些有意义的名字；最后，是那些完全没有意义，而且在你心中既不能想象也不能创造图像的名字。

前两类名字已有其意义，因此不会有特殊问题。如果碰到第三类名字，你必须运用你的创造力。为了记住这些名字，你必须人为地为它创造一些意义。如果你读过前一本中"外语词汇的记忆"这一节，你就会明白完全没有意义的名字也不会成为难题。如果你仔细阅读这一节，你将知道我的"替换词或替换思想"方法的用处。不管第一次听到的名字是多么陌生，它总是能够找到一个替换词或替换思想，最简单的替换是名字的发音尽可能像一个词或短语的发音。

如果你见到一个叫弗里德曼的人，你可以想象一个男人被油炸了，油炸了的男人（frideman）——弗里德曼（Freedman）；如果一个人的名字是弗瑞曼（freeman——自由人），你可以想象一个男人举着或挥舞着国旗，他是自由的（freeman），你能够想象一个男人从监牢里逃跑出来，他成了一个自由的男人（freeman）——弗瑞曼（Freeman）。

请记住，无论你决定的替换词、短语或替换思想是什么，只能供你自己使用。10 个人为了记住相同的名字，可能会使用 10 种不同的替换词。

费雷特这个名字能够使你想象起一条鱼搅动了一些东西，鱼、搅动（fishstir）——费雷特（Fishter）；也有一些人感到想象一条鱼就能够回忆起这个名字；如果你想象某人把一条鱼撕成了两半，或者一条鱼把某样东西撕成了两半那也可以，鱼、撕（fishtear）——费雷特（Fishter）；你也可想象自己在钓鱼时钓到了一个脚趾，而不是一条鱼，钓到脚趾（fishtoe）——费雷特（Fishter）。任何一个替换词都足够帮助你记住这个名字。

你没有必要去发现一个发音和名字的声音完全相同的词，或是能对应名字各部分的替换词。记住我在前面的章节告诉你的那些思想。如果你记住了主要的，其余的自然会想起来，重要的事实是你正在想这个名字。这样，就能帮助你在心中留下深刻的印象。仅仅靠寻找一个替换词，你就会自动地对这个名字产生兴趣。最近，我必须记住奥尔泽霍克这个字，这个名字的发音是 ol-chew-sky。我想象一个老人（总是把老人想象成一个飘拂着长长的白色胡须的人），当他滑雪时，在用力咀嚼着。老（old）—咀嚼（chew）—雪（ski）—奥尔沃克（Olcxewsky）先生。昆特（Conit）这个名字，使人想起肥皂（conticastile）；或者你能够想象一些人在数茶袋，即数、茶（counttea）—昆特（Conti）。对于沙斯丹（Czarsty），你能够想象一个俄国沙皇（czar）眼睛处长了一颗麦粒肿（sty）。至于艾汀吉（Ettinger），使人想起某人在吃饭（eating），或者某人有乙基，它伤害了他，大概损坏了一颗牙齿等等，即乙基、伤害（etiniurc）——艾汀吉（Ettinger）。你的想象多愚蠢都没有关系，且通常是越可笑越好。我常常说在有些场合中如果我能在台上说明我记住名字的那些可笑的联想，我一定有非常有趣的招数。

像 D. 艾米克（D. Amico）这个名字，其发音为 Dam—ee—ko。这并非是一个少见的名字，我已遇到多次，可以联想一个妇女看见一座水坝，水正涌出来，她会"唉呀"地尖叫；或者想象自己一边喊"冲上去"，一边跑向正涌出水的水坝，即水坝、唉呀、水坝、冲（Damoh、Dammego）——D. 艾米克（D. Amico）。这些词发音都很可笑，好！越荒谬就越容易把图像联系到脸上。当我做一番解释后，你就更容易记住这个名字了。

在遇见了大量陌生人之后，使用我的方法，你将发现你为一些时常见到的名字产生一些想象或联想。例如，我总是把柯恩（Cohen 或 Coh）想象为蛋卷冰激凌（cone）；我想象史密斯（Smith）或史密特（Schmidt）是铁匠（blacksmith）的铁锤。是的，我为史密斯或史密特使用相同的想象，准确的记忆将告诉我这两者是有区别的，你能够通过你自己的练习证明这一点。下面是我使用的其他一些标准。

戴维斯（Davis）这个名字总是使我想到网球比赛的戴维斯杯，因此，当我见到戴维斯先生时，我总是想到一个可爱的大奖杯。如果名字是戴维森（Davison），我就会想到可爱的大奖杯及旁边的小奖杯，它是大奖杯的儿子（son）。确实，这很可笑，但很有用！当然，戴维斯这个名字在你心中会产生完全不同的想象，如果是这样，就使用它。对于是以"itz"或"witz"结尾的名字，你能想象发痒（itch）或智力（wits）。比如霍罗威茨先生，你能够想象你自己因见到脑子里的东西而感到惊骇，即惊骇（horror）、智力（wits）——霍罗威茨（Homtitz）先生。

许多名字是以"ly"或"ton"结尾的。"lea"是草地，因此，我总是在联想中用"牧场"帮助我回忆"ly"。当然，"ton"有一个意思就是重量"吨"，你能够想象一个秤砣、一副杠铃和一对哑铃。有人的名字，其字首和字尾都是"berg"。对于这个，我总是使用冰山（iceberg）。以"stein"作为字首或字尾的名字，总是使我想象起一个啤酒杯（stein）。我曾经遇到以"ler"作为字尾的名字，例如布里默（Brimler）。"ler"的发音像法律（law）的发音，我总是想象一个法官的小木槌代表法律。你可以想象用一个警察，或一座监狱，或一副手铐代表法律，那没关系。每一个结尾是"ler"的名字使用同一想象，最后，你会为大多数字尾或整个名字进入一个固定的想象模式，这将使你很容易并迅速记住名字。

外语知识有时可以帮助你创造一幅图画或联想。"鲍姆"这个名字在德语中意味着树，"伯格"在德语中意味着山。如果你知道这些，你就能够运用它们选择你的替换词或替换思想。以前，我遇见了一位佐伯先生，当我注意到这是一个奇怪的名字时，他告诉我"佐伯"，在德语中意味着"魔术师"。我开始想象我在锯一头熊，锯、熊（Sawbear）——佐伯（Zauber），或使用"魔术师"，都将帮助我记住佐伯先生。

我有一个非常亲密的朋友，他姓"威廉姆斯"（Williams），他的癖好碰巧是玩台球（billiard），并精于此道。每当我遇见一个威廉姆斯先生时，我总习惯地想象到一个人正在打球；假如将其名字分为洋山芋在写遗嘱也行，即遗嘱、洋山芋（willyams）——威廉姆斯（Williams）。当我第一次遇见这个威尔逊（Wilson）先生时，在我心中产生的第一个想法是这个名字像一个威士忌广告。"威尔逊，就是这样。"现在，当我遇见一个威尔逊先生时，我想象一个威士忌瓶子——它帮助我记住了这个人的名字。

练习的最好方式是立即使用我的这种方法。这里是一些完全抽象的普通名字，名字本身毫无意义。如果你能为每一个名字选择一个替换词、替换短语，或者产生替换的思想，为什么不试一试呢？

斯坦因符兹尔　　　　　　　麦卡窈

| 布雷迪 | 科登 |
| 阿克罗 | 布里斯金 |
| 莫林达 | 卡斯韦特 |

如果你替换上面的名字有点困难，这里有我为这些名字创造的替换思想。

斯坦因符兹尔——一个啤酒杯标价出售，即酒杯标价出售（tehworthsell）——斯坦因符兹尔（Steinwurtzel）。

麦卡锡——对于这个名字，我想起使用腹语术的著名口技表演家查理·麦卡锡。

布雷迪——对于它，你能够想象一个小女孩的辫子（braids）。如果你想在想象中获得全名，看见你正在编大写字母"E"的边，即编E（BraidE）——布雷迪（Brady）。

科登（Cordon）——这个名字总是使我想起花园（garden）。

阿克罗——我常常看见同名的著名骑手。如果你想分开这个名字，看见你自己携带"O"，即我携带O（I carry O）——阿克罗（Arcaro）。

布里斯金——你能想象某些人正舒服地按摩他们皮肤的画面，即舒服、皮肤（briskskin）——布里斯金（Briskin）。

莫林达——你能看见自己在阅读，并需要更多的书来阅读，你能想到你的母亲是一个读者，即越来越多的读者或母亲读者，即（morereaderoor-mawreader）——莫林达（Moreida）。

卡斯韦特——一个城堡里塞满了脑袋，你也可能真正看见脑浆从窗子里流出来，即城堡的脑袋（castlewits）——卡斯韦特（Casselwitz）。

这样你就明白了，如果你想象的图画完全不同，不会出什么问题。一个名字的声音多么生疏，多么冗长，它的发音多么难以分辨，这都无关紧要，你总是可以为这个名字找到替换的意思。如果替换词使你可以回想起这个名字，那就是可用的替换词。

训练记住名字和面孔的最好方法，就是立即开始按以上方式去做。为了使你增加一点信心，让我们先实践一次。在读这本书之前，我相信当突然遇见五个人的相貌，你一定感到记不住他们的名字。现在让我给你介绍这五人的相貌，来证明通过我的方法，你能够记住他们。当然，通过看照片记人不太容易。因为你只看他们相貌的一面，而平时看人一般都能面面俱到。

第一个是卡彭特（Carpenter）先生，因为卡彭特是木匠（carpenter）的意思，所以记住名字没什么问题，下一步就是在他的脸上发现一种突出特征。在他的脸上，你会发现他有一张非常小的嘴巴，如果你仔细观察，你会看见在他的右脸上有一条伤痕。选择其中的一个特征（你认为最突出的），然后把卡彭特同这个特征联系起来，你会看见一个木匠正在这小嘴巴上工作（画面插入木匠的工具），试着把嘴巴变大；或者想象一个木匠正在这条伤痕上工作，想修好它。现在，最重要的是注视着卡彭特先生的脸，确实看见了木匠工作的画面，至少在一刹那间，心视你的这个联想。你一定要使自己"看见"这张画面，否则你非忘记这个名字不可。这些步骤都完成了吗？如果完成了，让我们继续下一个。

第二个是布里默（Brimler）先生。你会注意到在他的脸上有大大的酒窝，你能看见从他的鼻子到嘴角的轮廓分明的线条吗？像每张脸一样，它有许多供选择的突出特征。我选择酒窝，看见在法官的小木槌上布满了（brim）了这苗壮成长的小窝。我使用小木槌，让它代表法律。如果你选用警官、囚犯或手铐也成，你将会看见酒窝里到处站满了（brimminz）警官。无论你使用哪种方式都可以。现在望着布里默先生，心视你要采纳的画面。

第三位是斯坦迪什（Standish）小姐，我将选择她的刘海。你能"看见"一些身上发痒的人，正站在"刘海"上起劲地乱抓，因为他们很痒，即站着搔痒（standitch）——斯坦迪什（Standish）。当然，一只竖立（standig）的盘子（dish）其意义也相同，但我喜欢把联想纳入某一动作之中。现在，望着斯坦迪什小姐，心视你已决定采纳的画面。

第四位是斯莫利克（Smolensky）先生。不要让名字吓住你，这个名字很容易找到一个替换概念。我看见某人在斯莫利克先生宽大的鼻子上滑雪，并用一架小照相机照相，即小的、滑雪、镜头（smalllensski）——斯莫利克（Smolensky）。看，简单不？我选择莫利克先生宽大的鼻子，你也许认为他后削的下巴更醒目。无论你选择哪个作为突出特征，你将看见一个滑雪者在取一个小镜头，并照下了这个画面。

第五位是赫克（Hecht）先生。我可以看见他的胡子被人用斧子砍了下来，尽可能地看见这个暴力的联想，暴力和行动容易使人记忆，即砍（hacked）——赫克（Hecht）。确信你看见了这幅画面。如果你不能回忆起那些名字，原因是你没有使你的联想栩栩如生，在你心中并没有真正看见那些画面。如果你记错了，就再一次看看那些脸，加深你的联想后，再来一遍。这次你一定会全部记住它们。

如果你能记住相片上人的名字，把它们留在心中，你将会发现，当你实际遇到一个人时，你也很容易记住他（她）的名字。除了更容易发现突出的特征之外，还有其他一些东西可以作为考虑的内容。如：说话的方式、说话的弱点、性格、走路的姿态、行为举止，等等。

如果你凑巧遇到一个聚会，想当众炫耀你能记住出现的每一个人的名字，使用你刚学会的这种记忆方法就能做到这一点。你大概会发现使用这种方法，会有助于你记住时常出现的人的名字，每当你看见其中一个人时，他的名字将再现在你的心中。如果你认出你以前曾遇见过的一个人，但你记不起他的名字了，就再一次问问他叫什么，或请别人做做介绍，接着加强你最初的那种联想。就这样做，你和你的朋友们都会对你的记忆力感到惊奇。

为了达到练习的目的，你曾遇见过一些人，希望记住他们的名字。就复习而言，写下他们的名字很有用处。写下名字与联想的方式糅合在一起，效果很好。自然，当你遇见一些人时，你就可以使用这些方法。在一天结束的时候，想一想你曾遇见的每一个陌生人，想一想他们的名字，草草记下，第二天再回想一下这些名字。当你看见一个人时，这张人脸的画像就会出现在你的心中，在一瞬间想象一下，看见你最初连接名字和脸的联想。好，这就行了。几天后，再回想一下，接着一个星期以后再回忆，直到名字和脸深深地留在你的记忆里为止。

　　当然，所有这些都是从理论上来讲的，因为如果你想要记住那些人，你会打算再去见他们，要记住名字就很容易了。如果你常常遇见他们，常常回忆他们的名字，那么，前面讲的对回忆有用的方法、写下那些名字的方法就完全没有必要了。

　　对于你遇到的特殊事件来讲，使用这种记忆方法无论效果如何都很好。用心去克服最初的困难，真实地运用我的方法，它们将使你受益匪浅。

# 4. 记住比赛中的扑克牌

神奇的记忆术应当运用在正确的场合，否则，再好的记忆力也失去它应有的作用。

在这一节中的记忆技巧采用的是一副常见的纸牌，一般有四张 A 牌，而不是五张 A。说句真话，尽管本节完全是讲扑克牌的事，但我强调的是，你可用一副纸牌和经过训练的记忆进行表演，而且，这些方法可以用在许多纸牌的游戏之中，但不要认为你掌握了这些方法之后，就可以总是赢牌。记住，你不会赢过一个赌徒的。我教你应用这些方法，仅仅是用于表演的目的。

用了这些方法后，你用在玩纸牌上的记忆绝招差不多就可以让你的朋友们感到惊异。除此之外，这些绝招也是妙不可言的记忆练习。我建议不管你是否醉心于纸牌游戏，你都应当读一读本节的内容。

纸牌当然与图画不同，正如数字一样，为了让你能够记住它们，我将为你演示怎样使它们都代表某种东西，这些东西可以在心里想象出来。几年以前，我在一本通俗杂志上读到一篇关于一位教授的文章。他正在做某种试验，他试图教人们怎样记住一副洗过的纸牌的顺序。文章提到一个事实，即他的目的达到了：经过六个月的训练后，他的学生用二十或二十多分钟看一副洗混的纸牌，然后能依次说出纸牌的名称。我不知道他采用的方法究竟是什么，但我的确知道它与实际上在心里看见按顺序排列的纸牌有关。我没有理由反对他的方法，只不过是学会我的方法只需花上一两天的功夫。当你掌握了该方法后，用不了二十分钟你就可以记住一副洗过的纸牌。开始也许要花大约十分钟，可是经过一段时间的练习后，你可以缩短至五分钟。

实际上，为记住纸牌你必须知道两件事情：第一是一张至少列有数字 1~52 的 52 个代码词，你对这些词要熟悉。你也必须知道一副牌中每一张牌的代码词，这些纸牌代码词并不是随意选择的，正如数字代码词一样。它们之所以被选上是因为它容易被想象出来。因为它们都属于一个确切的系统，一句话，它就在这里。

每一个纸牌代码词都将以同花色牌的字首字母开头。就是说，所有黑桃花色的词都以字母"s"开头；所有方块花色的纸牌词都将以字母"d"开头；梅花花色的纸牌词以"c"开头；红桃花色的纸牌词以"h"开头。每个词以一个辅音结尾，按照我们的语音字母表来说，这个音代表纸牌的数值。

于是你可以看见你用的那个词必须只代表一张特定的纸牌。第一个字母让你知道牌的花色，最后一个音让你知道牌的数值。例如：梅花 2 的代码词必须是由字母"c"开头，并且必须由 n 音结尾，这个音代表 2。当然，有很多词都属于这一类：cone（蛋卷冰激凌）、coin（钱币）、can（罐头）、cane（甘蔗）等。我选"can（罐头）"这个词，它总是代表梅花 2。"hog（猪）"这个词表示哪一张牌呢？它是从"h"开头，因此是一个红桃，它是由代表 7 的"g"音结尾的，因此"猪"是红桃 7 的代码词。你能想出方块 6 的代码词吗？它是由"d"开头的，以 j 音或是 sh 音结尾的，我们用"dash（撞击）"这个词代表方块 6。

以下是全部 52 张牌的代码词，仔细地将它们看一遍，我向你保证也许在不超过半小时的学习之后，你就能认识并记住它们。再看一遍，然后继续读其他的解释，以及怎样用图表示某些词。在本章结束之前，我将教你一种方法去学会这些词。

| 梅花（clubs） | 红桃（hearts） |
|---|---|
| Ac—cat（猫） | Ah—hat（帽子） |
| 2c—can（罐头） | 2h—hone（岩石） |
| 3c—comb（梳子） | 3h—hem（卷边） |
| 4c—core（果核） | 4h—hare（野兔） |
| 5c—coal（煤炭） | 5h—hail（冰雹） |
| 6c—cash（现钱） | 6h—hash（肉丁烤菜） |
| 7c—cock（公鸡） | 7h—hog（猪） |
| 8c—cuff（裤脚翻边） | 8h—hoof（马蹄） |
| 9c—cap（帽子） | 9h—hub（电线孔） |
| 10c—case（箱子） | 10h—hose（长筒袜） |
| Jc—club（梅花） | Jh—heat（红桃） |
| Qc—cream（奶油） | Qh—queen（女王） |
| Kc—king（国王） | Kh—hinge（铰链） |

| 黑桃（spades） | 方块（diamonds） |
|---|---|
| As—suit（西服） | Ad—date（海枣） |
| 2s—sun（太阳） | 2d—dune（沙丘） |
| 3s—sun（总数） | 3d—dam（水坝） |
| 4s—sore（疮） | 4d—door（门） |
| 5s—sail（帆） | 5d—doll（玩偶） |
| 6s—sash（框格） | 6d—dash（撞击） |
| 7s—sock（短袜） | 7d—dock（船坞） |
| 8s—safe（保险箱） | 8d—dive（渗水） |

9s—soap（肥皂）　　　　9d—deb（初进社交界的女子）

10s—suds（肥皂水）　　　10d—dose（配药）

Js—spade（黑桃）　　　　Jd—diamond（方决）

Qs—steam（蒸汽）　　　　Qd—dream（梦）

Ks—sing（唱）　　　　　　Kd—drink（饮料）

　　组成这些代码词的准确系统只可用来指 A（1）到 10，这样做的原因对你来说是显而易见的。如果我们以同样的系统处理花牌，那么每张花牌的代码词的结尾就不止一个辅音了，而是有两个辅音。这是因为 Jack（J 杰克）代表 11，Queen（Q 女王）代表 12，King（K 国王）代表 13。要找到既容易引起想象又适合于代码词系统的词的确有一些困难。所以，对四个 J，我简单地采用了花色本身的名称来作代码词，每一个都有图画性。梅花 K 和红桃 Q 总是分别以"国王"和"女王"来代表。至于剩下的花牌，我已选了以花色字母开头的词，这些词的韵脚尽可能地与纸牌本身的音相近，例如：黑桃 K（King）——唱（sing），方块 Q（Queen）——梦（dream）。

　　不要让这些例外难倒你，因为是例外，它们会更牢固地钉在你心里。

　　如果你已看了纸牌代码词的表，就毫无疑问地发现它们有些与数字代码词相同。由于重复只是出现在超过 52 的那些词里，所以这也不会引起任何混淆。既然在一副纸牌中只有 52 张，那么代码词绝对不会互相撞车。

　　你应像对待数字代码词那样对待纸牌代码词，为每一个词选一幅确定的心视图画，自始至终都用那一幅画。对"果核"这个词，你可以想象一个苹果核；对"裤脚翻边"这个词，你可以想象裤子的边，对于"梅花 K"，把它想成坐在宝座上的国王；对"红桃 Q"也是一样的。在你的"国王"与"女王"的图画中，一定要有某种东西将二者区别开来（想象"女王"穿着一件长长的曳地长袍，"国王"穿着齐膝的马裤）。如果你必须记住梅花 K 是第 19 张牌，你可以想象"浴盆"（19）坐在宝座上，它戴着王冠，是一个"国王"。当然另外一种想法是看见一个国王戴着一个"浴盆"，而不是王冠，每一幅画都不错。

至于"马蹄"这个词，最好想象一个马掌；对"长筒袜"，你既可以看见花园里有一个园丁用水龙头浇水，也可以看见太太们的长筒袜；对"铰链"，可以想象与之有关的项目给装上了铰链；如果你想记黑桃 2 是第 29 张牌，你可以看见一个巨大的"球形把手"（29）而不是"太阳"照耀在天空；对于"总数"想象一张满是数字的纸，或者是一部运算机；对"疮"这个词，我通常想象有关的项目带着一个巨大的绷带，好像它有一道伤口或是疮一样；"框格"，想象一扇窗子的框格；"蒸汽"，想象一个散热器；对于"唱歌"，你可以想象一首曲子，或者你可以看见有关的东西在唱歌；"海枣"，想象水果或是日历；"撞击"，想象有关物品正在进行 100 米的冲刺；"潜水"，想象这个东西正潜入水中；"deb"是初进社交界女子的缩语；至于"配药"，最好想象一勺药。

以上的一些建议仅仅是建议而已，你必须决定所看见与每一个纸牌词对应的是哪一幅画，就像你对数字词所做的那样，在作出决定之后，只用那一幅画了，采用那个词在你心中引起的一幅画。但你一定要记住，任何一幅纸牌词的心视画面不得与你的任何从 1 到 52 的数字词的心视图画相冲突。

现在你有了记住一整副牌所需要的一切。因为每张牌是由一个物体代表的，你用代码系统就好像你正在记一张列有 52 个事项的单子似的。这正是问题的奥妙所在。如果第一张牌是黑桃 5，你可以看见一条巨大的"领带（1）"在起作用，就像船上的"帆"一样，或者你正戴着一只帆船而不是一条领带；如果第二张牌是方块 8，你可以看见"诺亚（2）"正在"潜水"中；第三张牌——黑桃 2，你看见你的"妈妈（3）"而不是"太阳"在天上；第四张牌——方块 Q，看见一瓶"燕麦（4）"在睡觉做"梦"，或者是你正梦见一瓶燕麦；第五张纸牌——梅花 3，看见一把"梳子"像一个"警察（法律 5）"似的有节奏地走路，或是一个警察正逮捕一把梳子等。

当你向朋友表演这个招数时，在他开始叫牌以前，你心里想到代替 1 的代码词。一旦当你听到叫第一纸牌时，就把代表这张纸牌的代码词同代表数字的代码词"领带（1）"联系起来，然后在心中马上想到 2 的代码词，等等。当你以这种方式记住了整副纸牌时，可按顺序从 1 到 52 依次说出纸牌的名称。你可以让你的朋友说出 52 以内的任何数字，你告诉他那个数字代表哪张牌，或者让他拿出任何一张牌来，你告诉他这张牌是在 52 之内的哪个数字上。当然，你并不一定要记住整副牌来给你的朋友们留下印象。如果你希望在表演中放快速度，你可以记住半副牌，这样做也同样有效，因为让一个记忆力未经过训练的人去记按顺序和不按顺序的 26 张牌几乎都是不可能的。

可是，如果你想做快速表演的话，以下是最快、给人印象最深刻然而也是最容易的表演，它被称为"抽牌法"技艺。你让一个人从一整副牌中拿走比如说五张或六张牌，把它们放在一个衣袋里。然后，让你的朋友以一种极快的速度把剩下的牌念给你听，在他念完所有的牌之后，你告诉他那五张或六张拿走的牌的名称！

我告诉过你要做到这点很容易，的确是这样。你要做的全部事情是：每念一张牌时，你立即将它调换成代表它的纸牌代码词。然后，以某种方式使得那个物体残缺不全，正是如此！让我解释一下：假设念到红桃 4——"看见"一只没有耳朵的野兔的图画；如果念到方块 5，"看

221

见"一个洋娃娃缺了一只手或一条腿；如果你听到方块 K，"看见"洒了的饮料。这就是你要做的一切。进行联想时不要拖延时间，尽可能很快看见那幅图画，然后准备应付下一张牌。

打个比方说吧，你删掉了一节思维健美操，所以你能很迅速地这样做，你完全没有用数字代码词。当然，念纸牌的速度只是一个实践的问题。我可以向你保证，不等你的朋友念完那张牌的名称，你就可以实实在在地在心里"看见"那幅图画！

现在，念完所有的纸牌后，在心里过一遍那些纸牌的代码词，最好的方法是一次走完从 A 到 K 的同花牌，当你碰到一个在任何方面都既没有残缺也没有损坏的物体时，那一定就是拿走的纸牌中的一张。举例来说，你从梅花牌的代码词开始："猫"，你曾把它想象成一只没有尾巴的猫；"罐头"，你曾看见一个锡罐头被压扁了；"梳子"，你曾想象一把梳子所有的齿都错开或断了；"果核"，你记不得果核有什么残缺不全的地方。因此，梅花 4 好像是被拿走的纸牌之一。对于，"非残缺不全的词"，一旦你碰到，它们就会像一个发炎的拇指一样出现在你的心里。你只需试上一次，就会心服口服。

我建议你在心诵纸牌词时，一定用相同花牌的次序，只要容易记，无论你用哪一个顺序都无关紧要。我用的是梅花、红桃、黑桃和方块，因为这样容易记，容易想到"被追击 (chased)"这个词。如果你想用红桃、黑桃、方块、梅花这个顺序，通过想到"他的甲板 (his deck)"这个短语，就可以记住它。

顺便说一句，如果你想显示你的桥牌技术，你可以用 13 张拿走的牌来表演"抽牌法" (casino)。抽去多少张不会影响你记牌，可以让人只念出半副牌，你就能说出其余半副的名称。

在我自己表演之后，我想我的观众谈论得最多的事，也许除了名字和相貌之外，就是我做的纸牌表演了。这些表演给大多数人留下了非常深刻的印象，不论他们是不是玩牌的人。

我敢肯定，你们大多数人读到这里时，还没有真正学会纸牌词。既然你看到这些是你能够做到的事情，我希望你能将它们学会。附带说一句，你们都懂得怎样才能把抽牌法应用到游戏中去吗？像打双副牌、桥牌、凯西乐（casino）牌。能应用到任何游戏中去让你知道哪些牌已出过，或哪些牌还没出且对你有利？我想你自己已经能够回答这个问题了。

然而在本节结束之前，我还要补充一点：如果你只想按顺序记住全副牌的话，你可以只采用连接方法将其迅速记住。你可以在纸牌被念到时，仅把它们的代码词相互连接起来。

当然，你按这种方法不可能叫出不按顺序排列的牌。

我一直告诉你让人依次对你叫牌，不过看着牌去记也是一样，如果你不看牌，你的表演效果会更好一些。

在大脑中过了几遍这些纸牌词之后，你可以用一副牌来帮助你练习。把牌洗了，将纸牌翻开，每次翻一张，说出或想到每一张牌的代码词，当你能以一种极轻快的速度毫不迟疑地过完整副牌时，那么你就学会了你的纸牌词。

# 5. 记住逸事和讲演

　　幽默风趣的人从能信手拈来许多笑料，其实这并不难，只要你也能记住许多有趣的事。

　　很多人常常想显示一下自己的幽默才能，便绞尽脑汁去编造幽默故事。然而，结果总是令人遗憾：要么是讲不出来；要么是虽然讲了，却使他人感到味同嚼蜡。

　　"我就是不会讲故事，因为我从来记不住细节，并且总是忘记精彩的妙词佳句。"这是我们常常听到的解释。

　　的确，如果确是如此，那最好还是免开尊口，没有什么比把一个好端端的故事讲得索然无味更糟糕的了。

　　但是，如能在恰当的场合讲些故事，不论它是逸闻趣事，还是演讲的一部分内容，可能都很重要。因为，它有助于增添日常谈话的欢快气氛，有益于消除相互交谈的尴尬局面，并且能起到较好的引导作用，抓住听众的注意，使之全神贯注地聆听讲演。

　　当然，你可能会说："唔！我从来就不为讲演而操心。在我的生活里，还从没有这样的事。"不过，这可能仅仅是你到目前为止的生活经历，或者仅仅是由于你自觉无撰写讲稿的能力，更无记住它的本领，从而放弃讲演机会的结果。

224

你或许要在庆祝仪式、生日晚宴或纪念大会上发表讲话；或许要出席一个业务会议，阐明你对一些问题的看法；或许在一个政治讨论会议上，觉得有必要对所讨论的问题发表些见解。对于这样一些场合的讲话，你有时可以用几天或几周的时间给以准备；而另外一些场合，你可能只有几分钟的准备时间，甚至可能要在不容思索的紧迫情况下即席发言。无论是什么情况，你都必须泰然自若，尽力表达得准确、简洁、清楚；无论听众是你的亲朋挚友，还是对你说长道短的同事，你都要敢于面对他们。这一点至关重要，你是勇敢地站在众人面前讲话呢，还是由于怯懦而放弃这个机会呢？这一选择，或许将意味着你在生活道路上的成功或失败。

你可能在自己的特殊领域里是主宰者——心里有着造福人类的理想或解决一些日常问题的秘诀。但是，如果你不能将这些思想生动准确、具体形象地讲授给人们，使其知晓，促其行动，它们又有什么意义呢？

亚伯拉罕·林肯很好地解释了故事的价值，他说："有人说我讲了许多故事，我承认这一点，因为我在漫长的经历中发现，对普通百姓讲话时，使用大量的实例是使他们明白和理解的最为容易的方法。"

有的讲演者，不仅语言生动亲切，并善于寻找时机，穿插一段趣闻，使讲演更富于形象感。但是，如何记住众多的故事呢？

下面摘录了一些逸闻趣事，请你阅读一下，看看在读了一遍之后，能否将它们复述出来。

一

一位议员在谈及自己的政敌时不无轻蔑地说："机敏？很难说。我觉得他的机敏有点像普罗维登斯的新郎。你们知道吗，那些新郎在开始蜜月旅行时，有时竟会只买自己的车票，而把他们的新娘忘得一干二净？这就是普罗维登斯的年轻人所做的事。可是，当他的

225

新娘问他：'汤姆，你怎么只买了一张车票呀？'他会毫不犹豫地回答：'啊！亲爱的，你说得对，我把我自己给忘了！'"

二

一位男士把他心爱的狗给弄丢了，于是，他在一家地方报上登了广告，声明谁找到狗就付给谁500美元酬金。但他却没有得到任何回音，于是他来到报社的办公室。

"我要见广告部经理。"他说。

"他出去了。"办公室值班人员回答道。

"那他的助手呢？"

"也出去了，先生。"

"那我要见本地新闻的编辑主任。"

"他出去了，先生。"

"那就见总编吧！"

"他也出去了，先生。"

"天哪！难道全都出去了吗？"

"是的，先生，他们都出去寻找您的狗去了。"

三

查恩普·克拉克任议长时，一次，印第安纳州的议员约翰逊打断了俄亥俄州代表的发言，并骂这位代表是一头公牛。

这样带有侮辱性的言辞是不符合议会惯例的，因此，约翰逊辩解道："议长先生，我收回这句不太适当的话，但我坚持认为，这位来自俄亥俄州的先生违反了议会程序。"

"我怎么违反了议会程序？"俄亥俄州的代表气愤地大声喊道。

"或许，一位兽医可以告诉你。"约翰逊回答说。

## 四

某女郎对写作颇感兴趣。在一次聚会上，她遇到了一位著名作家。

"不知道您是否可以为我解决一个问题？"她问道，"您能告诉我，写一部小说要多少字吗？"

作家对此感到很吃惊，但还是勉强且和蔼地微笑着说：

"嗯，那要看具体情况而定。一般来说，一部短篇小说大约是65000字吧。"

"您的意思是说，有65000字就能成为一篇小说了吗？"

"是的，"作家有些犹豫地说，"或多或少吧！"

"啊,天哪,太好了!"该女郎高兴得大声说道,"我的书终于完成了。"

## 五

有位住在佐治亚的穷苦农民，他衣衫褴褛、赤着双脚坐在将要倒塌的小木屋的台阶上。一个过路的人，想喝口水，就走上来与他搭话。

过路人友好地说："你的棉花长势如何呀？"

"会一无所获的。"农民答道。

"难道你没有种吗？"

"是的，因为有弗莱得棉桃象鼻虫。"

"那你的玉米怎么样呢？"

"什么也得不到，因为弗莱得总是下很多的雨。"

陌生人有些糊涂了，可还坚持问道："那么，你的马铃薯呢？"

"会一无所获，因为有斯开尔特马铃薯蟑螂。"

"真是这样的呀！那你到底种了些什么呢？"

"什么也没种，因为这样做最安全。"

## 六

著名的福音传教士德怀特·穆迪，同一位牧师一起去拜访一位非常富有的夫人，请她为修建教堂而募捐。在前往的路上，穆迪问牧师，打算让这位夫人赞助多少钱。

"哦，"牧师说，"大概 1000 美元吧！"

"好，让我来处理这件事吧。"传教士建议道。

他们来到了夫人的家。自我介绍之后，穆迪说：

"夫人，我们是专程请您为修建新的教堂募捐的，您能否出5000 美元呢？"

这位夫人恭敬地举起双手。

"噢，穆迪先生。"她解释说，"我不能拿出比 3000 美元更多的钱。"

最后，这二位拿着 3000 美元的支票离开了夫人的家。

你已读完这六个故事，能记住多少呢？

请你把每个故事用一句话概括出来，写在下面。第一个故事由我概括，其余的留给你来完成。

1. 那位颇为健忘的新郎机敏地告诉新娘说：他忘了给自己买车票而不是忘了新娘的。

2. _____

3. _____

4. _____

5. _____

6. _____

你记住了这六个故事的精髓了吗？如果用几天时间，一个一个讲给你听，那效果一定更好。你一定很喜欢幽默故事，因为它使你十分开心。但笑过之后就把它们忘了，未免有些可惜。倘若记住这些故事，无疑会有助于增加你的谈资，无疑会有助于你的成功。

　　那么，该怎样记住这些故事呢？首要的原则是赋予其特定的意义。

　　1. 我——想象你处于一种荒谬可笑的窘境中：两人只买了一张车票，余下的路程，你不得不下车步行。

　　2. 鞋——想象一条丢失的狗把一只鞋叼跑了，并且每一位寻找它的人也都被迫像你似的只能穿一只鞋。

　　3. 工人——注意第一个字"工"，其同音字"公"，便联想到公牛，联想到那位议员骂别人是"公牛"。

　　4. 桌子——在一个桌子上放着一大摞稿纸，每200页附有一个书签，上面写着："一部小说——65000字。"

　　5. 六棱镜——人们常常用镜子做比喻，说它能反映世态人情。六棱镜，能反映人世的不同侧面：有的光明，有的暗淡，有的勤勉，有的懒散。由懒散，你会联想到农民不种庄稼，联想到那位无所事事的农民。

　　6. 棒球——一位妇女在打棒球，而此时基督徒们正在野餐，突然，球被打出老远，正巧被牧师接住了。你想象那球一下子变成了100美元一张的钞票，开始是10张，尔后蓦地变成了20张，最后达到3000美元。

　　心理挂联的记忆方法是人们常用的方法，但绝不是记忆这组故事的唯一方法。

　　还有一种常用的方法或可一试，那就是编制记忆链条。

　　让我们再回顾一下上述幽默故事的梗概，看看是否可以从中找出某些概括全篇的中心词,并使这些中心词之间能构成一种意义上的关联,借此连带记忆,举一反三。

下面这些词是从上述故事中概括出来的,看看它们在意义上有哪些关联。

1. 婚礼          2. 狗          3. 公牛
4. 小说          5. 农民         6. 彩票

现在,如果把这些中心词联系在一起,那么在我们的记忆中,对那六个故事会形成怎样的链条呢?

假如我做的话,我会编成这样的链条:

婚礼(1)

婚礼的新郎是位农民

农民(5)

农民骑着一头公牛

公牛(3)

正在追赶着狗

狗(2)

狗跑到作家背后躲起来了

彩票(6)

女青年中奖了

小说(4)

奖品是一本小说

首先,努力背诵这个链条,然后,在中心词的帮助下,背诵六个故事。第二个星期再背一遍,而后,在第二个月再背一遍。你会惊奇地发现,这个链条背起来相当快,并且它会牢固地扎根于你的记忆之中。

230

成功的记忆力无疑会在你发表讲演时发挥更大的作用。

在你讲演时，听众最不能忍受的是，你不仅双目盯视手中的讲稿，一字不差地往下念，而且还结结巴巴的。

一位曾出任过驻外大使的演说家认为，使讲演有价值的方法是即兴讲演。一次，一位当记者的朋友告诉我，这位演说家总是先手拿讲稿出现在讲台上，但是，当他在台上站定后，首先要环顾一下听众。"喂，杰克！喂，汤姆！"接着就说，他没有料到听众中会有那么多人是他的朋友。"对你们我无需用什么讲稿，我要说的都是肺腑之言。"

于是，他放弃讲稿，开始即兴讲演。

我的朋友在屡次采访中不时看到这种情景，因此，决定看一看他扔掉的讲稿上到底写了些什么东西，因此，在讲演结束后，他上台找到了那份被扔掉的讲稿，原来是一张作废的日历。事实上，在讲演者与听众之间，有着一种无形的联系，这种联系要靠讲听双方来维持。

如果你不得不看看讲稿，从而两眼无暇顾及听众，那么你和听众虽彼此相对，却灵犀不通。

这样，听众就会感到厌烦，自然你与听众之间的联系也会立即消失。因此，你必须建立的这种联系，不仅依赖于你的讲演内容，而且也依赖于你的讲话姿态，它在很大程度上取决于眼睛的表情达意。也就是说，注视你的听众，用传神的目光表达自己丰富的思想情感，以影响和感染听众，使他们感觉到有那么一股信息从讲演者的大脑和内心直接传到他们的脑海和心田。真正有效的讲演是讲演者与听众之间的促膝交谈。看着听众，可使你随时掌握他们的情绪、心理变化及听讲兴趣，从而调整讲演的内容和方法。讲演不像个人之间的谈话，这里的听众是不能作出回答的，因此，你必须能通过察言观色来判断他们此刻的心理状态。特别是当听众可能已变得厌倦时，你要立刻结束讲演。只有这样，你才不致将已取得的成果丧失殆尽。可见，熟练掌握讲演的内容是你的唯一选择。你会发现，即使你打算念讲稿，你在准备时，也得像不用讲稿那样做认真的准备。所以，要想注视听众，不看讲稿地讲演，你就必须完全彻底地掌握讲演内容。

不论你的讲演是长是短，这里的八个步骤是准备讲演所遵循的：

1. 明确讲演重点；

2. 找出主题或中心思想，使其他所有内容都服从于它；

3. 确定题目；

4. 努力搜集真实的材料，观点可以是你自己的，但材料必须是绝对客观的、准确的；

5. 列出提纲：作一简明扼要的介绍（用逸闻趣事是最理想的）；用丰富的内容阐明主题，并根据需要用逸闻趣事向听众做解释和说明；达到讲演高潮时，概括你的中心思想，重申你的主要观点；

6. 把讲演要点写成简单的讲稿；

7. 用链条法熟记材料；

8. 从头检查一遍，倘若有讲不清的地方，就补充一些逸闻趣事加以说明。

构造讲演链条，无须写出讲演的全部内容，它可避免写完整讲稿所可能导致的记忆讲演内容的一些陋习。听众很容易就能听出讲演者是否在一字一句地背讲稿，是否通晓所讲内容的专业知识，以及即兴讲演成分的多寡。

你一定要列出讲演的主要观点，并选择出中心词语。这样，你就能编出思维链条，它将使你立刻抓住讲演的实质。

在选择中心词语时，应使这些词语在你的心里具有双重意义。首先，它们应使你回忆出其本身所代表的思想；其次，它们之间又必须能联结在一起，从而形成一个链条。这个链条将使你的记忆像顺藤摸瓜一般，将所需要的材料依其顺序回忆出来。

在你讲演之前，必须熟练掌握这个链条，使每个中心词语都能迅速地反映出来。而且，这不做机械的记忆，必须使每个中心词语之间的关系简单明了。

在你构造你的中心词语表时，仅仅把以上左边的内容写出来就可以了，写在右边的是起连接作用的思想，它们在你做准备时不用写出来，而仅仅是把中心词语连接起来以促进你的讲演。

在你掌握了讲演的准备方案之后，现在应记住发表演讲的八个基本原则：

1. 讲演的语调要自然平缓，避免声嘶力竭。你的讲演仅仅是同众人的促膝交谈而已，因此，一定要自如、随和、坦率。

2. 讲演要充满生气，富有活力，而不要像口技演员那样仅仅做个摆设。要利用声音的抑扬顿挫、表情的鲜明变化、身体的适度移动来充分表达你的思想和观点。你的精神和情感，要通过你的目光、你的语音、你的神态向外放射，使你和听众形成心灵的交流。

3. 要预料到紧张，并尽量避免它的影响。就是最富经验的讲演者，在发表讲演之前也是很容易紧张的。一般情况下，人们在登台之前都是略感紧张的，要等到讲了几句之后才能放松下来。如若没有丝毫紧张感，讲出话来必定不会有激情。大多数演员都说，倘若他们在每次演出开始之前总感觉不到紧张的话，那他们就将放弃演戏。因为这表明，他们已再没有表演技能了。

4. 要字斟句酌，尽量做到言简意赅。简洁含蓄比夸夸其谈有着更佳的效果。莎士比亚有句名言：简洁是智慧的灵魂，冗长是肤浅的藻饰。我们前面读到的林肯在葛底斯堡的讲演，仅10句，600

233

余字，整场讲演不到三分钟，却博得了在场 15000 名听众经久不息的掌声，轰动了全国。

5. 不要忘了直视你的听众。

6. 对于访问者的提问要镇静自若，切不可简单鲁莽。要眼观六路，耳听八方，果断处理分散听众注意力的突发事变。一次，一位作家在讲演时，有人用嘘声表示反对。这位作家毫不犹豫地说："只有三种东西嘶嘶地叫——鹅、蛇和傻子。请你们走出来，让我们大家看看到底是什么！"

7. 应有声有色地讲，而不要机械地念。当然，可以参考提纲，但绝对不要携带讲演的全部原稿。这样，就为"即兴发挥"提供了时机。

8. 严格遵守规定的时间。成功的讲演者认为，他们的成功在于讲到自己感觉疲劳之时，而其他的讲演者则一直讲到听众已疲惫不堪之际。

# 第 6 章　记忆的全面验收

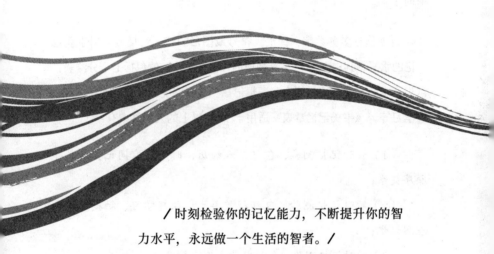

/时刻检验你的记忆能力，不断提升你的智力水平，永远做一个生活的智者。/

# *1.* 记忆的测量

时刻检查自己的记忆能力，这样才能对自己记忆状况有一个准确的了解。

当今已有多种数字、词汇、符号或图形的"记忆量表"用于测量记忆的水平，其中大卫·韦克勒斯的《记忆量表》就包括七个分测验：常识、定向、精神控制能力、逻辑记忆、数字广度、视觉记忆和成对联想学习等。《韦氏记忆量表》适用于 16 岁以上的人，其中有：

（1）长时记忆测验，包括个人经历，时间和空间记忆、数字顺序关系；

（2）短时记忆测验，包括视觉再生、联想学习、触摸测验和理解记忆；

（3）瞬时记忆测验。包括顺背和倒背数目。

在这些记忆量表中，都采用了"记忆商数"的概念，以表示记忆的水平。但这一类量表与其他心理测量一样，需要使用测量工具并由专业人员操作，否则将失去其科学性，因而也就不便于一般人使用。以下介绍若干便于操作的记忆测量方法，读者可自行操作，以测定自己的一般记忆水平。

## 测量 1　短时记忆容量测验法

9 4 2

1 4 0 6

3 9 5 1 8

7 0 6 2 9 4

1 5 3 8 7 9 6

5 8 3 9 1 2 0 4

7 6 4 8 5 0 1 3 9

2 1 0 9 3 6 8 2 1 5

3 9 4 2 8 0 7 5 1 3 6

8 4 1 9 6 2 8 3 6 7 0 2

使用方法：请别人按照上列数目序列，每次一行，从数少的到数多的，每位数间隔半秒钟，读给你听；读时只听，读完后立即复述出来。你能复述到多少位，就说明你的短时记忆容量（即广度）是多少。一般以复述七位为正常水平；超过七位为很好；低于七位说明你的短时记忆容量较差。

## 测量 2　无逻辑联系词汇记忆效率测验法

在日常生活中，人们常常需要记忆一些相互无直接逻辑联系的事物，本测验就是检测你对无逻辑联系事物的记忆能力，其方法是：在40秒之内，记忆下列20个在意义上各自孤立的词汇，然后立即进行默写。

运河　算数　馒头　帽子　电影

农民　剪刀　良心　山峰　磁带

柏树　太阳　扫帚　钞票　火车

战士　公园　石油　小鸡　锣鼓

默写完毕，按下列公式计算记忆效率：

记忆效率＝默写正确的词数÷20（原来记忆的词数）×100%。如果你默写对 10 个词汇，你的词汇效率则为：（10÷20）×100% = 50%。

### 测量3　数组记忆效率测验法

在 40 秒钟之内，记忆下列 20 组数字，然后立即进行默写。

45　57　18　79　82　96　15　21　74　52

37　85　49　63　89　27　91　39　68　23

默写完毕，按下列公式计算记忆效率：

记忆效率＝默写正确的数组÷20（原来记忆的数组数）×100%。如果你默写正确的有 8 组，你的数组记忆效率则为：（8÷20）×100% = 40%。

### 测量4　人像及姓名联系记忆效率测验法

在 30 秒钟之内，记忆自己任找的 10 张人头像及其姓名（使用前由别人在头像下面写一姓名）；然后立即只看头像（遮住姓名）不按次序说出姓名。数一下你说对的姓名数，然后按下列公式计算记忆效率：

记忆效率＝默写正确数组÷10（原来记忆的人头像数）×100%。如果你说对 6 个人头像的姓名，那么你的人像姓名记忆效率则为：（6÷10）×100% = 60%。

### 测量5　视觉记忆测验

下面有 10 件物品，被测者先看物品（记忆）30 秒钟，然后立即用

30 秒钟做下面的算术题，紧接其后再用 30 秒钟回忆刚才从中看到的物品，并记下你的回忆成绩，计算其百分数，以表示你的记忆水平。

电灯　图书　椅子　毛刷　手表
衣服　铁床　足球　皮鞋　火车

**算术题（在 30 秒内做完）：**

$4+3-1$　$5×4-3$　$7×4+5$　$3×2+7$　$6×8-9$
$3×6-9$　$3+5×2$　$5×8+4$　$8+2×2$　$9+3+6$
$4+6×3$　$9+3-2$　$9-2×3$　$8×6-5$　$4×9-7$
$5×8+9$　$3×6-7$　$6+3+8$　$8+2+7$　$6×8-3$
$6+8-4$　$7×9-6$　$3×5+9$　$4×8+9$　$7+5×4$

**测量 6　听觉记忆测验**

请人将下列物品名称读给你听，每一名称读 3 秒钟，共读 30 秒钟，然后立即用 30 秒钟做上面的算术题（见测试 5），紧接其后也用 30 秒钟进行回忆，并记下你的回忆成绩。

桌子　铁锹　大门　牙刷　月亮
眼镜　汽车　苹果　邮票　花猫

**测量 7　视听结合记忆测验**

使用 10 张预先准备好的不太复杂的图片，请人按 3 秒钟显示出一张的速度给你看，同时高声说出图上的物品名称，一共用 30 秒钟，然后同样做上面的算术题（见测量 5）30 秒钟，紧接其后再用 30 秒钟进行回忆，并记下你的回忆成绩。

### 测量 8　触觉记忆测验

让被试者闭上眼睛，以每 3 秒钟触摸一件物品的速度，触摸 10 件物品。每件用时 3 秒钟，共用 30 秒钟。然后同样做上面的算术题（见测试 5）30 秒钟，紧接其后再用 30 秒钟进行回忆，并说出物品名称，记下成绩。

### 测量 9　视、听、触结合记忆测验

用 10 件常用物品，让被试者既看物，又听物品名称，并用手触摸物品；每件用时 3 秒钟，共用 30 秒钟。然后同样做上面的算术题（见测试 5）30 秒钟，紧接其后再用 30 秒钟进行回忆，并说出物品名称，记下成绩。

### 测量 10　最佳记忆时区测定法

将一天的学习时间，按小时分为若干时区。选择四五组（每组 20 个，音节长短、难度相当）未学过的外语单词，分别在早晨、上午、下午和晚上各个有代表性的时区进行背诵，并分别记录背诵的时间或次数。24 小时候再分别复查自己各个时区的记忆成绩。复查时用重学法记下重学所用时间或次数；用回忆法记下回忆的成绩，计算回忆量（与原来记忆总量的百分比）。这样，将前次所用时间或次数与后次的记忆成绩做比较。各时区中两者的比值为优的，那就是你的最佳记忆时区。

# $\mathcal{Q}$. 记忆测试 I

记忆力的提高在于你每一次认真而又努力的学习。

**测试 1：准备一张纸，用七分钟写完 1~300 这一系列数字。**

测试要求：

（1）能看出所写的字，不至于潦草；

（2）写错了不许改，也不许做标记，接着写下去；

（3）到规定时间，如写不完，必须停笔。

结果评定：

第一次差错出现在 100 以前为注意力较差；出现在 101~180 间为注意力一般；出现在 181~240 间是注意较好的；超过 240 出差错或完全对是注意力优秀。总的差错在 7 个以上为较差；错 4~7 个为一般；错 2~3 个为较好；只错 1 个为优秀。如果差错在 100 以前就出现了，但总的差错只有一两次，这种注意力仍是属于较好的。要是到 180 后才出错，但错得较多，说明这个人易于集中注意力，但很难维持下去。在规定的时间内写不完则说明反应速度慢。

测试 2：从 300 开始倒数，每次递减 3。如 300、297、294、291……倒数至 0，测定所需的时间。

要求读出声，读错的就原数重读，如"294"错读为"293"时，要重读"294"。

测验前先想想其规律。例如，每数 10 次就会出现一个"0"（270、240、210……）、个位数出现周期性的变化等。

结果评定：

两分钟内读完为优秀；两分半钟内读完为较好；三分钟内读完为一般；超过三分钟为较差。这一测验只宜自己与自己比较，把每次测验所需时间对比就行了。

**测试 3：测试记忆能力同记忆意图关系。**

你要求一位朋友在五分钟内把下面一组数字记住。

19　33　81　62　54　76　42　27

在五分钟后测得其记忆结果并且记录好。

你再要求同一位朋友在另一个时间内把下面一组数字记住。

23　38　74　56　45　67　12　89

开始告诉他在三分钟内要记住，在三分钟的时间过去后，告诉他再过两分钟才测试，又过两分钟后把此次测试结果同上次比较，看哪次结果好。

**测试 4：测试你的观察能力。**

数列"4、9、15、20、26、31、37、42"有个有趣的特征能容易地记住它。

你能找出它的特征吗?

答案：这个数列分为八组后，第一组是"4"，加"5"是第二组"9"，再加"6"是第三组15，再加"5"是第四组"20"，再加"6"是第五组"26"。以此类推，重复一次加"5"，再加一次加"6"，就很容易把这个数记住了。

测试5：你回忆一下给你印象最清楚的10件事，并且想想，你喜爱的事情的件数是否在5以上？

参考答案：大多数人回答在这10件事中，令人愉快的在5件以上。

测试6：你常见到这样的现象：家长教育孩子的过程中采用这样的手段："你尽快把课文背下来，你若今天背下来，明天带你到某公园去……"等，你能说明原因吗？

答案：家长采用刺激的手段主要是为了加强学生的学习动机。

测试7：测试记忆效果与记忆兴趣之间的关系。

有两个人由山上回来。一位朋友问他们二人山上怎么样。其中一个人详细地描述了山上的美丽风景，另一个人则大谈吃喝。你能回答这两个人各对什么感兴趣吗？

答案：大谈风景的人对风景感兴趣，大谈吃喝的人对吃喝感兴趣。

测试8：测试联想与记忆的关系。

杰克老师的《现代法语词典》被老朋友汤姆借走了，一直没有还回来。

杰克老师教语言，备课时经常要用《现代法语词典》，而汤姆又住在很远的地方，想用时又不能立即去要，两人又不经常见面，偶尔见了几次面，杰克老师又想不起来要书……就这样，杰克老师备课很困难。

请你想一想：如果用奇特联想法，怎样联想，杰克老师才能够见到汤姆就想起要书呢？

答案：杰克老师可以事先这样联想一下：

先想象一下汤姆的容貌，并且在脑海中浮现出汤姆头上顶着那本《现代法语词典》的形象。可以把这本《现代法语词典》想象得很大很重——比杰克要大三倍或更多，因此，杰克顶着这本书很吃力，被压得龇牙咧嘴、汗流浃背，两腿抖得像在弹三弦……

想得越具体、越奇特、越好笑，再见到杰克时，就越不容易忘记要书。

**测试 9：下面有一组词，你用心看两分钟，目的是尽量记忆。**

| 帽子 | 信封 | 房屋 | 纽扣 | 猫 |
|------|------|------|------|------|
| 电话机 | 钱币 | 铅笔 | 袜子 | 书 |
| 仙人掌 | 鳗鱼 | 上床 | 木夹 | 车灯 |
| 点心 | 办公桌 | 花边 | 米饭 | 钓钩 |

如果让你按次序把它们默写出来，你会发现，许多都忘记了。为什么？方法不对。如果运用联想，问题或许简单得多，你不妨试试。

参考答案：有一顶帽子，它底下放了一部电话机。电话机上尽是刺，因为这是仙人掌。拿这个仙人掌听筒的人确实不方便，何况他嘴里还塞满了点心。点心里有一个小信封，拆开里面还有钱；钱上印着一条鳗鱼。突然这条鳗鱼变活，钻到了办公桌下面。原来，这个办公桌是一所房屋，其烟囱是一支巨大的铅笔。它像火箭一样向上升起，落到衣服上。衣服上有花边，中间有纽扣，但上衣口袋是无底的，铅笔漏出，掉在了地上的袜子上，袜子夹着木夹。忽然铅笔又飞走了，飞到猫吃米的饭碗里；此刻，猫正蹲在一本书上。它一受惊就跑出门外，被一盏车灯照射，它向前一扑，恰巧被车前的钓钩钩着了。

**测试 10：测试数字的内在联系。**

14 39 32 76 59 24 62 86 92 49 34 96

要在一分钟内记住上面的数字。主要记住就行了，顺序可以变。

答案：这组数可以分为四类：

（1）十位数分别是 1、2、3，个位数是 4 的有：14、24、34。

（2）十位数分别是 3、4、5，个位数是 9 的有：39、49、59。

（3）十位数分别是 7、8、9，个位数是 6 的有：76、86、96。

（4）十位数分别是 3、6、9，个位数是 2 的有：32、62、92。

# 9. 记忆测试 II

神奇的记忆力来自一次又一次地刻苦训练。

**测试 1：测试你运用连锁记忆法达到的能力。**

假如一天中要做五件事：

（1）订购电视机。

（2）打字。

（3）订一套西服。

（4）与交易对手田中氏会晤。

（5）买进邮票。

答案：把这五件事按顺序来记：

（1）电视剧与打字机——想象电视机上有打字机的键，往电视机里塞纸按键。

（2）打字机与一套西服——想象自己穿着用打字纸做的一套西服。

（3）一套西服与田中氏——想象田中氏穿着一套肥大的西服在跳舞。

（4）田中氏和邮票——想象田中氏被贴到一张很大的邮票上，还不断挣扎。

关于开始的那个电视机，可想象为公司的大门成了电视的图像。这样，当你出入公司的时候，五件事就会在一瞬间记忆起来。

**测试 2：要求你在规定时间内（例如两分钟）记住下列词语：**

冬瓜 钢笔 黄牛 电视机 棉被
茶叶 山峰 脸盆 电灯 玉米

参考答案：

（1）冬瓜——钢笔：冬瓜里面没有瓜子，全是一支支钢笔；

（2）钢笔——黄牛：打开钢笔套，里面跑出一头黄牛来；

（3）黄牛——电视机：黄牛一下子撞碎了电视机；

（4）电视机——茶叶：电视机里，正播放着关于茶叶的广告；

（5）棉被——茶叶：把棉被拿出来一抖，飘出许多茶叶来；

（6）茶叶——山峰：飘出的茶叶遮盖了一座山峰；

（7）山峰——脸盆：山峰坐落在一个脸盆里；

（8）脸盆——电灯：脸盆下面压着一盏灯；

（9）电灯——玉米：电灯里并无钨丝，是一个玉米正在发光。

**测试 3：测试你用分类方法进行记忆的能力。**

用两分钟的时间把下列词语记住：

钢笔 衣架 洗衣机 毛巾 书包 肥皂
笔记本 刷子 电风扇 墨水 电冰箱 收录机

参考答案：

在记忆时，根据这些物品将其分为三类。

文具类：钢笔、墨水、笔记本、书包。

卫生用品：毛巾、衣架、肥皂、刷子。

电器类：收录机、电冰箱、电风扇、洗衣机。

**测试 4：继续测试你运用分类记忆的能力。**

请你用两分钟的时间记住下列词语：

夹克　军舰　山脉　机枪

皮鞋　政治　筷子　坦克

领带　火炮　钢笔　裤子

参考答案：

采用分类记忆时，我们发现它们可分为服务类、军事用品类，而其余的不是一个种类，那么怎么办呢？干脆归为杂类。

服装类：夹克、皮鞋、领带、裤子。

军事用品类：机枪、坦克、火炮、军舰。

杂类：钢笔、筷子、政治、山脉。

**测试 5：视觉记忆测验。**

展示一张图，图中画有 10 件物品，即：

电灯　书　椅子　刷子　手表

上衣　床　鞋子　足球　笔记本

让被试者看图 30 秒后，立即做简单的数学题 30 秒钟。然后再用 30 秒钟回忆图中有何物品，并记录回忆成绩。

紧接着做 30 秒钟的数学题：

$5+5-2=$　　　　　　$3\times 5=$

$1 \times 2 + 3 =$          $6 - 1 \times 3 =$

$4 - 1 + 2 =$          $6 \div 2 + 1 =$

$4 \div 2 + 2 =$          $18 - 21 =$

$10 \times 3 - 2 =$          $25 \times 5 =$

$2 + 21 =$          $16 - 4 =$

$32 \div 16 =$          $5 \times 9 =$

$20 - 4 =$          $8 + 11 =$

$7 \times 3 - 1 =$          $12 \times 3 =$

$5 + 8 =$          $33 \div 3 =$

30 秒钟之后，不管已算出多少题，立即转入回忆 30 秒钟，然后记录能回忆几项内容。

**测试 6：听觉记忆测验。**

对被测者高声读出 10 件他所熟悉的物名。每个用 3 秒钟，共用 30 秒，接着做 30 秒数学习题。再用 30 秒回忆，记录回忆成绩。例如 10 件物品是：

尺子      电筒      手枪      猫      花

电风扇      毛巾      夹子      眼镜      自行车

做下面练习 30 秒：

$8 \times 4 =$          $1 \times 4 =$

$20 \div 4 =$          $12 + 24 =$

$5 + 8 =$          $54 \div 6 =$

$19 + 3 =$          $33 - 12 =$

$60 \div 12 =$          $33 \div 11 =$

$6 \times 6 =$            $29 - 7 =$

$70 - 15 =$        $10 + 3 =$

$14 \times 3 =$         $15 \div 1 =$

$3 \times 6 =$           $30 - 9 =$

做 30 秒后,再用 30 秒回忆并记录成绩。

**测试 7:视、听结合记忆测验。**

向被试者每隔 3 秒钟提供一张图片,共 10 张,并对他高声读出图片中的物品名称,然后像前面的测验一样做 30 秒数学题后再用 30 秒回忆,记录成绩。

**测试 8:对相貌及姓名的遗忘。**

请朋友拿出 10 张你不认识的人的照片,并请他把名字标在每张照片的下面(为了方便最好使用 2 寸免冠照片)。规定记忆时间为 30 秒。然后请朋友拿出这 10 个人的同样照片,只是照片旁边的姓名隐去,排列顺序不同。数一数你写错的姓名数。

如果你记错 3 个人以下,说明你的遗忘率较小(即记忆力很好);若记错 4~6 个人,说明你的遗忘较正常(即记忆能力较一般);若你记错 7 人以上,说明你是个健忘的人。

**测试 9:测试积极遗忘能力。注意避免巩固对它们的记忆。**

请读一遍下列词汇:

足球　医院　桌子　水　　　地理

锡　　苹果　指针　机器人　伤口

为了使自己完全不可能巩固对这些词的记忆，读这些词时要避免有意地重复。继之，为了摈弃这些词，请细读并努力记住下列词汇。

干酪　　坏天气　骑马者　星星　　数学

抽屉　　纸　　　酒精　　杂草　　黄蜂

将后面这组词重抄一遍，反复朗读，直到记住为止。

现在请你检查一下是否还记得前面那组词汇，如果不记得了。说明你的积极遗忘功能正常。

测试 10：请记忆下列 20 个数字（连同其顺序号）。记忆时间为 40 秒，然后马上默写出来。

（1）43　　　（2）57　　　（3）12　　　（4）33

（5）81　　　（6）72　　　（7）15　　　（8）44

（9）96　　　（10）7　　　（11）43　　　（12）18

（13）86　　　（14）56　　　（15）47　　　（16）6

（17）78　　　（18）61　　　（19）83　　　（20）73

你若只有 4 个以下的数字记错，说明你遗忘率很小（记忆力在良好以上）；你若有 5~10 个记错，是正常的；你若记错 11 个以上，说明记忆力偏低了。

# 4. 记忆测试Ⅲ

让记忆永远服务于我们的学习，不断储藏起我们学过的知识。

**测试1：测定记忆速度。**

下列的三组数字是测定记忆速度的数字表：

97  74  93  38  29  62  27  41  83  64  49  73

24  79  28  75  67  14  86  94  47  32  29  57

67  93  59  73  62  43  24  87  29  75  45  36

请你的同伴清楚地读出上面三行数字中的任何一行，一分钟内读完。读完后，你就把你能记住的数字写出来，前后顺序颠倒没有关系。如果你能把那12个数字都正确地写下来，那你就具有罕见的记忆速度；如果能记住8~9个，可以打"优"；记住4~7个，可以打"良"；记忆数字少于4个，记忆速度偏差。

**测试2：短时记忆广度测试。**

请看下面的测试表：

| 972 | 641 | 183 |
| --- | --- | --- |
| 3485 | 2730 | 3750 |
| 91406 | 85943 | 79625 |

516927          706294          523647

3067285         1538796         3865214

58391024        29081357        27593869

764850129       042865129       831652749

2164089573      4790386215      0846271903

45382170369     68452013924     16587452039

987032614280    541962836702    736149258031

用任意排列的 3~12 位数的数字（上面的数字）作为实验材料，请一位朋友向你口述上面的每一组数字。从位数少的数字，到位数多的数字，实验者每读完一组数字，你紧跟后面复述。从 4 位数开始，通过了，就试 5 位数，6 位数……直到被试者对某一长度的数字复述错误，或不能复述为止。这就是你的记忆广度，为了使记忆广度实验的结果精确，用三个不同数组表进行试验，取三次结果的平均数。

如果你是成人，测得平均数为 10 个以上，就是特优；7~9 个，就是优；5~6 个是正常；4 个以下偏低。

如果你是 4~7 岁的儿童，测得的平均数是 7 个以上，就是特优；测得的平均数为 6 个是正常；测得平均数是 4 个以下就是偏低了。

**测试 3：数字记忆训练。**

有一天，在上课时，很多学生情绪不稳定，不是左顾右盼，就是做小动作。老师非常生气，于是出了一道题：请同学们记住 5、1、2、4、7、1、4、3、8、6 这 10 个数字。老师的提问很奇怪：他让学生回答第几个数字是几。例如：第三个数字是几？第八个数字是几？谁先记住谁先回家。老师话音刚落，汤姆回答老师说"我能够回去了"。他的老师和同学都很惊奇，你知道汤姆是怎样记住的吗？

答案：他通过思考，决定根据记忆广度的限制性的特点，把 10 个数字分成三个单位进行记忆：512—471—4386。假如老师问他第六个数字是多少，他很快想到第二组数字的末位数是 1。同理，老师若问第七个数字是多少，他很快联想到 4。

测试 4：请记忆下面 20 个词（连同其顺序号一起）到刚好能够熟练记住为止。

1. 乌克兰人
2. 经济学
3. 粥
4. 文身
5. 神经元
6. 爱情
7. 剪刀
8. 良心
9. 黏土
10. 字典
11. 油
12. 纸
13. 小蛋糕
14. 逻辑
15. 社会主义
16. 动词
17. 缺口
18. 逃兵
19. 蜡烛
20. 樱桃

一星期后要重做一次实验，在这一星期内不要再看试题——如果做到根本不再想到试题，那样更好。

努力回忆并默写试题表中的 20 个词（连同其顺序号）。然后按下式进行记忆效率的计算。

记忆率 90%~100% 为优；记忆率 70%~90% 则为良；记忆率 50%~70% 为好；记忆率 30%~50% 为中；记忆率 30% 以下为差。

测试 5：用八分钟时间记下下面 20 张扑克牌的点数，并设法记住它们的顺序。

（1）黑桃 Q　　　　（11）黑桃 3

（2）方块 8　　　　（12）红桃 6

（3）红桃 3　　　　（13）梅花 K

（4）梅花 J　　　　（14）黑桃 2

（5）方块 7　　　　（15）方块 4

（6）黑桃 A　　　　（16）梅花 7

（7）红桃 K　　　　（17）方块 9

（8）梅花 9　　　　（18）黑桃 J

（9）方块 5　　　　（19）红桃 J

（10）方块 6　　　　（20）方块 Q

测试 6：用五分钟记下列 20 种商品及其价格，然后用一张纸把价格盖住，写下你能记住的价格数。

| 钢笔 | 8.30 美元 | 冰箱 | 2500.00 美元 |
| 皮鞋 | 210.00 美元 | 笔记本 | 2.80 美元 |
| 苹果 | 8.00 美元 | 手套 | 14.00 美元 |
| 蛋糕 | 16.9 美元 | 电脑 | 7400.00 美元 |
| 运动衣 | 39.00 美元 | 手表 | 270.00 美元 |
| 窗帘 | 17.60 美元 | 蔬菜 | 5.8 美元 |
| 洗衣机 | 700.00 美元 | 月历 | 37.00 美元 |
| 帽子 | 27.00 美元 | 书包 | 18.00 美元 |
| 围巾 | 34.00 美元 | 台灯 | 52.00 美元 |
| 教科书 | 11.00 美元 | 沙发 | 1700.00 美元 |

测试 7：用两分钟时间记 20 种商品，还要连带记住它的序号，然后合上本书，看你能记住多少。

（1）电视机　　（2）毛巾　　　（3）眼睛　　　（4）汽车

（5）祷告　　　（6）橘子　　　（7）书　　　　（8）小提琴

（9）游戏机　　（10）洋娃娃　　（11）戒指　　　（12）邮票

（13）圆珠笔　　（14）黄瓜　　　（15）日历　　　（16）牙膏

（17）《读者文摘》（18）皮鞋　　　（19）皮带　　　（20）领带

测试 8：请每隔 10 秒钟，就记忆下面各数字，然后再把它们写在别的纸上。

（1）267

_____

（2）4373

_____

（3）96004

_____

（4）80392

_____

（5）370367

_____

（6）3.6.5

_____

（7）4.3.3.9

_____

（8）10.4.7.0.3.4

_____

（9）6.8.2.5.9.5

（10）5.6.9.3.7.6.5

测试 9：请分别注视下面的数字各 20 秒钟，然后把书合上，再由下往上记忆，并写在别的纸上。注意：注视数字的时候是由左至右，但是写出时则必须由右至左。

（1）3，9，7

（2）4，2，1，10

（3）6，3，4，9，0

（4）8，5，3，9，10，8

（5）10，8，7，3，9，4，6

（6）368

（7）6603

（8）703694

（9）634597

·（10）8000672

答案：整列数字中，记错一个数字就打 ×，不得分，记对就打〇，得 2 分，满分是 20 分。

A. 16~20，非常优秀；

B. 11~15，优秀；

C. 8~10，普通；

D. 6~7，稍劣；

E. 0~5，非常低劣。

**测试 10：请在 10 分钟内阅读完下列短文，并记住它。**

A. 他们慢慢地向着那株松树走去。路上，父亲不时转头凝望贝儿。他觉得贝儿穿上军装，做了军人，宛如一株树苗获得了阳光与水分的滋养，他会逐渐长大起来的。

B. 权力恰像一条大河，如果河水受约束，那就既美丽又有用。可是，当它泛滥到岸上，就一发不可收拾，所向披靡，冲到哪里就给哪里带来破坏，弄得一片荒凉。

C. 翻开美国的历史来看，自由不啻是贯穿着民族精神的一道无形的脉流。

D. 记得第一次来这个村子的时候，在村头的小店附近下车之后，便进入一条狭窄的小巷，经几番转弯抹角，才找到我们来寻古的那座老教堂。当时正值雨季，整个小巷净是一片泥泞，檐低路湿，十分难走。

E. 这双球鞋是和我同进校门的，除了上体育课穿着它之外，每天晚上，它也陪伴我上操场，它已成了我生活的一部分。在日记中写它，在作文中也写它，犹如年轻绚丽人生的源泉，它使我充满生气，增加活力。

F. 宪法不只是一个名字，而是真正的东西；宪法不是一个理想，而是真正的实体。如果宪法不能产生一个具体的形式，那就是空洞的。宪法是政府的先决条件，政府是由宪法产生的。国家的宪法不是政府的法令，而是组成政府的人民的法令。

G. 离开了盐湖城盐厂以后，我们的四辆游览车，又前往德汉镇，参观了新竹玻璃公司苗栗厂。公司的总工程师从加州来接待我们。他是哈佛大学化学系的毕业生，其技术的高明，使新竹玻璃的质量不断地在提高。

H. 至于鬼节这天，女孩子不被允许到坟地祭拜，这是大家共同的说法。海特尔补充说，从前贵族人家的妇女养在深闺，有的甚至做了祖母，还未见过祖坟。

I. 良心是正义最好的管家，良心给人警惕、希望、报酬和惩罚，使一切都在正义的控制之下。忙碌的人一定要注意它的提示；有权力的人要听从它的指示；愤怒的人要忍受它的谴责。良心做我们的朋友时，一切都很平静。可是一旦触犯了它，心里就永远不得宁静。

J. 那是读初中的时候，我们刚脱离恶补的桎梏，进入了里德城的一所中学念书。我永远不会忘记教我们法文的老师里德。他年纪轻轻的，刚从大学毕业，对学生一团和气，从来没有愤然不悦的脸色。班上有一位同学丢失了法文课本，里德老师毅然将教师用的课本送给他。

请阅读下列短文，如果标出的句子与在测验中所记忆的不同，请打 ×，相同时就打○。

A. 他①们慢慢地向着那株松树走去。路上，父亲不时转头凝望贝儿。他觉得贝儿穿上军服，做了军人，②宛如一株树苗获得了阳光和水分的滋养，他会逐渐长大起来的。

B. 权①力恰像一条大河，如果河水受约束，那就既美丽又有用。可是当它泛滥到岸上，就一发不可收拾，②所向披靡，冲到哪里哪里就会遭到破坏，弄得一片荒凉。

C. 翻①开美国的历史来看，美国不啻是贯穿着②民族精神的一道无形的脉流。

D. 记①得第一次来这个村子的时候，在村头的小店附近下车之后，便进入一条狭窄的小巷，经几番转弯抹角才找到我们来寻古的那座老教堂。当②时正值雨季,整个小巷净是一片泥泞,檐低路湿,十分难走。

E. 这①双球鞋是和我同进校门的,除了上体育课穿着它之外,每天晚上,它也陪伴我上操场,它已成了我生活的一部分。我②在日记中写它,在作文中也写它,犹如年轻绚丽人生的源泉,它使我充满生气,增加了活力。

F. 宪①法不只是一个名字,而是真正的东西。宪法不是一个理想,而是真正的实体。如果宪法不能产生一个具体的形式,那就是空洞的。宪②法是政府的先决条件,政府是由宪法产生的。国家的宪法不是政府的法令,而是组成政府的人民的法令。

G. 离①开了盐湖城盐厂以后,我们的四辆游览车,又前往苗德汉,参观了新竹玻璃公司苗栗厂。公②司的总工程师从加州来接待我们。他是哈佛大学化学系的毕业生,其技术的高明,使新竹玻璃的质量不断地在提高。

H. 至于鬼节这天,女①孩子不被允许到坟地祭拜,这是大家共同的说法。海特尔补充说,从前②贵族人家的妇女养在深闺,有的甚至做了祖母,还未见过祖坟。

I. 良①心是正义最好的管家。良心给人警惕、希望、报酬和惩罚,使一切都在正义的控制之下。忙碌的人一定要注意它的提示;有权力的人要听从它的指示;愤怒的人要忍受它的谴责。良②心做我们的朋友时,一切都很平静。可是一旦触犯了它,心里就永远不得宁静。

J. 那是读初中的时候,我①们刚脱离恶补的桎梏,进入了里德城的一所中学念书。我永远不会忘记教我们法文的老师里德。他年纪轻轻的,刚从大学毕业,对学生一团和气,从来没有愤然不悦的脸色。班②上有一位同学丢失了法文课本,老师毅然将教师用的课本送给他。

答案：答对一题得 1 分，满分是 20 分。

A. 17~20，非常优秀；B. 13~16，优秀；C. 8~12，普通；D. 4~7，稍劣；E. 0~3，非常低劣。

**测试 11：请在三分钟内阅读下面的文章，尽量将它们记住。**

柏克莱的校园很清雅。校内有萧萧的树林，林子里有古朴的木桥，桥下有曲折的小溪，小溪的源头有绿草如茵的山坡，起伏的山坡顶上是白色的钟楼——这里的"注册商标"。

不过，我最喜欢的是这儿的学生活动中心的广场和广场上每天中午的热闹。

每天中午 12 点整，钟楼就开始了"敲打乐"——有时候是十分流行的曲子。敲钟的是位老太太，她已经敲了一辈子。

钟声一止，好戏就上演了。

广场上来来往往的大都是出来吃午饭的学生和教职员工。有的人坐在枇杷树下的长椅子上；有的人席地躺在青草坡上。他们三三两两吃着三明治，晒着太阳，聊着天南地北。

虽然只是短短的一个钟头的休息时间，但是可看的戏却不少。在你啃着三明治的时候，随时会有人来到广场的水池旁边或者树下的校门边上，弹的弹，唱的唱，地上也不忘摆个小罐子收钱。这些"素人音乐家"，水准都是不差的，也不像是真想得到赏钱。学生们遇到动听的，也绝不吝惜他们的掌声。有时候学校里的乐队——也不知是请来的，还是学生自己组织的，也会鼓弦喧天地表演一番。闻乐起舞，人人不以为怪。

除了放假和下雨，这里总是热热闹闹的。学生示威的、罢课的，都要来此游行演说。他们说宗教是古老的传说，他们说坏蛋讨厌，有钱人讨厌，有势的人也讨厌（最后只剩下自己可爱了）。

观光客（总背着照相机）、牵狗的、蓬头垢面的也都夹在人群里面。这里相当的自由，至少可以绝对地呼吸到那样的空气。

顶有趣的是一些狂人。

有的来演讲，只见他来回走着，念念有词，声调抑扬顿挫，手势很是客观，只可惜语无伦次不知他在说些什么。这是演讲狂。

有的来表演特技，穿一身古怪服饰，戴防毒面具，表演无声片时代的慢动作，犹如在打西式的太极拳。这是表演狂。

昨天来了一个人，提着一只皮箱，俨然是魔术师的模样。他看见人就把身上的皮夹子掏出来往地下丢，告诉别人里面有钱。为什么不捡？为什么不捡？他追着人问。

这些狂人，大都没有害人之心，不过他们也只能吸引那些新来的学生，对于老柏克莱人，他们也许并不是什么精神失常的人，反而有点儿像什么心理学大师到这儿来做什么人性实验似的。

我极喜欢这个校园里中午的这一小时的休息时间。我常常在那短短的热闹里想起两句诗：现实是人类的牢笼，幻想是人类的翅膀。

要是你想张开天真的翅膀，飞出现实的牢笼，请来这儿看看，请来中午阳光下的柏克莱学生活动中心圆水池旁边的、自由天地的、纯洁而不愚蠢的学生当中走走……你会明白所谓最高学府"最高"二字的乌托邦的意义。

下面有 10 个问题，每题各有四个答案，其中只有一个正确的。请在正确的答案上打√。

A. 前一个测验的文章，主要是在叙述柏克莱的 _____。

（1）办公情景　　　（2）上课的情形

（3）校园情景　　　（4）参观的情形

B. 柏克莱的"注册商标"是 _____。

（1）学生的活动中心广场　（2）白色钟楼

（3）起伏的山坡　　　　　（4）曲折的小溪

C. 中午广场上来来往往的大都是出来 _____ 的学生和教职员工。

（1）上课　　　　　　　　（2）吃午饭

（3）下课　　　　　　　　（4）游行

D. 中午休息多久的时间？

（1）一个半小时　　　　　（2）半个小时

（3）一个小时　　　　　　（4）45分钟

E. 除了放假和 _____，广场总是热热闹闹的。

（1）考试　　　　　　　　（2）罢课

（3）下雨　　　　　　　　（4）节日

F. 广场上最有趣的是一些 _____。

（1）狂人　　　　　　　　（2）画家

（3）观光客　　　　　　　（4）素人音乐家

G. 夹在人群里的观光客们总背着 _____。

（1）小孩　　　　　　　　（2）照相机

（3）雨伞　　　　　　　　（4）背包

H. 昨天来了一个人，提着一只皮箱，俨然是 _____ 的模样。

（1）演说家　　　　　　　（2）特技表演者

（3）魔术师　　　　　　　（4）卖狗皮膏药的

I. 多少有点儿老僧入定那种功夫的是 _____。

（1）狂人　　　　　　　　（2）老柏克莱人

（3）新柏克莱人　　　　　（4）观光客

J. 现实是人类的牢笼，_____ 是人类的翅膀。

（1）梦境　　　　　　　　（2）心灵

（3）幻想　　　　　　　　（4）智慧

答案：每答对一题得 1 分，满分是 10 分。

A—（3）；B—（2）；C—（2）；D—（3）；E—（3）；

F—（1）；G—（2）；H—（2）；I—（2）；J—（3）。

8~10 分为非常优秀；6~7 分为优秀；4~5 分为普通；2~3 分为
稍劣；0~1 分为非常低劣。

# KASTANJE MANDEN

# 寒栗

## SØREN SVEISTRUP

〔丹麦〕索伦·斯外斯特普 著

印思玫 译

北京联合出版公司
Beijing United Publishing Co.,Ltd.

## 图书在版编目（ＣＩＰ）数据

寒栗 /（丹）索伦·斯外斯特普著；印思玫译 . --
北京：北京联合出版公司，2021.5
ISBN 978-7-5596-5122-8

Ⅰ.①寒… Ⅱ.①索… ②印… Ⅲ.①长篇小说—丹
麦—现代 Ⅳ.① I534.45

中国版本图书馆 CIP 数据核字 (2021) 第 034924 号

北京市版权局著作合同登记号：图字01-2021-0503

KASTANJE MANDEN
Copyright © Søren Sveistrup, 2018
Published by arrangement with Politiken Literary Agency
through The Grayhawk Agency Ltd
Simplified Chinese edition copyright © 2021
China Pioneer Publishing Technology Co.,Ltd
All rights reserved.

**寒栗**

作　　者：[丹] 索伦·斯外斯特普
译　　者：印思玫
责任编辑：徐　樟
封面设计：吴黛君

北京联合出版公司出版
（北京市西城区德外大街83号楼9层 100088）
北京新华先锋出版科技有限公司发行
涿州汇美亿浓印刷有限公司印刷　新华书店经销
字数318千字　620毫米×889毫米　1/16　20印张
2021年5月第1版　2021年5月第1次印刷
ISBN 978-7-5596-5122-8
定价：59.00元

# 目 录

致我亲爱的儿子：

西拉斯和西尔维斯特。

## 1989 年 10 月 31 日 星期二

## *1*

　　红黄色的叶子在阳光下飘落下来，穿过森林，落在一条深邃而透明、像河流般的柏油路上。一辆白色的警车疾驰而过，叶子飞旋起来，又落入道路两旁潮湿的树叶堆中。马吕斯·拉尔森松开油门，让车速慢下来，好通过前方的弯道。他觉得该提醒居委会来这边清理落叶了。如果这儿的落叶太多，留得太久，道路就会变得湿滑，这种路况是很危险的。他见过太多类似的事故了。

　　马吕斯做警察已经有四十一年，是在这个警局待了十七年的老警官。他每年秋天都会记得提醒当地的居委会去清扫落叶，但今天他顾不上这事了，他的全部精力都放在了一场即将发生的谈话上。

　　马吕斯烦躁地调整着车载收音机的频道，但就是找不到他想听的电台。节目里讲的不是戈尔巴乔夫就是里根，要么就是对柏林墙倒塌的种种推测。大家都在说，马上就会迎来一个全新的纪元。

　　他知道这场谈话早晚会来，但始终没能鼓起勇气面对这个事实。还有一周就是他的妻子以为他会退休的日子，所以他现在必须得对她说实话。他得告诉她，他离开工作就活不下去；他得告诉她，他想延迟退休，想做个有用的人；他得告诉她，他还没有准备好每天窝在沙发里看《幸运大轮盘》，在花园里耙树叶，和孙子、孙女过家家。

　　马吕斯在脑海中演练这场谈话的时候，感觉一切都很简单，但是他心里清楚地知道妻子会有多难过、会有多失望。他想象得到，妻子会起身离开桌子，走进厨房拼命擦洗铁架子，然后背对着他说她能理解。但她是没法理解的。因此十分钟前，当他接到电台里传来的报案时，他告诉局里自己一个人出警就能搞定，这样他和妻子的谈话就能晚一点儿开始了。平时他很讨厌去欧荣的农场。他得开车穿过一片片农田和森林，只为了提醒欧荣要看好自家的畜生。有好几次，欧荣家的猪和牛撞破了篱墙跑到邻居家的田里游荡，马吕斯或者他的同事就得去强迫欧荣把他家的动物弄回来。但是今天他没有觉得厌烦。他让同事先给欧荣家里和他做兼职的码头打电话，但是两边都没人接。他驶下了主路，开往欧荣的农场。

马吕斯终于找到了一个播放丹麦老歌的电台。老旧的福特车里响起了《明红色的皮划艇》。他调高了音量，享受着在秋日中开车的时光。路两边是重重森林，红黄色的叶子和常青树的绿色枝杈交织在一起，预示着打猎季节的开始。他摇下车窗，斑驳的阳光穿过树梢铺洒在路面上，这一刻，马吕斯忘记了他已经老去的事实。

农场里一片寂静。马吕斯下车，关上了车门。这时他才意识到自己上一次来是多久以前的事。宽敞的院子看起来破败不堪，马厩的窗户上也都是窟窿，房屋墙上的灰泥一片片剥落，空荡荡的秋千埋在疯长的草丛里，几乎被环绕这片地的栗子树吞没。他走向前门，碎石路上的落叶和从树上掉下来的栗子在他脚下"嘎吱"作响。

马吕斯敲了三次门，边敲边喊欧荣的名字，但无人应答。见状，他拿出一个小本子，写了张便条，扯下来扔进了信箱里。院子的另一头有几头牛游荡过来,消失在谷仓前方的弗格森牌拖拉机后面。他这趟算是白跑了，现在得去码头那边看看能不能找到欧荣。在回警车的路上，他没有心烦多久，心里就萌生出一个主意。他通常是不会突然想到什么主意的，这次他没有直接回家进行那场谈话，而是选择先来这里一趟，也算是上天眷顾的好运。他想带妻子去柏林玩一趟，作为他对妻子的弥补。他们可以在那里小酌一番，待上一周或者至少一个周末，具体多久得取决于他能请多少天假。他们可以自己开车，亲自去见证那些正在发生的历史，见证那所谓即将到来的新纪元。他们还会吃饺子、酸菜，就像很久以前在哈岑和孩子一起去露营时那样。他走到警车旁边，这才发现那些牛聚集在拖拉机后面是有原因的——它们围在一个苍白无力、形体难辨的生物边上踩来踩去。他又走近些，才发现那是一头猪。猪的眼睛已经没有了生气，但身体还抽搐颤抖着，似乎是努力地想把周围的牛赶走。那些牛饥肠辘辘地舔舐着猪的后脑勺儿，那里有一处枪击造成的伤口。

马吕斯回到房子边，打开了前门。走廊很昏暗，他闻到了一股潮湿发霉的气味，还夹杂着另一种难以分辨的味道。

"欧荣，我是警察。"

没有人回答，但他能听到屋里某个地方有水声。他进了厨房，看到一个十六七岁的年轻女孩。女孩的身体依然僵坐在桌边的椅子上，但残损的左脸浸泡在她的粥碗里。另一具失去生命的年轻躯体躺在桌子另一边的油毡上，他应该比女孩大一点儿，胸前有处豁开的枪伤伤口，后脑勺儿不自然地抵在烤炉边上。马吕斯整个人都呆住了，他以前不是没见过死人，但从没见过这样的情况。他好一会儿都无法动弹，才想起从腰上的皮套里取出手枪。

"欧荣？"

马吕斯继续举着枪在房子里搜索，喊着欧荣的名字，但还是没有人回应。他在浴室里又发现了一具尸体，这次他得用手捂住嘴才不至于吐出来。水龙头里的水不断流进浴缸，掺杂着血水从浴缸里溢出来，漫过水磨石地砖灌进下水槽里。这具女尸应该是那两个孩子的妈妈，她赤裸地躺在地上，一只手臂和一条腿已经从躯干上分离。后来的尸检报告说，她多次被一把斧头袭击，最初人在浴缸里，后来试图逃跑，爬到了浴室的地板上。报告还说她曾试图用手脚来抵挡袭击，这也是她的手脚都被劈开的原因。她的头骨也被斧头砍过，脸已经完全无法辨认了。

马吕斯完全僵住了，但突然间他的余光瞥见有什么东西在动。他看到浴室角落的浴帘下面还有一个人，身体的一半被掩盖在下面。他小心翼翼地提起来浴帘，看到了一个小男孩。男孩看上去有十一二岁，头发乱蓬蓬的，毫无生气地躺在血泊之中。浴帘的一角盖在男孩张开的嘴上，嘴里发出微弱而断断续续的呼吸。他迅速俯下身子挪开浴帘，抬起男孩瘦弱的胳膊，检查是否还有脉搏。男孩穿着沾满血的 T 恤和内裤，手臂和腿上都有割伤和擦伤，斧头就扔在他头旁边。马吕斯终于摸到了男孩的脉搏，急忙起身去找人。

他在客厅里手忙脚乱地拿起电话，一不小心把电话旁边满是烟头的烟灰缸打翻在地。不过还好，在电话接通时，他的头脑总算冷静下来，传达的信息还算清晰："救护车、警察，快来，都要快！没有欧荣的踪迹，快动身，快！"他挂了电话，想回到那男孩旁边，但他突然又想起还有一个孩子没找到——男孩有个双胞胎妹妹。

马吕斯走回前厅，打算上二楼看看，路过厨房，在地下室半开的门前停下脚步。他刚才听到了什么声音，像脚步声或刮擦声，但现在声音没有了。他又取出了枪，把地下室的门开得更大，小心翼翼地从狭窄的楼梯上走下去。他的眼睛过了一会儿才适应了黑暗，然后他看到走廊的另一端还有一扇开着的门。他犹豫了，理智告诉他不应该再往前走，应该等待救护车和同事的支援，但他转念又想到那个女孩。他走近那扇门，看出门是被强行打开的，锁和门闩都掉在地上。房间里面很昏暗，唯一的光源是头顶几扇脏兮兮的小窗户，但他仍然能看出角落的桌子下面藏着一个小小的身影。他急忙走过去，放下枪，弯下腰把身体探到桌子下面。

"好了，现在没事了。"

他看不见女孩的脸，只能看见她挤在角落里颤抖着，并没有抬眼看他。

"我叫马吕斯，我是警察。我是来帮助你的。"

女孩仍然怯生生地待在原地，好像没听到他在说什么，这时他才想到应该检查一下房间的情况。他环顾四周，意识到了这个房间是做什么的，这让他感到很不舒服。通向隔壁房间的门半开着，他从门缝里瞥见了一些歪歪扭扭的木架子，那副景象让他几乎忘记了女孩的存在。他穿过门走到另一个房间，那里有无数的栗子人，他说不出究竟有多少，目之所及，多得数不清。男的、女的，还有动物形状的，大小不一，有些稚气可爱，有些则可怕怪异。它们中还有很多没有完成，形状畸形扭曲。他目不转睛地盯着这些栗子人，惊异于它们的数量和种类，但也让他不寒而栗。男孩从他身后的门口走了进来。

有一瞬间，马吕斯想到应该问问取证组，地下室的门是从里面还是外面被撞开的。但在下一个瞬间，他就意识到应该有什么恐怖的东西从这里逃出去了，就像一只终于挣脱牢笼的凶恶困兽。在他转身看到男孩时，这些思绪全都消散了，一把斧子重重地砍在他的下巴上，眼前一片漆黑。

## 10 月 5 日 星期一

## 2

黑暗中，那个声音无处不在。它在她耳边轻柔地呢喃，嘲笑她。当她摔倒时，伴随着那个在风中回旋的声音，她被扶了起来。

劳拉·卡杰尔什么也看不见。她听不见树叶发出的"窸窣"声，也感觉不到脚下青草的寒凉，她能感受到的就只有那个声音。棍子落在她身上的间歇，那个声音仍对她轻声耳语。她想，如果放弃抵抗，这个声音可能就会消失了。但事实并非如此，那个声音没有消失，棍子也还是一下下落在她身上，直到她全身都动弹不得才停下。过了很久，她才感觉到有锯齿压在手腕上。在失去意识之前，她听到了锯片飞转的机械声，以及骨头被切断的声音。

她不知道自己昏迷了多久，醒来时周遭还是一片漆黑，那个声音还在，就像是在等她恢复意识。

"劳拉，你还好吗？"

那个声音柔软又深情，离她的耳朵更近了，但并不期待她的回答。

过了一会儿，塞在劳拉嘴里的东西被拿走了，她听见自己苦苦哀求的声音。

她什么都愿意做，为什么是她？她究竟做错了什么？

那个声音告诉她——你心知肚明。

声音的主人随即俯下身，把真相送进她耳中。

她觉得那声音一直在等这个时刻的来临。她必须集中精力才能听清。她听懂了，却无法相信。这些话语给她带来的痛苦比她所有的伤口都要痛。不可能是这样，也绝对不能是这样！她努力让那些话从脑海中消失，仿佛那些话是疯狂地想要吞噬她的黑暗的一部分。她想站起来继续抗争，但是身体屈服了，她歇斯底里地哭了出来。她其实早就知道事实本就是这样的，但她不敢相信；直到现在，直到那个声音轻声地把这些都告诉她，她才明白这确确实实就是事实。她想竭尽全力尖叫，却叫不出来，仿佛自己的五脏六腑都挤在喉咙里。最后，棍子打在她的脸上，她放弃了自己，也放弃了所有的力气，跌跌撞撞地栽进更深的黑暗中。

## 10 月 6 日 星期二

### 3

窗外的天色渐渐破晓，娜雅·图琳伸手抚摩刚刚苏醒的爱人，把他引导进来。她感受到他在体内前后滑动着，缓慢而笨拙地抓住了他的肩膀和刚刚苏醒的手。

"喂，等等……"

男人还有点儿昏昏欲睡，但图琳已经等不及了，她今天一睁眼就在想这事。她一只手抵在墙上，更加迫切地用力前后滑动着。她知道现在男人的姿势很尴尬，他的头一下下撞在床头板上，她也听到床头板一下下撞在墙上的声音，但她顾不了这些了。她继续动着，身下的男人逐渐屈服。在极乐中，她的指甲嵌入了男人的胸膛，感触着对方的痛苦与欢愉。两人的身体也都因为到达顶峰而僵直了。

她气喘吁吁地躺在床上，听着屋后院子里垃圾车的声音。她翻身下床时，男人的手还在她背上抚摩流连。

"你最好在女儿起床前就走。"

"为什么？我看她挺喜欢我在这里的。"

"好啦，你起来吧。"

"那你答应我，你们俩要搬到我那里住。"

图琳把衬衫扔到他头上，转身消失在了浴室里，而男人则微笑着躺倒在枕头上。


# 4

这是十月的第一个星期二，今年秋天比以往来得更晚。城市上方的天空就像一块由乌云组成的天花板，又低又矮。大雨倾盆而下，娜雅·图琳冲下车穿过人群。她听到她的手机响了，但没有伸手去掏大衣口袋，她的手放在女儿背上，这样她们就能快点儿穿过早高峰的车流。这是一个忙碌的早晨，一路上，她的女儿小乐都在津津乐道电脑游戏中《英雄联盟》的那些事。她这样小的女孩似乎不该对这个游戏了解太多，但她就是知道所有的细节。她还说她的大英雄是一位韩国的职业电竞选手。

"你带上你的雨靴，这样去公园的时候可以穿。记住外公晚上会来接你，但你还是需要自己过马路，过马路的时候要先看左，再看右……"

"然后再看左，还要穿上我的小马甲，好让别人看到上面的反光条。"

"你站好，我给你系鞋带。"她们站在学校门口旁边的自行车棚里，小乐在小水坑里站得笔直，图琳则弯着腰给她系鞋带。

"我们什么时候搬去和塞巴斯蒂安住？"

"我从没说过我们会搬去和他住。"

"他每天晚上都会来家里，但为什么一早就不见了？"

"大人早上都是很忙的，塞巴斯蒂安赶着去上班。"

"拉马赞现在有个弟弟了。他的家谱上都有十五个人了，但我就只有三个。"

图琳抬头看了她女儿一眼，暗暗抱怨她的老师怎么会想出做家谱海报这种主意。老师还用秋叶装饰海报，挂在教室的墙上，好让家长和孩子们都能停下脚步欣赏。让她欣慰的是，小乐在做家谱的时候，自发地把外公也算了进去，严格来说，外公并不像爷爷那样能够写进家谱。

"不要在意这些。如果你把鹦鹉和仓鼠算上，咱们家谱上是有五个成员的。"

"但别人的家谱上都没有小动物。"

"是没有，那是因为别的小孩都没你这么幸运。"小乐没有再说话，图琳站了起来继续说道，"我知道我们家里人不多，但我们过得还不错，这难道不是最重要的吗？"

"那我能不能再养一只鹦鹉呢？"

图琳凝视着她的女儿，思索着这场对话是如何开始的。小乐可能比她想象的更伶俐。"我们下次再商量这事。"

手机又响了，图琳知道这次她必须接。"我十五分钟后就到。"

"不用急。"电话那头的声音说道，她听出来这是尼兰德的秘书，"尼兰德今天早上没法跟你开会了，所以你们的会挪到下周二。还有一件事要通知你，他希望你今天能带上那个新来的探员，毕竟他多少能帮上点儿忙。"

"妈妈，我要和拉马赞进去了。"

图琳看着她的女儿蹦蹦跳跳地奔向那个叫拉马赞的男孩，小乐站在叙利亚的家人中间显得非常自然。男孩的家人包括一个女人、一个抱着新生儿的男人和另外两个小孩。在图琳眼里，这家人简直就像从女性杂志里走出来的家庭模板。

"但这是尼兰德第二次取消会议了，这个会五分钟都用不了。他现在人在哪里？"

"他去开预算会议了。他想知道你打算开会和他说什么？"

图琳想讲讲关于她在重案组待的这九个月，在这个被称为"谋杀案小队"的队伍里，每天都像逛警察博物馆那样兴奋。但派给她的工作实在是太无聊了，而且部门里采用的技术并没有比一台C64家庭计算机[1]要先进多少。她想对尼兰德说："她十分希望能做新的工作。"

"我没什么要紧的事，谢谢你了。"图琳挂了电话，向正跑进学校的女儿挥挥手。图琳向马路走去，雨水渗进她的大衣里。她意识到可能等不及下周二再和尼兰德开会了。她躲闪着车流穿过马路，但就在打开车门正要上车时，突然感觉马路的另一边好像有人在暗中监视她。她好像瞥见了一个人影，但等车流散尽她能看清楚时，那个人影又不见了。她摇了摇头，断定那是她的错觉，上了车。

---

[1] 美国康懋达国际公司 1982 年推出的一款家用电脑。

# 5

在警察局宽敞的走廊里,回荡着两个男人的脚步声。他们向里面走着,迎面向他们走来一个个刑警。重案组的组长尼兰德很讨厌现在这种无聊的谈话,但他知道这是他今天唯一的机会。他只能先把面子放在一边,陪着副局长,听他一句接一句地说那些沉闷的话。

"尼兰德,咱们现在得勒紧裤腰带过日子,所有的部门都是这样。"

"之前你们告诉我,我们组会再添些警官……"

"但不是现在。司法部给了其他部门更高的优先级,有意让国家网络犯罪中心成为欧洲最优秀的打击网络犯罪机构,所以他们正在削减其他部门的资源。"

"但也不能让我的部门为此牺牲。我们这些年一直缺人,起码需要再多一倍的人手……"

"我也没有放弃你们啊,最近不是会来人帮你减轻负担嘛!"

"话是这么说,但事情根本不是这样。就只有一个探员要来这儿待几天,还是欧洲刑警组织不要他,把他撵到这里来的,这根本就不算数。"

"视情况而定,他可能会待得稍微再久一点儿。你也知道司法部本来是可以裁员的,这种情况也算可以了。现在的目标就是以有限的资源创造最大的价值。好、不、好?"副局长停下了脚步,转身面向尼兰德,一字一顿地强调他的话。

尼兰德几乎要脱口而出一个"不好",因为情况根本就不好。他需要更多的人手,他们之前也批准了,但现在他被晾在一边,就因为要支持网络犯罪中心的那帮娘娘腔,就因为那个机构听起来更"高级"。不仅如此,他还得接盘一个在海牙被淘汰掉的垃圾警探,这简直是官僚主义有史以来给他最响亮的一记耳光。

"你现在有空吗?"图琳出现在他们背后。副局长借着她问话的空当从会议室溜了出去,带上了门。尼兰德看了他离开的方向,然后转过身向外走。

"我现在没空,而且你现在也不该有空。你去问问值班的人,哈瑟姆那边的案子是什么情况,然后带着那个从海牙来的家伙去干活。"

"但情况是……"

"我现在没空和你说这些。我承认你的能力出众，但你是这个部门有史以来最年轻的警探，所以我不想你天天想着要升职当小队长，别为这种事找我开会。"

"我没想要升职。我希望你能推荐我去国家网络犯罪中心。"尼兰德身子一僵，停下了脚步。图琳继续说道："国家网络犯罪中心就是……"

"我知道网络犯罪中心是做什么的。为什么？"

"因为我觉得他们那边的任务挺有意思。"

"这边的任务不够有意思？"

"不是这样，我只是想……"

"你现在这份工作也不过才刚刚开始。网络犯罪中心不会收那些只是为了碰运气而投简历的人，你别白费力气了。"

"是他们特地让我申请的。"

尼兰德试图掩盖他的惊讶，但他马上就明白图琳说的是真话。他打量着面前这个瘦弱的女人：她多大了？大概二十九岁或者三十岁？也看不出她有什么特别，真是一个奇怪的小姑娘。他清楚地记得自己最开始曾低估过她，但后来发现她能力出众。他最近在给员工考核绩效的时候，把警探们分成了甲组和乙组，她虽然年纪轻轻，却是他最先放入甲组的警探之一，和詹森、里克斯这些老到的探员们平起平坐，按理说部门的核心成员应该是这些老将。尽管他并不是那种特别欣赏女警察的人，而且她孤傲的姿态也让他有些不快，但他的确考虑过让她当小队长。她非常聪明，破案神速，让那些老练的警探们都显得笨拙迟缓。她可能是真觉得部门里的科技水平实在太落伍了，他也有同样的感受。他知道自己有多需要她这样的技术人才，这个部门也得与时俱进才行。因此，他为了确保她能在这里待下去，之前也多次对她旁敲侧击，提醒她不过才初出茅庐。

"谁让你申请的？"

"那边的头儿，叫什么来着？啊，伊萨克·威戈。"

听闻此言，尼兰德的脸更加阴沉了。

"我在这里一直很开心，但我想最晚这周末把申请交上去。"

"我会考虑的。"

"周五你能给我吗？"

尼兰德已经走远了，没有回答图琳。他知道她的目光停留在自己身上，也明白她周五一定会来追着他要推荐信。事情已经沦落到这般田地了吗？他的部门成了给司法部长新宠的网络犯罪中心培养精英的温床吗？在几分钟后的预算会议上，部门优先级的变化就会以数字和文件的形式再次呈现给他。他接下谋杀案负责人一职已有三个春秋，但现在一切都处于十分尴尬的停滞状态。如果这种情况持续下去，他以后的职业发展就不会像预想的那样顺遂了。

# 6

风挡玻璃上的雨刷把雨水撇到了两边。等红绿灯再变绿的时候，一辆警车从车流里冲了出来，超过了一辆大巴——大巴车两侧有私人整容医院的广告：提供隆胸、打肉毒杆菌和抽脂服务。警车向郊外驶去，车载收音机中的主持人喋喋不休地说着话，背景里时不时地播放一些最新的流行歌曲，歌词主题大抵都是性、女人、欲望之类，偶尔也会插播一两条新闻。播报员告诉大家今天是十月的第一个周二，是议会开门的日子。不出所料，今天的头条新闻是关于社会事务部部长罗莎·哈通的。一年前，发生了她女儿的悲剧，全国人民都提心吊胆地关注那件事的进展，今天她又重新回到了岗位上。还没等播报员念完新闻，图琳旁边的陌生人就关小了声音。

"你有剪刀之类的东西吗？"

"没有，我没有剪刀。"

图琳把注意力从拥挤的交通上拉回来，瞥了一眼坐在她身边的男人，他正费力地撕扯着新手机的包装。刚才她到达车站对面的停车场时，他正站在离车不远处抽烟。他虽然身材高大挺拔，但有点儿邋遢。雨水打湿了他乱蓬蓬的头发，脚上那双破旧的耐克鞋也湿透了，身上的裤子薄而宽松，一件短短的黑夹克像是被水泡过一样，他的穿戴一点儿都不适合现在的天气。图琳心想，这人肯定是直接从海牙过来的，他手里那个又小又破的旅行袋也佐证了她的想法。图琳知道他到这里还不足四十八个小时，因为她早上在食堂买咖啡时，无意间听到同事对他的八卦。他本来是海牙欧洲刑警组织总部的联络官，但突然间就被停职派遣到了哥本哈根，似乎是因为犯了什么过错而受惩罚，图琳不由得想起同事说的几句嘲弄他的话。自从几年前丹麦坚持要进行脱欧公投的时候开始，丹麦警察和欧洲刑警组织的关系就一直挺紧张的。

图琳在停车场里撞见他时他正在沉思。图琳向他介绍了自己，但他仅仅是简单地和她握了握手，说了句"我是赫斯"，十分沉默寡言的人。她平时话也不多，但今天还是按她的预期顺利完成和尼兰德的谈话。她确信她在这个部门里再待不了几天，所以决定对这个心烦意乱的新同事友善一点儿，反正也无伤大雅。他们上车之后，图琳一直喋喋不休、事无巨细地讲着关于手里这个案子她所知道的一切，但是他似乎不怎么感兴趣，只是时不时点点头。图琳估计他的年龄在三十七岁到四十一岁之间，穷酸的样貌让她想起了一个演员，但一时又说不出来是谁。他手上戴着一枚戒指，很可能是婚戒，但图琳觉得他应该已经离婚很久了，也许正在办离婚手续。和他说话就像在对着一堵水泥墙踢球一样，回应寥寥，但这并没有影响图琳的好心情，而且她真的对这次警察跨国合作案很感兴趣。

"你这次回来待多久？"

"可能只待几天，但具体几天他们还没定。"

"你在欧洲刑警组织感觉怎么样？"

"感觉挺好的。那边的天气更好。"

"我听说那边的网络犯罪打击小组要招募那些抓住的黑客，让他们为组里工作？"

"不清楚，我不在那个部门。咱们调查完现场之后，你介不介意我开个小差？"

"开小差？"

"就一个小时。我得去取一下我公寓的钥匙。"

"当然可以。"

"谢谢。"

"你大部分时间是住在海牙的吧？"

"对，但他们让我去哪儿，我就去哪儿。"

"那都会派你去哪里呢？"

"每次都不一样。马赛、日内瓦、阿姆斯特丹、里斯本……"

正说着，他又分神去拆手机包装袋。图琳觉得，如果继续下去，他还能说出一大串城市名字。他身上有种四处漂泊的气质，就像那种身无长物的旅人，无论是大城市的生活还是荒原的天空，都未能在他身上留下印记，就算曾经有过，也早已被洗刷干净了。

"你离开这里多久了？"

"差不多五年了。这个借我用一下。"

赫斯伸手从两人座位间的水杯槽里取了一支圆珠笔，然后试图用笔杆撬开包装。

"五年了？"图琳感到很惊讶。她知道大多数联络官签的都是两年的合同，也有人会延期到四年，但她从没听说过有哪个联络官会在外面待五年。

"时间一眨眼就过去了。"

"因为什么？"

"什么是因为什么？"

"我说你离开重案组的原因。我听说很多人离开是因为他们工作做得不开心……"

"不，不是因为这个。"

"那是因为什么？"

"不因为什么。"

她看着他，他也飞快地看了她一眼。这时她才第一次注意到他的眼睛——他左眼是绿色的，而右眼是蓝色的。他并没有用不友好的语气说话，但清楚地划了一条界线，然后他就没再说些什么。图琳拐弯驶进了居民区，心想，如果他想要扮演那种神神秘秘的铁血警探，那就随他去吧。局里这样的男人多得是，都能组成一支足球队了。

那是一栋白色现代风格建筑的房子，配备独立车库。它坐落在哈瑟姆一个家庭社区的中间，道路两旁整齐地排列着社区里各家各户的树篱和信箱。这附近中等收入的人在组建核心家庭之后都喜欢搬来这里，当然，前提是他们负担得起。这是个安全的住宅区，这里的警察都无所事事，最多是有人开车超过了时速 30 千米，开几张罚单。公园里放着蹦床，潮湿的沥青地上有粉笔的痕迹，几个戴着头盔、穿着黄马甲的学生骑车经过。图琳靠边把车停在了巡逻车和取证车旁，周围三三两两的居民打着伞站在警戒线后面窃窃私语。

"我现在得回个电话。"赫斯刚把卡插到手机里发了个信息,手机马上就振动起来。

"好,你打吧。"图琳下车走进雨中,赫斯则在车上对着电话说起了法语。她一路小跑,没走水泥板路而是抄了花园里的小径。她觉得自己又找到了一个更加期待离开重案组的理由。

# 7

在奥斯特布罗外区一栋宽敞又时髦的别墅里,电视上回荡着两位晨间节目主持人的声音。两人坐在演播室角落里的沙发上,一边喝咖啡,一边为下一场谈话做准备。

"今天是议会开门的日子,新的一年要开始了。每年的这一天都是特别的日子,但这次对某位政客来说特别不一样,她就是社会事务部部长——罗莎·哈通。在去年的 10 月 18 日,她失去了十二岁的女儿。她自从痛失爱女,一直处于离职的状态……"

斯提恩·哈通伸手关掉挂在冰箱旁边墙上的平板电视,然后开始收拾刚刚一时着急扔在厨房木地板上的建筑设计图稿和绘图工具。

"好啦,你快点儿收拾好。你妈妈一走咱们就出发。"

斯提恩的儿子古斯塔夫坐在厨房那张大桌子边,在数学课本上写写画画,旁边放着刚吃剩的早餐。每周二早上古斯塔夫都比平时晚到学校一个小时,每次斯提恩都得提醒他不该这个时候才想起来赶作业。

"但为什么我不能自己骑车去学校呢?"

"今天是周二,你放学后有网球课,所以我要开车接送你。衣服都收拾好了吗?"

"收拾好了。"

他们家的小个子菲律宾互惠生 [1] 走了进来,把一个运动背包放在了地

---

[1] 起源于英、法、德等国的自发青年活动。互惠生寄宿在别国家庭中,得到学习语言、体验文化的机会,但要为寄宿家庭打理日常家务。

上，开始打扫卫生，斯提恩向她投去感激的目光。

"谢谢你，爱丽丝。古斯塔夫，咱们走了。"

"但别的孩子都是骑自行车的。"

透过窗户，斯提恩看到一辆黑色的车开进他家的车道，停在外面的水坑里。

"爸爸，能不能就今天让我骑车去？"

"不行，今天还是我开车送你。车已经到了，你妈妈在哪儿？"

# 8

斯提恩一边上二楼一边呼唤他的妻子。这座有百年历史的贵族别墅大约有 400 平方米，每一个角落和缝隙都是他亲手翻新的。他们买下这栋房子的时候，看中的就是这里空间大，但现在看起来，它实在有点儿太大了。他去浴室和卧室找他的妻子时，突然发现卧室对面的门半掩着。那是他们女儿生前的房间，他迟疑了一下，推开门向里看。

他的妻子穿着大衣戴着围巾坐在墙边光秃秃的床垫上。斯提恩扫视着房间，一个个纸箱堆积在墙角，墙上空无一物。他又转身看向他的妻子。

"你的车来了。"

"谢谢……"

她点了点头，却没有起身的意思。斯提恩又向前走了一步，他顿时感到房间里的寒意。他注意到他的妻子手里摩挲着一件黄色的 T 恤衫。

"你还好吗？"

愚蠢的问题——显然她看起来不好。

"我昨天把这里的窗户打开，忘记关了，刚刚才想起来。"

他悲戚地点点头，尽管她答非所问。他们的儿子在楼下厅里喊着沃格尔到了，但二人都没有做出反应。

"我已经不记得她笑起来是什么样了。"

她的手轻柔地抚摩着黄色的布料，看起来像是在搜寻着什么隐藏在纹路里的东西。

"我努力地回想，但这衣服上已经没有她的味道了，她的东西里也没有了。"

斯提恩坐到妻子旁边安慰道:"这样也好。可能这样反而更好。"

"这样怎么会更好……根本就不好!"

斯提恩没有再回答,他妻子的声音在厉声反驳之后又缓和了下来,好像在后悔自己那一瞬的失态。

"我不知道我今天能不能回去……好像决定回去就是个错误。"

"你没做错什么,这是你唯一能做的正确的事。这是你亲口告诉我的。"

他们的儿子又在楼下呼叫。

"如果她还在,她也会让你去的,也会告诉你一切都会顺利,还会说你是个了不起的人。"

罗莎没有回话。她又抱着 T 恤衫坐了一会儿,然后用力捏了捏住斯提恩的手,向他挤出一个笑容。

"好的,太好了,一会儿见。"罗莎·哈通的幕僚弗雷德里克·沃格尔挂了电话。他看到罗莎正走下楼梯,来到厅里。

"我是不是到得太早了?我是不是应该向王室请示把议会开门时间推迟到明天?"

"不用了,我准备好了。"

罗莎终于见到精力充沛的沃格尔,她觉得这样事情就会朝好的方向发展。只要沃格尔在她身边,她就没空多愁善感了。

"太好了,那咱们来看一下今天的日程。我们收到了很多问题,有一些问题不错,但我也预料到了,会有些八卦问题……"

"我们上车再说吧!还有,古斯塔夫,今天是周二,你爸爸会开车接送你。有什么问题尽管给我打电话。好吗,亲爱的?"

"我知道了。"

男孩无精打采地点了点头,罗莎抚摸了一下他的头发就急忙上了车——沃格尔已经打开车门等着她。

"介绍一下,这是我们的新司机。我们非常需要讨论一下要怎么安排这些谈判……"

斯提恩在厨房里透过窗户目送他们,试着向她露出鼓励的笑容。他看着妻子和新司机打招呼,然后爬上了车子后座。等他们驶离了车道,斯提恩才松了一口气。

"我们究竟走不走？"他的儿子向他问道。听声音,孩子正在厅里穿大衣和鞋子。

"走,我这就来。"

斯提恩打开冰箱,拿出一排小瓶烈酒,拧开一瓶一饮而尽,他感觉酒精滑过食道流入了胃里。他把剩下的酒都收进了包里,关上冰箱,抓起厨房桌上的车钥匙走了出去。


# 9

图琳觉得房子里有什么东西不对劲。在她戴上手套、鞋套踏入昏暗的前厅时,这种违和感就开始蔓延。一家人的鞋子整整齐齐地摆在厅里的衣帽架旁,走廊的墙上装饰着精致的花朵裱框画。走进卧室,简洁而女性化的装潢令她震撼。房里除了还未漆完的百叶窗是粉色,其他物品都是白色。

"受害者的名字是劳拉·卡杰尔,三十七岁,在哥本哈根市中心的一家牙科诊所当护士。看起来她是在上床睡觉之后遭到的袭击,她九岁的儿子就睡在走廊另一头的卧室里,但显然没有看到或听到什么。"

图琳一边听着一位穿着制服且比她年长的警官作报告,一边凝视着那张只有一侧有人睡过的双人床。一盏床头灯从床头柜翻倒在了厚厚的白色地毯上。

"那个男孩起床后发现房里没人,他给自己做了早饭,穿好衣服等妈妈。但他妈妈一直没出现,孩子就去了邻居家。邻居来了这里,也发现房子里空无一人。但她听到后院的狗在叫,就走过去,然后发现了受害者,随后向我们报了案。"

"你们联系到孩子的父亲了吗？"图琳走到警官的另一边,扫了一眼孩子的房间,然后又回到了走廊里。

"听邻居说,孩子的父亲几年前因癌症去世了。受害者在六个月之后又有了新的伴侣,也搬到这里住。他现在在西兰岛的某个地方参加商展会,但我们一到这里就联系了他,应该不久就会到。"

透过浴室敞开的门，图琳看到并排放着三把电动牙刷，瓷砖上放着一双拖鞋，挂钩上挂着两件睡袍。她离开走廊，走进了开放式厨房，带着白手套的取证小组正在收集指纹和别的证据线索。房里的家具和这个居民区一样平平无奇，都是斯堪的纳维亚式的设计，很可能大多是从宜家 [1] 或者伊尔瓦 [2] 买来的。桌上放着三个空餐垫，小花瓶里有一束极具秋日气息的装饰树枝，沙发上放着几个坐垫，厨房岛台上放着一个深碗，里面还有些牛奶和玉米片——应该是那个男孩吃剩的。在客厅扶手椅的边上有个电子相框，滚动显示着几张三口之家的照片。上面除了受害者和男孩，还有个男人，可能是她新搬进来的男朋友。他们在照片里微笑着，看起来很开心。劳拉·卡杰尔是个苗条的漂亮女人，留着一头长长的红发，但她温暖又多愁善感的眼睛里透出些许脆弱。这是个不错的家，但就是有什么东西让图琳觉得不对劲。

"有强行闯入的痕迹吗？"

"没有，我们检查过门窗了。看起来她曾经在上床睡觉前，一边看电视，一边喝茶。"

图琳又去检查了厨房的留言板，挂在上面的是学校的课程表、日历、附近游泳池的时间表、修树工的传单、当地居民组织的万圣节派对邀请函以及一张去瑞斯医院儿科体检的提醒信。图琳很擅长通过一些微不足道的东西发现巨大价值的信息，这是她破案的方式之一。过去她有这样的习惯——回到家打开门，然后在屋里找一些细节作为征兆，预测一下明天会是好的一天还是坏的一天。但在今天这个案子中，屋内并没有什么值得注意的细节。这看起来只是个寻常家庭，日子过得闲适恬静。她面对这样的家庭时，总是觉得很难受，试着说服并告诉自己这就是她觉得房子不对劲的原因。

"电脑、平板和手机上有什么发现吗？"

"就我们所看到的，没有任何东西失窃。根茨的人已经把这些电子产品都打包好送到局里去了。"

---

[1] 以瑞典为基地的跨国家居用品零售企业。

[2] 丹麦的连锁家具商场。

图琳点了点头，有了这些，就能够理清大多数袭击伤人或谋杀的案件。总会有短信、电话、电子邮件或者脸书等消息能够指明事情为什么会发生，抑或是当事人的哪些举动导致了悲剧。她已经有些迫不及待想去看这些材料了。

"这是什么味道？你吐了吗？"图琳闻到旁边这个人身上散发出来一股刺鼻的臭味。

这位年长的警官面色惨白，非常尴尬地说："对不起，我刚从案发现场过来。我还以为我已经习惯了这种……我带你过去吧！"

"不用，我自己过去就好。她男朋友到了就通知我。"

她打开了前往后院阳台的门，旁边的警察充满谢意地向她点头示意。

## 10

打开门，映入图琳眼帘的是一张十分老旧的蹦床。阳台门的左边有个温室，里面的花花草草茂盛得有些过分；右边，潮湿的青草地一直延伸到闪亮的金属车库的后墙。尽管这样的车库看起来非常实用，但和现代风格的房子十分不搭调。她向花园的外侧走去，在树篱的另一边，她看到了探照灯、穿着制服的警官和戴着白手套的取证人员。她侧身穿过挡在中间的树和灌木丛，来到了小游乐场。破旧的儿童玩具房旁边有只灯泡忽明忽暗地闪烁着，她远远地看到根茨正在指挥他的人手，同时他自己也忙着拍下犯罪现场的一切细节。

"有什么进展吗？"

西蒙·根茨从照相机的取景器后抬头看了一眼图琳。他本来一脸严肃，但一看到她就露出了微笑。根茨今年三十多岁，是个精力充沛的人——有传言说他今年已经跑了五个马拉松。他是取证部门有史以来最年轻的负责人，图琳把他视为数不多但说话值得一听的人。他说话犀利又有点儿书呆子气，但图琳相信他的判断。如果哪天图琳躲着他，那一定是因为他又问图琳想不想和他一起跑步，而她是断然不想做这类事的。在谋杀案小队的九个月里，根茨是唯一一个和她发展出了一点儿友谊的同事，她原本是那种完全不可能和同事发生点儿什么的人。

"嗨，图琳。下雨了，所以取证就有点儿棘手，进展不大。而且已经案发好几个小时了。"

"推测出死亡时间了吗？"

"还没有。验尸官就在附近，但从昨天半夜就开始下雨了，所以我猜案发时间大概是那会儿。土地上就算有过什么印记，应该也已经完全被雨水洗刷掉了，不过我们还没有放弃搜寻。你想看看死者吗？"

"好。"

草地上，失去生命的躯体被盖在取证组的白布下，倚靠在支撑玩具屋门廊的一根柱子上。尸体后面，红色和黄色的藤蔓植物缠绕着厚厚的灌木，让这场面看起来无比静谧。根茨小心翼翼地掀开白布，露出来一个女人。她像个布偶一样瘫坐着，身上几乎全裸，只穿着一条短裤和一件衬衫。看得出来衬衫原本是米黄色，但现在被雨水浸湿了，还带着斑斑点点的暗红色血迹。图琳又走近了几步，蹲下身好看得更清楚些。一圈圈黑色的胶带裹在劳拉·卡杰尔头上，缠住了她被雨打湿的红发，勒进她僵硬张开的嘴里。她后脑勺儿上有好几处伤口，一只眼睛塌陷了进去，能看到黑漆漆的眼窝深处，另一只眼睛则呆滞地望向远方。她裸露的皮肤发青，到处都是刮伤、撕裂伤和瘀青，她光着的脚也被刮蹭得鲜血淋漓。她的手埋在覆盖着她膝盖的一堆落叶里，手腕也被宽塑料绳紧紧地绑在膝盖上。图琳大致扫了一眼尸体，就马上明白了为什么那个年长的警官会呕吐，通常她看到尸体都是面不变色心不跳的。想要处理谋杀案就得冷静地面对死亡，毕竟看不得死尸的人干不了这一行。但这具靠在玩具屋柱子上的女尸，身上的伤口极为恐怖，她从未见过这般残忍的虐待手段。

"当然，验尸官过一会儿也会向你报告详细情况，但我觉得她身上有些伤是她试图逃跑、穿过树丛时造成的。她可能是想逃离房子，也可能是想逃回去。当时四周一片漆黑，而且她在被截肢之后也应该体力不支了。这些伤口肯定是她被挪到这里之前就已经有的。"

"截肢？"

"帮我拿一下。"

根茨心不在焉地递给图琳沉重的相机和闪光灯。他靠近尸体，弯腰蹲下，然后小心翼翼地用手电筒稍稍抬起被绑住女人的手腕。她的身体十分僵硬，僵直的手臂机械地任由手电筒摆布。图琳终于看清楚，她的右手确确实实是没有了，并不是像自己刚刚以为的那样埋在叶子里。她的手臂延伸到手腕处就戛然而止，锯齿状伤口处露出了骨头和肌肉。

"现在我们初步判定截肢是在这里发生的，因为无论是在车库还是房子里，我们都没有发现一点儿血迹。我让我的人彻查了车库的每一个角落，重点检查胶带、园艺工具和电线，但目前还没有发现任何异常。我们在附近没有发现女尸的手，现在还在找，这很令人疑惑。"

"有可能是被狗叼走了。"

赫斯的声音突然响起，他出现在花园的树篱旁边。他大致环视了一下四周，在雨中向他们耸了耸肩。根茨一脸惊讶地看着他。不知为什么，图琳觉得他这样发表意见让她很不爽，虽然她知道他说得有道理。

"根茨，我向你介绍——赫斯，他之后几天都会和我们在一起。"

"早上好，欢迎你。"根茨靠过去和赫斯握手，但赫斯只是点了点头，眼睛盯着隔壁家的房子。

"没人听到什么动静吗？邻居什么也没听到吗？"

天空中突然雷声大作，游乐场外，一列火车驶过了潮湿的铁轨，根茨不得不扯着嗓子回答赫斯的问题。

"没有！就目前所知，没人听到什么奇怪的声音！这边晚上很少经过城市快轨列车，但有不少火车都会走这条线！"

火车的声音渐渐远去，根茨又看了看图琳。

"我也希望能为你们提供一大堆证据，但现在我也没有更多的线索了。我以前从没见过被虐待成这样的人。"

"那是什么？"

"你指什么？"

"在那儿。"

图琳还蹲在尸体边上，手向上指着什么，根茨得扭过身子才能看到。在尸体后面，有什么东西挂在玩具屋屋顶的横梁上随风晃动，但被它自己的线缠住了。根茨把手伸到横梁下面，松开缠住它的线，那东西便垂了下来，前后摇摆着。那是两颗深棕色的栗子，它们上下叠在一起，上面那颗比较小，下面的大一点儿。小的栗子上被刮出了两个洞，当作眼睛；大的栗子上面插着四根火柴棍，当作胳膊和腿。这是一个简单地由两个圆、四根棍组成的小栗子人，但不知为什么，图琳只看了一眼就感觉她的心跳几乎要停止了。

"一个栗子人。我们要把它带回局里审问吗？"

赫斯故作天真地看着图琳。显然欧洲刑警组织里也流行这种老套的警察笑话，但她没有搭腔，她和根茨两人对视一眼，马上根茨的目光就被来询问的人打断了。赫斯的手机又响了，他伸手去外套里掏。就在此时，房子那边传来了哨声。是之前跟着图琳的那个警官吹的哨，他是在叫图琳过去。她起身，又环视了一下这个小游乐场，青铜色叶子的树环绕四周，但没什么引人注意的地方。游乐场里有几架湿湿的秋千、几个供小孩攀爬的架子和一条跑酷跑道。尽管雨里有一队警察和取证人员在四处采集证据，但这里还是显得十分冷清。她向房子走去，经过赫斯身边时，听到他又在说法语。又有一辆火车"隆隆"驶过。

## 11

沃格尔在前往市中心的路上，浏览着一天的日程。所有的部长会先在克里斯钦堡会合，然后一起出发去当地的皇家教堂，进行惯例的宗教仪式。等这些都结束了，罗莎会去克里斯钦堡广场对面的霍尔门斯金融街，会见员工，然后再按时赶回克里斯钦堡参加议会的开门仪式。

接下来的行程也安排得满满当当，罗莎在手机上纠正了几个错误，更新了日程表。她本来不需要做这些琐事，秘书已经在替她跟进所有公务事宜了，但她喜欢事事亲力亲为。这让她觉得自己能把握住所有细节，紧跟事态的发展，感觉她还是一切的主导者，而且今天是尤为重要的一天。但在车子驶入议会大厦外院子的那一刻，她听不到沃格尔在和她说什么了。丹麦国旗在中央的螺旋尖顶上飘舞着，院子里到处都是媒体的车。那些记者有的在做准备，有的已经打着伞开始对着镜头直播。

"阿斯格，继续向前开，我们转到后门去。"

新来的司机对沃格尔点了点头，罗莎却不赞同他的提议。

"不用了。让我在这里下车吧。"

沃格尔惊讶地转过头看着她，司机也借着后视镜偷瞄她的脸。她现在才发现，那位司机虽然年轻，但嘴边的法令纹很重。

"如果我现在不面对记者，他们今天一整天都不会走。开到大门口去，我在那里下车。"

"罗莎，你确定吗？"

"确定。"

车子平稳地停靠在路边，司机跳下车为罗莎开门。她俯身下了车，走向议会宽阔的台阶。在她眼里，周围一切都像是慢动作：摄像师们把镜头转向她，记者们也蜂拥而来，慢慢张开一张张脸上的嘴，缓缓地吐出拉长的句子。

"罗莎·哈通，希望能占用您一点儿时间。"

她回过神来，重新被拉回现实。人群在她身边迅速聚集起来，一架架摄像机挤了过来对准她的脸，记者的问题也劈头盖脸地涌来。她向上走了两级台阶，然后转身直视着人群，观察着周遭的一切。那些声音、灯光、麦克风、帽子下面皱起来的眉头、挥动着的手臂和紧紧盯着她的眼睛。

"哈通，请问您有什么话要说吗？"

"回归的感觉怎么样？"

"能不能给我们两分钟的时间？"

"罗莎·哈通，请您看这里！"

罗莎知道，过去的几个月里，她一直是各杂志编辑讨论会上的热门话题。在过去的几天里更是如此。没人想到她会直接面对媒体，因此也没人为这种情况做准备。这也是她选择坦然面对人群的原因。

"都退后，部长有话要说。"

沃格尔挤到了罗莎前面，拉开她和人群之间的距离，大多数记者都按要求老老实实退后。罗莎仔细观察着他们的脸，很多都是熟悉的面孔。

"正如你们所知，我度过了一段很艰难的时期，但我和我的家人都很感谢来自社会各界的支持。议会又迎来了全新的一年，所以我们也该淡忘过去，拥抱未来。我还要感谢首相的信任，之后我会全身心地投入到政治事务中，但愿我说的这些回答了你们的问题。谢谢大家。"

罗莎·哈通转身，继续向上走，沃格尔则在她前面为她开路。

"但哈通女士，您真的准备好回归了吗？"

"您现在感觉如何？"

"杀害您女儿的凶手从未透露藏尸地点，您对此有何……"

沃格尔终于领着罗莎进了议会的大门。她的秘书在入口等待着，并向他们伸出了手。罗莎感觉自己像刚刚从满是泡沫的海洋里被救上岸一样。


## 12

"如您所见，我们添置了新的沙发，所以也做了些微小的屋内布局调整。但如果您想换回原来的……"

"不用，这样挺好的。我挺希望这里添些新东西的。"

罗莎走进了她在社会事务部五层的办公室。她刚刚在克里斯钦堡和教堂的宗教仪式上撞见了不少同事，现在在这里，她终于能远离别人的目光，所以感觉轻松了不少。走进克里斯钦堡时，有人拥抱她，有人带着同情的目光向她点头致意，让她无法逃脱。仪式进行时她才终于能清静一会儿，打起精神强迫自己认真听主教的布道。仪式之后，沃格尔待在外面和其他部长交谈，她则和秘书以及几个助手一起穿过宫殿的广场，走进社会事务部棕灰色的大楼。沃格尔不在身边，这正合她意，这样她就可以专心和员工寒暄，然后再和秘书聊一聊。

"我也不知道怎么问比较合适，那我就直接一点儿——您还好吗？"

罗莎很了解她的秘书刘的为人，知道刘是发自内心地关心她。刘是华裔，嫁给了丹麦人，现在已经是两个孩子的妈妈。刘是她认识的最热心肠的人之一，但她仍然觉得不该和刘谈这么私人的话题。

"你问也无妨，我挺好的。现在的情形还不错，我也很期待开始工作。你怎么样？"

"我一切都好。我家小点儿的那个孩子有时会腹绞痛，大点儿的那个……但都没问题。"

"那面墙看起来有点儿光秃秃的，是不是？"

罗莎指着墙壁，转移话题，她感觉刘在尽力不让自己的话越界。

"那里原来挂着一些照片，但我觉得再挂什么应该由您来决定。原来挂着的是您和您全家的一些照片，我不确定您还想不想留着它们。"

罗莎看了看墙边的箱子，认出了一张照片的一角，那张照片上有克莉丝汀。

"我晚点儿再考虑这些。我今天还剩几个行程？"

"没几个了，您一会儿要见见这边的员工，然后去参加议会的正式开幕仪式，首相会出席讲话。再之后……"

"我知道了，但我今天还想再安排几个会面。不是什么要紧的事，就安排在那些行程的间隙吧，不算是正式的会面。我今天在来的路上试着给几个人发了邮件，但好像系统出故障了。"

"恐怕现在系统也还没恢复。"

"好吧，那你让英格斯到我这里来，我直接告诉他我想见谁。"

"不巧，英格斯因公事外出了。"

"在这种时候？"

罗莎看着刘，突然间，她意识到她的秘书那紧张又犹豫的神态肯定事出有因。一般来说，在今天这么重要的日子里，幕僚长应该做好准备等待她的到来，他的缺席让她有了不祥的预感。

"对，他现在不在。他必须得出去一趟，因为……还是等他回来亲自和您说吧。"

"从哪里回来？发生什么事了？"

"我也不知道具体发生了什么，但我确定他能够处理好，就像我刚才说的……"

"刘，究竟发生什么事了？"

部长的秘书犹豫了一下，一脸愁云地说："我真的很难过。我们过去一年收到了很多人的邮件，都是支持您的，希望您能一切顺利。我实在是不懂为什么会有人发来那种东西。"

"发来什么了？"

"我没有亲眼看到，但我觉得是一封威胁信。从英格斯对我说的内容推测，那封信是关于您女儿的。"

# 13

"我昨天吃过晚饭就给家里打了电话，而且也没什么异常。"劳拉·卡杰尔四十三岁的伴侣汉斯·亨利克·霍芝正坐在厨房的椅子上，他穿着潮湿的外套，手里紧紧攥着他的车钥匙。他的眼睛又红又肿，迷惑地盯着窗外花园里那些戴着白手套的人，然后看了看树篱，最后又回头看着图琳。

"事情是怎么发生的？"

"我们目前还不清楚。你们在电话里说什么了？"

旁边传来"哗啦、哗啦"的声音，图琳用余光瞥了一下那个从欧洲刑警组织来的男人，他正到处走来走去，把碗柜和抽屉一个个拉开。她发觉这个男人就算不说话也能惹人讨厌。

"没说什么。马格纳斯怎么说？我想见见他。"

"等一下你就能见他了。劳拉有没有说什么不同寻常的事情？比如她有点儿焦虑？"

"没有。我们只是聊了聊马格纳斯的事，然后她说她累了，要上床睡觉。"

汉斯·亨利克·霍芝的声音哽咽了。他身材高大、身体强壮，穿着也很讲究，但现在看起来十分脆弱。图琳觉得，以他现在的状态，询问没法进行下去了，她得一步步慢慢来。

"和我说说你们认识多久了。"

"十八个月了。"

"你们结婚了吗？"

图琳的眼睛盯着汉斯的手，他正摆弄着一枚戒指。

"已经订婚了，我送了她一枚戒指。我们本来说好今年冬天去泰国结婚的。"

"为什么去泰国？"

"我们之前都结过婚。所以这次想去不一样的地方结婚。"

"她的戒指戴在哪只手上？"

"什么？"

"那枚戒指，她戴在哪只手上？"

"应该是在右手上。为什么问这个？"

"我只是问问，你回答就行了。跟我说说你昨天人在哪里。"

"在罗斯基勒。昨天早上开车到的那里，原本应该今天下午回来。"

"你昨天晚上和什么人在一起吗？"

"我和老板在一起。大约十点钟的时候开车抵达了汽车旅馆，然后我就给她打了电话。"

"你为什么不直接开车回家呢？"

"因为公司让我在那里住一晚。第二天一早有晨会。"

"你和劳拉的感情怎么样？最近有什么分歧吗？"

"没有，我们感情很好。那些人在车库做什么？"

泪眼蒙眬的霍芝无意间瞥到几个取证组的人站在车库后方的门边。

"他们在找线索。你知道有什么人想要伤害劳拉吗？"

霍芝看着图琳，好像她是另外一个世界的人。

"没有，不可能有。我现在想见马格纳斯，他得吃药了。"

"他生了什么病？"

"我也不知道，他一直在瑞斯医院看病。医生说他有轻微的自闭症，给他开了一些抗焦虑的药。马格纳斯是个好孩子，但他太沉默寡言了，而且只有九岁……"

霍芝再度哽咽起来。图琳刚想再问一个问题，这时赫斯插话进来。

"你是说一切都好？真的没什么问题吗？"

"我该说的都说了，没有必要再问一次。马格纳斯在哪里？我现在想见他。"

"你们为什么换了锁？"

这个问题十分出人意料，图琳盯着赫斯，看他还要再说什么。他发问的语气有点儿故作天真，但问题的内容一点儿也不客气。他手里拿着从厨房抽屉找到的东西——一张纸片，上面还有两把亮闪闪的钥匙。

霍芝吃惊又茫然地看着赫斯和他手里的纸片。

"这是锁匠开的发票。上面说 10 月 5 日下午 3 点半的时候他们来换了锁，是昨天下午，也就是在你出差之后发生的事。"

"我不知道。马格纳斯把钥匙弄丢好几次了，我和劳拉聊过这事，但我不知道她昨天换了锁。"

图琳起身，从赫斯手里取过发票，仔细看了看。如果她有空仔细搜查房子，肯定也能发现这张发票。虽然觉得赫斯很烦人，但图琳决定不理他，顺势继续问问题。

"你不知道劳拉换了锁吗？"

"不知道。"

"昨天你们通电话的时候她没提吗？"

"没有……嗯，没提。"

"她没告诉你会不会有什么别的原因？"

"她可能只是打算晚些再告诉我。为什么她没提锁的事情这么重要？"

图琳看着他没有答话。霍芝也盯着图琳，眼睛里写满了不解。然后他猛地站了起来，椅子应声倒地。

"你们不能把我扣在这里。我有见马格纳斯的权利。我现在就想见他。"

图琳犹豫了一下，然后向一位在门边候命的警官点头示意："过一会儿我们还要采集你的 DNA 和指纹。这很重要，这样我们就能分辨出那些不该出现在这里的痕迹了。你明白吗？"

霍芝心烦意乱地点了点头，和那位警官一起消失在门外。赫斯脱下橡胶手套，拉上夹克的拉链，然后拿起他放在客厅的旅行袋说："你问了那人的不在场证明，做得不错。咱们在验尸官的办公室见吧。"

"谢谢。我会记得的。"

赫斯点了点头，离开了厨房，一副泰然自若的模样。另一位警官走了进来。

"你现在要去和那个男孩说话吗？他现在在邻居家，你可以透过窗户看到他。"

图琳走到窗边眺望邻居家的房子，她能看到凌乱的树篱后面一间温室的内部。那个男孩坐在椅子上，旁边有张桌子，好像在玩游戏机。虽然她只能看出孩子的大致轮廓，但仍能看出他的表情和动作都有些不自然，还有点儿呆滞。

"他话不多。说实话，他的智力发育好像有点儿迟缓，说话几乎只会用单音节的词。"

图琳一边听着警官的汇报，一边观察着男孩。有那么一瞬间，她好像看到了自己的影子，她觉得那个男孩今天会承受巨大的孤独，而且这份孤独还会伴随他许多年。突然出现一位老奶奶，挡住了男孩的身影，她应该就是那位邻居。她带霍芝进了温室，霍芝一看到男孩就开始啜泣，他蹲下来，双手抱住男孩。那孩子仍然坐得笔直，手里还抓着游戏机。

"要我带他过来吗？"警官有点儿不耐烦地看着图琳，"我说……"

"先不用，让他们两个再待一会儿吧。好好监视劳拉的男朋友，然后找人去核实他的不在场证明。"

图琳转身背过窗户，希望这个案子能如她想象的那样简单。有一瞬间，她脑海里闪过玩具屋上的栗子人。如果她在国家网络犯罪中心，就不可能这么快到案发现场了。

## 14

这家建筑公司有扇全景窗，能将整个城市一览无遗。在宽敞明亮的玻璃天窗下面，办公室里的桌子几张几张拼在一起，从房间的一边铺到另一边。办公室的一侧有块悬挂在天花板上的巨大电视屏幕，公司的员工围在电视旁边，整个空间看起来像是倾斜了一样。斯提恩·哈通正从楼梯上走下来，胳膊下面夹着设计图纸。电视上刚好播了一条新闻，说他的妻子到了克里斯钦堡。他继续向办公室走去，员工们大多都注意到了他，但纷纷低头假装认真工作，只有他的合伙人比亚克还看着他，并挤出一个尴尬的微笑。

"嗨，能借一步说话吗？"

他们走进了斯提恩的办公室，比亚克随手关上了门。

"我觉得你妻子表现得非常好。"

"谢谢，你们和客户联系过了吗？"

"联系过了，他们很满意。"

"那为什么还没敲定这事？"

"因为客户非常谨慎，还想看更多的图纸。但我对他们说你需要时间。"

"更多的图纸？"

"你家里的事怎么样了？"

"我很快就能做出图纸，不是什么问题。"

斯提恩埋头整理着他的绘图桌，铺开他的设计图。合伙人在一旁站着盯着他，这让他沮丧的情绪不断蔓延。

"斯提恩，你把自己逼得太紧了。如果你想放慢节奏调整一下，我们也能理解。这事交给别人做也行，毕竟我们雇这些人就是为了干活的。"

"告诉客户我过几天就能交完整的设计方案，我们得拿下这份订单。"

"这都不重要，我担心的是你。斯提恩，我还是觉得……"

"喂，我是斯提恩·哈通。"

电话刚响了一下，斯提恩马上就接了起来，电话那头是他律师的秘书。斯提恩转过身背对着合伙人，希望他能识趣地离开。

"我现在方便说话，您有什么事？"他继续和电话里的人说着，从玻璃窗上看到他的合伙人慢吞吞地离开了办公室。

"就是跟进一下上回和您说的事，您不必马上答复，我们可以等，毕竟您要考虑的事太多。但距离事故发生就快要一年了，我们想要提醒您，您现在有权利启动程序申报您女儿的死亡。"

出于种种原因，斯提恩·哈通完全不想听到这些，他感到一阵眩晕恶心。有好一会儿，他全身都动弹不得，只是盯着窗户上自己的脸，玻璃上雨点斑驳。

"您也知道，在失踪人口的搜寻毫无进展，而且存活概率很小的情况下，我们可以办理相应的手续。当然，一切都取决于您想不想为这事做个了结。若需要相关咨询，您还可以与……"

"我们要申报死亡。"

电话那头的人沉默了一会儿。

"就像我刚说的，您不必马上……"

"麻烦您把相关的文件寄给我，我会签名，也会把消息转达给我的妻子，谢谢。"

他挂了电话，在窗外的屋檐下，两只湿漉漉的鸽子蹦蹦跳跳。他失神地看了一会儿，然后挥手驱赶它们，鸽子拍拍翅膀飞走了。

斯提恩从包里拿出一个咖啡杯，把烈酒倒了进去，然后埋头继续做他的设计图。他的手颤抖着，不得不双手并用才拿起来标尺。他知道这是正确的决定，他想赶紧了结这件事情，让一切尘埃落定。虽然在文件上签名是小事，但意义重大。他的几个心理医生都说："生者不能总活在逝者的阴影里。"他也深以为然。

## 15

"那封邮件是今天早上发到您官方电子邮箱里的，技术部正尝试追踪发信人，就是要花点儿时间，我们肯定能找到他，我真的很抱歉。"英格斯温和地说着。

罗莎会见完员工回到办公室，发现英格斯已经在等她了。罗莎站在桌子后面的窗户旁，能感受到幕僚长向她投来同情的目光，这让她几乎无法忍受。

"我以前也收到过恶意邮件。通常是自己的生活深陷泥潭、无法自拔的可怜人发来的。"

"这封不一样，内容要恶毒得多。他们用了您女儿脸书上的照片，在她一年前失踪的时候，这些照片就都已经删除了。这个人很久以前就开始关注您了。"

这个消息令罗莎大吃一惊，但她依旧不动声色。

"我想看看那封信。"

"信已经被移交到技术安全部了，他们正……"

"英格斯，给我看看信，我知道所有的数据你都至少做了七八次备份。"

英格斯纠结地看了看她，然后打开他随身带的文件夹，拿出一沓纸放在桌子上。罗莎拿起了那沓纸。起初她看不出什么来，纸上只有小小的、五颜六色的碎片笨拙又杂乱无章地铺满整页。后来她明白是怎么回事了，她认出了克莉丝汀的自拍：穿着手球服躺在体育馆的地板上，满身大汗，面带笑容；骑着崭新的山地车前往海滩；在花园里和古斯塔夫打雪仗；在浴室镜子前面盛装打扮，假装自己是模特。这些照片里，克莉丝汀都在开心地笑着。痛失爱女的悲伤又一次涌上了罗莎的心头。她的眼睛落在了纸上的一行字上："欢迎回来。你死定了，贱人。"那些红色的字母像是出自孩童之手，呈弧形排列在图片的上方，歪歪扭扭，这句话也因此看起来更加恶毒了。

罗莎再次开口，努力让声音听起来正常一些："这也不是我们第一次见这种疯子，一般来说都没什么大不了的。"

"不，但这次……"

"这件事就交给技术部了，我会做好我的工作，不会因此就畏首畏尾的。"

"我们都觉得您应该申请保镖贴身保护您，万一……"

"不用，不需要保镖。"

"为什么不用？"

"因为我觉得完全没必要。他应该只是个躲在键盘后面的胆小鬼，这封邮件可能已经就是那人能力的极限了。不管怎么说，我们家现在真的不需要保镖。"

每次罗莎提到自己私人生活的时候，英格斯都会十分吃惊地看着她。

"我们既然决定要向前看，那么一切就按正常程序来。"

幕僚长正准备说什么，但罗莎一眼就看出来他是想表达反对意见。

"英格斯，感谢你为我担心，但如果你没有别的事要说，我想直接去礼堂听首相演讲。"

"当然，我会传达您的指示。"

罗莎朝门走了过去，刘在那里等着她。英格斯在原地目送她离开。罗莎觉得，在她离开后，英格斯还会站在那里很久。


## 16


长方形大楼的侧面有个附属的小教堂，坐落在诺雷布罗区和奥斯特布罗区之间，面对一条拥堵不堪的主干道。不远处的城市生机勃勃，行人和车流来来往往、川流不息。与大楼咫尺之遥的公共操场和滑板游乐场上，也是一片暖洋洋的欢声笑语。与这些形成鲜明对比的是这栋长方形的大楼本身，楼内有四个无菌解剖室，地下室则是寒冷刺骨的太平间。在这里，无处不在的死亡阴影总让人产生不真实感，也很难不感叹人生苦短、世事无常。图琳已经来过法医检验鉴定中心好几次了，但还是没能习惯这里。她走在一眼望不到尽头的走廊上，迫不及待地想要穿过前方的另一扇弹簧门。她刚刚旁观了验尸官对劳拉·卡杰尔进行尸检的过程，现在想找根茨谈谈。她给根茨打了几次电话都没有人接，电话被转到语音信箱，她就不耐烦地挂断，再打一遍。根茨之前向她保证：会在下午三点之前，发送劳拉电子设备的初步调查报告，包括受害人的邮件联系人、短信以及通话记录。但现在已经三点半了，她什么都没收到。以往根茨做事比手表还要准时，从未遇到过他不能按时交报告的情况，甚至都没遇到过不接电话的情况。

　　尸检并没有发现新的关键证据。那位从欧洲刑警组织来的客人——一天到晚都在打电话的男人也没有按约定在这里现身。图琳感到厌烦，不想再等他了，于是直接让验尸官向她汇报结果。沾满泥土的劳拉·卡杰尔的遗体躺在解剖台上，验尸官一边点着电子屏查看笔记，一边絮絮叨叨地讲述着他忙得不可开交的一天。过了好一会儿，他才组织好语言，开始汇报尸检的发现。他们在死者的胃里发现了当天的晚饭，她吃了南瓜汤和鸡肉蔬菜沙拉，饭后可能还喝了杯茶，不过茶已经被完全吸收了。她不耐烦地让验尸官直接跳到重点部分，验尸官生气地说道："这种要求简直就像让佩尔·柯克比 [1] 解释他的画一样，太外行了！"但她还是坚持让他快点儿说。今天一整天，她都没能为自己心中的疑惑找到任何答案。在验尸官大声念尸检笔记时，她心不在焉地听着雨落在屋顶上的声音，那声音就像水滴落在棺材上一样。

　　"她身上有很多刺伤和撕裂伤，还被钢或铝制的棒子击打了五十到六十下。我们还不能断言棒子具体是什么样的，但是从伤痕来看，棒子顶端应该有个拳头大小的球，上面布满了长约 2 到 3 毫米的小刺。"

　　"像是狼牙棒那样吗？"

　　"大致来讲差不多，但不是狼牙棒。我在想这是不是什么园艺工具，但目前还没有更多进展。她手腕上缠的宽塑料绳让她动弹不得，无法自卫；

---

[1] 佩尔·柯克比（1938 ~ 2018 年），丹麦画家、诗人、雕塑家、地理学家。

她还多次摔倒，所以身上有很多其他的伤痕。"

图琳其实早就已经知道验尸官报告的大部分细节，因为她早上和根茨谈到了这些。她又问了问验尸官有没有找到将嫌疑指向她男朋友的证据。

"可以说有，但也可以说没有。"验尸官的回答有点儿令人恼火，"我在她的短裤、衬衫和尸体上都做了 DNA 检测，目前所发现的 DNA 很有可能都来自他们同睡的双人床。"

"有强奸的痕迹吗？"

验尸官马上否定了这个可能性，他没有检查到任何性欲留下的痕迹。除非犯人是个虐待狂，会通过惩罚受害者得到性快感，否则我们觉得犯罪动机应该不会与性有关。图琳让他再就这点详细说说，他随即指明劳拉·卡杰尔死前受到了残忍的折磨，"犯人一定是有意识地想让她承受痛苦。如果仅仅是想杀了她，那可以用快得多的方式。受害人在遭受袭击时昏迷过好几次，我猜她在受到眼部的致命伤之前大约被折磨了二十分钟。"

劳拉被截肢部位的伤口也没能提供新的线索，而且还没有找到那只断手。验尸官不知道犯人是用什么工具切断的手腕，但他想到在摩托车帮派很常见这种形式的身体损伤——他们通常是切掉一根手指来偿还所欠下的债，常用的工具是分肉刀、武士刀或者类似的东西。他没办法确定这件案子里的截肢是什么情况。

"园艺剪刀？羊毛剪刀？"图琳问道，同时回忆着在房子车库里见过的工具。

"不是。肯定是某种锯子，可能是圆锯或者是斜锯。很可能是电力驱动的，毕竟凶手是在小游乐场里徒手作案。关于锯片的材料，我觉得是金刚石。"

"金刚石锯片？"

"由于用途不同，锯片的类型也不同，金刚石锯片是最硬的。通常来说，这类锯片是用来切瓷砖、水泥或是砖头，在大多数家居建材店都能买到。另外，锯片是粗锯齿的，因为伤口上有很多杂乱无章的锯齿状伤痕，而细锯齿不会造成这样的伤口。犯人是在很短的时间内完成对劳拉的截肢，无论是什么情况，都极大地削弱了她的体力。"

劳拉·卡杰尔在被截肢的时候还活着。这个极其恐怖的事实让图琳大脑一片空白，以致她都没听到验尸官之后的几句话。她缓过神来，让他重复了一遍。"通过尸体上的其他伤口推测，劳拉·卡杰尔在被截肢之后曾试图再次逃跑，但由于失血过多，她的身体十分虚弱，几乎无法再挪动自己。当她逐渐虚弱得无力挣扎的时候，凶手便轻而易举地把她带到了玩具屋旁边，也就是她最终被杀害的地方。"霎时间，图琳脑海中出现了这个女人在黑暗中逃跑的画面，而犯人就紧跟在她的后面。随后她脑海中又跳出了另外一个场景，那是她儿时曾目睹的场面：在朋友的农场里，一只鸡被砍掉了头，身体却还在惊慌失措地到处乱窜。她努力不去想这些画面，又问了问验尸官在受害者的指甲、嘴和皮肤的擦伤上有没有什么发现，但除了已知的伤痕以外，他没有发现任何犯人接触受害者的痕迹。验尸官指出有可能是大雨抹去了这些痕迹。

离开的路上，在经过第三道弹簧门时，图琳又给根茨打了电话，但还是无人接听，这次她留了个言，要求根茨尽快给她回电话。窗外依旧大雨倾盆。她穿好了外套，耸耸肩，决定在根茨回话之前先开车回局里一趟。目前，他们证实了汉斯·亨利克·霍芝的确在前一天晚上九点半的时候，开车离开了商展会，走之前还和一位从德兰半岛来的领导、两位同事喝了一杯白葡萄酒，谈了谈新防火墙的事。但在这之后，霍芝的不在场证明就没那么充分了。他的确入住了那家汽车旅馆，但没人能证实他那辆黑色的马自达6轿车是不是整晚都停在那里。从理论上讲，他完全可以开车到哈瑟姆的房子再开回去，但警方没有足够的证据去申请全面调查霍芝和他的车——这也是图琳想立刻和根茨见面拿到取证小组调查结果的原因。

"对不起，我来晚了。花的时间比想象的更久。"赫斯出现在弹簧门后面，走进了停尸房。他的衣服湿漉漉的，滴到地板上的水汇聚到一起，他又把外套脱下来甩了甩。"我花了好一会儿才联系到财产管理人，一切都顺利吗？"

"嗯，都还行。"

图琳大步流星地穿过弹簧门往外走，甚至没有看他一眼。她冲进雨里，小步跑到车边上，盼着别被淋得太湿。她又听到赫斯的声音从身后传来。

"我不知道你的调查怎么样了，但我能帮你去受害者工作的地方收集证词，或者……"

"不用了。我已经去过了，不劳你操心。"

图琳打开车门钻了进去，但在她关车门之前，赫斯赶上来，挡住了门。他在雨中有点儿发抖。

"我不知道你有没有明白我的意思，我对于今天的迟到很抱歉，但是……"

"我明白你的意思。你在海牙把什么事搞砸了，然后有人让你来我们局里打卡上两天班，然后等那边同意你回去了，你就从这里脱身。所以你在这儿就是混日子，把工作当儿戏，能不做就不做。"

赫斯站在门边没有动，眼睛紧紧盯着图琳，图琳不习惯他这样的视线。"今天的任务又不算最难的。"赫斯辩解道。

"我觉得把话说明白了对大家都好。你专心处理海牙和公寓的事，我什么都不会对尼兰德说的，好不好？"

"图琳！"图琳转身望向大楼的入口，验尸官从里面出来，打着伞呼唤图琳，"根茨说联系不上你，让你现在马上去取证组那边。"

"为什么？他不能直接在电话里说吗？"

"他说有些东西需要你亲自过去看看，不然你肯定觉得他在开玩笑。"

## 17

新的刑事取证部总部大楼坐落在哥本哈根的西北部，是一座正方形的建筑。停车场外，桦树枝间露出的天空已渐渐黑了，但在车库上面一层的实验室里，取证人员依旧忙碌着。

"你查短信、邮件、通话记录了吗？"

"技术部门的人说没有什么重大发现，但我想给你看的比这些重要多了。"

他刚刚去前台接了图琳和赫斯，并确认了两人的访客身份。赫斯坚持要和图琳一起来，不过他可能只是不想再让图琳抓住把柄说他玩忽职守。图琳跟随根茨走在大楼里，赫斯兴味索然地浏览了一遍解剖报告，图琳坚持认为没有必要和他讨论案情，他们就这样沉默了一路。图琳感觉自己就在爆发的边缘，根茨闪烁其词的回答让她更不爽了，但根茨也不准备再解释，打算到了实验室里再细说。

楼里到处都是用磨砂玻璃隔开的隔间，取证部的技术员成群地聚集在实验台旁边，就像白色的蜜蜂一样。每个隔间里都有空调和恒温控制器，以确保不同玻璃隔间里的温度和湿度都在需要的水平。案发现场发现的大大小小的证物都会被送到取证部门，进行检查和评估，通常取证部门提供的证据能够决定案情的走向。图琳在谋杀案小队任职期间，见过取证部详尽地分析各种各样的证物，衣物、床单、枕套、毛毯、墙纸、食物、汽车、花草以及泥土，这种例子不胜枚举。验尸官和刑事取证部是解决各种案件最重要的左膀右臂，他们提供的证据往往是检察官给犯人定罪的关键。

自 20 世纪 90 年代起，刑事取证部开始负责各种电子设备的取证分析，并且与一个专门分析受害者和嫌疑人电子设备的分部合并。随着世界各国加大对跨国网络犯罪、系统入侵以及国际恐怖主义的打击力度，自 2014 年起，部门里的这些工作逐渐让渡给了国家网络犯罪中心。但出于侦破刑事案件的需要，取证部还是会为本地案件做一些规模较小的分析工作，比如分析劳拉·卡杰尔家里的电脑和手机。

"有没有发现其他证据？比如在卧室或车库里？"根茨领两人进了一个大实验室，图琳有点儿不耐烦地说。

"没有。但在我告诉你更多的信息之前，我得先知道能不能信任这位同事。"

根茨关上了实验室的门，点头向赫斯示意了一下。虽然图琳觉得根茨对陌生人小心谨慎是件好事，但他突然的转变有点儿出乎她的意料。

"你这话什么意思？"

"我要和你们说的事情会是一个大新闻，不希望有人走漏风声。我无意冒犯谁，还请别见怪。"后面那句话明显是说给赫斯听的，但赫斯仍旧在一旁沉默不语。

"他是尼兰德派到队里当探员的。既然他人都在这里了，我觉得我们也可以信任他。"

"这可马虎不得，图琳。"

"出了什么事我负全责。快和我说说你发现了什么吧！"

根茨犹豫了一下，随即转身飞快地向键盘输入密码，另一只手拿起了放在桌上的眼镜。图琳从没见过根茨这种严肃认真同时又异常欣喜的状态。她本来还期待着他这种奇怪的情绪背后有什么不得了的原因，但他展示的不过是一枚平平无奇的指纹。

"根茨，这枚指纹有什么特别吗？"

"这枚指纹是在栗子人的肚子上发现的，这也是它身上唯一的指纹。我不知道你是否了解这方面的技术，但是我们进行指纹识别的时候，通常会选取十个对比点。这枚指纹有点儿脏了，所以我们只能选出五个对比点。尽管如此，在理论上五个对比点也足够了，而且在以往的几宗案件里，这种指纹也能在庭审时……"

"根茨，五个点对什么来说足够了？"

根茨一边说，一边用他的电子笔在平板上标出指纹的五个识别点，但听到图琳的发问，他放下笔看着图琳，解释道："对不起，我刚刚说得不够清楚。这五个点足够证明栗子人身上的指纹和克莉丝汀·哈通的指纹是一样的。"

图琳惊讶地屏住了呼吸。她知道根茨会告诉她一条爆炸性的消息，但没想过会听到这个名字，这几乎和她的世界完全没有交集。

"这枚指纹的匹配结果是电脑在做五点指纹识别的时候给出的，这是个全自动的程序，会链接以往案件的数据，对上千枚指纹进行自动匹配。通常来说，识别点当然是越多越好，一般都会选十个点，但就像我说的，五个点也足够……"

"克莉丝汀·哈通应该已经死了。"图琳回过神来，声音里带着一点儿恼火，"调查结果显示她应该在一年前就已经被杀害了。这个案子早就解决了，凶手也被判了刑。"

"我知道。"根茨摘下眼镜，认真地看着她，"我只是说这枚指纹……"

"肯定是程序出错了。"

"没出错。我之前三个小时反反复复地比对了很多次，因为我不想在不确定的情况下就贸然告诉你这件事。我现在非常肯定，通过五点比较，这两枚指纹完全匹配。"

"你们用的是什么程序？"赫斯从后面的椅子上站了起来，他刚刚一直坐着玩手机，但现在他脸上露出了图琳从未见过的警觉。根茨谨慎地介绍了检测指纹用的系统，赫斯说欧洲刑警组织用的与之相同。

根茨惊喜地抬头看了一眼赫斯，他有点儿惊讶这个新来的竟然知道这套系统，但赫斯并未对他的赏识有所表示。

"克莉丝汀·哈通是谁？"赫斯随即问道。

图琳的视线从指纹上移开，凝视着赫斯那双蓝绿异色的眼睛。


# 18


雨已经停了，在探照灯的光线下，湿湿的人工草坪闪闪发光，但足球场上还是空无一人。在远处的树林中，他看到一个孤单的身影穿过球场走过来。她穿过球门，走近停车场边上的水泥栏杆，这时他才意识到那确确实实是她。她还穿着失踪那天穿的衣服，走路的姿势、仪态他都十分熟悉，就算是在一千个小孩里，他也能一眼通过走路的姿势认出她。女孩看到了车子，一路小跑过来，脸上绽开了笑容。她头上的兜帽也滑落下来，光打在她冻得发红的脸上，男人觉得自己已经感受到了她的气息，他还记得把她紧紧抱在怀里的感觉。女孩大笑着，像以前一样呼唤着他的名字。他感觉整个身体就要爆炸了，他一把推开车门，抱住她转了一圈又一圈。

"你在干吗？快开车！"斯提恩·哈通刚刚倚着车窗睡着了，车的后门被用力撞击了一下，他迷迷糊糊地醒来。他的儿子穿着运动服坐在后座上，旁边是各种大包小包和球拍。车外，别的孩子骑车经过，大声笑着看向斯提恩。

"你的事情已经……"

"别问了，快开车吧！"他的儿子不耐烦地说道。

"我得先找一下车钥匙。"斯提恩翻找着车钥匙，打开了车门，好让外面的光线进来。他儿子看着骑车远去的其他小孩，泄气地缩在了座位里。

"啊……找到了。"钥匙掉在了方向盘下的脚垫上，斯提恩顺势关上车门。"你今天过得好吗？"

"我不想你再来接我了。"

"你这话是什么……"

"车里的味道糟透了。"

"古斯塔夫，我不懂……"

"我也很想她，但我不会借酒浇愁！"

斯提恩愣住了。他凝视着窗外的树，感觉好像有千百张潮湿的落叶压在他的身上，埋葬了他。他从车的后视镜里看到儿子正神情凝重地望着窗外。他只有十一岁呀！他的话应该又傻又天真才对，不过现实却不是这样。斯提恩这时很想说些什么，说他没有喝酒，是古斯塔夫弄错了，然后再说点儿什么笑话把孩子逗笑。斯提恩很久没笑过了。

"对不起……你说得对。"古斯塔夫的表情毫无变化，依旧呆呆地望着空无一人的停车场。

"这是我的错，我会振作起来的……"

孩子依旧没有回答。

"我明白你不相信我说的话，但我是认真的，不会再有下次了。我真的不希望你不开心，好不好？"

"我能在吃饭之前去找卡勒玩会儿吗？"

卡勒是古斯塔夫最好的朋友，他们回家的路上会经过他家。斯提恩又从后视镜看了儿子最后一眼，然后转动钥匙，发动了引擎。

"可以，当然没问题。"

## 19

"然后呢？后来怎么样了？"

"然后在野党开始进攻，事情就完全乱套了。你还记不记得红绿联盟中戴牛角眼镜的漂亮女人？"

斯提恩一边尝着菜的咸淡，一边点头笑着。背景里有嘈杂的收音机声音，罗莎正给自己倒红酒。她也想为斯提恩倒一杯，但他摆手拒绝了。

"你是说那个在圣诞晚会上喝得太多被送回家的女人？"

"对，就是她。她在议会中间跳起来然后对着首相破口大骂，主席在一旁拼命地想让她坐下，她就开始骂主席。之前在女王陛下入场的时候，她就拒绝起立致意，所以礼堂里大多数人都开始'嘘'她，她气炸了，开始扔她的签字笔、眼镜盒和笔记本。"

罗莎大笑起来，斯提恩也在一旁跟着笑。他已经记不起他们上次这样站在厨房聊天是什么时候，已经过去太久太久了。他先不再想脑子里的纷纷扰扰，那些沉重的过去只会让他难过。他们面带微笑，四目相对，两人都沉默了一会儿。

"我很高兴你今天过得很好。"

罗莎点了点头，开始啜饮她的酒——他觉得她喝得太快了，但没关系，她还笑着。

"我还没和你讲人民党的新发言人是什么样的吧？"她正说着，厨房桌子上的手机响了起来，"我现在去换身衣服，顺便和刘过一遍明天的日程，一会儿回来再告诉你。"

她拿起了她的手机，一边打电话一边走上二楼。斯提恩听着，把米倒入烧开的水中。厅里的门铃响了，斯提恩理所当然地觉得那是古斯塔夫。也许他从卡勒家回来了，懒得找钥匙开门。

## 20

别墅的门开了，图琳打量了一下眼前的斯提恩·哈通，看着他的脸，然后马上就后悔自己的不请自来了。男人的腰上系着条围裙，手里拿着个量杯，杯中散落着几粒米。从他的眼神能看出，他以为按铃的是别的什么人。

"您是斯提恩·哈通？"

"是我。你们是？"

"很抱歉打扰您。我们是警察。"

男人的脸马上就沉了下来，就像是触及了他内心的什么痛处，把他从忘记烦恼的短暂时光中拉回了现实。

"我们可以进去吗？"

"你们来有什么事？"

"就打扰您几分钟的时间，还是进屋说比较方便。"

图琳和赫斯在客厅里等着他做好准备接受问话，两人一时无言，尴尬地环顾四周。在阳台的玻璃推拉门外，花园一片漆黑。厨房传来炖菜的香味，屋里的餐桌上摆着三个人的餐具，桌子上方悬着阿纳·雅各布森[1]设计的吊灯。图琳突然有种冲动，想要趁着斯提恩还没回来冲出门去。她瞥了一眼她的搭档，正背对着她站着，看来是没法指望他能帮上什么忙了。

他们在取证部和根茨谈完话后，马上给尼兰德打了电话，他接电话时的语气明显带着愤怒，应该是开会中途被她打扰了。她解释了打电话的原因，但他的态度也没有立刻好转。一开始他根本不相信她说的话，坚持认为是检测结果出了错，但当他知道根茨已经用各种方法无数次确认了这个结果，他沉默了。虽然图琳对这个部门的印象一直不好，但她知道尼兰德不蠢，而且显然他开始认真对待她汇报的消息了。尼兰德表示他们应该能找到一个合理的解释，也许两起案件之间有什么他们没有想到的联系，因此他派图琳和赫斯前往哈通家询问更多的信息。但图琳想象不出这事还能有什么合理的解释，赫斯也没有发表意见。

在两人来的路上，图琳大致给他讲了讲克莉丝汀·哈通一案的始末。案件发生时她还没有进重案组，但当时无论是在局里还是媒体上，这件事都是主要的话题，而且直到现在都会被时常提起。克莉丝汀·哈通是罗莎·哈通的女儿，后者是就职于社会事务部的政要，不久前才刚刚回归岗位。这个十二岁的小姑娘在上完体育课回家的路上失踪了，警方随后在森林里发现了她的背包和自行车。几周后，警方逮捕了一个年轻的科技宅男莱纳斯·贝克。此人有几起性侵犯罪记录在案，而且对他不利的证据堆积如山。在他被带到警察局问话时，贝克承认他侵犯并掐死了克莉丝汀，然后用一把砍刀肢解了她的尸体。后来警方在他家的车库里发现了这把砍刀，上面检测出克莉丝汀的血迹。他自己供认把尸体的不同部位埋在了北西兰岛的不同地点，但司法鉴定证明他患有妄想性精神分裂症，没法告诉警察确切的埋尸位置。警察耗费大量人力在当地做了两个月的地毯式搜索，仍一无所获。之后由于冬季的来临，土层冻结，搜查几乎不可能再进行下去，警方便宣布放弃。随后的春天，贝克在媒体的密切关注下接受了审判，并

---

[1] 阿纳·雅各布森（1902～1971年），丹麦著名建筑师、设计师。

且被判处了最严厉的刑罚——终身监禁在精神病院。事实上，这表示他会被关押至少十五到二十年。

图琳听到收音机被关掉了，斯提恩·哈通从厨房走了出来。

"我妻子在楼上。如果你们来是因为……"哈通停顿了一下，思索着用什么词合适，"是因为你们找到了……我希望你们能在我妻子下来之前告诉我。"

"我们什么也没找到，我们来是有别的事情。"

男人看着图琳，一副如释重负的样子，但随即又疑惑并警觉起来。毕竟警察绝不是来找他聊天的。

"我们今天在调查一起案件的案发现场时，在一件物品上发现了疑似属于您女儿的指纹。详细地说,我们是在一个栗子人身上发现了这枚指纹。我带了张照片来，希望您能看一看。"

图琳递出了照片，但斯提恩·哈通仅仅疑惑地扫了照片一眼，目光就又回到了图琳身上。

"我们还不能百分之百确定这就是她的指纹，但我们很希望能搞清楚为什么它会出现在那里。"

哈通拿起了图琳放在餐桌上的照片。

"我不明白。你说指纹……"

"是的,我们在哈瑟姆的一处儿童游乐场发现了这个栗子人。具体地址是席德凡格路7号。您对这个地址有什么印象吗？"

"没有。"

"那您认识一个叫劳拉·卡杰尔的女人吗？或是她儿子马格纳斯？又或者您听说过汉斯·亨利克·霍芝这个名字吗？"

"没有，我们一直住在这里。我不明白，这指纹有什么意义呢？"

图琳不知道该怎么回答，沉默了一下说："这事总得有个合理的解释。如果您的妻子也在家的话，也许我们可以问问她……"

"不行。你们不能问我妻子。"哈通凝视着两个人，眼里带着怒意。

"我们也不愿打扰您，但我们必须彻查此事。"

"我不管你们要查什么，你们不能和我妻子谈话，我的回答就等于她的回答。我们对于指纹的事一无所知，也不知道你说的那些地方和人！而且我不明白，这事有什么重要的！"

斯提恩·哈通突然意识到图琳和赫斯在盯着他身后看——他的妻子下楼了，站在客厅看着他们。

一时四下无言。罗莎·哈通走了过来，捡起斯提恩在愤怒中扔到一边的照片。图琳又一次产生了逃跑的冲动。她对赫斯愈发不满，他就会一声不吭地躲在旁边。

"很抱歉我们打扰了您。我们……"

"我听到你们刚刚说的话了。"

罗莎·哈通仔细地打量了一下栗子人的照片，像是期待着能发现些什么。她的丈夫开始把两人赶向前门送他们离开。

"他们要走了。我们也很希望能帮上忙，但我们什么都不知道。"

"她以前在街边卖过这些……"斯提恩·哈通在门口停下了脚步，转过身来面对他的妻子，"每年秋天，她都会和同班的马蒂尔德坐在这里，一起做一大堆栗子人……"

罗莎·哈通的视线从照片移到了她的丈夫身上。图琳看出，罗莎显然是回忆起了什么。

"她们怎么卖这些东西？"赫斯突然发问，他的身子凑了过来。

"她们会搭个小货摊，卖给路过的人或者是停车的司机。她们也会烤蛋糕或者做果汁。如果有人买东西，她们会顺便送个栗子人……"

"她们去年也卖了吗？"

"对……她们是在花园里捡的这些栗子，当时她们都很开心。她们夏天也会去跳蚤市场卖东西，但她还是更喜欢秋天。我有时也会和她一起卖东西。我记得很清楚，因为那是她失踪前的一个周末……"罗莎·哈通突然停顿了一下，"你们为什么问这些？"

"我们需要调查一点儿事情。这是关于其他案件的。"

罗莎·哈通没有说话，她的丈夫站在她旁边，离她一步之遥。看得出来，他们两人都陷入了痛苦的回忆中。图琳急忙取回了照片，就像是要抓住什么救命稻草似的。

"谢谢你们的配合，我们收集到想要的信息了。再次为我们的打扰向您道歉。"

# 21

图琳刚刚开车门时，赫斯转过身看着房子，说他想走路回局里，这倒是刚好合了图琳的意。她从后视镜瞥了一眼赫斯，然后踩住油门加速离开了。她在第一个路口转弯驶离了这片居民区，然后在回程的路上打了两个电话。她先给尼兰德打了电话，对方马上就接了，显然他一直在等这通电话，她能听到电话那头有他妻子和孩子的声音。她汇报了刚才去克莉丝汀·哈通父母家调查得到的信息，尼兰德显然对调查结果非常满意。但在挂电话之前，他特地和她强调此事绝对要保密，不希望媒体又大肆渲染这些不相干的细节，这会给女孩的父母造成不必要的困扰。她没有认真听他的话，因为她刚刚从夫妇两人的反应就意识到这一点了。

图琳随后给他们家谱上的第三个人打了电话——女儿的外公阿克塞尔，一个忠诚而坚定的人，她总觉得对他有所亏欠。他冷静的声音让她觉得安心，他告诉图琳他们在玩一个非常复杂的韩国游戏，而且他完全没有搞清楚该怎么玩。小乐在那头问晚上能不能在外公家过夜，虽然图琳今晚不想一个人在家，但她还是妥协了。阿克塞尔听出她的声音里有些异样的情绪，图琳告诉他一切都好后就匆匆挂了电话。她透过车窗，看着和家人一起外出购物的人们，步伐沉重地拎着购物袋往回走，一种难以平息的不安慢慢将她吞没。

一个小女孩在路边的货摊上卖掉了一个栗子人，然后碰巧它又挂在哈瑟姆的某个玩具屋上。就是这么一回事，调查结束。她决定掉头去市中心的斯多·孔根贾德街。

一个穿着裘皮大衣的老人抱着他的狗从楼门走了出来，满脸疑惑地看着没按铃就溜进楼的图琳。她踏上宽阔的楼梯，走过一扇扇豪华公寓的大门。上了二楼，她听到塞巴斯蒂安的家里传出音乐声。她敲了敲门，没等人应门就进了屋。塞巴斯蒂安穿着一身西装站在屋里，手里拿着手机。看到她，脸上露出了一个惊讶的微笑说："你怎么来了？"

图琳任由她身上的大衣滑落："脱衣服，我有半个小时。"

她的手利索地拉下了他裤子的拉链，正伸手要解他的皮带时，她突然听见了脚步声。

"小伙子,你家的开瓶器放在哪里?"一个长相坚毅的年长男人拿着一瓶红酒出现在了门口。在音乐停顿的间隙,图琳听到了起居室里有些嘈杂的喧哗声。

"这位是我父亲。爸,这是图琳。"塞巴斯蒂安面带微笑地为两人相互做介绍。这时,几个小孩经过客厅一路打闹地跑进了厨房。

"很高兴见到你,亲爱的,过来吧!"

图琳还没意识到发生了什么,就被塞巴斯蒂安的家人团团包围了。她已经拒绝过三次参加他家庭聚餐的邀请,但看来这次不得不和他们一起吃晚饭了。


## 22

毛毛细雨飘落在地上,自行车棚里的荧光管照亮了篮球场的一侧。一个全身湿透的小孩经过,停下脚步看了一眼站在旁边的人,然后继续打球去了。这里是位于诺雷布罗外区的奥丁公园,此地的白人居民非常少,所以任何一个出现在这里的白人都非常引人注目。通常这些白人都是警察,有的穿制服,有的着便衣,但警察总会结伴出现,从来不会像这个人一样形单影只。他拎着一只外卖袋,慢慢地向建筑群边缘的街区踱着步。

赫斯沿着楼外的楼梯上了四楼,然后走向走廊尽头的公寓。他经过的每一个房间门口都堆放着垃圾袋、自行车之类的杂物。有扇窗户半开着,传出异域香料的味道,以及阿拉伯语的声音,这让他想起了巴黎的突尼斯人区。他停在最后一扇门前,门牌号是37C,门口有一张饱受风吹雨淋、破旧不堪的圆桌以及一把摇摇晃晃的椅子。他伸手从兜里掏出了钥匙。

公寓内一片漆黑,赫斯打开了灯。这间公寓有两个房间,墙边挂着他脏兮兮的行李袋,这是他今天早些时候找管理员拿到钥匙后放在这里的。公寓的上一个租客是来自玻利维亚的学生,今年四月回国了。管理员说,从那以后,这间公寓就一直没有租出去,但这种情况也挺正常的。前屋有一张桌子、两把椅子和一间配备着两个电炉的小厨房。公寓的地板坑坑洼洼,墙壁光秃秃的且污迹斑斑。房间里很少有私人物品,只有角落里放着一台老旧的电视机，虽然已经破破烂烂，但接上了其他居民集体办的电视光缆还可以使用。

赫斯常年不在哥本哈根，也没什么机会来这儿，但由于每年租客付的租金都足以抵掉房贷，就留下了这间公寓。他脱掉了外套，解下了手枪皮套，把香烟也掏了出来放到一边，然后把外套搭在椅背上晾着。半小时内，他第三次拨打弗朗索瓦给的号码，但仍然没有接通。他挂了电话，也没有留言。

然后他在桌子旁坐下，打开电视和刚刚打包回来的越南菜。他还买了鸡肉面，但没什么胃口。他飞快地换着台，最后停在了新闻频道。电视上放着罗莎·哈通那天在克里斯钦堡的照片，旁白又一次讲述了她女儿的悲剧。赫斯继续换台，最后选了一个介绍南非蜘蛛的自然探索类节目，这些蜘蛛一生下来就会把自己的母亲吃掉。尽管他对这个节目也没什么兴趣，但它不会妨碍他思考怎么能尽快回海牙去。

赫斯最近几天过得实在是有点儿曲折。上周末，欧洲刑警组织的德国上司弗里曼毫无征兆地解除了他的一切职务，而且是立即执行。仔细想想，这件事之前也不是完全没有苗头，但他的上司根本就是反应过度——至少赫斯这样想。这个消息很快就传遍了整个组织，也迅速在哥本哈根传开了谣言。周日晚上他被勒令回家面壁思过；周一一早，他和丹麦上司在车站会了面。新上司对他的解释并不买账，而且表示他来得实在不是时候，毕竟欧洲刑警组织和丹麦警方之间关系一直很紧张，再加上之前丹麦进行了脱欧公投，现在的局势更是雪上加霜。换句话说，他的到来不仅无益于局势的改变，而且他们所谓的"双方合作办案"，不过是欧洲刑警组织单方面自我感觉良好的说辞。其实，原上司也强调了这次调动会置他于尴尬的境地，但他能做的也只有竭尽全力表现出一副悔过自新的样子罢了。他的上司细数了他全部的罪状：无组织无纪律、顶撞领导、擅离职守、工作马虎、出差时花天酒地、上班浑浑噩噩，消极怠工的态度还影响了其他同事。他辩称说这些都是无足轻重的小事，相信评估到最后会发现他的优点是多于缺点的。他订了下午 3 点 55 分的机票，坚信自己当天就可以回到海牙——除非飞机晚点，否则一定能准时回到吉肯街的公寓，舒舒服服地窝在沙发上看被推迟的欧冠比赛——阿姆斯特丹阿贾克斯队对多特蒙德队。

但最终他迎来了一个令人震惊的消息：在海牙方面讨论出对他的最终处理结果前，他将会被派回原来任职的部门——重案组，而且第二天就得去报到。

赫斯从海牙出发时，只往包里草草地塞了几件必需品。在结束和新上司尴尬的会面之后，他又住进了车站边上的酒店，虽然才刚退房。接下来的事情需要一步一步来，他得先给他的搭档弗朗索瓦打个电话，解释一下现在的情况，再了解一下海牙的局势。弗朗索瓦是法国马赛人，四十一岁，有点儿秃顶，一家三代都是警察。他对人冷若冰霜但有一副热心肠，是赫斯唯一一个信任并喜欢的同事。弗朗索瓦说海牙方面已经启动对他的个人评估程序，保证会向他通报最新的情况，竭尽所能地袒护自己的好兄弟。弗朗索瓦还说需要找大家协调一下谁该说什么话，让报告看起来不像串通好的；如果组织想要清查他的纪律问题，他们的通话很有可能会被监听，所以最好都买个新手机再联系。打完电话，赫斯在吧台拿了一罐啤酒，一饮而尽；然后他试着打电话联系财产管理员，去取公寓的钥匙。如果不是非常必要的话，他不打算再给酒店付房钱。没人接电话，他们应该已经下班了。他穿着外衣在酒店床上睡了一觉。当晚，阿姆斯特丹阿贾克斯队以0∶3的成绩耻辱地输给了德国人。

电视上的蜘蛛差不多吃完了它们的母亲，赫斯的新手机响了起来，是弗朗索瓦。他的英语并不流利，所以赫斯更愿意和他说法语。尽管他的法语是自学的，而且水平也不怎么样。

"你工作的第一天还顺利吗？"这是弗朗索瓦问的第一个问题。

"很顺利。"

他们简单地交流了一下，弗朗索瓦汇报了事情最新的进展，赫斯提醒他加快写评估报告的速度。正事说完了，但赫斯觉得电话那头的法国人还有什么事情要说。

"怎么了？"

"我觉得我接下来的话你可能不爱听。"

"你就直说吧。"

"那我就不绕弯子了。你为什么不能放松放松，在哥本哈根待上几天呢？我相信你最后一定会回来的，但现在这样对你也有好处。能离这边乱七八糟的事远一点儿，待在那边充充电，约几个漂亮的丹麦女孩出去，然后……"

"你说得没错，这话我不爱听。你就专心写评估报告吧，尽快给弗里曼送过去。"

赫斯挂了电话。工作了一天，他越来越无法忍受要留在哥本哈根这个事实。虽说他在欧洲刑警组织工作五年也不容易，但无论去哪里都比在这儿待着强。作为丹麦警方联络官的代表，平时可以在总部对着电脑屏幕坐着，悠然自得；而一到这里，他就被抓去当警探，跟着调查小组全国到处跑。之前他平均每年大概出差一百五十天，案子一个接着一个，从柏林到里斯本，从里斯本到卡拉布里亚，从卡拉布里亚再到马赛，然后再继续去别的城市，直到回到欧洲刑警组织在海牙给他配备的公寓，才会暂停一下这趟旅行。他和丹麦警方联系很少，只是在发报告时，偶尔接触一下；报告的内容通常是总结北欧和斯堪的纳维亚地区一些有组织犯罪之间的关联，其中会着重讲一下与丹麦有关的部分。就算是在这种时候，他们一般也是通过邮件联系，只有极少数的情况下，才会通过网络视频说上两句。他很满意这种不用面对面的联系方式，也很喜欢这种漂泊不定的感觉，后来甚至学会了如何与机械的欧洲刑警组织和平相处。这个组织就像一个不堪一击的巨人，各种法律政治上的障碍层出不穷，每次遇到问题时，他都觉得这些障碍变得越来越难以逾越。他有消极怠工的时候吗？或许有吧。作为一个警探，他每天都能见到各种不公、暴行以及死亡。他追寻蛛丝马迹，收集证据，记不清用过多少种语言去询问各路人士，但是他们对犯人的指控总是会被政客们搁置一旁，就因为这些人没法跨国对量刑达成一致。但好的一面是，他在大多数情况下都可以为所欲为。整个组织系统实在太过庞杂，无论犯什么错都能逃避惩罚。但最近他们部门换了新上司，情况大不相同了。他们的新上司弗里曼是一个从德国来的年轻官僚主义者，希望能与泛欧洲的警察建立合作，而且开始雄心勃勃地简化程序、整顿人员。但赫斯宁愿去孤岛上和弗里曼共度周末，也不愿意继续留在哥本哈根工作了。

实际上，他这一天开始得还算不错。一大早就被派去查案，刚好避免了在局里遇到老熟人的尴尬。和他搭档的女警察比想象中还要再利落一些，而且显然对他的到来并不怎么感兴趣，这对他来说真是一件好事。但之后发生在小镇上那桩简单的谋杀案，被一个莫名其妙的指纹搞得复杂起来，还没等他反应过来，就发现自己站在一个被阴郁笼罩的房子里，那里的悲伤就像厚厚的苔藓一样附着在墙壁上挥之不去，让他想逃之夭夭。

从哈通家出来后，他需要透透气。有什么东西让他心神不宁，并不是从他们家带出来的悲伤作祟，而是有什么细节不对劲。但具体是什么他还没有头绪；也可能他已经有了头绪，但随之而来铺天盖地的疑问又把他的思绪冲得七零八落，而且他根本不想管这些问题。

赫斯走在湿漉漉的大街上，漫步在这个已经不再熟悉的城市里。到处都是钢筋、水泥和玻璃构成的建筑，随处可见的施工现场说明了这座城市正处于转型阶段。欧洲各国的首都大抵如此，但和大多数南方国家的首都比起来，哥本哈根要更小一些、矮一些、安全一些。他看到几户幸福的家庭，带着小孩不顾凉秋和冷雨去蒂沃利公园[1]游玩。然而，栗子树下成堆的落叶又让他想起了劳拉·卡杰尔。在他脑中，他眼前这幅如画的风景和安全的童话之地又一次土崩瓦解。抵达路易斯女王桥时，他的回忆具象化起来，像是小小的、爱作怪的幽灵，直到抵达诺雷布罗外区时才肯散去。

赫斯知道自己没必要为了这个案子费神，也没必要这么劳心劳力。穷凶极恶的疯子到处都有，每天都会有父母痛失他们的孩子，也有孩子会失去他们的父母。这种事他以往在不同的国家、不同的城市见得多了。他看过太多悲伤的脸，等它们在记忆里变得模糊不清，也就不在意了。再过几天，海牙就会来电和解，所以他都不必挂怀今天的所见所闻。到时候，他会乘飞机或者坐火车抑或是坐汽车，去执行另一个明确的任务，所以在那之前，他就简简单单地消磨时间就好。

赫斯突然意识到自己正面无表情地盯着房间里一堵掉色的墙，趁那种不适感还没再一次把他吞没，他把吃剩的面条连盒子一起扔进了垃圾桶，打开门走了出去。

---

[1] 蒂沃利公园（Tivoli）是丹麦哥本哈根著名的游乐园和休闲公园，也是世界上历史最悠久的游乐园之一。

# 23

动画片《巴布工程师》的声音充斥在尼赫鲁·阿曼迪的客厅中。客厅里，他的小儿子正在津津有味地看着电视。尼赫鲁正忙着为他的妻子和四个孩子准备咖喱羊肉和菠菜，一阵敲门声传来。他的妻子向他喊着，说她正忙着和表兄谈正事，让他去应门。尼赫鲁有点儿生气地去开门，连腰上的围裙也没摘。门一开，他发现站在门口的是 37C 的住户。今天早些时候尼赫鲁瞥见了他。

"什么事？"

"非常抱歉打扰了您，我来是为了和您说，我现在想重新粉刷我的公寓。我住在 37C。"

"粉刷公寓？现在吗？"

"是的，麻烦您了。我的财产管理员说您是物业管理员，所以您一定知道粉刷工具都放在哪里。"尼赫鲁注意到男人的两只眼睛颜色不一样，一只绿，一只蓝。

"但您不能就这样一时兴起去刷墙。做这种事需要得到房主的许可才行，但房主现在不在。"

"我就是房主。"

"您是房主？"

"要不然您直接给我储藏室钥匙吧。那些东西是放在地下室吗？"

"是放在地下室，但是现在天很暗，您没有提灯的话现在是没法刷墙的。您有提灯吗？"

"没有，但我只有现在有时间。"男人不耐烦地回答，"我在哥本哈根只会待几天，想收拾一下这间公寓好卖了它。如果您方便的话，能把钥匙给我吗？"

"我没有权力就这么把地下室钥匙交给别人。您在楼道里等我一下吧，我马上就来。"

男人点点头，离开了。尼赫鲁回到房里开始翻箱倒柜地找钥匙，他的妻子放下耳边的电话，瞪了尼赫鲁一眼。没有哪个正常的白人男性会自愿在奥丁拥有房产，更别提住在这里了，所以他还是应该小心为上。

滚筒在墙上来回滚动着，在铺着硬纸板的地面上，油漆一滴滴洒落。尼赫鲁又提着另一罐油漆走了进来，男人在托盘上抖动了几下滚筒，然后粉刷起来，汗从他的脸上滴了下来。

"还有一罐没提上来，但我没时间了，所以到时候您要自己对一下色号是不是一样的。"

"没事，我就要白色的就行了。"

"您想刷什么颜色都行，但色号必须是一样的。"

尼赫鲁把男人的外套挪到一边，好给油漆罐腾个位置，这样他也好检查是不是一样的色号。挪开的外套下面露出来了枪套，尼赫鲁不由得僵住了。

"没事的，我是警察。"

"对对，当然了。"尼赫鲁说道，向身后的门挪了半步，想起了妻子刚刚瞪他的样子。

男人用油漆斑驳的手抖开警徽："我真的是警察。"

尼赫鲁仔细检查了一下警徽，但只是觉得稍稍放心了那么一点儿。高个子的男人又转回身继续刷油漆。

"您是便衣警察吗？您是在这个公寓监视谁吗？"

奥丁经常被指责是滋生犯罪团伙的温床，所以尼赫鲁问这种问题也不是毫无道理。

"不是，这就是我的公寓，没监视谁。但我平时在国外工作，所以想把这房子出手。您走的时候不必关门，我想通通风。"

男人的回答让尼赫鲁放松下来，但他仍然想不通为什么他一开始会想在奥丁添置房产，但既然男人已经叫他离开，他就放心多了。这是个正常的丹麦人，尼赫鲁看着男人的背影不禁这样想道。高大的男人用尽力气一下下地刷着墙壁，好像他的生死存亡就在此一举。

"您太使劲了。我能不能看一下滚筒……"

"不用了，没问题的。"

"好吧，但这里一点儿光都没有，您什么也看不见啊。"

"没问题的。"

"您快别刷了，我和您说，您得让我帮您，不然照现在这个刷法，您肯定不会满意的。"

"我不会不满意的，我保证。"

尼赫鲁一下抢过滚筒把，检查滚筒的情况，而那个男人仍旧牢牢抓着滚筒不松手。

"和我想的一样，这个筒该换了，我马上就换。"

"不用了，没问题的。"

"怎么没问题，我刷墙可是老手。我能帮您一把，不能袖手旁观看您把这里弄得乱七八糟。"

"你听好，我只是想刷……"

"我可没法袖手旁观。能帮人处且帮人。要是我打扰了您，我和您道歉，但我就是要换这个筒。"

赫斯慢慢地松开了抓着滚筒把的手。他双眼凝视着空荡荡的房间，就好像尼赫鲁让他充满意义的人生泄了气一样。尼赫鲁赶紧抢过滚筒，以防他改变主意。

回到公寓，尼赫鲁利落地翻出几盏工用提灯和一个新滚筒，又从碗柜深处翻出一个篮子，把东西都放了进去。他的妻子和孩子坐在厨房的餐桌旁。她不懂他在忙什么，37C 的住户肯定能在他们吃饭的时候照顾好自己。"你知道，那男人可能是在撒谎。他可能就是个可怜的疯子，是被居委会安顿到这里的。"

尼赫鲁不想再费心跟她解释，刷墙就得用正确的方法刷。他胳膊下面夹着各种工具，带上了身后的房门，就在他正要捡起刚刚扔在门垫报纸上的滚筒时，他突然看到一个人影从 37C 冲出来，匆匆忙忙地穿过外面的篮球场。

有一会儿，尼赫鲁完全不知所措。然后他对自己说，现在的人对彼此起码的尊重都没了，而他老婆那番"这人是居委会送来的疯子"的推测，或许还是有些道理的。但不管怎么说，这男人打算卖房到底是件好事。

## 24

出人意料的是，图琳开始有点儿享受在塞巴斯蒂安豪华公寓里的这顿晚饭了。塞巴斯蒂安出身于一个声名显赫、富裕兴旺的律师家族，他爸爸是个极为强势的一族之长。十年前他当上地方法官，现在和他的大哥一起管理公司，但他们不是事事都能达成一致意见，这点在餐桌上就已经显而易见了。在餐桌上，他大哥对有关国家和社会新自由主义的言论跌了个跟头，马上就遭到了他尖锐的反驳；他的嫂子满是讽刺地说在她丈夫完成法律培训的时候，情感生活就已经不复存在了。他爸爸问了问图琳在谋杀小队中的职责，然后称赞了她申请转到国家网络犯罪中心的决定，说这个新部门才是未来所向，而重案组恰恰相反，陈腐又老套。这时，他大哥坚称在二十年后，这些部门都将不复存在，那时警察的所有工作都会由私人公司接手。然而，在主菜吃到一半时，他大哥的兴趣又转向了另一个问题——为什么塞巴斯蒂安的魅力不足以让图琳愿意和他同居。

"他是不是不够'男人'，没法满足你啊？"

"不，他够'男人'。要不是我还想享受他的肉体，我可能都不会继续和他在一起了吧。"

图琳的回答让塞巴斯蒂安的嫂子笑了起来，她被一大口红酒呛到，红酒都洒在了她丈夫的雨果·博斯衬衫上，男人立刻拿起餐巾擦起了衬衫。"为这个回答干杯！"别人都还没来得及喝，女人就一饮而尽自己杯里的酒。塞巴斯蒂安向图琳投去一个微笑，而他的妈妈则捏了捏她的手，说道："好啦，我们实在是很开心能见到你。我知道塞巴斯蒂安和你在一起很幸福。"

"妈妈，好啦，别说了！"

"我还什么都没说呢！"

塞巴斯蒂安的妈妈和他有着一样温暖、闪亮的黑眼睛。四个多月前，图琳第一次在法庭上看到这双眼睛时的感觉还不像现在这么强烈。当时她的一个案子正在接受法官审理，她坐在旁听席上。看着塞巴斯蒂安·瓦勒出现在初步聆讯时，她感觉就像在古董车博物馆里看到一辆刚刚出厂的特斯拉，但她下意识产生的偏见马上就被推翻了。他是法庭指派给被告的律师，为那个索马里人被告辩护时，他没有一点儿自命不凡的表现，而且非常理智务实——他说服被告认了罪，承认了家庭暴力的罪名。之后在法院外面，他追上了图琳，虽然他的邀请被图琳一口回绝，但当时图琳已经被他吸引。在六月初的一个傍晚，图琳突然出现在他在阿玛利加德街的办公室里，等办公室里只剩下他们两个人，她马上就扯下了他的裤子。她没想到他们之间的关系会往更深一步发展，但他们那天的性爱和谐得出人意料，他也明白她不是那种会想和爱人在沙滩上手拉手散步的女人。但现在她坐在这里，和他古怪的家人一起笑着。通常见家人这种事情是会让她害怕的，而今天的情形却和她想象中不一样。

突然，一阵响亮的手机铃声响起，餐桌旁的人们安静下来。图琳从口袋里掏出手机，接了电话说："喂，你好！"

"嗨，我是赫斯。那个男孩现在在哪里？"

图琳起身，溜到了客厅里，避开其他人。

"什么男孩？"

"那个哈瑟姆的房子里的男孩。我有事情想要问他，我现在就要问。"

"你现在不能和他说话。之前有个医生给他做了检查,诊断说孩子可能受到了惊吓，所以他现在被送急诊了。"

"哪家医院的急诊？"

"你为什么非得知道？"

"算了，我自己能查出来。"

"你为什么要……"

电话被挂断了。图琳手里拿着电话站了一会儿，餐桌上"叽叽喳喳"的声音仍然继续着，但她已经没心思再仔细听他们说什么了。塞巴斯蒂安出来问她是否一切都好时，她已经披上大衣，一只脚跨过了门槛。


## 25


图琳抵达了格洛斯楚普医院的少年儿童精神科中心，昏暗的灯光微微照亮着空荡荡的走廊。她到前台时，赫斯正在和一位年长的护士争吵着。他们的声音从玻璃隔板房间的门缝传到了外面，有几个穿着拖鞋的青少年，站在外面看着他们争吵。她从这些孩子中间挤了过去，敲了敲门，进了房间。

"你跟我过来。"

赫斯看到了图琳，不情愿地跟着她走了；那位护士还盯着他，嘴里气恼地发着牢骚。

"我必须和那个男孩说话，但有个蠢货对他们保证今天警察不会再来打扰他。"

"是我对他们保证的。你要和他说什么？"

图琳看着赫斯，不知为什么，他的脸上和手上都沾着白色油漆点。

"我们今天已经询问过那个男孩一次了。如果你不告诉我想和他说什么，那估计也不是什么重要的事。"

"我就想问几个问题。如果你能说服那个护士，作为交换，我保证我明天会请病假。"

"告诉我你想问什么。"

## 26

少年儿童精神科中心的病房和成人病房基本是一样的，唯一的不同是这里有不少儿童尺寸的桌椅，旁边还零星地散落着玩具和书。其实区别作用不大，房间里还是充斥着压抑和悲伤。但图琳过去的经历告诉她，有很多比这里条件差得多的地方。

护士从小男孩的房间出来，故意无视了一旁的赫斯，径直走向图琳。

"我告诉他你们要和他说一会儿话，就五分钟。但是他话很少，来的时候就是这样。你们不要强迫他说，明白了吗？"

"谢谢，这样就好。"

"我在这里给你们掐着表。"护士说着，用手指点了点自己的手腕，然后用厌恶的目光瞥了赫斯一眼——他的手已经放在门把手上，想要迫不及待地进去了。

马格纳斯·卡杰尔在两人进屋的时候没有抬头。他坐在床上，盖着羽绒被，靠在支起来的床头板上；手里捧着一台笔记本电脑玩，电脑上有个大大的医院标志。这是一间单人病房，窗帘已经拉上了，床头桌上的台灯发出柔和的光，电脑屏幕照亮了孩子的脸。

"嗨，马格纳斯。很抱歉打扰你，我叫赫斯，这位是……"

男孩没有回答，于是赫斯凑上前去，走到床边。

"你在做什么？你介意我在边上坐一会儿吗？"

赫斯坐在床边的一把椅子上，图琳则在他身后踱着步子。不知为什么，她想和这两人保持距离——她也说不出是因为什么，但感觉就应该这么做。

"马格纳斯，如果可以的话，我想问你一点儿事，好吗？"

赫斯看着男孩，但男孩没有回答。图琳觉得他们就是在浪费时间。马格纳斯全神贯注地看着屏幕，手指在键盘上来回敲动着。他好像在周身搭起了一个隔离罩，任凭赫斯在一旁精疲力竭地问，他就是一言不发。

"你在玩什么？玩得怎么样？"

男孩依旧没有回答，但图琳马上就看出来他在玩《英雄联盟》，她在女儿电脑的屏幕上也看过这个游戏。

"这是个电脑游戏。你得……"

赫斯向图琳摆了摆手，示意她安静，他则盯着男孩的屏幕问道："是召唤师峡谷吗？我最喜欢这个地图了。你玩的英雄是圣枪游侠卢锡安吗？"

男孩没有回答，于是赫斯指了指屏幕下方的一个符号："如果你玩的是卢锡安，马上就能升一次级了。"

"已经升过了。我现在在等下一级。"男孩的声音机械而单调。

赫斯没有气馁，又指了指屏幕："小心，有些杂兵过来了。你什么都不做的话，基地就要被他们端了。快用技能，不然要输了。"

"我才不会输。我已经用了技能了。"

图琳试图掩盖自己的惊讶。局里的其他同事都对游戏一窍不通，对他们来说游戏就像天书一样复杂——显然赫斯和他们不一样。她本能地感觉到，对马格纳斯来说，这番对话是他今天进行的最有意义的谈话；她同时也有点儿吃惊地意识到，这个坐在男孩身边的男人可能也有一样的感觉，他也是一副兴致勃勃的样子。

"你玩得还挺好。等你打完这一局，我想给你另外一个任务。和《英雄联盟》不太一样，但也很有挑战性。"

马格纳斯把电脑放到一边等着赫斯，但依旧没有看他的眼睛。赫斯从他的内兜拿出了三张照片，倒扣着放在男孩面前的羽绒被上。

"这和我们说好的不一样。你刚刚没和我提照片的事。"

一旁的图琳也凑了过来。赫斯没理她，继续看着男孩说："马格纳斯，等一下我会把这些照片一张张翻过来。你有十秒钟的时间看每张照片，然后你告诉我有没有什么东西不在原来的位置，有没有什么东西是不该出现的，或者有没有奇怪的、不属于那里的东西。就像是挑出混进你地盘里的特洛伊木马。好不好？"

这个九岁的男孩点了点头，全神贯注地盯着羽绒被上照片的背面。赫斯翻开第一张照片，是位于席德凡格路房子厨房的一角，有几个架子放着香料和男孩的抗焦虑药。照片应该是根茨和取证部的人照的。图琳突然意识到他来医院之前还去了趟局里，她不由得警惕了起来。

马格纳斯的眼睛扫过照片上的每一个细节，机械地分析着照片，但最后摇了摇头。赫斯向他报以赞许的微笑，然后又翻开一张照片。这是另一张随手拍的照片，照片上是客厅的一个角落，照片中间的沙发上堆着一堆女性杂志，还有一条折起来的毯子。背景里有一个窗台，上面放着电子相框，显示着男孩自己的单人照片。马格纳斯又像刚才那样仔细看了一次，但还是摇了摇头。赫斯翻开了最后一张照片。这是玩具屋的一张特写，图琳的胃里一阵抽搐，她仔细打量着照片，确保里面没有劳拉·卡杰尔的身影。照片拍摄的角度对准了秋千和背景里棕铜色的树，但不过片刻，男孩的手指就指向了照片右上角，从横梁上悬挂下来的栗子人。图琳看着他的手指，房间里的沉默让她倍感煎熬。赫斯开口了。

"你确定吗？你从没见过这个东西？"

马格纳斯·卡杰尔摇了摇头："昨天喝茶之前和妈妈去游乐场玩过，没有栗子人。"

"好极了……你真是太棒了。那你知道是谁把它放在那里的吗？"

"不知道。任务完成了吗？"

赫斯看着男孩，又挺直了自己的身子。

"任务完成，谢谢你……你真是帮我大忙了，马格纳斯。"

"妈妈不会回来了吗？"

有那么一会儿，赫斯不知道该如何回答。男孩仍旧没有看向两人，这个问题在空中盘旋了好一会儿，赫斯才握住男孩放在羽绒被上的手，凝视着他。

"你的妈妈不会回来了。她现在在另一个地方。"

"在天堂吗？"

"是的，她现在在天堂。那是个好地方。"

"你还会回来陪我玩吗？"

"当然会了。我过两天还会来。"

男孩又打开了电脑，赫斯才不得不松开了他的手。

## 27

赫斯背靠着出口站着，吸着烟，风带着缭绕的烟雾在高楼和树木之间盘旋。他面前是昏暗的停车场和黑漆漆的老树，树的根部交错虬结，让柏油路面隆起。图琳穿过玻璃自动门从楼里走出来时，刚好瞥见一辆救护车跌跌撞撞地疾驶进了地下车库。

在他们从男孩房间出来之后，图琳又去找护士说了会儿话，好为工作收一下尾，同时也确保男孩能得到最好的照顾。等她们说完，赫斯就已经不见了。她走进了停车场。看到赫斯在等她，她感到些许欣慰。

"这个孩子之后会怎么样？"

她和赫斯认识还不到二十四小时，他用这种稍显亲昵的口吻问问题似乎有些不太合适，但他无疑确实想知道问题的答案。

"这就看社会福利工作者怎么安排了。不幸的是，他没有别的亲人，所以他们可能会找他的继父商量解决办法。当然，前提是他继父无罪。"

赫斯看着图琳，问道："你觉得他有罪吗？"

"他没有确凿的不在场证明。这类案子 99% 都是丈夫作的案，而且我们现在也没有什么别的线索。"

"怎么没有？"赫斯目不转睛地看着图琳的眼睛说道，"如果男孩所言不虚，那个带着指纹的栗子人有可能是谋杀发生当晚被带到案发现场的。这不寻常。这么说吧，我觉得这不是巧合，怎么可能刚好有个人一年前在路边摊买个栗子人，然后恰巧当晚放在那里。你觉得可能吗？"

"栗子人和案子之间不见得有什么联系。男孩的继父轻而易举就能杀掉那个女人；而且那孩子说栗子人原来不在那里，也可能是他弄错了。我的意思是，现在这个情况，很难找到别的合理解释。"

赫斯好像还有话要说，但欲言又止。他低头把烟头扔在地上踩灭并说道："嗯，可能是没有。"

他向图琳点了点头就匆忙告辞。图琳在他身后，看着他步履艰难地穿过停车场。她本想问需不需要开车载他到城里，但刚一张口就有一阵狂风吹过，什么东西掉在了她身后的水泥板上。她转身看到一个棕绿色的刺球滚到了车旁边的坑里，坑里还有许多其他这样的刺球堆在一起。她意识到了这些球是什么——一棵栗子树的树枝遮在她的头顶上。她注视着摇曳的枝干，上面还挂着许多别的棕绿色刺球，但都尚未成熟。恍惚间，她仿佛看到了克莉丝汀·哈通做栗子人时的场景——坐在客厅的餐桌旁，也许是别的什么地方。

## 10 月 12 日 星期一

## 28

"我不想再重复一遍了。我开车回旅馆，然后就去睡觉了。我现在只想知道什么时候能带马格纳斯回家！"

在谋杀案部门走廊尽头的小房间里，灯光亮得刺眼，空气也闷得让人透不过气。汉斯·亨利克·霍芝抽泣着，攥紧了自己的手。他的衣服上全是褶子，身上散发出汗臭味。自从发现劳拉·卡杰尔的尸体到现在已经过去六天了，图琳把他押在局里也已经快两天了。法官给他们部门四十八个小时搜集用以起诉他的证据，但到目前为止，他们还是一无所获。图琳坚信他还有没坦白的事情，但这个男人不是白痴。他是一个毕业于南丹麦大学的计算机科学家，在工作中作风保守、循规蹈矩，但能力很强。他以前是一个频繁搬家的自由职业者程序员，直到遇到劳拉·卡杰尔，他才在一家位于卡伍博码头滨水区的中型 IT 公司找了一份稳定的工作。

"没人能证实你周一晚上确实待在旅馆里。而且直到第二天早上 7 点，都没有人注意到你的车是否确实停在旅馆的停车场。你当时在哪儿？"

在霍芝被拘留的时候，他行使自己的权利要求法庭为他指派了一名律师。一位年轻的女律师，敏锐机警，身上散发出优雅的芬芳，穿着图琳永远也买不起的衣服。这时，她提出了意见反对："我的委托人坚称整晚都待在旅馆里。他已经极具耐心地反复表示他与此案并不相关。我希望尽快放人，除非你们能提供新的证据。"

图琳盯着霍芝，问道："你没有不在场证明，而且在你出差当天，劳拉·卡杰尔就未经你同意换了锁。这是为什么？"

"我和你说过了。马格纳斯弄丢了一串钥匙……"

"是不是因为她有了别的什么人了？"

"不是！"

"她告诉你换锁的时候你生气了……"

"她在电话里没有提她换了锁！"

"马格纳斯的病肯定给你们的关系增添了压力。我能理解，如果她突然告诉你，她要投入别人的怀抱，你肯定会大发雷霆。"

"我没听说过她在外面有什么别的人，而且我从来没有对马格纳斯生过气！"

"所以你对劳拉生过气？"

"没有，我没有对劳拉……"

"她换了锁，因为她不再需要你了，这就是她在电话里告诉你的东西。你觉得已经为她和孩子付出了那么多，你感到失望至极，所以回了房子……"

"我没回去！"

"你敲了敲门或者窗户，她因为不想把孩子吵醒，所以就让你进了屋。你试着和她谈一谈。你提醒她，手上还戴着戒指……"

"根本不是这样的！"

"那是你给她的订婚戒指，但她一脸冷漠，满不在乎。你把她带到外面，但她一直叫你滚。她喊着你们之间都结束了，你没有权利再找他们，也不能再见马格纳斯，因为你对他们来说什么都不是了。最后你终于……"

"根本不是这样的！我说过了！"

图琳能感受到律师充满怒气的目光，但她还是只看着霍芝。他又开始攥紧自己的手，拨弄着手上的戒指。

"你这样是行不通的。我的委托人刚刚失去未婚妻，而且还要为孩子的事情操心，你们继续关押他是非常不人道的行为。我的委托人希望能够尽快回家，这样能让孩子找回一点儿安全感，让生活回到正轨，只要你们撤销……"

"看在上帝的分上，我只是想回家！你们还要在我们的房子里待多久啊？你们在我这儿已经问不出什么来了！"

霍芝的爆发让图琳感到有些困惑。这已经不是他第一次表达不满了。他很不耐烦他们一直这样封锁和搜查他的房子，不让他进。然而，按理说，他应该更愿意让警察多花一些时间搜查房子里的蛛丝马迹才对。但换个角度看，他们已经检查房子里的每一个边边角角太多次了，如果他真有什么想隐瞒的东西，肯定早就发现了。图琳也只能相信，他有这样的反应只是在为男孩着想。

"我的委托人无疑是非常愿意配合你们调查的。但他现在可以走了吗？"

汉斯·亨利克·霍芝紧张地看着图琳，图琳也知道现在不得不放他走。再过一会儿，她就得向尼兰德汇报，他们在劳拉·卡杰尔谋杀案上还是毫无进展。尼兰德无疑会大发雷霆，叫她别再磨叽，赶紧好好干活；还会叫她别继续浪费时间和资源。而且他可能还会问赫斯究竟又跑去了哪里。她也不知道赫斯在哪儿，这是实话。他们上周二晚上从格洛斯楚普医院出来后，就分道扬镳了，赫斯只做最基本的工作，而且想来就来、想走就走。周末他打电话问了问案子的进展，电话那头听起来像是在什么家居装修店，背景里总是有个人在絮絮叨叨地说着油漆和色号的事。打完电话，图琳感觉他就是想在这里打个卡，让人觉得他还在负责这个案子。当然，她无意对尼兰德说这些，单是赫斯的缺席就可能让他大为光火，生气程度应该不亚于对霍芝的审问一无所获这件事。图琳还想在和尼兰德谈话的最后，再提醒他一下国家网络犯罪中心推荐信的事，但如果放在这些事后面再说，可能也不会太顺利了。本来他们说好上周五讨论一下推荐信的问题，但当时尼兰德没空。

"他可以走了，但在调查结束之前，还是不能进房子，所以你的委托人得去找别的住处。"

那位律师一脸满意地合上了她的公文包。有那么一瞬间，图琳看出霍芝还想抗议，但他的律师用眼神制止了他。

# 29

路边高大桦树的金黄色叶子在风中疯狂地摇摆着，赫斯把警车直接停在了取证部大楼的正门前。他向二楼的接待处走去，一路上无论谁对他的身份有疑问，他都飞快地向来人出示警徽，说明他来是有预约的。根茨没一会儿就到了，他穿着白大褂，有点儿惊讶地盯着赫斯看了看。

"我想做个小实验，需要你的帮助。花了不多长时间，但我需要一个无菌度良好的房间，还要一个会用显微镜的技术员。"

"我们这里的人基本都会用。你这是要干什么？"

"首先我得知道我能不能信任你。这个实验很可能会失败，所以可能也不值得花时间做，但我还是希望试一试，万一能有发现呢。"

根茨刚刚一直用一副怀疑的神态看着赫斯，但听到这话时露出了笑容。

"如果你这么说是在回敬我上次说的话，我希望你能明白我当时必须得非常小心保证消息不会传出去。"

"现在我是那个必须得非常小心的人了。"

"你是认真的？"

"我是认真的。"

根茨迅速回头看了一眼，好像突然想起来他还有什么工作要做。

"只要你的实验和案子相关，而且不犯法就行。"

"只要你不是素食主义者就没问题。那我从哪里能把车开进来呢？"

大楼侧面最靠里的一扇电子门升了上去。赫斯刚把车倒进楼里，根茨马上就按了按钮让门降了下来，都没带进来一片多余的落叶。房间的大小和汽修车间差不多，这是取证部用于检查车辆的实验室。虽然赫斯想检查的并不是车，但这个房间也刚好合适。天花板的灯功率很大，地上也有排水槽。

"你要做什么实验？"

"你一会儿帮我抬一下另一边。"

赫斯打开了后备厢，根茨吓得倒吸了一口凉气。他看到一具苍白的尸体，周身裹着厚厚的透明塑料布。

"这是什么？"

"一头猪。大概三个月大。我从鲜肉市场运过来的，一直冻在冰柜里，一小时前才取出来。来，咱们把它放到那边的桌上去。"

赫斯抱着猪的后腿，而根茨犹犹豫豫地抬起猪的两只前蹄。两人合力把猪拽到了房间一侧的钢制桌子上。猪已经被开了膛，去了内脏，毫无生气的眼睛盯着墙。

"我不懂。这和案子有什么关系？如果你是在开什么玩笑的话，我可没时间陪你玩。"

"这不是玩笑。这家伙重达四十五千克——也就是说跟十一二岁的孩子差不多重。它也有一个脑袋四条腿，尽管软骨、肌肉还有骨骼都和人体略有不同，但用它来做参照工具还是相当好的，可以用来比较肢解尸体之后的效果。"

"肢解尸体？"

根茨难以置信，他呆呆地望着赫斯。赫斯又回到了车上，从后座上拿出一份案件卷宗，还有一个包起来的东西。他把文件夹在胳膊下面，又取下那件东西上的厚厚包装，里面是一把长度接近 1 米的大砍刀。

"等咱们弄完了，要检查的就是这把砍刀。这把刀几乎和哈通案凶手用的一模一样，咱们尽量按照犯人在口供中描述的方法来肢解这头猪。我去弄条围裙来。"

赫斯把刀和哈通案的卷宗一起放到了根茨旁边的桌上，然后从一排挂钩上取下一条围裙。根茨低头看了看报告，又看了看赫斯。

"为什么？我还以为哈通案跟这个案子不相干。图琳对我说……"

"就是不相干。要是有人问我们在干吗，就说我们是要提前把圣诞节的猪肉切好放冰箱。是你先动手，还是我来？"

上周的这个时候，赫斯无论如何也想象不到现在会肢解一头猪。但后来发生的一件事，让他对劳拉·卡杰尔的谋杀案产生了一个与之前截然不同的想法。这件事不是在去格洛斯楚普医院和马格纳斯说话之后产生的，但当晚他的确产生了强烈的不适感。一个沾着克莉丝汀·哈通指纹的栗子人，被留在当晚谋杀案发生的现场，事情虽说离奇，但他也打算接受这是个巧合的说法。可在从格洛斯楚普医院回家的火车上，他发现自己又开始不自觉地回顾起这个案子。他并不怀疑早在一年前，哈通家的姑娘就已经被杀害并肢解的事实，图琳就是这样告诉他的。他从自己的个人经历总结出，在丹麦的警察机关工作并不是个容易的差事，谋杀案小队的工作效率以及破案率多年来能跻身于欧洲精英之列是件了不起的事。在这个国家人命可是大事，如果关乎儿童的性命，那就更是如此。这起案件关乎一位杰出议会议员孩子的性命，就更算得上是国家大事了。由于克莉丝汀·哈通是部长的女儿，此案经历了全方位细致的调查，参与的有警探、取证组、遗传学家、特种部队还有情报部门，他们当时几乎二十四小时连轴转。这起发生在小姑娘身上的案子，很可能已经被看作是罪犯对民主体制的一场进攻，所有人都全力以赴。他非常信任案件的调查程序以及最后结果，或许真实地存在着那个离奇的巧合。他回到在奥丁的住所后，这种不适感还是让他耿耿于怀。

　　调查一天天过去，怀疑的焦点也合乎逻辑地落在了死者男朋友汉斯·亨利克·霍芝的身上，而赫斯也退一步认同了审问霍芝的做法。现在图琳是负责劳拉·卡杰尔案子的警官，她为人严谨、冷静沉稳，非常明确地想要离开这个部门，以寻求职业上的发展。她对人的冷漠是出了名的，但是两人合不来也不都是她的问题。如果不算那次自发地去找马格纳斯·卡杰尔谈话，赫斯为这个案子所做的努力可以说是微乎其微。他一有机会就从工作中溜之大吉，把大多数时间花在欧洲刑警组织上司的评估报告上面。他和弗朗索瓦共享了文档，几经修改，最终把报告交给了弗里曼，之后就在等待这位德国上司对他最后的审判。在等待期间，他开始了公寓的翻新工作。一想到过不了多久他就会回归过去单调的工作——当然，得在一切顺利的情况下——他甚至都找好了房产中介准备卖房子。实际上，他联系了好几个中介。前三个都不愿意把他的公寓放进房产目录里，第四个接受了。但中介提醒他，没有一年半载，公寓是找不到买主的。据他们所知，这个地区实在是声名狼藉。其中一个中介还补充道："除了活得不耐烦的人，没人会买的。"那个热心过头的物业管理员又开始劝他重新粉刷房子，而且在粉刷公寓时，这个矮个子的巴基斯坦人在他耳边喋喋不休。尽管如此，一切都可以说进展顺利。

但昨天晚上发生了一件事。他先是接到了一通来自海牙的电话，一个声音冷冰冰的秘书用英语告诉他，弗里曼想在第二天下午3点和他开电话会议。一想到终于有对话的机会，他不由得振奋了起来。趁着情绪高涨，他开始动手粉刷天花板，不然在心情一般的时候，他才不会愿意费这个力气。不巧家里的硬纸板都用光了，物业管理员就从地下室拿了一沓旧报纸上来，铺在地板上。就在他刚刚刷完厨房的天花板时，在梯子上瞥到了克莉丝汀·哈通的身影，她在其中一张报纸上面盯着他看。

报纸的内容对赫斯产生了极大的诱惑，他用油漆斑斑的手捡起了那张报纸。报纸的头条是"克莉丝汀在哪里"，然后他开始到处找有关后续报道的那张报纸，最后终于在厕所边上找到了。那是一则去年十二月份的专题报道，总结了整个案件的始末，以及搜寻克莉丝汀·哈通尸体未果的事实。虽然警方当时已经对克莉丝汀的生死做了定论，但文章还是用了一种故作神秘的语气。报道说，在一个月前的审讯中，此案的凶手莱纳斯·贝克承认了性侵、杀害并肢解了女孩的罪行，但警方还没有找到尸体的任何部分；文章旁边还印了一张警察在灌木丛里搜索的一张黑白照片烘托气氛。几位不愿透露姓名的警方人士表示，很可能是狐狸、獾或者其他动物挖到并吃掉了尸块，所以他们到目前为止还一无所获。尼兰德对搜索的进展表示乐观——尽管他自己也承认天气转冷会妨碍工作进展。文章的记者问莱纳斯·贝克的口供会不会是假的，毕竟一直都没有找到尸体，但尼兰德根本不予理会他这个想法。就算没有贝克自己的口供，他们也有充分的证据证明他谋杀并肢解了女孩，然而尼兰德并没有透露更多的细节。

赫斯努力让自己的注意力继续集中在刷墙上，但最终不得不承认自己可能得去一趟警局才行。一部分原因是他得去取辆警车，第二天好开车去家居装修店取地板磨光机，另一部分原因则是他得去局里确认一点儿东西才能安心。

现在是周日上午 10 点，警察局里走廊空荡荡的。他运气好，赶上了最后一个执勤的管理处人员。他告诉管理员，想要查阅劳拉·卡杰尔一案的卷宗，随后在部门昏暗的角落里找了一台电脑登录了数据库。等执勤人员一走，他便开始查阅克莉丝汀·哈通案的卷宗。

文件材料非常详细。警方大约询问了五百人，搜查了几百个地方，不计其数的物品送到取证部进行检测。赫斯专注于搜索对莱纳斯·贝克不利的证据，这让他的工作容易了不少。但问题是，他在读过文件之后，不但完全没有安心，反而更加心神不宁了。

在赫斯脑中挥之不去的一点是：在收到一封匿名举报信之后，莱纳斯·贝克才成为案子的嫌疑人。他有过性侵的前科，所以早就被例行审问过了，但对他的调查无疾而终——直到收到举报信，情势才有了变化，可到最后警方也没能搞清楚是谁发的举报信。让赫斯心烦的另一点是，贝克坚称不记得埋藏女孩被肢解尸体的确切位置了。当时天色已晚，而且他也处于神智混沌的状态。

在位于比斯佩布杰格公寓的车库里，警方找到了对贝克不利的证据，发现了他用来肢解克莉丝汀·哈通的凶器——显然这是尼兰德在文章中提到的决定性证据。那件凶器是一把长达 90 厘米的大砍刀，取证部的遗传学家对其进行分析，确认了上面的血迹属于克莉丝汀·哈通。此外，他当时也已经对犯罪的事实供认不讳，凶手无疑就是他。据他描述，他开车尾随那个女孩到树林里，按倒了她，然后侵犯并勒死了她。他用后备厢里的黑色塑料袋把尸体包起来，然后开车回家，从车库里拿出砍刀和铲子。然而他坚称自己的记忆有中断，只能回忆起几个画面。他告诉警察，当时天黑了，他开车载着尸体到处转，然后抵达了北西兰的一片森林。他在那儿挖了一个洞，切碎了尸体，埋了几块，可能是先埋了躯干；然后继续开车前往森林深处，把剩下的四肢埋在了别的地方。他的口供和取证部遗传学家的分析证实：那把砍刀的确就是袭击克莉丝汀·哈通的凶器，案子就这样结了。

那份对凶器的分析报告让赫斯一大早就去了鲜肉市场。在路上经过城里的旧货市场附近时，他凭着以前在谋杀案小队工作的记忆，找到了一家渔猎用品店。这家店仍然在卖一些奇奇怪怪的武器。每次到这里，他都忍不住思考卖这种东西合不合法。他买了一把大砍刀，这把刀和哈通案的那把并不完全一样，但刀片的长度、重量、形状都差不多，而且两者材质也相同。他本来不确定是否找取证部的专家来帮他做这个实验，但因为知道根茨的名望很高，连欧洲刑警组织的专家都很认可他的水平，便决定去找他。这样还有一个好处，可以避开组里的老熟人。

他们已经把猪肢解得差不多了。赫斯开始处理猪的最后一条腿，那是条前腿，他精准地重重砍了两下肩胛骨下面的关节，把腿卸了下来。他擦了擦额头，然后往退后了几步。

"还要干什么？这算弄完了吗？"

根茨刚刚一直帮赫斯把猪按在桌上，他松开了按住猪前腿和身子的手，低头看了看表。赫斯对着光，仔细检查着刚刚刀刃和骨头接触的位置。

"还没完。我们再把刀弄干净就行了。你有没有非常强力的显微镜？"

"干什么用？我还是没明白我们这是在做什么。"

赫斯没有回答，只是用食指小心翼翼地抚摩着砍刀的刀刃。

## 30

图琳心烦意乱地划着她面前的屏幕，眼前闪过一行行的字，上面是从劳拉·卡杰尔的电子设备里提取出来的资料。取证部的电脑技术员帮她整理出了三个文件夹：卡杰尔的短信、电子邮件和更新的脸书。过去一周，她已看过好几遍这些材料了，但他们刚刚释放了霍芝，案子又没有了调查方向。图琳让两个调来供她差遣的男警探，再总结一下除了霍芝还有什么别的嫌疑人，她一会儿好给尼兰德做汇报。

"那个男孩的特教可能有嫌疑，"一个警探说道，"他和劳拉·卡杰尔的接触非常频繁。那孩子的情况很不稳定，要么是完全处于自闭的状态，要么会有突发的攻击和暴力行为。他有几次和劳拉会面的时候建议过把孩子送到特殊学校去。可能他们一来二去产生了感情。"

"怎么产生的？"图琳发问道。

"有可能这位妈妈开始和那个老师发生关系，有天晚上那位老师不请自来，希望能和她再度春宵，然后就出问题了。"

图琳没有理会他的猜测，试着再专心过一遍屏幕上一行行不停涌现的词句。

那位电脑技术员说得挺对的：在谋杀案发生前，劳拉·卡杰尔的网络通信记录寻常至极，没有提供任何线索，只不过是一大堆无足轻重的废话，她和汉斯·亨利克·霍芝的聊天记录更是如此。因此图琳申请调出劳拉自她丈夫两年前去世起的所有短信、电子邮件和脸书数据。根茨用手机给图琳发了密码，好让她查看警察局电脑里的档案，趁这个机会，还问了问她在栗子人身上发现克莉丝汀·哈通的指纹，这个爆炸性的消息对案件的调查产生了什么影响。在根茨的职责范围内，虽然可以继续调查此事，但与这枚指纹相关的种种都让她心烦，所以她也就草草说既然栗子人身上的指纹已经有了合理的解释，他们也就不必在这些证据上继续浪费时间。但她说完就后悔了，毕竟他是为数不多的愿意跟进案件进展的技术员。她决定改天接受他的跑步邀请，借机再和他聊一聊。

图琳没能完完整整地看完全部的文件，但她蜻蜓点水式的阅读也足够拼凑出这位女性死者的情况。问题是，尽管如此还是没有任何头绪。她也去劳拉·卡杰尔工作的地方调查过，可案情依旧毫无进展。劳拉生前工作的牙科诊所位于市中心繁华的步行街上，图琳在无菌的牙医办公室询问情况时，劳拉生前的同事悲伤地表示她是个重视家庭的女人，每天都围着她的孩子马格纳斯转。在丈夫几年前去世时，她非常消沉，不光是为死去的丈夫，也是为七岁的儿子。他本来是个无忧无虑的小孩，但因为父亲的死变得沉默而内向了。她非常不适应自己的单身生活，所以一位年轻的女同事开始向她介绍各种婚恋网站，可能就是在这上面遇到了新的爱人。图琳看过她的邮件，也知道她曾经和几个男人约过会。她起初用的是 Tinder、Happn 和 Candidate 这类交友软件，但是在这些软件上，遇不到想要认真谈恋爱的人，所以她改用了"二度恋爱"这个网站。在几次不怎么成功的相亲之后，她遇到了汉斯·亨利克·霍芝。霍芝和前几个相亲对象不一样，非常宽容，不介意儿子的情况，显然她已经深深地坠入爱河，又开开心心地回归家庭生活。然而，马格纳斯的社交障碍变得越来越严重，已经被确诊患有自闭症，她变得越来越急切，希望能找到可以帮助儿子的专家。如果不算上牙根管和牙齿漂白的话，他成了劳拉在诊所和同事们聊得最多的话题。

想从劳拉的同事嘴里听到霍芝的坏话简直不可能。霍芝有时会来接她下班，而且对孩子非常耐心、关心甚多，显然已经成了她的精神支柱。还有几个同事觉得，如果没有他，劳拉很可能已经崩溃了。他们还说，过去几周里，她谈论儿子的次数比以前少了。在案发前的一个周五，她请假并取消了原本和几个同事去马尔默参加培训的行程，只为了多陪陪儿子。

图琳根据劳拉之前的短信就已经知道了这些。霍芝在上班时给她发过几条短信，担心她这样为儿子着想会疏远同事，让自己孤立起来，但她只是敷衍地回复两句，要么干脆不回。尽管如此，他也完全没有生气的迹象，会继续发一些短信试图再引起她的注意。还会用"我的挚爱""亲爱的""小可爱"这种让图琳感到恶心的肉麻方式称呼。

图琳本来指望，也十分希望，在关押霍芝期间，对他通信记录的调查能够揭露出他不为人知的一面。然而，她再一次失望了。通信记录显示他在卡伍博码头的科技公司工作，是一个工作认真、有价值的员工。除了劳拉和马格纳斯，他生活中最大的业余爱好就是装修房子、整理花园，当然也包括那个车库。能看出来，车库的地基和主体结构都是他自己搭建的。霍芝的脸书主页也没什么东西，只有张照片，上面的他穿着工装裤站在花园里，旁边放一辆独轮手推车，劳拉和马格纳斯站在他身旁，看起来没什么可疑的。他的浏览器里甚至没有色情网站的浏览记录。在最开始的几次审问里，图琳也问过他为什么对这些社交媒体不感兴趣，他说每天工作的时候都整天对着屏幕，所以下班之后想干些别的。他这副善良无害的形象也在他的同事和为数不多的朋友中得到了印证。在案发前的那段时间和商展会上，没人觉得他有任何异常。

接下来图琳只能寄希望于根茨和取证部的调查。他们仔细检查了霍芝的车、衣服和鞋子，寻找劳拉·卡杰尔血迹的痕迹或者其他能证明他在那晚犯下谋杀罪的证据，但最终还是一无所获。根茨告诉她，连劳拉嘴上缠的胶带和手腕上绑的绳子都和他车库里架子上的不一样，图琳开始失去希望了。

现在都还没有找到用来殴打劳拉的棒子、截掉她手的锯子以及那只被截下来的手。

图琳登录电脑账户，又做了个决定，看来尼兰德得等她一会儿了。她起身拿上外套，屋里两个警探还在热火朝天地聊着"特教杀人论"，她打断了两人。

"别管那个老师了，我们继续查霍芝。再查一遍交通监控录像，看看在当晚 10 点和次日 7 点之间，霍芝的车有没有出现在会议中心到哈瑟姆这段路上。"

"霍芝的车？我们不都查过了吗？"

"那就再查一次。"

"我们不是刚刚才放了霍芝吗？"

"你们一旦发现什么就给我打电话。我再去找霍芝的老板谈谈。"

两人还没来得及抗议，图琳就一个箭步走了出去。赫斯刚好出现在了门口。

"你现在有空吗？"赫斯看上去有些心烦意乱，他看了一眼图琳身后的两个警官。

图琳没管他，从他身边走了过去。

"没空。"


## 31

"很抱歉我今天早上不在。我知道你放了霍芝，但是可能这也不重要了。我们还得说说指纹的事。"

"那枚指纹根本无关紧要。"

图琳大步流星地穿过长长的走廊，她听出赫斯紧紧跟在身后。

"那个男孩说案发之前那个栗子人不在现场。你得调查一下有没有别人能证实这一点。问问住附近的人或可能目击到什么的人。"

图琳走到了螺旋楼梯的顶端，往下走就是中庭。她的电话响了，但她不想放慢脚步，就没有接。她一路走下台阶，电话就这么响着，而赫斯还紧紧地跟在她后面。

"不行，这事不是都已经找到合理的解释了？在这个部门，我们应该在还没结的案子上花工夫，不该在已经结了的案子上浪费时间。"

"但这事我们得再讨论一下。看在上帝的分上，你等一下！"

图琳到了楼梯的底部，就在要进入中庭时，赫斯突然抓住了她的肩膀，让她停下。她一扭身挣脱了他，瞥了一眼，看到他手里紧紧抓着一个文件夹，她马上就认出了那是份案件概要。

"根据原始的分析报告，在莱纳斯·贝克用来肢解克莉丝汀·哈通的凶器上，没有发现骨头的碎片。那上面只发现了她的血液，再加上贝克的口供，他们就这样推断所谓的'尸体肢解论'。"

"你到底在说什么？你从哪里弄来的报告？"

"我刚从取证部那边过来，根茨帮我做了个实验。实验证明，只要用刀砍骨头，无论什么骨头，刀具刃上的裂缝和凹槽上都一定会留下微量的碎片。你看我们实验用的砍刀的显微镜图片。无论把刀清洁得多彻底，都基本不可能除掉上面的碎片。但是原始的法医报告显示，他们只发现了血迹，没有碎片。"

赫斯递给图琳一本照片册中的几页，图像看起来是在金属表面上分布很多细小微粒，应该就是从他说的那把砍刀上拍的。但吸引她注意的是另一张四肢被切下来的照片。

"那张照片背景里是什么？是头猪吗？"

"这是我们实验的照片。这些不算证据，但重要的是……"

"如果这真的与哈通案有关，他们以前应该也发现过这个疑点了，你不这么觉得吗？"

"可能以前这个疑点无足轻重，但现在不一样——现在我们发现了指纹！"

打开楼的大门，呼啸而入的冷风带进来两个大笑着的男人。其中一个是蒂姆·詹森，一位身材高大结实的探员，好像永远都和他的搭档马丁·里克斯在一起。在大家眼里，他十分敏锐又经验丰富；但在图琳眼里，他就是一只满脑子大男子主义的蠢猪。她仍然清晰地记得，有年冬天训练的时候，这个男人把他的大腿根部往她身上蹭，直到她给了他太阳穴一记肘击才肯罢休。话说回来，从莱纳斯·贝克身上套出口供的正是詹森和他的搭档。图琳觉得两人在部门里的地位无可撼动。

"看看这是谁啊，赫斯。回来度假来啦？"

詹森一边幸灾乐祸地笑着，一边和赫斯打着招呼，而赫斯没有回应。等两人都走过中庭，赫斯才继续开口说话。图琳觉得他谨慎成这个样子实在有点儿离谱。

"可能我的这个发现什么都不算，毕竟刀上还是发现了她的血。对我来说，这也不是什么大事，但是得去找你的上司汇报这个发现，然后再看看接下来该怎么办。"赫斯盯着图琳的眼睛说道。

图琳不想承认，但在格洛斯楚普医院见完马格纳斯之后，她和赫斯一样，也登录数据库查阅了哈通案的档案。她也想确认一下这个案子还有没有疑点，但根据所查到的资料，她觉得确实没什么值得注意的了。只不过档案里的细节让她再一次意识到，那天他们去哈通家时那两人该有多痛苦。

"你现在告诉我这个，是因为你在海牙工作过，所以就成谋杀案专家了？"

"不是，我告诉你是因为……"

"那你就别插手这个案子。你不要遇到一点儿小事就大惊小怪，还到处戳人的痛处。现在好好干活的人是我，而你该干的事全都没干。"

赫斯看着图琳。图琳从他的眼神中能看出来他很吃惊，她突然没那么生气了。原来这些天他一直沿着他的思路调查，根本没注意到他做的事毫无成效。不过这也没能改变图琳对他的看法。她继续往大门外走，一个声音从中庭另一头传来。

"图琳，信息部的技术员要和你说话！"

图琳抬头，看到楼梯上一个警官正举着手机朝她走过来。

"和他们说我回头再打给他们。"

"这件事很重要。刚刚劳拉·卡杰尔的手机上又收到了一条短信。"

图琳感到赫斯顿时警觉了起来，他也转身看向那位警官。图琳接过了手机。

电话那头是个年轻的电脑技术员，图琳记不清他的名字了。他说话很快，有点儿语无伦次地努力解释那边的情况。

"是受害者的手机。我们做完调查一般都会办理停机，但这通常要花上几天时间，所以现在她的号码还能用，她的手机还是可以……"

"告诉我短信的内容是什么。"

图琳眼睛盯着中庭四周立着的柱子，空中飞舞着黄铜色的叶子。她听着电话那头的技术员读着短信的内容，赫斯的视线落在她身上。恍惚中，一阵寒风从门缝吹了进来，她听到了自己问对方能不能追踪到发信人的回声。

## 32

还有十五分钟罗莎·哈通就要和支持她的政党党魁格特·布克会面了，但她开始意识到有什么东西完全不对劲。

她在克里斯钦堡的几天非常忙碌，提高明年社会政策预算的提案，成了她的部门和布克办公室踢来踢去的"皮球"。她和沃格尔夜以继日地修改着提案，希望方案能让两边都满意。这样忙碌的工作也正合她意。六天以来，她一直在努力让自己忘记那两个警察给她带来的短暂希望，让自己像首相期待的那样，全身心地投入到这份提案上。她不想辜负首相的信任，因为这对她来说至关重要，更因为她以个人的名义向首相担保，已经完全准备好再次担任部长一职。她可能其实没有完全准备好，但这次回归是极为重要的。幸运的是，一周以来，她没有受到其他威胁或是打扰，也越来越觉得事情在步入正轨——但是现在她又觉得事情不对劲了。她坐在议会礼堂旁边的会议室里，审视着眼前的格特·布克。沃格尔正在向布克解释几处修改建议，而布克则在一旁礼貌地点着头。她感觉布克的注意力不在沃格尔身上，似乎对手里纸板上面的涂鸦更感兴趣。布克张口说话的内容让她吃了一惊。

"我明白你的观点了，但我得和党内的人再商量一下。"

"你不是已经和他们商量好几次了吗？"

"但现在我还得和他们再商量一次。有什么问题吗？"

"你说什么他们都会听的。我想知道我们能不能达成协议，至少在……"

"罗莎，我知道流程安排。但我说了还需要再商量一下。"

罗莎看着布克起身准备离开。她懂他的意思了，他的这套说辞就是在拖延时间，但不明白他为什么这样做。他无论是政治后盾还是选民支持都还未成气候，如果他现在能和自己达成一致意见，他的仕途就能再次走上正轨。

"布克，我们可以让步，但你不能得寸进尺。已经谈判一周了，我们已经做了妥协，但不能……"

"在我看来，首相是在给我们施加压力，但我不喜欢这种局面，也不想将就，所以还要再多花些时间。"

"什么压力？"

格特·布克又坐了下来，身子向前倾着。

"罗莎，我很喜欢你的为人，也很同情你的遭遇和孩子的事情。但说实话，他们特地派你来接手这件事，似乎是觉得有你事情就容易办了，但并不是这样的。"

"我不明白你的意思。"

"你不在的这一年里，政府在一起又一起的风波中栽了跟头，而且最近的民调结果也很糟糕，首相都要绝望了。现在他想把明年的财政案做成一次巨大的布施活动，所以他故意拉你这个最受欢迎的部长入局，给他当圣诞老人，这样就能及时赢回选民，好赶上下次大选。"

"布克，他们没有'拉我入局'，是我自己要求回来的。"

"随便你怎么说吧！"

"如果你觉得这个提案是'施舍'，那我们应该再讨论一下提案内容。现在议会任期只过了一半，我们接下来还要继续共事两年，所以我还是希望能够找到一个令双方都满意的解决方案。但你好像只想拖延时间。"

"我没有拖延时间。我只是说，在这个提案上，我们都面临很多挑战：我有我自己的顾虑，而且显然你自己也有要解决的问题。你应该明白，这事不会一帆风顺的。"

布克向她投去一个礼节性的微笑，而罗莎眼睛则死死地盯着他。沃格尔在一旁试图缓解紧张的气氛，不过所有的努力都是徒劳。沃格尔又试着搭了话："布克，如果我们再削减一下……"

罗莎突然站起身来："不用说了，今天就到此为止吧。我们就给布克一些时间，让他去和党内的人商量一下。"

沃格尔还没来得及再说什么，罗莎就点头告辞，大步流星地走出门去。

克里斯钦堡的主厅里挤满了游客和声情并茂的导游，他们指着天花板上的壁画，细数着历届国家领导人的生平。罗莎今早来的时候就注意到了门口的旅游巴士，虽然她是非常支持"民主透明"这一套的，但她在穿过人群，踏上台阶的时候还是十分紧张。沃格尔在半路追上了她。

"我只是想提醒您，我们还是很依赖他们的支持。他们是政府在议会的基石。您不能那样对布克，即使他提到了您的……"

"这和他说了什么没有一点儿关系，我们就这么浪费了一个星期。他的计划就是让我看起来没法胜任这份工作。在我们谈判破裂不得不举行选举的时候，他就能以此为借口给他的支持者一个交代了。"

罗莎很清楚布克早就厌倦了和现政府合作，他很可能已经接受了反对党开出的更吸引人的价码。如果他能强制举行选举，他的党派就能自由结成新的联盟。他最后说的"显然你自己也有要解决的问题"很可能就是在暗示——会竭尽所能把局势混乱的责任都推到罗莎身上。

沃格尔一边走，一边瞄着罗莎："您觉得他已经接受反对党开的价码了吗？如果真是这样，您刚刚以那样的态度结束谈判，不就是把他们往反对党那边推嘛！我不觉得首相会乐于看到这个局面。"

"这事还没完呢。如果他想向我们施压，那我们就以牙还牙。"

"怎么以牙还牙？"

罗莎惊觉自己犯了个大错。自从回归工作，她一直在回避媒体的视线，让所有员工都以友善而坚定的态度回绝所有媒体采访。一个原因是她清楚这些采访真正想问的是什么，另一个原因则是她更想把这些时间花在谈判上。但第一个原因大概更重要。沃格尔曾试图让她改变想法，但她坚持自己的决定。现在她意识到，在外界看来，这样低调的行事风格会在谈判破裂之后被误解为是软弱的表现。

"给我安排一些媒体采访。今天能安排多少就安排多少。我们要借着采访把社会政策的预算提案公布出去，让越多人知道越好——这样就能给布克施加压力了。"

"我同意。但很难保证采访的内容只和政治相关。"

罗莎还没来得及回答，就感觉被人重重推了一下，有个年轻的女人撞到了她的肩膀，她一个趔趄，扶住墙才没摔倒。

"嘿，你干什么！"沃格尔扶住了罗莎，气冲冲地瞪着那个女人，但她只是回头看了一眼，并没有放慢脚步。她披着马甲，穿着红色帽衫，兜帽套在头上。罗莎瞥见了她那双黑色的眼睛，然后她就消失在人群中，显然是去追旅行团的人了。

"真是个蠢货。您没事吧？"罗莎点了点头，继续向前走着，沃格尔掏出了电话，"我现在就帮您联系。"

走到楼梯口时，沃格尔打通了第一个记者的电话。罗莎回头看去，却没在旅行团中找到那个女人。罗莎突然觉得那人有点儿眼熟，但想不起来在哪里见过她。

"采访安排在十五分钟之后，您准备好了吗？"

沃格尔的声音把她拉回了现实，刚刚的思绪也随之消散了。


## 33

贾姆斯广场上的交通拥堵不堪，秋风狂暴地拉扯着脚手架上的遮雨布。一辆白色的警车在鹅卵石路面上飞驰，警灯闪烁，警笛呼啸，经过路边中世纪的遗迹，停在了当地政府扫出来的高高的湿树叶堆前面。

"说得再详细一点儿，现在信号在哪里？"图琳坐在驾驶座上，焦急地等着车载无线电里技术员的回复，她转动方向盘，试着绕过一辆政府的车。

"信号离开了塔根斯维街，穿过湖区，往哥瑟大街的方向去了，很可能在一辆车里。"

"那发信人的详细信息呢？"

"我们还没有追查到。信息是用未注册的预付费电话卡发的。我们把短信转给你了，你自己看看吧。"

在拥堵的车流中，图琳暴躁地按着车喇叭，一看到车之间有空隙就踩下油门杀过去。赫斯坐在副驾驶座上，念出手机屏幕上的短信。

"栗子人，请进来。栗子人，请进来。你今天有没有，给我带栗子来？谢谢你，请留下来……"

"这是从儿歌'苹果人，请进来'改编的。孩子们可以把'苹果人'改成'李子人'或是'栗子人'，想唱成什么都行。快点儿吧，真该死！"

图琳又用手猛拍着车喇叭，然后超过一辆大卡车。赫斯在一旁看着她。

"还有谁知道我们在案发现场找到了那个栗子人？消息在哪里？记录下来了吗？比如一些报告或者分析材料里，还是……"

"哪里都没有。尼兰德把消息压下来了，这事根本没有记录在案。"

图琳知道赫斯为什么这么问。他们在栗子人身上发现了克莉丝汀·哈通的指纹，如果这个消息泄露出去，那么随便哪个疯子都可能给他们发短信。但现在这种情况下，短信不可能是恶作剧，而且这条短信是直接发到劳拉·卡杰尔的手机上。想到这里，图琳又对着车载无线电吼了起来。

"现在怎么样了？我们该往哪里走？"

"信号往克里斯钦九世大街去了，应该是进了楼，信号在变弱，要消失了。"

红绿灯变红了，图琳把油门一踩到底，开上了人行道。她飞速驶过十字路口，眼睛死死地盯住前方。

## 34

两人跳下车子，冲下斜坡，一路跑到了排队进停车场的车子最前面。根据技术员给他们的最新信息，手机信号消失前是朝这个方向移动的。停车场里几乎停满了车，现在是周一下午3点左右，不少人在车子之间走来走去。人们拎着满满的购物袋，提着要在万圣节雕刻的南瓜。停车场的喇叭里播放着背景音乐，时不时地有激动的声音喊着：百货商场一楼有千载难逢的秋季大折扣，正等着客人们前去抢购商品。

图琳径直跑向停车场另一头的管理员值班室，里面有个年轻的小伙子，正把一沓文件放回架子上。

"我是警察，我想知道……"图琳突然注意到那人头上戴着耳机，于是她狠狠地敲了敲玻璃窗，亮出警徽，对方才有所反应，"我要知道哪些车是五分钟内开进来的！"

"不清楚。"

"你的屏幕上面就有，快点儿！"图琳指了指男人身后的墙，上面布满了小屏幕，男人这时才意识到了事态的紧急，"倒回去，赶紧的！"

信号在楼里消失，没有一点儿踪迹了，但如果图琳能看到过去五分钟进来的车辆，就能记下车牌号，缩小范围在楼里继续排查。可停车场管理员还在一旁手忙脚乱地翻着遥控器。

"我记得有一辆奔驰、一辆邮局的货车还有一些别的普通的车。"

"快点儿，快点儿，快点儿！"

"图琳，信号往孔布玛格步行街走了！"

图琳朝后瞭了一眼赫斯，他把手机贴在耳朵上，听着手机里传来追踪装置的声音。图琳又转回身看向值班室，停车场管理员终于找到遥控器。

"刚才的无所谓了。给我看百货商场一楼面对孔布玛格步行街出口的监控！"

管理员指了指最上面的三个屏幕，图琳的眼睛紧紧地盯着那些黑白的影像。人们漫无目的地转来转去，就像蚁穴里的蚂蚁一样，几乎不可能去追踪某个特定的人。然而图琳突然注意到了一个高大的人影，他的行进路线非常明确，径直走过商场，前往孔布玛格步行街的出口，一路上都背对着监控摄像头。就在这个西装革履、一头黑发的人消失在柱子后面时，图琳立刻飞奔起来。

## 35

埃里克·塞耶－拉森在那女人身后两三步的距离走着，他能闻到她身上的香水味。女人大概三十出头，穿着黑色裙子和长筒袜。虽然觉得难以忍受她刺耳的红底高跟鞋落地的"咔嗒"声，但他还是从维多利亚的秘密专柜一路跟了过来。女人衣着得体，胸大腰细的身材也让他喜欢。他猜这个女人的工作场所应该是那种有镜子、精油、热石头这类乱七八糟东西的地方——工作也是为了消遣，只等着哪天有个富翁来带她回家，把她变成豪宅里的装饰品之一。他幻想着他会对女人做些什么：一把将她推进门里，然后掀起她的裙子，从后面进入她，抓住她漂成金色的头发，狠狠地向后拽，直到她痛得尖叫为止。也许邀请她去个豪华餐厅，再去个时髦的夜店就能得手。她会感到受宠若惊，"咯咯"地笑起来；每次在机器上刷他的白金卡的时候，她都会情难自己。可他并不想费这么大力气——这个女人不配。他意识到他的手机响了，便从包里掏出了手机，不耐烦地查看是谁打来的，来电显示把他从幻想拉回了现实。

"什么事？"他的声音冷冰冰的，他知道妻子能听出来，现在变成这样完全是她的错。他停了下来，环顾四周找那个穿红底高跟鞋的女人，但她已经消失在人群中了。

"要是打扰了你，我和你道歉。"

"你想干什么？我现在不能打电话，我已经对你说过了。"

"我只是想问今晚能不能把女儿们带到我妈家去住一晚。"

埃里克起了疑心。

"你为什么想把她们带去你妈家？"

"我太久没见我妈了，而且今晚你也不回家。"

"你想让我回家吗，安妮？"

"我当然想让你回家了。只不过，你之前说今天会工作到很晚，所以……"

"所以什么，安妮？"

"对不起……那我们就在家里待着吧……要是你不想我这么做的话……"

她的声音有什么地方不对劲，让埃里克没法信任她。他不想这样，希望能回到过去，改变已经发生的一切。他突然听到高跟鞋踩在大理石地板上的声音，转过身去又看到了那个穿红底高跟鞋的女人。她手里拎着个别致的小袋子，从一个化妆品专柜走了出来，昂首阔步地走向孔布玛格步行街出口边上的电梯。

"没事的。你想怎么样都行，去吧。"

埃里克·塞耶-拉森挂了电话，在电梯关门前赶到了门口。

"不介意我和你一起搭电梯吧？"他挤进电梯问道。

在电梯里，那个有着洋娃娃般精致脸庞的女人独自站着，有些吃惊地盯着他。她迅速打量着眼前这个男人，埃里克感受到她的视线掠过他的五官、深色的头发、昂贵的西服和皮鞋。女人脸上绽放出了明媚的笑容："当然不介意。"

埃里克走进了电梯，也向她回以微笑，按下了楼层然后转身面向她。就在这时，一个目露凶光的男人把胳膊从正要关上的电梯门伸了进来，把他按在了镜面墙上。他抵在冰冷玻璃上的鼻子都变了形。女人在一旁惊恐地尖叫着。他感到那个男人的重量压在他背上，手在他身上搜索。他瞥见了那男人眼睛的颜色，觉得那男人肯定是疯了。

## 36

斯提恩很清楚他的客人对那些图纸一窍不通。他之前碰到过很多次这种客户，但今天这个客人尤其厌恶。不但不承认自己的无知，还坚称自己的观点"新颖""剑走偏锋"而且"不落俗套"。

斯提恩和他的合伙人比亚克在宽敞的会议室里等着，等客人不再盯着其他图纸，真正提出他的意见。斯提恩瞄了一眼手表，这个会的结束时间已经推迟好几次了，他本来五分钟前就应该出发去学校接古斯塔夫。这位二十三岁的客人是靠科技发家的百万富翁，但穿着就像十五岁的青少年——穿着帽衫、破洞牛仔裤和白旅游鞋。斯提恩本能地觉得，如果不靠自动纠错，可能这人都不能用他崭新的 iPhone 打出"功能主义"（functionalism）这个词——此时他却抓住这个概念拼命卖弄自己。

"伙计们，这个上面细节可不够多啊。"

"是不多。可上次的设计你说细节太多了。"

斯提恩感到比亚克的脸上抽搐了一下，然后他匆匆过来打圆场说："我们还能多加一些细节，没有问题。"

"不管怎么样，还需要多加一点儿'震撼感'和'打击感'。"

他这句评论一说出口，斯提恩就抽出了一沓之前的图纸。

"这些是之前几版的设计。它们都有'震撼感'和'打击感'，但你不是说太多了吗？"

"对，是太多了。但也有可能是太少了。"

斯提恩盯着眼前的男人，而对方回敬了一个玩世不恭的微笑。

"也许问题是这些设计都太中庸了。你一幅接着一幅画图纸——你知道画的东西根本就没什么差别吗？我想要的设计得没有这些个条条框框。你懂我的意思吗？"

"我不懂你的意思。但也许我们可以在车道两侧放两排红色的塑料动物雕像，然后把大厅改成海盗船，你看这样是不是更好？"

比亚克放声大笑起来，笑声响亮得有点儿过头了，他是试图想让场面不那么尴尬，但这位年轻的"太阳王"[1]完全没觉得尴尬。

"这个主意也许不错。要是在最后期限之前，还画不出更好的设计图，我就要去找你们的竞争对手了。"

几分钟之后，斯提恩坐进车里准备开车前往学校。在车上，他给律师的办公室打电话，说仍旧没有收到死亡证明。接电话的秘书向他道歉后，他就挂了电话，挂得有点儿太快了——但那个秘书应该已经明白他的意思，而且保证会跟进这件事。

斯提恩在把车停到学校门口前，已经喝了三小瓶烈酒，但这次他嚼了口香糖，又降下车窗开了几千米。到了学校，他发现古斯塔夫没有像往常一样在树下等待。他给儿子打了电话，但没打通。突然间他不确定自己是来得太早还是太晚。校园里空荡荡的，他看了看表。他最近很少到学校里面去，实际上，都不记得上次进学校是什么时候。他和儿子似乎都心照不宣地觉得还是待在学校外面比较好。现在儿子不在那里，而且半小时之后他就得回到办公室去修改那位"太阳王"的设计图。他顿时焦躁得无以复加，便打开车门下了车。


## 37


古斯塔夫教室的门半开着，但里面是空的。斯提恩急忙地继续走起来，他觉得自己还挺幸运的，孩子们还在上课，所以走廊里没人会用好奇的眼光打量他。虽然不愿意，但在走过乱哄哄的幼儿园班级时，还是看到了他们班里装饰的秋天树枝，以及用栗子做的小动物。前几天有警察来了家里，那枚指纹简直是一场噩梦。当他明白那枚指纹意味着什么的时候，有种情绪弥漫在他的心间，希望又涌上了他的心头，当然还夹着迷茫。他和罗莎经历过很多次这种感觉，但每次希望都被打回了原点。可这次的事出乎

---

[1] 路易十四，法国波旁王朝国王，自号"太阳王"，是欧洲历史上最典型的独裁君主之一。

他们的意料。他们之后又谈了一下，决定把它当成一个已经过去的事实，并无其他。为古斯塔夫着想，他们都得坚强起来，直面那些会让他们想起女儿的各种挫折和陷阱。无论他们如何想尽办法，这些都会到来，无法避免。他们还对彼此承诺，无论发生什么，都会好好迎接新生活。尽管斯提恩拐弯走向公共区域时，还是觉得那些栗子做的动物在后面盯着他，但他决定不让自己的情绪受到影响。

斯提恩突然停住了脚步。他花了一会儿才意识到，公共区域里坐着的孩子们是女儿原来的同学。他已经好久没有见到他们了，但还是认出了他们的脸。

他们坐在棕色的地毯上，围着几张白色的桌子安静地做小组作业，一个学生看到了他，然后陆陆续续其他学生也注意到，最后所有人的脸都转向了他。没有人说话。有一会儿，他不知道该如何是好，想要原路返回。

"嗨！"

斯提恩转身看向离他最近的桌子边上独自坐着的女孩，她面前的课本整整齐齐地摆着，然后他才意识到这是马蒂尔德。她一身黑衣服，看起来长大了一点儿，更端庄了一些。马蒂尔德友好地向他笑了笑。

"你在找古斯塔夫吗？"

"是的。"

他见过她几千次了。以前去他家的次数太多，以至于他都习惯了像跟自己的女儿说话那样和她交谈。现在情况不同了，他不知道该怎么面对她。

"他们班刚刚从这里过去了，但他们可能很快就会回来。"

"谢谢。你知道他们去哪儿了吗？"

"不知道。"

斯提恩虽然知道现在几点，但还是看了看表，说："好，那我回车上等他。"

"你最近还好吗？"

斯提恩看着马蒂尔德，试图向她微笑。这是他最不想回答的问题之一，但被问的次数太多，也就学会了如何快速敷衍过去："挺好的。只是有点儿忙，不过没关系。你呢？"

她点了点头，露出一个有点儿勉强的笑容，看起来很难过。

"很抱歉我没有经常来这儿看看。"

"别这么想，我们都挺好的。"

"嗨，斯提恩。有什么我可以帮你的吗？"

斯提恩转过身，看到马蒂尔德的老师乔纳斯·克拉格正向他们走来。他大概四十五岁，穿着牛仔裤和黑色紧身 T 恤衫。他的眼神很友好，但也透着警觉和疑惑。斯提恩知道他为什么会这样看着自己。整个班都被那件事情影响了。自从事件发生，学校一直在努力帮学生们走出来。他是觉得学生们最好不要参加悼念仪式的教师之一。由于各种原因，在克拉格看来，克莉丝汀失踪几个月后才举办悼念仪式，有害无益，只会撕开学生们好不容易才开始愈合的伤口。他当时就明确和斯提恩提过他的想法，不过学校董事会决定让学生们自己选择是否参加悼念仪式，最后克莉丝汀的同学差不多都出席了。

"不用了，没事。我这就要走了。"

斯提恩回到车上的时候，下课铃响了。他关上车门，试着集中注意力，想在走出学校大门的人流里，分辨出古斯塔夫的身影。他知道他的做法没什么不妥，但看到了马蒂尔德后，这又让他回想起了以前家里警察络绎不绝的日子。他想到最近一个心理医生说的话："悲伤是无家可归的爱，人需要带着悲伤活下去，强迫自己前进。"

斯提恩听见古斯塔夫坐到了他身旁的副驾驶座位上，解释说，丹麦语老师把全班同学都拉到了图书馆，在业余的时间，让大家借书观看，所以今天才晚了。斯提恩想要点点头表示理解，然后发动引擎开车上路，但他呆坐在那里一动不动，他觉得还得再进学校里面一趟。铃声又响了。他拼命抑制住自己的冲动，但如果现在不回去，可能永远不会有机会向马蒂尔德发问。他有一个很重要的问题想问，这问题比世界上任何东西都重要。

"出什么事了吗？"

斯提恩打开车门，对古斯塔夫说："我有点儿事要处理。你待在这里不要动。"

"你要干什么？"

斯提恩关上了车门，走向学校大门。

# 38

"你们在搞什么鬼？给我解释清楚！"埃里克·塞耶－拉森吼道。

图琳拿着他的手机，按下了上面的短信图标，浏览着里面的短信；赫斯把塞耶－拉森包里的东西一件件拿出来，摆在一套白色皮沙发上面。这间办公室布置得像个会客室。

他们现在位于大楼顶层的办公室里，下方则是百货商店。其他楼层里成群的人为了能多占一点儿空间，你争我抢，但离天空最近的一层——塞耶－拉森投资公司办公室的装潢令人不禁赞叹。天色渐晚，在办公室和大堂之间的玻璃隔断外，公司的员工都忧心忡忡地看着 CEO，毫无疑问，几分钟之前他是被别人从电梯里押出来的。

"你们没有权力这样做。你们在拿我的手机做什么？"

图琳没有理他，把手机关了机，瞥了一眼正翻包里东西的赫斯。

"那条短信不在他手机里。"

"他有可能已经删了。他们说手机的信号还是从这里发出来的。"

赫斯从包里掏出了一个白色的 7-11 购物袋。埃里克·塞耶－拉森又向图琳靠近了一步。

"我什么都没做。要么你们从这里滚出去，要么你们告诉我……"

"你和劳拉·卡杰尔是什么关系？"

"谁？"

"劳拉·卡杰尔，三十七岁，牙科护士。你刚刚给她发了短信。"

"我从没听说过这个人！"

"你用另一部手机干什么了？"

"我只有一部手机！"

"这个包裹里面是什么？"

图琳看到赫斯从购物袋里拿出了一个 A5 大小的白色厚信封，举起给塞耶－拉森看。

"不知道，包裹是我刚取的！我刚才开完会，邮递员发短信说 7-11 那里有我一个包裹……嘿！"

赫斯把信封撕开了。

"你在干什么？这是什么鬼东西？"

赫斯突然把包裹扔在了白色皮沙发上。包裹的开口很大，图琳能看到里面有个带有着黑色污渍的透明塑料袋，还有一部闪烁着的老式诺基亚手机。诺基亚被人用电工胶布绑在一个奇怪的灰色物体上。直到辨认出手指上面的戒指，图琳才意识到她盯着的是劳拉·卡杰尔被截下来的手。

"那是个什么鬼东西？"埃里克·塞耶－拉森瞪大了眼睛。

赫斯和图琳相互看了一眼，然后赫斯向前走了一步。

"我希望你能仔细回忆一下，劳拉·卡杰尔……"

"嘿，你听着，我什么都不知道！"

"包裹是谁给你的？"

"我也是刚刚才拿到！我不知道！"

"周一晚上你在哪里？"

"周一晚上？"

图琳搜查着这个男人的办公室，在她脑海里，两人说话的声音渐渐变得杳不可闻。她本能地知道他们现在的对话根本无关紧要。有人故意制造了这种混乱的局面，在暗处看着他们像关在瓶子里的苍蝇一样到处碰壁，肆意嘲笑。她试图搞清楚为什么他们会在这里，为什么来这里似乎是对的，但又像是错的。

有人故意发短信把他们引到这里，想让他们追踪诺基亚的信号，然后在塞耶－拉森的办公室里找到劳拉·卡杰尔的手。但是为什么？这肯定不是在帮他们，也肯定不是因为塞耶－拉森能对案情有什么帮助。但为什么要把他们引到这里？

图琳的眼睛停在了桌子后面蒙大纳牌的书架上，上面摆着一个精美的相框，是埃里克·塞耶－拉森和妻小的合影。她顿时明白了这一切背后最可怕的原因是什么。

"你的妻子在哪里？"图琳打断了两人，赫斯和埃里克·塞耶－拉森突然都不说话了，看着她，"你的妻子！她现在在哪里？"

塞耶－拉森一脸疑惑地摇了摇头，而赫斯瞥了一眼图琳，又看了看架子上的家庭合照。图琳明白赫斯肯定和她想到了一样的事情。塞耶－拉森耸了耸肩，笑了起来。

"我怎么知道。可能在家吧。为什么这么问？"

## 39

这座房子是卡拉姆堡最大的几幢住宅之一。几个月前安妮和丈夫以及两个孩子一同搬进来后，她就养成了个习惯。她会在气派的电子金属大门外跑步，然后在通向前门的碎石路上边走边拉伸，让心跳和呼吸都恢复平稳。今天她没有这样做。在鼓起勇气给埃里克打完电话后，她拼命地跑回家，一口气跑过门前的碎石路，经过院子里被修剪得整整齐齐的灌木、汉白玉的喷泉还有陆虎车。她不在意有没有关好身后的门，因为她知道再过一分钟就要永远离开这个地方。她给互惠生打了电话，说会亲自去幼儿园接莉娜，再去兴趣班接索菲娅。走到门前的石头台阶时，狗像往常一样跳了起来，调皮地向她叫着，但她只是心不在焉地拍了拍它，从石头花盆下面拿出钥匙，开了门。

屋里的一切都被笼罩在黑暗中，她开灯解除了安保系统，人还是气喘吁吁的。她踢掉了脚上的跑鞋，径直走上楼梯，狗就跟在她身后。她非常清楚自己要做什么，因为已经在脑海中演练收拾行李千百次了。在二楼孩子们的房间里，她从衣柜里面拿了两沓已经收拾好的衣服，又从浴室拿了她们的牙刷和化妆包。她的电话响了，但看到来电显示是自己的丈夫就没有接。如果现在动作快点儿，可以说她刚刚没接电话是因为自己在开车，晚些再回电话。到明天早上，等丈夫发现她们不在她妈妈家的时候，可能才会意识到究竟发生了什么事情。她加快速度，把女孩们的衣服都塞进放在主卧的黑色旅行包里，里面已经塞满了她自己的衣服和三本红皮的护照。她拉上旅行包的拉链，冲下楼梯，一路跑到有着能俯瞰森林的落地窗前厅。她突然意识到自己似乎落下了什么，就又把包扔在地板上，手机放在上面，然后跑回二楼的房间。孩子们的房间里黑漆漆的，她慌乱地在被子、床下面翻着，但直到她看向窗台，才找到那两只小小的、不可或缺的熊猫宝宝。这么快就找到了，她暗自庆幸，然后又冲下楼梯，默默提醒自己现在要做的就是记住拿钱包和车钥匙。两样东西都在厨房里，静静躺在朴实的木质大桌子上等着。她又回到了前厅，但整个人都僵住了。

在地板中央，刚刚放着旅行包的地方现在空无一物；包不在了，手机也不在了。花园里的灯光透过露台的门照射进来，打过蜡的木地板上闪着幽微的蓝光，一个小栗子人躺在地板中央。安妮一时不知所措。这个栗子人也许是她的某个女儿和互惠生一起做的，也许她刚刚把旅行包放在了其他地方。但她马上就意识到事情不是这样的。

"有人吗……埃里克，是你吗？"

屋子里一片死寂，没人回答。她看了一眼她的狗，它开始咆哮起来，眼睛盯着安妮身后黑暗里的什么东西。


# 40

克拉格正在课上总结互联网的历史，从蒂姆·伯纳斯-李讲到比尔·盖茨，又讲到史蒂夫·乔布斯，教室的门突然开了。马蒂尔德从她的座位透过窗户向外看去，看到克莉丝汀的爸爸正探头往教室里看，她有点儿吃惊。他为自己的贸然闯入道了歉，但声音听起来很困惑，好像才意识到自己刚刚进来时没有敲门。

"我得和马蒂尔德谈谈，几分钟就行。"

不等老师回应，马蒂尔德就起了身。她能感觉得出老师很不喜欢这样被他打断，也很清楚为什么老师这么反感。

一出教室进了公共区域，她身后教室的门就关上了。她看着斯提恩的脸，状态明显不对劲。她仍清楚地记得一年前斯提恩到她家，问她知不知道克莉丝汀在哪里时的情景。她当时很想帮忙，但看得出来，她的回答只是徒增了对方的不安；斯提恩试着安慰自己说克莉丝汀应该只是去别的朋友家玩，但这也没能让他冷静下来。

马蒂尔德还是没法接受克莉丝汀已经不在的事实，仍会时常想起她，觉得这一切仿佛是一场漫长的梦，觉得她只是搬家去别的地方生活，总有一天还能再和她一起开怀大笑。但每当在学校撞见古斯塔夫，或是偶尔看到罗莎和斯提恩时，她就明白这一切都不是梦。她以前和他们一家很熟，很喜欢去他们家玩，现在看到这家人饱受痛苦的折磨，她也很难过。如果她能帮上忙的话，肯定是会帮的，但此时此刻，她和斯提恩两人单独站在教室外面，她又有点儿害怕了——斯提恩明显不对劲，他看上去不知所措又疲惫不堪。斯提恩向她道歉，并解释自己的来意，这时马蒂尔德才注意到他嘴里刺鼻的酒味。他想让马蒂尔德讲讲去年秋天她和克莉丝汀一起做栗子人的事。

"栗子人？"

马蒂尔德不明白他究竟是想知道什么，这个问题让她更紧张了，她根本没明白他的问题是什么意思。

"你想知道我们是怎么做栗子人的？"

"不是。我想知道你们做这些栗子人的时候，究竟是你在做还是她在做？"

马蒂尔德一时记不起来，斯提恩在一旁焦急地看着她："我必须得搞清楚这件事。"

"我觉得我们俩都做了。"

"你觉得？"

"肯定是我们两个人都做了。为什么要问这个？"

"所以她也做了栗子人？你确定吗？"

"确定。我们一起做的。"

马蒂尔德能从他脸上的表情看出这不是他想要的答案，心里莫名地内疚起来。

"我们一直都是去你们家做栗子人的，而且……"

"嗯，我知道。你们是怎么处理这些栗子人的？"

"我们把它们拿到路边去卖掉。还会卖蛋糕和……"

"卖给谁？"

"我不知道。卖给任何想买东西的人。为什么要……"

"是只卖给你认识的人吗？有没有其他人来买？"

"我不知道……"

"你肯定记得有没有什么别的人来买。"

"但我不认识那些人……"

"那就是陌生人？克莉丝汀认识他们吗？"

"我不知道……"

"马蒂尔德，这事可能很重要。"

"斯提恩，发生什么了？"

克拉格出现在教室门口，但斯提恩只是匆匆看了他一眼。

"没什么，我只是……"

"斯提恩，你跟我来。"

克拉格站在了他和马蒂尔德的中间，试图把他带到旁边，但斯提恩还是坚持站在原地。

"如果你有什么重要的事要和马蒂尔德说,请你注意说话的方式。这些日子所有人都很难过，我知道你们一家尤其痛苦，但克莉丝汀的同学们也是一样。"

"我就问几个问题。就占几分钟时间。"

"你得告诉我你要问的是什么问题，不然我就得请你离开了。"

斯提恩泄了气，克拉格站在旁边满脸狐疑地看着他。他疑惑地看了看马蒂尔德，然后又看了看聚集在教室门口，目瞪口呆地盯着他们的其他学生。

"对不起，我不是这个意思……"

斯提恩犹豫了一下,转身要走。马蒂尔德看到他的身子突然猛地一震。古斯塔夫一直在公共区域的另一边看着他，什么都没说，只是盯着自己的父亲，然后掉头离开了。斯提恩急忙跟上去。在两人快要走到走廊拐角的时候，马蒂尔德突然想到了什么。

"等一下！"

斯提恩慢慢地转过身来，马蒂尔德迎了上去。

"对不起，有好多事情我记得不真切了。"

"没关系。该说对不起的是我。"

"我刚刚又想了一下，去年我们根本就没有做栗子人。"

斯提恩的眼睛直勾勾地盯着地板，身子向下弯着，像是有什么看不见的重量压在他的身上。等他明白马蒂尔德说了什么，他抬起头，直视着她的眼睛。

## 41

罗莎今天的第七场采访结束了，她和英格斯一起沿走廊快步走着，手机响了。罗莎穿上外套，看到来电显示是她丈夫的名字。她现在没时间和他说话，她还得和幕僚长一起核对一遍部里最新报告上的数据。

今天所有的采访都非常顺利，她介绍了所有社会政策提案的必要性，还特地着重谈论和支持政党之间的合作，表示自己对双方的合作很是乐观。总之，这一切都是为了迫使布克再和他们回到同一战线。她容忍了记者提的一些令她反感的问题，尽管这些问题让她消耗了不少精力。比如"回归工作的感觉怎么样""自那件事之后，您的生活发生了什么变化"还有"您是怎么走出这么可怕的事情"等。多奇怪啊，最后那个问题的年轻记者仅仅因为她重新回到岗位上，就默认了她已经完全走出丧女之痛。

"赶紧的！要是部长今天想把这些报告看完，那我们一上车就得开始看了！"

刘在电梯旁一脸不耐烦地站着，从英格斯手里接过了报告，英格斯则拍了拍罗莎的肩膀，祝她好运。

"沃格尔在哪里？"罗莎问道。

"他说会在丹麦广播电视台外面和我们会合。"

他们接受了两个电视新闻节目的直播采访，行程安排得很紧，一个在丹麦广播电视台，另一个在第二电视台。二人乘上了通向大楼后方的电梯——前门的交通太堵，后门更加方便。刘按下了按钮，前往底层。

"首先，在了解事情的进展后，沃格尔说还是不希望您和布克起冲突。"

"我不会和布克起冲突的，但谈判的方向要由我们掌控而不是他。"

"我只是在复述沃格尔说的话。您现在的公众形象非常重要，报纸采访和电视采访完全不一样……"

"我知道我自己在做什么。"

"我知道，但这回是直播，他们会问您政治之外的事。沃格尔让我叫您做好心理准备，他们肯定会谈论您这次重回岗位的事。也就是说，会问一些关乎您私生活的问题，沃格尔也没法保证会问到什么程度。"

"我能应付过去。如果我现在退缩，那可就是前功尽弃了。车停在哪里了？"

罗莎走出电梯，刘跟在她身后，走过保安身边。现在她们站在爱德米拉大街上，街上狂风大作，但部里的车没有停在往常位置。罗莎看得出刘也很惊讶，但她还是故作镇定，一副尽在掌握的样子。

"您等一下，我这就去找司机。他休息时常把车停在一条巷子里。"

刘在鹅卵石路上跑了起来，一边跑一边左顾右盼，还从包里掏出了手机。罗莎的手机又响了，她接通电话，朝着刘那边走去。寒风凛冽，经过博德哈斯大街时，她向河对岸看去，克里斯钦堡坐落在另一边。

"嗨，亲爱的，我现在没空。我一会儿要去丹麦广播电视台，马上就要上车了。"

电话的信号很不好，听不清对方在说什么，只是感觉对方的声音颤抖着，还带着迷惑，就听出来了"重要""马蒂尔德"之类的几个词。她又重复了几遍刚刚说过的话，告诉对方自己什么都听不清，但是电话那头的斯提恩还是不顾一切地想要告诉她什么事。她走到一个拱门下面，拱门的另一边是一个小院子，走在前面的刘停了下来，激动地和新来的司机说着什么，不知出于什么原因，他没开车过来接她们。

"斯提恩，现在不是说话的时候。我要挂了。"

"你听我说！"信号突然变好了，斯提恩的声音也变得清晰起来，"你告诉警察她们去年做了栗子人。有没有可能记错了？"

"斯提恩，我现在不能说话。"

"我刚刚和马蒂尔德谈了谈。她说她们去年用栗子做了蜘蛛之类的小动物，没做过栗子人。那她的指纹是怎么到栗子人身上去的？你明白我在说什么吗？"

罗莎停住了脚步，斯提恩的声音又断了。

"喂？斯提恩？"

罗莎觉得胃里绞痛起来，但电话信号太差了，很快她就听到了"嘀"的一声，信号彻底断了。她又继续往刘那边走，而刘在盯着院子里的什么东西看，司机拍了拍她的手臂，又向罗莎的方向点头示意了一下，刘这时才恍惚地抬起头。

"得快点儿了，咱们改坐出租车过去。"

"我还得给斯提恩打个电话。咱们的车为什么不能坐了？"

"我路上再告诉您，快点儿走吧！"

"究竟怎么了？"

"快点儿，咱们得赶紧了！"

但为时已晚，罗莎看到了那辆部里的车。车的风挡玻璃全碎了，前盖上写着几个又大又扭曲的红字，像是用鲜血涂上去的。等意识到那几个字写的是什么的时候，她大吃一惊，全身僵硬。刘抓住她的手臂，把她拉到另一边说："我已经叫司机联系了安保人员，咱们得走了。"

## 42

两人的面前一片漆黑，森林投下的阴影在地上若隐若现。图琳完全没时间减速，赫斯则在一旁帮她指明道路。她一个急转弯开进这座位于卡拉姆堡的大庄园里，行驶在房前的车道上，但由于车速太快，车胎开始在碎石路面上打滑。她径直开向房子的前门，还没等车停稳，赫斯就猛地开门跳下车。她刚刚联系了当地的巡逻队，看到他们已经到达停车场，她松了一口气。她跑上石头台阶，进入大堂，一位警官正从二楼走下来。

"我们已经把整栋房子都搜查过了一遍。前厅有情况。"

"图琳！"

图琳跑进前厅，一眼就看到了墙上的血迹，地上还躺着一条死狗，狗的脑袋凹了进去。厅里几件家具被掀翻，碎了一扇窗户，门框上也有血迹，两只熊猫样子的玩偶被扔在地板上。门后藏着一只黑色的行李包，旁边还放着一部手机。

"派警察和警犬到森林里去，动作快！"

赫斯拉开阳台门，给那个警官下了命令，对方紧张地点了点头，掏出手机。一张花园椅抵在阳台门的另一边，他一脚把椅子踢开，跑过草坪冲进了森林，图琳紧随其后。

# 43

安妮·塞耶－拉森在黑暗中拼命逃着，路两边的树枝打在她脸上，松针和树根扎进她的脚里，但她还是继续跑着，强迫自己继续向前冲。她的腿酸得要命，几乎要开始抽筋了。她奔跑的每时每刻，都希望能认出这片已经很熟悉的森林里的一些细节，但四周一片漆黑，什么也看不见。她听到自己的喘息和所过之处树枝折断的声音，这些声音暴露了她的位置。

她在一棵大树旁停了下来，用身体紧紧贴住冰冷潮湿的树皮，试图让呼吸平稳下来。她仔细听着森林里的动静，心脏几乎要跳出来了，泪水也马上就要夺眶而出。她听到远处有什么声音，但还弄不清自己的方位。她不敢喊叫，担心追她的人也会听到。她已经跑了很久，但不知道那个人现在还能不能追上她。虽然现在不知道自己身处何方，但在往回看的时候，没有看到手电筒的光，黑暗里也没有声响，更没有人影，这应该说明她已经逃离了那个人的魔爪。

透过前面几棵树的间隙，她突然看到远处有光束正沿着一道弧线缓缓移动，似乎也听见了引擎的声音。她意识到自己在哪里了。刚才的光束一定是车道上某辆车的前灯打出来的，这辆车从环岛一路开到水边，所以才划出了那样的弧线。她绷紧肌肉，鼓起勇气，又重新跑了起来。她清楚车道急转弯的位置，现在距离车道130米左右，有足够的时间从森林跑出来，冲到车前面。还剩大约40米了，马上她就可以大声呼救。只剩20米了，就算车现在依旧行驶，司机也能听得到她的呼救，追她的人只能放弃。

突然，她脸上挨了一棍子，有个带刺的东西扎进血肉里。她意识到这人一定早就在这里等着她对车灯的光束做出反应。她倒在地上，身下是枯枝衰草，一股铁锈味在嘴里蔓延开来。她挣扎着起身，疯狂地向外跪爬起来，但这时她脸上又挨了一棍。这次她彻底垮掉，瘫倒在地上，抽泣起来。

"安妮，你还好吗？"

那个声音在她的耳边低语，还没来得及回答，棍子的击打就像雨点一样一下下落在她身上。在重击的间隙,她听到自己的呜咽。她在问为什么。为什么是她，她做了什么？在那个声音终于告诉她原因时，她所有的力气一瞬间消散。对方用靴子把她的胳膊踩在地上，锋利的锯片压在她的手腕上。她哀求对方放她一条生路——不是为她自己，而是看在孩子的分上。有那么一瞬间，那人像是思考了一会儿，但她马上就感觉到又有什么东西重重地打在脸上。

## 44

图琳手电筒里发出的光在潮湿的树木间舞动着，穿梭在树桩和枝干之间。在黑暗中，她喊着女人的名字。在她的左前方，赫斯也在喊那女人的名字，他手电筒里闪烁的光平稳地向前推进，他们已经跑了很久，有几千米了。她刚想再喊一次女人的名字，脚上突然传来一阵火辣辣的痛。她被树根绊倒，整个人摔倒在地，被黑暗吞没。她拼命地寻找着刚刚不小心关掉的手电筒，跪起身子，把手伸进潮湿的灌木丛里，在四周摸索。突然间，她看到一个人影，这让她顿时僵在原地。那人一动不动，站在空地的另外一边看着她。对方距离她约 10 多米远，但在黑暗之中几乎什么都看不见。

"赫斯！"

在森林中回响着一声叫喊，图琳双手颤抖着从枪套里拿出枪，赫斯拿着手电筒向她跑来。等跑到她身边，她已经把枪举了起来，对准那个人影。赫斯将手电筒的光照过去，他们都不由得倒吸了一口凉气。

安妮·塞耶－拉森被挂在一片树林中，两条树枝抵在两条胳膊下面，支起她千疮百孔的躯体。她光着的脚悬在地面上方，头垂在胸前，长长的头发随风飘动,遮住了她的脸。图琳一直觉得这具尸体看起来极其不协调，当她靠近一些才终于意识到：安妮·塞耶－拉森的双臂太短，两只手都不见了。她又看见那个东西——一个小小的栗子人插在安妮左肩的血肉里，似乎在咧着嘴对图琳笑。

## 45

大雨滂沱，一排排身穿深色衣服的警官在树林里搜索着，手电筒照向地面，在森林顶端，盘旋着一架直升机，探照灯一遍遍扫在他们身上。现在已经是后半夜，赫斯和这些同事已经搜查快七个小时了。三位行动指挥官在地图上规划这场搜索，他们把森林分成几个不同区域，每个区域都由一个警队负责，每支队伍都配有强力手电筒和警犬。

在发现安妮·塞耶－拉森的尸体后，他们就封锁了所有出入口，还在几条向外的道路上设置路障。他们拦截住过往的车辆，盘问车上的人，但赫斯担心这一切都是徒劳。他们到得太晚了，已经被犯人狠狠地甩在后面。到达森林后不久，天上就开始下雨，所以无论犯人留下什么证据，例如脚印、车胎印或其他痕迹，肯定早已经被冲刷掉了。他们就像是在抓一只幽灵，而且天气之神还站在幽灵这边。他脑海中浮现出安妮·塞耶－拉森遗体的画面，想到插在她肩上的栗子人，眼前上演一幕诡异荒诞的戏，觉得自己就像个不想看戏的人，想要拼命地逃出这座剧场。他从森林的北端沿着行动指挥规划好的路线，步履艰难地一步步走向主干道，身上的衣服已经湿透了。一位年轻的警官脱离队伍去树后面小便，赫斯一时怒不可遏——应该先离开搜查区域才对。那位警官匆匆跑回队里，赫斯突然对自己的火气有点儿后悔。他觉得自己已经变迟钝了，身材走形，思维也模糊不清。他已经太久没有办过这样的案子了——实际上，从来就没有接过这么棘手的案子，现在他本来应该在海牙那间又小又破的公寓里对着平板电视看球赛，或者在欧洲什么地方处理着与此完全不相干的案件。但现实是他正游荡在哥本哈根北边的某处森林里，这里雨点大得像秤砣，把一切所过之处都拍到地上。

赫斯回到尸体发现的地点，现场已经支起了强力的探照灯，灯光打在小树林中。取证部的技术人员在树丛之间穿梭着，灯光在他们身后拉出了长长的影子。安妮·塞耶－拉森的尸体几小时前被取下来，送到验尸官那里去检验。他现在只想找到图琳。他看到她从森林西边回来，头发乱糟糟、湿漉漉的；她刚刚挂了电话，用手抹去脸上的泥水。看到赫斯，她摇了摇头，表示他们在西边一无所获。

"我刚刚和根茨通了电话。"图琳说道。

在发现安妮·塞耶－拉森的尸体之后，根茨也来了森林这边，赫斯一看到他就把他拉到一边，让他直接把栗子人带回实验室检验。赫斯在雨里看着图琳。无须多言，他已经猜到根茨那边的检验结果如何了。

<h1 style="text-align:center">46</h1>

上午 10 点左右，尼兰德在警局二楼的特遣部队指挥中心从窗口往下看。他看出警局中庭入口的外面有不少打着"言论自由"的旗号蹲守第一手消息的记者，他们手里拿着手机、相机和话筒之类的东西。尽管管理层一遍又一遍地警告调查人员泄露信息的后果有多严重，但事实总会一次又一次地证明，他们整个系统的漏洞多得像筛子一样，今天也不例外。距离尸体发现才过了十二个小时，各大媒体就已经开始推测这起案子和劳拉·卡杰尔一案之间的关系，显然是有位匿名的"知情人士"提供了情报。随后，警局就被媒体围得水泄不通。好像这些还不够叫人心烦似的，副局长也给尼兰德打了电话。他借口说现在正忙，一会儿再回电话。他算是躲过了一场暴风雨，但这也只是缓兵之计罢了。现在最要紧的就是案子的调查进展，他急不可耐地找图琳询问情况，图琳此时正在给其他警探总结案情。

组里大多数警探都工作了一夜，只睡了几个小时，但鉴于此事事态的严重性，他们都打起精神，专心听图琳做总结。

这一夜尼兰德也不轻松。接到关于安妮·塞耶－拉森的电话时，他正在布莱德大街的一家餐厅参加警界高层的晚宴。晚宴有许多警界大腕出席，是拓展人脉的绝佳机会，但他一接到电话就离开了餐厅，甜点也只吃了一半。严格地说，他不需要亲临犯罪现场，派手下的警探来就行，但不管怎样都要亲自到现场看看已经成了他的原则之一。他觉得严格要求自己、以身作则非常重要，人一旦开始放任自己，就会给别人留下可乘之机。他见过数不清的领导和官员在得到权力后自大起来，然后被抓了现行，前途尽毁。他太精明，是不会让这种事情发生的。劳拉·卡杰尔一案发生时，他因为要参加预算会议，所以没能亲临现场。后来图琳打电话说指纹的事情时，他觉得这似乎是上天冥冥之中的审判。昨晚，他一接到电话就立刻离开餐厅，没有一丝犹豫。不管怎么说，餐后甜点也没什么可期待的，一般这种时候那些西装革履、装得人模人样的人都已经醉得不成样子，然后开始大吹大擂自己的功绩。他相信一天会比他们大多数人混得都好，为此他得时刻保持清醒，就像昨晚那样，无论发生何事都得及时跟进最新情况。从森林的案发现场回来之后，他脑子里就一直盘算着各种可能发生的情况，但仍然没有想出什么对策，原因很简单，这个案子实在太不可思议了。今天早上，他亲自去取证部见根茨，希望指纹的事情只是他们犯的一个错误，但幸运之神并未降临。根茨告诉他，两个案发现场发现的指纹都能取到足够多的对比点，证明它们和克莉丝汀·哈通的指纹是一致的。所以到目前为止，能确定的只有一件事情——他现在的处境如履薄冰，一不小心就有触礁沉船的危险。

"……两位被害人都是三十多岁的年纪，都是在自己家中突然遇袭。根据验尸官的初步检验，两位女性都是被相似的武器袭击并杀害，武器都穿过眼眶击入大脑。第一位受害人的右手被锯掉了，而第二位受害人被锯掉的是双手——她们被截肢的时候都还活着。"

图琳把受害者尸体的照片放在桌上供与会的警探们传阅，他们都目不转睛地凝视着这些照片，有些新来的警官看到照片时皱紧眉头，也有些别过脸去。尼兰德也看过这些照片了，但这没有让他的内心泛起一丝波澜，他刚当警察时就发现自己对这类事情无动于衷。这曾让他非常不安，但他现在觉得这不过是一种办案的先天优势罢了。

"在作案凶器上有什么发现吗？"他暴躁地打断了图琳的总结，发问道。

"现在只知道个大概，没什么确凿的证据。凶器是一根棒子，顶端固定着一个带刺的金属球，和狼牙棒差不多。而凶手用于截肢的作案工具是一台由电池供电的锯子,锯片是金刚石或者类似材料做的。经过初步调查,两起案件中犯人用的工具是相同的……"

"那条发到劳拉·卡杰尔手机里的短信怎么样了?找到发信人了吗?"

"短信是从一台老式的诺基亚手机发出来的,用的是未注册的预付费电话卡,到处都可以买到这种电话卡。那台手机被人用胶带绑在劳拉·卡杰尔的右手上,但我们没能从手机身上得到更多信息。手机里除了那条短信没有别的数据,根茨说手机上的序列号也被烧掉了。"

"送包裹的邮递员呢?就是你们用手机信号追踪的那个人,他可能有发件人的信息。"

"他是有发件人信息,但问题是,发件人一栏写的是劳拉·卡杰尔。"

"什么?"

"他们的客服部门说有人在昨天中午打电话,订了上门取件的服务,包裹在席德凡格路 7 号前门的台阶上,这正是劳拉·卡杰尔家的地址。刚过下午 1 点,邮递员就到了,包裹和运费都已经在那里。邮递员开车到百货公司,把包裹送到一层的 7-11 便利店里,这个店是塞耶 - 拉森公司的收件点。邮递员只告诉我们这么多信息,包裹上只找到了他、7-11 店员和埃里克·塞耶 - 拉森的指纹。"

"给他们打电话的那个人呢?"

"客服人员连打电话的是男是女都不记得了。"

"席德凡格路那边呢?有没有人见到是谁在那里放的包裹?"

图琳摇了摇头。"我们最开始怀疑劳拉·卡杰尔的男朋友 —— 汉斯·亨利克·霍芝,但他有不在场证明。安妮·塞耶 - 拉森是在下午六点左右遇害的,他的律师证明案发时他们在办公室外面停车场里,谈论要不要对我们提起诉讼,因为我们还是不让他回那栋房子。"

"所以我们什么都他妈没有?没有目击者,没有举报电话,什么都没有?"

"目前还没有。而且我们也没发现两个受害人之间有什么联系。她们住在完全不同的地区,平时的社交圈子也不一样,除了现场都发现了栗子人和指纹以外,两人也没什么共同点,所以我们先要……"

"什么指纹?"

发问的是詹森，尼兰德瞟了他一眼。和往常一样，詹森还是坐在他忠实搭档马丁·里克斯边上。尼兰德感觉图琳正盯着他：他告诉过她，他希望把这个消息公之于众的是他自己。

"有人在两个受害人的尸体附近分别放了个栗子人，上面都发现了指纹，根据检测系统的分析，这两枚指纹和克莉丝汀·哈通的一致。"

尼兰德故意让声音显得平静而单调，房间内一时鸦雀无声。但随后蒂姆·詹森和其他几个人开始激烈地讨论，他们的惊讶扩散开来，变成了困惑和怀疑。尼兰德又开口说道："各位听好，现在取证部还在继续进行各项检查，所以在了解更多情况之前，我不希望任何人就此妄下结论。我们现在还什么都不确定，有可能指纹和案子根本毫无关联。出了这扇门之后，谁也不许提这件事，要是有人敢说出去，就再也不用来上班了。都听明白了吗？"

尼兰德一直在思考该怎么处理现在的情况。两起谋杀案悬而未决，这已经够糟糕的了，更不用提它们很可能出自同一人之手——尽管他很不愿意承认这种可能性。只要对指纹的认证还有一丝一毫不确定的地方，他就不想让它来搅这摊浑水。哈通案可是他最杰出的成就之一。当年他还以为自己的职业生涯会断送在这个案子上，但后来案子有了突破，再后来他们逮捕了莱纳斯·贝克。

"你得重启哈通案了。"

尼兰德和其他人环顾四周，想看看这话出自谁的口中，最终大家的视线都汇集到那个从欧洲刑警组织来的男人身上。他一直默不作声，像是不存在一样，只是全神贯注地看那些传过来的照片。他身上还是昨天去森林时穿的那身衣服，头发又脏又乱。不过，他虽然整个人脏得就像在森林的泥地里躺了一个星期，但现在仍然反应迅速、沉着冷静。

"一枚指纹还可能是个巧合，两枚指纹就不可能了。而且如果它们确实都是克莉丝汀·哈通的指纹，那么之前失踪案的调查结果很可能是错的。"

"你说什么鬼话呢？"蒂姆·詹森转过身，警惕地盯着赫斯，好像赫斯刚才是让他交出一个月的薪水一样。

"詹森，我来处理。"

尼兰德明白事情会往什么方向发展，这是他最不愿意看到的情形，但不等他开口，赫斯又继续说道："我知道的也不比你们多，但从未找到过克莉丝汀·哈通的尸体。当时取证部的分析结果显然不足以作为断定她死亡的确凿证据。又出现了这些指纹，所以我想说的是，现在的情况让许多疑问浮出水面。"

"不，你说的不是这个，赫斯。你是在说我们的工作做得不够好。"

"我无意冒犯各位。但现在已经有两位女性遇害，如果我们想阻止同样的事情再次重演，我们就得……"

"我没觉得受冒犯。帮忙解决哈通案的警官还有三百位，我想他们也不会觉得受冒犯。我又何必生气呢？你不过是从海牙被踢到这里待几天，有什么必要生你的气？"

詹森其他几个同事也窃笑起来，但尼兰德面无表情地看着赫斯。他听到赫斯的话，没有注意詹森的嘲讽。

"你是什么意思？什么叫'如果我们想阻止同样的事情再次重演'？"

## 47

局里的女公关顾问非常热心地向尼兰德表示，可以帮他策划公关方案，但他拒绝说，自己一个人就能行。平时尼兰德会耐心听她说完话，因为一直对她有好感——自从她开始在局里工作，开始在他的部门旁若无人地提有用的建议时，就喜欢上她了。但在下楼梯往中庭走去的路上，他只想在与媒体见面前，用仅剩的一点儿时间厘清思绪，而这位在大学里就轻轻松松拿到媒体传播学学位的女顾问，眼下帮不上他什么忙。更何况他刚刚和赫斯、图琳在办公室开了会，现在心烦意乱。

就在尼兰德要穿过门廊进入中庭时，有人告诉他罗莎·哈通部长在行程里抽了空，正赶往局里。他下了死命令，必须带哈通夫妇从警局的后门进来，除了他本人不能让任何人见到。

图琳结束总结会后，赫斯提议和她去尼兰德的办公室再花点儿时间单独谈谈。他把两个案发现场的照片摆在尼兰德的桌子上。

"第一个受害人少了一只手，第二个少了两只手。可能犯人本来还想继续伤害安妮·塞耶－拉森，但由于我们的介入，没能继续截去她身体更多的部分。可如果犯人是有意把她的尸体摆成我们发现时的样子呢？"

"我不明白你的意思，你就直说吧，我没有那么多时间。"尼兰德说道。

显然开会之前赫斯把他的想法告诉了图琳，她心领神会地给尼兰德展示了两张栗子人的特写照片。尼兰德之前看过太多次这些照片，已经不耐烦了。

"一个栗子人由一个脑袋和一个身体组成，头上会用锥子或者别的什么尖东西刻出眼睛；身体上有四根火柴棍，代表它的胳膊和腿。但是栗子人没有手也没有脚。"

尼兰德陷入沉默，盯着照片里的栗子人，看着它短短的手臂。有那么一瞬间，他觉得自己像是幼儿园里的孩子，在听别人读故事。他不知道是该笑还是该哭。

"你要说的不是我想的东西吧？"

这个想法太变态了。尼兰德甚至觉得这个想法浮现在脑海中都是一件非常变态的事。突然间，他明白了赫斯刚刚在总结会上说的"阻止事情重演"是什么意思。两人都没有作出回应，但凶手是想用血肉之躯做栗子人的想法已经不言而喻。

一提到这个案子赫斯就开始用"你们"做人称："你们必须""你们要考虑的是"。尼兰德决定和他说清楚两件事：第一件，现在他和部门里别的探员是同等地位的，立场也完全一样，据尼兰德所知，到目前为止还没有人在争取让他回海牙，但希望别回去的倒是大有人在；第二点，重启哈通案这件事他想都不用想。不管他们发现的指纹意味着什么，哈通案都已经了结。他们有犯人的口供，法院也做了有罪判决，无论天底下哪路神仙来了，都不会重启这个案子。出于同样的原因，尼兰德决定要私下和哈通夫妇见个面，亲自告诉他们又发现了新的指纹。这个发现不该被过分重视，而且情报部门刚刚告诉他部长这周过得不怎么顺利——有人一直在骚扰她，前不久刚刚砸碎了专车的玻璃，还用动物的血弄脏了车子的引擎盖。

尼兰德觉得没必要让赫斯和图琳也卷入这些事，他把赫斯赶出了办公室，好跟图琳单独说两句话。他直接问图琳，赫斯够不够敏锐、够不够格继续参与这个案子。他看了赫斯以前的档案，发现了赫斯最开始为什么离开这个部门，那是一段悲惨的故事。虽然在欧洲刑警组织里也积累了很多经验，但是他拒绝服从权威，而且和领导之间问题严重。由此看来，他如日中天的日子早已远去了。

虽然图琳不喜欢这个男人，但她还是给了尼兰德一个肯定的答案。于是尼兰德告诉她，希望她和赫斯两人能继续调查这个案子，但条件是赫斯一旦有任何要惹麻烦的迹象就必须马上通知他。当然了，尼兰德最后还补充道，要等到整个事件平息之后再给国家网络犯罪中心写推荐信。他知道图琳绝对会理解他的意思——忠诚也是得到推荐的必要条件。

出了警察局的大门，尼兰德开始接近那群虎视眈眈的记者。他们就像秃鹫一样贪婪地徘徊着，盼望能有什么人从窗户里掉出来，好让他们美餐一顿。直接在这里会见是尼兰德自己的主意，他不想开什么新闻发布会，在这里就能把事情说完，然后马上撤回楼里的藏身之处。闪光灯逐渐熄灭时，他发现自己的脸又恢复了过去熟悉的表情，他意识到自己很怀念得到媒体这样的关注，这是他最擅长的事。确实，虽然现在的事态已经火烧眉毛了，但是他也能看到借此赢来的一切。接下来的几天里，每个人都希望能和他说上话。这个案子如此惊世骇俗，有可能就是他一直在寻找的职业转机。就算一切都搞砸了，还有马克·赫斯这张挡箭牌。

## 48

在这座大房子的每个角落里，都回荡着楼上两个女孩的哭声，厨房里也不例外。埃里克·塞耶－拉森坐在厨房那张上等木料制成的大桌子旁边，身上还穿着前一天穿的西装。赫斯坐在他身边看着这个男人。很明显，他自凶案发生一直没睡过觉。他的眼睛是肿的，布满血丝，身上的衬衫也又脏又皱。地板上的玩具扔得到处都是，炉子上也堆满了脏兮兮的锅碗瓢盆。图琳坐在桌子对面的椅子上，赫斯看到图琳试图让男人的眼睛看向自己，但没有成功。

"请你再看一眼这张照片。你确定你的妻子不认识这个女人？"

塞耶－拉森垂下眼睛，看着劳拉·卡杰尔的照片，但是他的目光呆滞，眼神空洞。

"那这个人呢？这是社会事务部的部长，罗莎·哈通。你的妻子认识她吗？和她说过话吗？你们夫妻一起见过她吗？或者……"

图琳从桌子另一边把罗莎·哈通的照片滑了过去，但塞耶－拉森看着照片只是无动于衷地摇了摇头。赫斯看得出图琳在尽力压抑自己烦躁的情绪，他能理解——毕竟这已经是她这周第二次面对面地审问一个刚失去妻子的鳏夫了。而且两人一样，对她提的问题一片茫然。

"塞耶－拉森先生，我们需要你的帮助，你一定能想到什么的。她有没有什么敌人？有没有什么害怕的人？或者说……"

"她没有敌人，生前只关心房子和孩子们的事，别的我也不知道了。"

图琳深吸了一口气，然后继续问问题，但赫斯觉得塞耶－拉森说的是实话。赫斯试着无视孩子们的哭声，开始后悔在车站第一次见到尼兰德时，没表态说这边的案子与他无关，也不打算插手。现在已经没有回头路了。今天他只睡了三个小时，在短暂的睡眠中，还梦见了用血肉之躯做的栗子人和残肢断臂，这些画面就像烙在他的视网膜上一样。他刚醒过来，公寓的物业管理员就出现了。张口就因为把刷漆的工具和地板磨光机放在过道中间的事情训斥他，但他没时间为这些和管理员纠缠不清。在往局里走的路上，他给海牙打了个电话，尽可能为错过和弗里曼的电话会道歉，前一天下午他完全把这个会抛到脑子里去了。电话那边可以明显感受到秘书冷漠的态度，他也懒得解释疏忽的原因。他匆匆忙忙地挤过火车站早高峰的人流，要是现在动作快一点儿的话，就能有时间再仔细看看安妮·塞耶－拉森尸体的照片。他知道，如果能在尸体的其他部位，找到犯人截断手时工具留下来的割痕，那就没有必要再去深究他醒来时脑子里那个变态的可能性了，他甚至给验尸官办公室打电话确认这件事，然而他并没有得偿所愿。在这两起案子里，截肢的工具都只是用来截掉死者的手。这几乎是肯定了他的设想，他不知道自己推测未来还会有别的受害者是否正确，但他愈发担心了。他觉得最理想的情况是先给这两起案子按下暂停键，全力以赴调查克莉丝汀·哈通的案子，然后再看这两起案子有没有新的调查方向；然而尼兰德坚决反对重启哈通案，他只好和图琳来到塞耶－拉森家，但仍然没有取得任何进展。

行动一开始，他们花费了两个小时搜查这幢宫殿般的房子及其庭院，发现房子北部面向森林的监控摄像头被关掉了。从安妮·塞耶－拉森跑完步回到家关掉警报开始，无论什么人都能神不知鬼不觉地翻过围墙闯进房子里。他们的邻居也什么都没看到——这完全有可能，毕竟这条街上的豪宅彼此相距甚远，用"与世隔绝"来描述这些房子都算不上夸张。

根茨带着取证部的技术人员集中精力在花园、前厅和大厅里搜寻着潜在证据，图琳和赫斯则上楼去检查卧室里的抽屉和衣柜，希望能搜集到一些关于安妮·塞耶－拉森生活的信息。如果算上水疗室和衣帽间，二楼一共有九个房间。赫斯对奢侈品没什么研究，但他觉得卧室里那台大电视的钱就够付奥丁几套公寓的首付了。房子的设计格调很高雅，那些高大华丽的窗户没有任何窗帘或百叶窗作遮挡。站在屋里，他不由得思考，凶手有没有透过这些窗户监视安妮·塞耶－拉森？会不会躲在花园阴暗的角落里，悄悄摸清她每晚的行动路线？

二楼其他房间的内饰和家具也都是精心设计过的：安妮·塞耶－拉森的衣帽间里整齐地摆放着一排排高跟鞋、连衣裙和刚熨过的裤子，它们都挂在同样的木衣架上；她的袜子和内衣也摆放在同样整洁的抽屉里。套房里的浴室就像直接从五星级酒店里搬出来的，有洗手池、贴着意大利瓷砖的下沉式浴缸、独立的水疗室和桑拿房。孩子们卧室墙上五彩斑斓的巨大丛林动物壁画，环绕着房间里的两张小床，床上方的天花板画着繁星密布的天空，行星和流浪的火箭点缀在旁边。

然而无论他们怎么搜查，都没搞清为什么会有人在安妮·塞耶－拉森的家袭击她，还追到森林里锯掉她的双手。

他们把精力转移到对埃里克·塞耶－拉森的审问上，他刚刚讲述了是怎么和安妮在奥竹普高中相识的。两人从哥本哈根商学院毕业之后马上就结了婚，然后开始环球旅行，后来曾先后在新西兰和新加坡居住。埃里克投资了几家生物科技公司，走运赚了大钱，安妮则一心想着生儿育女，组建家庭。他们生了两个女儿，在大女儿到了上学的年龄后才回到丹麦。他们起初在布鲁日群岛上一个新建的社区里租了一处住宅，在买下卡拉姆堡的房子前，一直住在那里。卡拉姆堡的房子离埃里克长大的社区很近。赫斯发现他们家的生活完全靠埃里克的收入维持，虽然安妮几年前曾经接受过室内设计师的培训，但她最喜欢的还是母亲这个角色。她平时的工作就是料理家务，安排朋友聚会——这些所谓的朋友其实大部分都是埃里克的朋友。局里还派了一个警探去赫尔辛格见安妮·塞耶-拉森的妈妈，据她所述，安妮出身贫寒，早年丧父，从小就渴望能建立家庭。安妮的母亲还用哽咽的声音说，她本来希望女儿带着外孙女从亚洲回来之后能常常来看她，然而事情并非如此，她觉得这是因为埃里克不喜欢她。倒不是埃里克或安妮当着她面说过这样的话，但是她只有在埃里克上班的时候才能见到女儿和外孙女，极偶然的情况下，女儿也会开车带着孩子过来打招呼。她觉得安妮和埃里克在家庭里的地位并不平等，安妮太弱势了，但她女儿每次都会袒护并拒绝离开他。这位母亲也清楚，如果她还想继续见女儿，就不该再提这类意见。然而在昨天的事情发生之后，她就再也见不到女儿了。

厨房里有两个斯麦格牌的大烤箱，其中一个计时器的数字又跳了一下。赫斯强迫自己专心听图琳审问埃里克，不要理会楼上的哭声。

"但你的妻子收拾了一包行李。案发时她正往外走，还和互惠生说她会亲自去接孩子，她这是要去哪里？"

"我告诉过你了，她是打算去她妈妈家过夜。"

"但事实看起来不是这样。她在包里装上了她们仨的护照，而且包里的衣服也够穿一个多星期的，她这是打算去哪儿？她为什么想离开这个家？"

"她没想离开。"

"可我觉得她是想离开，人不会无缘无故就这么逃走。你要么直接告诉我原因，要么我去申请一张搜查令，查你的手机和网络通信记录，看看能不能找到她想逃跑的原因。"

埃里克·塞耶-拉森看起来已经快要忍耐不住了。

"我和我妻子的感情很好。但是我们……确切地说，我有一些问题。"

"什么样的问题？"

"我有过外遇，但都只是逢场作戏，没动真格的。但是……可能被她发现了。"

"你说的外遇，是和谁？"

"和不同的人。"

"和谁？怎么认识的？和男人还是女人？"

"和女人。就是随便玩玩。有的是平时遇到的，有的是在网上认识的。不过都是逢场作戏罢了。"

"你为什么要搞外遇？"

塞耶－拉森犹豫了一下。"我不知道。有时候，生活并不能如我所愿。"

"你这是什么意思？"

塞耶－拉森神色茫然地盯着空荡荡的房间，他最后说的那句话让赫斯深感共鸣。但赫斯还是禁不住暗自发问，像塞耶－拉森这样的人，生活还有什么不如意的？他已经有了一位花瓶般的漂亮太太，一个完整的家庭，还有一栋至少值三千五百万丹麦克朗的房子。

"你的妻子是什么时候发现的？是怎么发现的？"图琳继续厉声发问道。

"我不知道，但你刚刚问她……"

"塞耶－拉森先生，我们已经查过你妻子的手机、电子邮件和各类社交软件的账号。如果她发现了你刚刚讲的这些，按理说她会找谁说一说你出轨的事情。要么直接和你摊牌，要么会和她妈妈或者哪个朋友聊聊，但通信记录显示根本就没提过这事。"

"好吧……"

"所以说，这可能不是她想逃走的原因。所以我现在再问你一遍：为什么你的妻子想离开你？她为什么收拾行李，还……"

"我不知道！我只能想到这个原因。看在上帝的分上，放过我吧！"

赫斯看着埃里克·塞耶－拉森突然这样暴怒，有一瞬间觉得他有点儿反应过度。但仔细想想，眼前这个男人可能确实已经支撑不住了。今天发生的事已经够多了，赫斯觉得继续这样审问下去也没什么意义，便打断了两人说："谢谢你的配合，今天就到这里吧。你要是想到别的什么事，就马上通知我们。明白了吗？"

塞耶－拉森充满感激地点了点头，赫斯转过身去拿外套，虽然背对着图琳，但他也知道图琳肯定很不高兴。幸好这时有一个声音响起，图琳才没有再说什么。

"我能带她们俩出去吃冰激凌吗？"

互惠生带着两个女孩下楼，她们已经换好了出门穿的衣服。赫斯和图琳已经找她问过话了，她从昨天早上起就没见过安妮，中午在菲律宾人的自由教会吃午餐，下午接到了安妮的电话。电话里，安妮说今天她会亲自去接两个孩子。看得出来，她对塞耶－拉森一家非常尊敬，对警察也是，赫斯猜她持有的居留证可能不太符合规定。她把埃里克的小女儿抱在怀里，拉着大女儿的手，两个孩子都红着眼睛，眼泪汪汪的。埃里克站了起来，朝她们走过去。

"好主意。谢谢你，朱迪思。"塞耶－拉森摸了摸一个女儿的脑袋，向另一个挤出来勉强的微笑，四个人向厨房的后门走去。

"要是我真的问完了，我会自己说的。"图琳走到赫斯面前，棕色的眼睛盯着他，让他没法逃避自己的目光。

"听着，昨天下午安妮·塞耶－拉森遇害的时候，我们和他在一起，不可能是他干的。"赫斯解释道。

"我们现在要找的是两起杀人案之间的共同点。两位受害人一位换了门锁，而另一位想逃跑……"

赫斯打断了图琳："我才不找什么共同点，我现在要找的是杀人凶手。"

图琳拦住了想到前厅听取证部技术人员汇报的赫斯："现在就把话说开吧。我们俩一起工作要相互配合，你对此有什么意见吗？"

"没有，我没意见。但还是分头行动吧，不然我们在一起就会傻乎乎地互相较劲。"

"我打搅你们了吗？"大厅米色的推拉门被拉开，根茨出现在门口，他穿着太空服似的白色防化服，手里拿着一个航空箱，"我们现在收拾东西准备离开了。我不想让你们失望得太早，但现在从表面上看，这案子和劳拉·卡杰尔的案子没什么关系。这次最大的发现就是大厅地板缝隙里的血迹，但这些血迹在那里已经有些日子了，而且和安妮·塞耶－拉森的血也不匹配，所以我觉得两起案子不相关。"

根茨身后的门厅地板上，鲁米诺试剂在磷光灯下发着绿色的荧光，有个技术员在旁边举着相机照相。

"为什么大厅地板上会有旧的血迹？"图琳发问道，塞耶－拉森刚刚从厨房的后门回来，开始冷漠地收拾地上的玩具。

"如果是在楼梯边发现的，那有可能是索菲娅的血，就是我们的大女儿。她几个月前从楼梯上摔了下来，摔断了鼻子和锁骨，还在医院里住了一段时间。"

"有可能就是这个。赫斯，顺便说一下，活动委员让我向你问好，谢谢你给送的那头猪。"

根茨向其他一身白衣的"宇航员"走去，关上了身后的推拉门。他突然想到了什么，把目光转向埃里克·塞耶－拉森，但被图琳抢先一步。

"索菲娅住的是哪一家医院？"

"瑞斯医院。但就待了几天。"

"瑞斯医院的哪个科室？"

这回提问的是赫斯。塞耶－拉森显然困惑了，他手里推着一辆儿童三轮车，站在屋子中间不懂两位警探为什么突然都对这个话题产生兴趣。

"应该是儿科吧。是安妮打理这些事情，也都是她去医院。为什么问这个？"

两人都没有回答。图琳大步向前门走去，赫斯知道这次她也不会让他坐在驾驶位上。


# 49


瑞斯医院坐落在布莱达斯维街上，儿科病房的走廊上挂满了大大小小、五颜六色的儿童画，所有来参观的人都会忍不住啧啧赞叹，欣赏一番。赫斯也不例外。无比深重的痛苦和对生活的巨大热情同时聚集在一面墙上，他情不自禁地盯着这面墙，而图琳则径直走到前台向对方说明来意。

塞耶－拉森提到她女儿在瑞斯医院住过院时，两人不约而同地回想起劳拉·卡杰尔家厨房留言板上的提醒信。在他们回城的路上，赫斯给瑞斯医院的儿科打了电话，向对方确认了劳拉·卡杰尔的儿子和安妮·塞耶－拉森的大女儿都在这里看过病，但接电话的护士不知道更多信息，也不清楚两个孩子是否同时在医院里待过。来瑞斯医院可以说是临时起意，这两起案子只有这么一个共同点可以继续追查，而且他们回警局的路上正好也会路过这里。今天调查了一天，没发现什么对案情有帮助的东西，尼兰德与罗莎·哈通和她丈夫会了面，他们两人也不认识安妮·塞耶－拉森，也没能贡献什么有用的信息，案件调查依然毫无进展。

赫斯看着从前台回来的图琳。图琳并没有看他的眼睛，而是自顾自地拿起了旁边为访客准备的咖啡壶："他们正在想办法联系一位高级顾问医生。根据记录，是这位医生为两个孩子看的诊。"

"所以我们一会儿要和他谈谈？"

"不知道。你要是有什么别的事就走吧，我一个人没问题的。"

赫斯没有回答，只是不耐烦地看了一眼四周，医院里到处都是病恹恹的孩子。这些孩子有的脸上带着伤痕，有的手上缠着绷带，有的腿上打着石膏；有的孩子头发掉光了，有的坐着轮椅，有的带着点滴架走来走去。大厅中央活动室的四周被大块的玻璃围着，中间有扇蓝色的门，门上挂着气球和秋天的小树枝。门另一边孩子的声音吸引了赫斯的注意，他便走近这扇半开半掩的门。在活动室房间的一头，有几个大一点儿的孩子在画画，另一头，一群小一点儿的孩子坐在色彩鲜艳的塑料凳子上，围坐成半圆形。他们都面向一个女人唱着歌，这个女人手里拿着一幅画，上面画着一个可爱的红苹果。

"苹果人，请进来。苹果人，请进来。你今天有没有，给我带苹果来？谢谢你，请留下来……"

那个女人向孩子们赞许地点了点头，等孩子们大声拖着颤音唱完这首歌最后一个词时，她放下了画着苹果的海报，举起一个栗子："咱们再来一遍。"

"栗子人，请进来。栗子人，请进来。你今天有没有，给我带栗子来……"

听到这首儿歌，赫斯感觉有根冰冷的手指滑过脊柱，一时令他毛骨悚然。他从门边撤回了身子，意识到图琳正在一旁看着他。

"你们是来拍 X 光片的奥斯卡父母吗？"

一个护士走近两人问道。图琳正端着塑料杯子喝咖啡，听到此话，她一下子呛到了，咳嗽起来。

"我们不是，"赫斯回答道，"我们是警察，在等那位高级顾问医生。"

"医生现在还在值班，恐怕来不了。"

这位护士很漂亮，一双深色的眼睛忽闪忽闪的，长长的棕色头发在后面梳成了马尾辫。她大约三十岁，但脸上严肃的神情让她看起来比实际更年长一些。

"那他得让病人先等等了，请跟他说我们有急事。"

## 50

高级顾问医生侯赛因·马吉德让两人坐在职员室里。屋里摆着各种杂物，白色的咖啡杯、油乎乎的 iPad、糖精、污渍斑斑的晨报，椅子的靠背上还搭着几件外套。医生的身高和赫斯差不多，四十出头，衣冠整齐，身上的白大褂没扣扣子，脖子上挂着听诊器，戴着一副普通的黑框眼镜，手上戴的金色婚戒表明他是位已婚人士。医生刚到时先匆匆忙忙地和赫斯握手，一转身见到图琳，脸上就绽放出了笑容，眼睛也直了。图琳一点儿都不觉得他像已婚。眼见医生对图琳产生了好感，赫斯一时间竟有点儿不知所措，他从来没对图琳有过这种想法——一直觉得图琳挺烦人的。但不得不承认，他能理解为什么医生会趁图琳转身找椅子时，偷偷打量她纤细的腰身和迷人的后背。有那么一会儿，他怀疑马吉德一直有这种兴趣，在劳拉·卡杰尔和安妮·塞耶－拉森带着病恹恹的孩子出现在病房里时，他可能也是这样盯着她们看的。

"不巧现在正轮到我值班，如果咱们能快点儿完事，我当然也很乐意配合你们。"

"那太好了，谢谢。"图琳回答道。

马吉德放在桌子上两份病历和一部手机，主动给图琳倒了杯咖啡，她则风情万种地接受了好意。

赫斯觉得图琳好像忘记了他们是来办正事的，他忍住愤怒，坐在椅子上，身子向前探了探问道："我们刚刚也说过，要问你几个关于马格纳斯·卡杰尔和索菲娅·塞耶－拉森的问题，你要照实回答。"

侯赛因·马吉德瞟了赫斯一眼，可能是看在图琳的面子上，他用友好但又不失威严的腔调回答道："我当然会配合你们。没错，两个孩子是都在我这里看的病，但看病的原因不一样。我能不能问一下，你们为什么要问他们两个的事？

"不能告诉你。"

"那好吧，不要紧。"

医生意味深长地瞄了图琳一眼，而图琳向他耸了耸肩，好像在为赫斯的无礼道歉。

赫斯下一个问题紧接着到来："他们都接受了什么治疗？"

马吉德把手放在两个孩子的病历上，但并没有要翻看的意思："马格纳斯·卡杰尔来这里看病的时间比较长，大约是一年前开始的。儿科的职责类似于水闸，会把病人转到相应的科室去。他的自闭症是后来由精神科医生观察诊断出来的。索菲娅·塞耶－拉森几个月前在家里出了小意外，身上有地方轻微骨折，所以住了院。但很快就出院了，毕竟她的病情相对比较简单。但她之后还需要做些修复，主要是理疗科做这些修复工作的。"

"所以两个孩子都在儿科病房待过。"赫斯强调道，"你知不知道他们有没有见过面？或者有没有见过彼此的家长？"

"我不敢肯定他们完全没见过，但我觉得他们不太可能有什么接触，毕竟病情完全不同。"

"他们都是谁带来看病的？"

"我记得两个孩子都是由妈妈带来看病的，但如果你想了解更确切的情况，最好还是直接去问她们本人。"

"但我现在在问你。"

"我现在不就是在回答你嘛！"

马吉德露出和蔼的微笑。赫斯觉得眼前这个男人比一般人要聪明，也许他已经知道警方再也没机会向她们本人发问了。

"两个孩子在医院时，是你和他们妈妈接触的吗？"

这回问问题的是图琳，她一脸友善。医生似乎很高兴能和她搭上话。

"我和很多病人的父母都有接触，这两位也不例外。确保孩子的母亲或者父亲信任我们、对我们放心也是工作的一部分，这是很重要的，对各方都有好处。对病人的好处最大。"

医生对图琳笑了笑，得意地向她挤眉弄眼，像是要邀她共赴马尔代夫的浪漫之旅似的。图琳回给他一个微笑："所以也可以理解为你和两位妈妈都很熟咯？"

"很熟？"马吉德有点儿困惑，但仍然对图琳微笑着。这个问题也让赫斯感到意外，但她的进攻才刚刚开始。

"是啊，你和她们两人有没有私下见过面？有没有爱上她们？有没有和她们上过床？"

马吉德仍然微笑着，但愣了一下，然后问道："不好意思，你刚刚问什么？"

"你听到了，回答就是了。"

"你为什么问这个？到底怎么回事？"

"不过是问你个问题，照实回答就行。"

"我现在就回答你。现在儿科病房的工作量已经超出了正常负荷，我值班时只能给每个孩子匀出几分钟时间，这几分钟不是花在妈妈身上，也不是花在爸爸身上，更不是花在警察身上——是花在孩子身上的。"

"但你刚刚说和孩子的妈妈保持亲密关系很重要。"

"不，我刚刚不是这么说的，我不懂你的问题究竟是在暗示什么。"

"我什么都没暗示，反而是你，刚刚向我挤眉弄眼，是在对我暗示什么？我只是问你有没有和她们上过床。"

马吉德笑了笑，摇了摇头，脸上带着怀疑的神色。

"那告诉我你对这两位妈妈印象如何。"

"她们都对孩子的情况很担心，一般来这里的家长都是这个样子。但如果你要问的都是这种问题，我还有其他事情要做。"

侯赛因·马吉德想站起来，但在一旁津津有味地看着这场交锋的赫斯，突然递出一份沾着咖啡渍的报纸，横在了医生面前。

"你可走不了，可能你已经猜到我们来这里的原因。到目前为止，你是我们发现的这两起案子唯一的共同点。"

医生看了看报纸头条上的照片。照片上是一片森林，上下分别印着两起谋杀案的报道。他看到这些有点儿发抖。

"但我没有什么可告诉你们的了。我对马格纳斯·卡杰尔的母亲印象更深一点儿，但也只是因为她孩子的疗程更长。他们在精神科那边做过各种评估诊断，但对治疗一点儿帮助都没有，她后来变得非常沮丧。之后她

113

就不再带孩子来了。我就知道这么多。"

"她不来了是因为你和她调情，还是……"

"我没和她调情！她曾经打电话来，说市政厅为儿子的事情联系她，所以她想把精力都放在孩子身上。我本来以为她会回来继续治疗，但并没有回来。"

"劳拉·卡杰尔已经把所有时间和精力都花在了给儿子治病上，怎么会无缘无故就不愿意来见你了？"

"她不是不愿意见我，这里根本就没有我的事！她是因为接到了市政厅的通知！"

"什么通知？"赫斯追问道。医生还没回答，一位年轻的护士从门边探出头来看着他。

"很抱歉打扰你们，但是九号房那边需要给个答复，他们正在手术室等病人。"

"我这就来，我们这就聊完了。"

"她接到的是什么通知？"

侯赛因·马吉德站起身来，匆匆忙忙地把桌子上的东西收拾好："我也不清楚，我只是听她这么提起过。显然是有什么人联系了市政厅，指责她没照顾好儿子。"

"你这是什么意思？具体是指责她什么？"

"不清楚，她也很吃惊。之后过了一段时间，有位社会工作者给我们打电话，就那个男孩的情况做一份陈述材料，我们也做了。那孩子的治疗我们也尽了全力。我就知道这些。谢谢你们，再见。"

"你确定没有乘虚而入，安慰她一下？"图琳从椅子上站了起来，挡住了医生的路，又试着发起了进攻。

"没有，我确定！不好意思，我要走了！"

这时赫斯也站起身来，问道："劳拉·卡杰尔有没有提到是谁举报的她？"

"我印象里她没说过，应该是匿名举报。"

侯赛因·马吉德手里拿着病历，侧身绕过了图琳。医生的身影消失在走廊拐角处时，赫斯又听到了孩子们的歌声。

# 51

社会工作者亨宁·洛布接到电话的时候刚刚吃完午饭。今天午饭吃得晚了一点儿，市政厅的地下餐厅几乎没什么人。他今早的经历称得上是一场磨难：骑自行车来上班，但天空中突然下起了雨，他躲到楼后的自行车棚，衣服和鞋子都湿透了；这还不算完，儿童及青少年服务部门的主管让他参加一个紧急会议，当事方是一个阿富汗家庭和他们的律师，想推翻地方当局接管他们孩子的决定。

亨宁·洛布对这个案子了如指掌，他也倾向于把孩子送走，但今天又一次被迫浪费一个半小时，呆坐着听他们叽叽喳喳、争吵不休。近来大多数的儿童接管令都是发到这种移民家庭。由于语言不通，开会时还得有个翻译在场，这个会也就拖得更久了。说实在的，他觉得开这个会根本就是浪费时间。这个案子早就被调查清楚：这位移民父亲曾多次对他十三岁的女儿施加暴力，就因为女儿交了一个丹麦男朋友。然而，这是一个民主社会，这样的恶棍也是有人权的，他们也被允许发表意见。谈判桌上唾沫横飞，全身又湿又冷的亨宁呆呆地看着市政厅窗户外面人来人往，川流不息。

开完会，亨宁虽然浑身上下仍湿漉漉的，但也不得不集中精神埋头处理手中的案子。脑袋里有个时钟"嘀嗒嘀嗒"地响着，提醒他白天的工作进度已经落后了。他想要离开这个部门，今天下午通过最后一场面试，就能去二楼的技术和环境管理局工作。那边的工作环境要好得多，办公室的味道也更好闻。如果能按计划赶完堆积起来的工作，他就有时间准备面试；如果面试顺利，就能赶在这艘船沉没之前跳下去——这艘船已经不堪重负，船边挤满了各种游走在社会边缘的乘客，他们暴力、排外、狭隘而且精神错乱，都争先恐后地想要爬上船来。要是他每天的工作就是坐在办公室里给城市翻新、为市政公园的改进提提建议，那该有多体面啊！二楼有个红头发的实习生，她每天都坐在办公室里，可真是一道亮丽的风景线—— 她是建筑专业的高才生，无论晴天下雨，一年四季都穿着迷你裙，脸上永远带着灿烂的微笑。只有真正的男人才配得上这样的女人。当然，亨宁自知不一定有这样的荣幸，但他忍不住幻想着与这个姑娘的邂逅，还有之后会发生的一切……

亨宁后悔接了电话，显然电话另一头的警探不是一两句话就能打发，而且对方带着权威和命令的语气也让他讨厌。警探说需要问他一些信息，而且现在就要知道，等一分钟都不行，等到下午更是不可能。他只好放下手里的东西，急急忙忙地跑回办公室的电脑前面。

"我想知道你们关于马格纳斯·卡杰尔这个孩子案件的全部信息。"

电话那头的警探报出了男孩的身份证号。亨宁一边打开电脑，一边向对方解释，他负责过数百个案子，不可能记住所有案子的细节，查都不查就回复他。

"告诉我记录里怎么写的。"

亨宁粗略地扫了一下屏幕上的案件记录，停顿了一会儿。是亨宁亲自处理的案子，所以他能快速总结出大致情况。

"你说得对，这是我们这边处理的。当时我们接到一封匿名举报信，说那孩子的妈妈劳拉·卡杰尔不配照顾她的儿子。调查一番之后，发现事实并非如此，所以我也没什么可说的……"

"我想知道这案子的所有细节，现在就告诉我。"

亨宁强忍住叹气的冲动，这样下去估计又得花上半天的时间。他加快速度，一边浏览文件，一边尽可能言简意赅地告诉警探事情经过。

"举报信是大约三个月前，寄到我们部门'告密者计划'的，这个计划是由社会事务部部长发起，全国各地的地方政府都参与进来，旨在让大家可以通过打电话或者寄信件这种匿名方式举报虐待儿童的行为。我们也不知道究竟是谁发的这封举报信。信的主要内容是说，我们必须尽快从他妈妈那里接走孩子，因为她是个……我就照信里的原话说了，'自私的婊子'。信里还说，她天天只想着和男人乱搞，对孩子的问题根本视而不见，但她，我再引用一下原话，'应该知道到底发生了什么'。信里还说我们能在她的房子里找到证据。"

"你们在房子里发现什么了？"

"什么都没发现。我们照章办事，花了很大力气去求证信里所说的忽视孩子情况是否属实，和那个内向的男孩及父母谈了话——也就是他妈妈和继父，两人都很震惊。但是调查没有发现什么可疑之处，说来也挺可悲的，这种恶意的玩笑并不少见。"

"我想看看那封匿名信，你能给我们转发一份吗？"

亨宁一直等着他提出这种要求。

"我可以寄给你们，但得先出示法院下达的命令。如果没有别的事了……"

"你们没有关于发件人的信息吗？"

"没有，所谓'匿名'信，指的就是这个意思。我说了……"

"你为什么说这个举报是'恶意的'？"

"因为我们在他家没发现任何虐待孩子的证据，而且'告密者计划'收到的大部分举报信都是这种恶意的玩笑。你问问税务和海关那边就明白了。政客们就只会一味鼓励建立这类窗口，让大家互相揭发告状，但其实什么事情都没有，甚至都不知道为什么要告状。那些人根本没动脑子想过，他们写下来、寄过来这些屁话，我们得花多少人力物力来调查。无所谓了，如果没有别的事……"

"有事，再查一下有没有接到过有关另外两个孩子的举报信。"

警探又给了亨宁另外两个女孩的身份证号码，莉娜和索菲娅·塞耶－拉森。这户人家现居卡拉姆堡，警探说他们以前住在布鲁日群岛，最近刚搬家，他要问的是这户人家搬家之前的情况。亨宁十分烦躁，又在电脑上搜索起来。他瞥了一眼手表，如果现在抓紧一点儿的话，还是能抽出时间准备面试的。电话那边的警探还在重复两个孩子的身份证号，电脑响应了，他瞄了一眼显示器上的案件纪要。这个案子也是他负责的，他刚要告诉对方还记得这个案子，屏幕上一些之前从未注意到的东西让他又把话咽了回去。他急切地又打开马格纳斯·卡杰尔那个案子的页面，对比着两封匿名信的措辞习惯，想看他是不是出现了什么错觉。他发觉有什么东西超出了理解范围，警觉了起来。

"抱歉，我没找到与这两人有关的记录。"

"你确定吗？"

"系统没能识别出她们的身份证号。我现在挺忙的。还有别的事吗？"

亨宁挂了电话，心里有点儿负罪感。为了保险起见，他给信息技术部门发了一封邮件，说刚刚系统出了故障，所以没法应警方要求，协助他们查某项资料。他觉得这事不会有什么影响，但还是小心为上。只差一个面试就能升职了，他要甩掉这些乱七八糟的事，能甩多远甩多远。等进了技术和环境管理局，还要继续一路向上爬。如果他手段得当，早晚会把那个红头发的实习生收入囊中。

## 52

黑暗渐渐笼罩哈瑟姆的居民区，道路两旁的街灯都亮了起来，为孩子们考虑，这些道路的限速都很低，管辖这片区域的警察打着瞌睡。各家各户都忙着准备晚餐，温暖柔和的灯光透过厨房的窗户照亮花园里蜿蜒的小径。图琳的警车停在了席德凡格路，她闻到卡杰尔邻居家排风扇里飘出来炸肉丸的香味。家家灯火通明，只有那座带有金属车库、现代主义风格的白色房子还处在黑暗之中，看起来像是被遗弃似的。

图琳终于听完了电话那边尼兰德的最后几句牢骚话，冒雨追着赫斯跑到了房子的前门。

"你有钥匙吗？"赫斯问道。

两人现在在房子的门口，前门上还封着独特的、黄黑色相间的封条，这是犯罪现场的标识。图琳从外套口袋里摸出了钥匙。

"你是说市政厅在收到关于劳拉·卡杰尔的匿名举报信之后立案调查情况，但他们认为那些针对她的指控毫无根据，根本站不住脚？"

"是这样的。让一让，你挡住光了。"

赫斯从图琳手里接过钥匙，想借着街灯微弱的光亮把钥匙插进锁孔里。

"那咱们现在来这里是要干吗？"

"我和你说了，我还想看看房子。"

"我已经看过好几遍房子了。"

尼兰德对他们今天的调查结果很不满意——因为根本没有任何结果。他不明白为什么两人还要再回席德凡格路调查，甚至图琳也对此不甚了了。第二起谋杀案发生的时候，汉斯·亨利克·霍芝有充分的不在场证明，这让他们的调查更没有头绪，图琳也开始接受霍芝无罪的可能。然而现在，她又回到这个一切开始的地方，看着这栋阴森森的房子。

赫斯来之前告诉图琳，他是在询问完医生，去停车场的路上打的电话，以及和市政厅的社会工作者说了什么。在瑞斯医院外，两人坐在车里，雨点"滴滴答答"地落在挡风玻璃上，图琳静静地听他讲着那封匿名信的事。在听到市政厅没有找到任何证据时，图琳立刻对匿名信的事丧失兴趣。令人惊讶的是，除了瑞斯医院的那位医生，劳拉·卡杰尔没和任何人谈论过匿名举报的事情。但退一步看，毕竟医生诊断她的儿子患有自闭症，而且根据学校老师的描述，那男孩的行为很容易让别人误会他的母亲没能力照顾好他，所以有人举报她也情有可原。劳拉·卡杰尔当然会怀疑匿名举报人是她的哪个朋友，或是在学校和工作里认识的人，她选择对周围的人三缄其口也不奇怪。不管从哪个角度来看，劳拉·卡杰尔都已经尽其所能来帮助她的儿子。尽管图琳不怎么喜欢霍芝这个人，但她也不得不承认，这个男人的确是劳拉坚实的依靠。他们现在知道了这封举报信的事，但这能算是新线索吗？接电话的社会工作者说没有接到过关于安妮·塞耶－拉森的类似举报，这对两起案子来说也不是什么共同点。

但赫斯还是想再来看一遍劳拉·卡杰尔的房子。在来的路上，图琳有点儿后悔之前有机会的时候，没把赫斯从这个案子里踢出去。她很清楚赫斯推测这两起案子只是个开头，后面还会有一连串的连环杀人案。他们站在安妮·塞耶－拉森的尸体旁时，她也本能地产生了同样的想法。但是他们两人的办案手段实在太不一样，而且她也不想帮尼兰德盯着赫斯，防止他插手哈通案——即使这样就能拿到去国家网络犯罪中心的推荐信，她也不情愿。

"我们现在在找犯下两起凶案的凶手，你自己也说还可能有其他凶案发生，现在我们为什么还要浪费时间回这里？再说他们取证部都快把这里翻个底朝天了！"

"你不用和我一起进去。你可以去问问邻居，看看有没有人知道举报信的事情或者是谁寄的举报信，对我们的帮助可能更大。这样咱们今天也能快点儿结束，你觉得呢？"

"可你得让我明白，为什么要去问他们？"

**119**

赫斯打开门溜进干燥的房子里面，顺手带上身后的门，封条断掉了。雨势滂沱，图琳冒着雨向第一位邻居的房子跑去。

# 53

赫斯关上门，屋里一片死寂，他努力适应着黑暗。他来回按了按墙上的三个开关，但屋里的灯毫无反应。电力公司应该已经停止给这栋房子供电。房子是劳拉·卡杰尔名下的，她的死亡已经注册在案，在法律形式上的生命也已经消失了。

赫斯掏出了自己的手电筒，沿着走廊走进房子深处。脑中还在翻来覆去地重演和社会工作者的谈话，事实上，他不知道那场对话意味着什么，也不知道这对案子究竟有什么意义，他只是觉得必须要再来这里看一看才行。在瑞斯医院对医生的审问很顺利，有那么一会儿，他觉得已经找对地点、找对人了。他的直觉没错，两起案件相通的地方就是死者的孩子。但那位医生突然提到了举报信的事。

他想再搜查一遍房子，完全就只是想碰碰运气。整座房子已经被不同的部门、不同的调查员和技术员搜查过好几遍了。再说，是三个月以前收到的举报信，即使当时能找到证据，现在也不一定了。但有人关注劳拉·卡杰尔，甚至不辞辛苦地写了一封充满恶意的信件，向政府建议从她身边领走孩子。赫斯忍不住盼望这栋房子能多少解答一点儿他的疑惑。他继续沿走廊走着，房子里到处都是取证小组留下的痕迹。门框和门把手上沾着提取指纹用的白色粉末，各种物品上还留着数字编号。这些物品有些用过，有些没用过，或多或少和劳拉·卡杰尔一案相关。他一个房间一个房间地看着，最后来到一间客房里，看样子是把这间客房当作办公室来用的。现在这个房间空得出奇，办公桌上的电脑已经被搬走了，现在还在警局里。他打开柜橱和抽屉，漫无目的地看着里面的笔记本和纸片，然后又来到浴室和厨房。他一遍遍地重复着自己的行为，但没找到什么有用的东西。雨点敲打着房子的屋顶，他沿着黑漆漆的走廊往回走，又进了主卧室，床上还保持着凌乱的样子，台灯仍然倒在地毯上。他打开劳拉·卡杰尔的内衣抽屉，这时前门那边传来了动静，图琳又出现了。

"没有邻居知道什么有用的信息，也没人对举报信知情。他们还是说妈妈和继父两人对孩子都很好。"

赫斯又打开了一个壁橱，继续翻找着。

"我现在要走了。我们还得继续调查那个医生，然后还得问问塞耶－拉森对这事有什么看法。你完事了记得把钥匙带回来。"

"好。回见。"

# 54

图琳离开席德凡格路 7 号时故意用力撞上了门，她其实不用使那么大劲的。她冒着雨一路小跑，躲开了路上一位骑自行车的黑衣人，跑到车旁，钻进了车里。她刚刚去周围邻居那里转了一圈，衣服都湿透了。赫斯想回城里就得徒步走到车站去，但这是他自己的问题了。今天真是糟糕透顶，还是没找到任何线索，大雨似乎已经把一切都冲刷得干干净净，而他们仍然在原地打转，一事无成。

图琳拧钥匙发动警车。她今天得读完组里所有人对案子的反馈，但她真正想做的是回到局里再通读一遍案子的所有资料。重新开始，再好好审视一遍所有细节，找到两起案子新的共同点。可能还要联系一下汉斯·亨利克·霍芝和埃里克·塞耶－拉森，问问他们对侯赛因·马吉德医生有什么看法，毕竟这位医生和两位受害者都认识。她正要拐弯驶离席德凡格路时，后视镜里有什么东西吸引了她的注意力，她便刹了车。

在她后面大约 50 米远的地方，有辆车停在席德凡格路巷子里一棵高大的云杉树下面。由于有树和篱墙的遮挡，旁人很难看出有车停在那里。篱墙的另一边就是案发的小游乐场。她倒车，直到车身与那辆车平行。那是一辆黑色的轿车，无论内部还是外部都没什么明显特征。图琳看到那辆车的发动机盖上升起浅浅的薄雾，发动机仍是热的，可能就停了几分钟。她环顾四周，按理说，任何一个来这片住宅区的人，都会直接把车停在想去的房子外面，但是这辆车藏在一条不起眼的巷子里。她突然想去检查那辆车的车牌，但这时她的手机响了起来，是小乐打来的。她突然意识到自己完全忘记要去外公家接女儿，于是她接起电话，又踩下油门。

# 55

马格纳斯·卡杰尔的卧室和两个女儿奢华的卧室比起来显得十分朴素，但即使在手电筒微弱的灯光下，赫斯也觉得这里十分温馨。厚厚的地毯、绿色的窗帘，一只纸灯笼吊在天花板上，墙上贴着的是唐老鸭和米老鼠的海报，白色的架子上摆着大量塑料模型，模型都是来自童话世界的生物，有正义的一方，也有邪恶的一方。桌上有一只被当作笔筒的杯子，里面满是铅笔和彩色的毡尖笔。桌旁有个小书柜，上面的书籍表明马格纳斯·卡杰尔对象棋也很感兴趣。他从书架上抽出几本书，翻了几页。这间屋子令他感到心安，可能这是房子里最好的一间。

赫斯的眼睛停留在床上，尽管他很清楚同事肯定已经这样做过了，但还是习惯性地跪下来，用手电筒照着床底下。床柱和墙之间塞着什么东西，他设法把它抽了出来。一本《英雄联盟》的手册。他的内心突然刺痛了一下：他没有遵守回医院去看马格纳斯的承诺。

赫斯把手册放了回去，开始后悔刚才没有搭图琳的车一起走。他之前觉得这个关于匿名举报者的发现会给案子带来新线索，但现在他觉得自己就是个蠢货。而且现在他得冒雨走回市中心，至少也得走到最近的车站，或者打到出租车为止。一股倦意袭来，有那么一小会儿，他甚至思考着自己能不能在男孩那看起来舒适柔软的床上小睡一会儿，还想着自己是不是应该直接瞎编个故事，回局里告诉尼兰德：他今晚有急事必须回到海牙去。当然，和尼兰德实话实说也是一个选项，直接告诉他自己胜任不了这个案子的调查，告诉他克莉丝汀·哈通以及什么乱七八糟的指纹都和自己没关系，告诉他可能只是因为觉没睡够才想出用残肢做栗子人那种噩梦般的理论。要是运气好的话，他可能还赶得上最后一班 8 点 45 分去海牙的飞机，明天一早就能到弗里曼给他下跪认错——在现在这种情况下，他觉得这种想法十分诱人。

赫斯朝窗外看了一眼，看到花园和发现劳拉·卡杰尔尸体的小游乐场，视野内的一些画吸引了他的注意。绿色的窗帘后边是一排画在 A4 纸上的儿童画，都被钉在了墙上。第一幅画的是一栋房子，应该是马格纳斯·卡杰尔几年前画的。他走了过去，将手电筒的光打在画上。这幅画的笔触非常稚嫩，用寥寥几笔画出一栋带前门的房子和一个闪耀的太阳。一种莫名的冲动让他开始看下一幅画，但那只是另一幅画房子的画，房子被涂成了白色，画得更精确一些，还添加了一些细节。他意识到马格纳斯画的就是这栋位于席德凡格路的房子。第三幅画也是同样的内容，白房子、太阳和车库，第四幅、第五幅也是这样。能看出来，马格纳斯在画每幅画的时候都长大了一些，画画的技巧都有进步。不知为什么，赫斯觉得有点儿感动，默默微笑着。他看到了最后一幅画。这幅画的内容也是一样的：房子、太阳、车库，但这回有什么东西不对劲。车库大得不成比例，甚至比房子本身大得多。车库高高地耸立着，墙又厚又黑，笨重而压抑。

## 56

赫斯关上身后的阳台门，寒冷的空气向他袭来。他走在屋后花园里的石板路上，打着手电筒看到自己呼出的空气变成了白色。拐过弯，他走到了车库门口。邻居家肉丸子的香味还在空气中弥漫，但一开车库的门，味道就消失了。他正要往里走，突然意识到刚刚没有听见胶带撕裂的声音。车库门上应该也有封条才对。但他没再多想，随手关上了车库门。

车库大概 5 米长，3 米宽，天花板很高，框架是钢结构的，四周是金属墙，里面的空间对一辆车来说绰绰有余。赫斯记得在 DIY 家装店的产品目录里见过这种车库的资料。数十个透明的塑料储物箱几乎占据车库的每一寸空间。有些储物箱下面带着轮子，有些则高高地摞在一起。他不由得想起自己在地球上的全部财产，还放在阿玛岛的一个自助仓库里。在那个他用了五年的仓库里，一个个纸箱和塑料袋杂乱无章地堆在一起。雨点"噼里啪啦"地打在车库的房顶上，他侧着身子挤过一摞摞储物箱向车库深处走去，但在手电筒昏暗的光线下，他觉得这些箱子里没什么值得注意的东西。里面只有一些衣服、毯子、旧玩具和厨房餐具之类的杂物，东西都被整整齐齐地码放在塑料箱子里。另一面墙上，一排园艺工具整整齐齐地挂在墙上的铝质挂钩上，旁边高高的钢架子上放着一排排油漆罐、刷漆工具和园艺用品。车库里就只有这些东西，不过是个普通的车库而已。马格纳斯的那幅画确实很令人惊异，赫斯站在车库里意识到，马格纳斯是个正在接受治疗、有心理缺陷的孩子，那幅画不过是对他病情的进一步佐证罢了。

赫斯烦躁地转过身准备再挤回车库门口，脚却突然踩在了一个柔软的东西上。他把手电筒照向地面，看到自己脚下是一个长方形的黑色橡胶垫子，它只比水泥地高出几毫米。垫子大概有1米长、半米宽，铺在钢架子前方的地面上。这似乎只是为了工作时脚能舒适一点儿而准备的。平常人根本不会在意这张垫子，但赫斯不一样，他现在的细心和专注绝非常人可比。他向后退了一步，某种本能驱使他弯下腰，拉开垫子，但那张垫子一动不动。他把指尖塞到垫子下面往里两三厘米的地方，然后沿着边缘摸索。他摸到水泥地上有一道与垫子边缘平行的裂缝，便从钢架上抓起一把螺丝刀，用牙咬住手电筒，把螺丝刀塞进垫子下面的裂缝里试图把它撬开。垫子下面的水泥板稍稍翘起一点儿，他把手指伸到缝隙里，用力抬起水泥板，这是个向下的舱门。

赫斯满脸怀疑地盯着舱门，又低头看了看水泥地上这个长方形的洞。舱门的底面有一个把手，可以从里面把门关上。他打开手电筒，向洞里照了照，但只照亮了短短几米的距离，只能看到墙上装的梯子和梯子底部的地板。他坐在地上，又咬住手电筒，转身把脚蹬在了梯子顶端，开始向下爬。他不知道会在下面发现什么，但越往下走，不安感就越强。下面的气味非常特别，是一种建筑材料和某种香氛混合起来的奇怪味道。在脚踩到了坚实的地面之后，他才放开梯子，然后用手电筒照了照四周。

下面的房间不大，但比赫斯想象的要大一点儿。整个空间大约3米宽、4米长，他在这儿不用低头就能站直身子。墙下方的踢脚线上有电源插座，四周的水泥墙被刷成了白色，地上铺着又新又干净的方格复合木地板。乍一看，这个房间没什么令人感到恐怖的地方——除了它存在的这个事实。有人量过上方的车库，在下面挖了这么个房间出来，接着去购买各种材料，最后装上一扇厚厚的隔音舱门将这个房间掩藏起来。虽然没关上面的舱门，但是他在下面根本听不见雨声。他意识到自己心里隐隐地害怕会在这里发现克莉丝汀·哈通的四肢，但在发现房间看起来几乎空空如也时，他松了一口气。在地板中央，有一张漂亮的白色咖啡桌，上面放着一盏形状有些奇怪的三条腿台灯。一个高大的白色衣橱靠墙而立，一条毛巾挂在衣橱的把手上。在房间的另一端，墙上挂着一块红色的壁毯，下方是一张白色亚麻布床。手电筒的灯光闪烁起来，他使劲摇晃了几下才让光线恢复。他注意到房间里的灯都是指向床的，刚想到床边看看，一旁的硬纸板箱吸引了他的注意。他在纸箱旁边跪下来，用手电筒照着往里看。箱子里乱糟糟的，里面的东西好像是匆忙之中乱扔进去的。保湿霜、香熏蜡烛、热水瓶、脏兮兮的杯子和挂锁，下面是电线和 Wi-Fi 设备。箱子里还有一台 MacBook Air，上面插的数据线还没拔，线的另一头连接桌子上面的台灯。他这时才意识到桌上放的根本就不是台灯，而是照相机。这台相机放在三脚架上，就像房里的灯一样，也指向床的方向。

赫斯感到一阵恶心，于是站起身来。他想离开这里，逃离这个魔窟到门外的雨里。但他又突然注意到了什么，凝神一看，咖啡桌的另一边有几个湿湿的脚印，那不是他的脚印。有什么东西以极快的速度，带着巨大的力量从他身后的衣柜里冲了出来。他的后脑勺挨了重重一击，然后又有几下落在头上。手电筒从他手中掉落，他的颅骨挨了一拳又一拳，鲜血从嘴里溢了出来。恍惚间，他好像瞥见天花板上有万花筒般的光斑，从一端铺到了另一端。

<h1 style="text-align:center">57</h1>

赫斯倒在了咖啡桌上。他依然昏昏沉沉的，在黑暗中向后蹬了几脚，踢到了袭击他的人。他试着站起身子，又跟跄着扑倒在床，下巴重重地磕在床沿上，引起一阵剧痛。他的一只耳朵产生了严重的耳鸣，身体笨拙地在床上左右摇晃着，试图重新恢复平衡。他听到有人把纸箱里的东西都倒了出来，随后是重重的脚步声。他告诉自己，必须跟着那人回到地面上。他站起身来，但什么都看不见。黑暗中，他蹒跚着伸出双手努力摸索梯子的位置，手指关节在粗糙的水泥墙上蹭破了皮，但马上他的左手就摸到了梯子的一节横栏。他感到上方有东西在快速移动——袭击他的人就在上面。他还记得怎么从这架梯子爬上去，就要爬到顶了，他把手伸出洞，抓住一只脚踝。袭击他的人摔倒了，撞到了摆起来的储物箱。那人开始踢他，但

赫斯就是死死抓住不松手。赫斯又往上爬了一点儿，看到水泥地上躺着一台 MacBook。那人又在他脸上踹了两脚，以惊人的速度用膝盖抵住他的脖子，然后顺势把他的脸压在地上。赫斯大口喘着粗气，感到袭击者全身的重量都压在自己身上。他的下半身还在洞里，脚抽搐着，就像是被吊在了绞刑架上一样。袭击者伸手去够水泥地上的螺丝刀，那是赫斯刚才留在这里的。视线变得模糊，赫斯知道自己马上就要昏过去了。但就在这时，他听到了一个声音。那是图琳的声音，她喊着赫斯的名字，可能她在路边或者在房子里面。无论赫斯如何竭尽全力，嘴里都发不出一点儿声音。他被困在哈瑟姆这个鬼地方的一间车库里，被人按在冰冷的地板上，气管上就像压着一百千克的重物，对方丝毫没有放过他的意思。他挣扎着，突然右手抓到了什么冷冰冰的东西。他竭尽全力一拽，随着一声震耳欲聋的巨响，摆满油漆罐的架子整个倒了下来。

## 58

图琳站在阳台门外，凝视着雨中黑暗而寂静的花园。她刚刚喊了赫斯很多遍，先是在房子里面叫他，然后来到屋外，但都没有人回应。她心中愈发坚定了自己是个傻瓜的想法。一意识到那辆黑色的车可能是谁的，她马上就掉头回到这里。其实对她来说白跑一趟也无所谓，但让她心烦的是，赫斯走的时候连前门都没锁。

正准备再次摔门离开，图琳忽然听到车库方向传来一声巨响。她向车库靠近了一步，又叫了一声赫斯。起初，她以为赫斯又在漫无目的地到处瞎翻东西，但紧接着她就看见一个黑影从车库的另一边夺门而出，朝着后花园的方向飞奔而去，消失在雨中。她拔出枪，三步并作两步冲进花园里。那个身影飞快地穿过花园尽头的树丛跑进了小游乐场。虽然她以最快的速度追在后面，但等跑到玩具屋边，人影已经不见了。她身上已经湿透了，喘得上气不接下气，一辆货运火车驶了过来。她顺着声音转过身子，看到那个人影爬上路堤，沿铁轨跑着。她便紧随其后冲了过去，货运火车离她越来越近。

喇叭声响起，图琳一个翻身滚到草坪上，火车全速驶过。人影迅速回头看了一眼，眼看火车就要撞上他，他一个九十度的急转弯向铁轨左侧跑去。图琳转过身子，向火车行驶的反方向跑，希望能尽快跑到车尾，然后穿过铁轨继续追他。但一节节的车厢好像无穷无尽，怎么也跑不到尽头，图琳不得不停下脚步。穿过车厢间的空隙，她瞥见了汉斯·亨利克·霍芝那张惊慌失措的脸，他回头看了她一眼，消失在森林里。

## 59

警车出动了，蓝色的警灯闪烁着，封锁路上的大小出口。第一批积极的记者已经聚集在犯罪现场外。虽然从警察那里得不到任何信息，而且除了警戒线什么也看不到，但有的记者还是带了摄像师、电台转播车还有各种录像设备，开始为新闻报道做准备。一小撮居民聚到一起，目瞪口呆地看着席德凡格路7号发生的一切，这已经是一周时间里第二次了。平时这片居民区没什么大事发生，仅有的活动无非是偶尔开开派对、搞搞垃圾分类。这周这里发生的事情大概许多年后才会被遗忘。

图琳站在屋外的马路上给小乐打电话道了晚安，当小乐知道又能在外公家待一晚时，还挺开心的，但图琳很难把注意力集中在和她的谈话上。电话另一边，她兴高采烈地讲着又装了一个新的手机应用，还约了拉马赞一起出去玩，然而图琳脑子里则不断回想着今晚发生的一切。不久前她行驶到环城公路上准备回城时，突然想起之前看到的那辆黑色轿车，可能是霍芝的马自达6，这就是她再次折返的原因。霍芝跑掉了，她追丢之后回到车库，结果在车库的水泥地上发现了赫斯。他浑身发抖，身上青一块紫一块的，但情况还好。随后地上的Macbook吸引了图琳的注意力，霍芝回来显然是想把这台笔记本电脑拿走。图琳给取证组打电话，和尼兰德汇报了情况，然后申请了霍芝的逮捕令。

现在，这栋房子里又挤满了穿着白大褂的技术人员，这一次的调查重点是车库。他们自己带了发电机，架起几盏明晃晃的泛光灯。行车道上搭起了帐篷，车库里大部分塑料储物箱都被搬到外面，以便他们进入到车库下面的房间里去。图琳打完电话走进车库，根茨正拿着相机从舱口爬出来。

根茨一脸疲惫，拉下口罩开始向图琳汇报："根据下面房间里的材料来

**127**

看，它是和这个新车库同时建起来的。挖这么个房间的工程量也不算大，霍芝很可能是在给车库建地基的时候租了一台挖掘机。舱门关闭时，下面的房间是隔音的，我觉得霍芝平时在里面大概也喜欢把舱门关上。"

图琳静静听着根茨汇报，他们在下面的房间里发现了马格纳斯·卡杰尔的几样玩具，还有保湿霜、汽水瓶、香熏蜡烛和其他设备。房间里通了电，连上了 Wi-Fi。到目前为止，房间里只发现了霍芝和马格纳斯的指纹。对图琳来说，这件事实在是超出她的理解范围，以前她只在新闻里看到过这类案件的报道，比如约瑟夫·弗里茨[1]和马克·杜特斯[2]这类变态。就算到了这个时候，她也觉得这种事情不真实。

"他为什么在房间里连了 Wi-Fi？"

"现在还不清楚。霍芝可能是过来处理掉什么东西，但还不知道具体是什么。我们在纸箱里的一个小本子上找到一些密码，他似乎在用一种匿名点对点通信系统，有可能是为了做直播。"

"直播什么？"

"赫斯和信息技术员正努力破解那台笔记本电脑的密码，但是密码挺复杂的，所以看样子我们得把电脑带回部里了。"

图琳从根茨手上接过一副一次性手套，打算从他身边走过去看看情况。根茨把手搭在她的肩膀上，说道："这活儿交给技术员就行了，他们一弄清楚电脑里有什么就会通知你的。"

图琳能从他的眼睛里看出这番话完全是出于好意，他是想让图琳早点儿回家。但她继续向前，俯身下到洞里。

## 60

图琳松开了头顶的栏杆，双脚踩上复合地板，转过身看着这间地下室。现在房间里的每个角落都被泛光灯照亮了。赫斯和两位技术人员围在咖啡桌旁低声交谈着，桌上放着 Wi-Fi 设备和那台 MacBook。

---

[1] 奥地利囚女乱伦案中的兽父。

[2] 比利时历史上最凶恶的罪犯之一，曾绑架、强奸、杀害多名青少年女性。

"你们有没有试过在恢复模式下启动电脑？"图琳问道。

赫斯迅速转过身来。他一只眼睛肿了，手指关节上缠着纱布，一只手把一团厨房纸按在后脑勺上，纸上都是血迹。

"试过了。但是他们说霍芝设置了全磁盘加密，所以打不开文件。"

"你们让开，我来。"

"他们说最好等他们……"

"要是操作不当，你们很可能会删掉电脑里的一些资料。"

赫斯看了看图琳，向后退了一步，把 MacBook 让了出来，然后向另外两个信息技术员点了点头，示意他们也让开。

图琳搞定这台电脑没花费多长时间。她对所有的操作系统都很熟悉，戴着橡胶手套在键盘上敲打了几下，不到两分钟就重置了霍芝的密码。她登录系统，看到桌面背景是一幅巨大的迪士尼人物图片，上面有高飞、唐老鸭和米老鼠。屏幕的左边排列着十二三个文件夹，都是以月份命名的。

"看看最近的文件夹。"赫斯说道。

话音未落，图琳就已经双击了日期最近的文件夹——"九月"。打开了一个新窗口，上面是五个小图标，每个图标都带着播放标志。她随便双击了一个，视频开始播放。她看了三十秒，一阵恶心在她的胃里翻江倒海起来。她刚刚应该听根茨的话早早回家的。

<h1 style="text-align:center">61</h1>

车上的电台一直重复播报着各种猜测，同时也宣布了警方正在全力搜捕汉斯·亨利克·霍芝的消息。新闻之后播放的流行歌曲让图琳心烦意乱，她关上了电台且没心情说话。赫斯全神贯注地看着手机，这正合图琳的意愿。

他们开车离开哈瑟姆，往马格纳斯住院的格洛斯楚普医院驶去。他们把今晚的发现告诉了职员室里的一位女医生，医生的反应让图琳稍感安心——她十分震惊，而且很为那男孩担心。图琳向她下达了指示，如果霍芝来医院，无论如何都不能再让他接近马格纳斯·卡杰尔。不过霍芝不太可能主动现身在医院，毕竟警方正在通缉他。幸运的是，医生说孩子现在状况不错，但在离开医院前，图琳和赫斯还是顺路去到男孩的病房确认情况。两人在病房外逗留了一会儿，透过门上的玻璃看到正在病床上熟睡的男孩。

在过去长达十四五个月的时间里，这个男孩一直遭受着非人的折磨，而在此期间，所有医生都把他的社交障碍归因于自闭症。据图琳所知，在他父亲去世、母亲和霍芝在一起之前，马格纳斯和其他的同龄孩子没什么区别，适应外界的能力很强。霍芝在婚恋网站上选中劳拉，肯定就是因为她的个人简介里提到有一个年幼的儿子。在一些男人眼里，这可能是她的一大劣势，而在霍芝这里，恰恰是他看中她的原因。图琳看过霍芝的约会记录，大多数约会对象都是带孩子的单身母亲。在今天以前她从未注意到这可能意味着什么，因为从表面上看，霍芝可能只是想找一个和自己年龄差不多的伴侣。

在 MacBook 的视频中，清楚地展示霍芝是怎么强迫这个男孩对发生的一切保持沉默。视频里，他坐在地下室那面墙壁旁边的床垫上，用说教的语气诱导着马格纳斯："你是想让妈妈开心的，不想再看到她难过对不对？爸爸去世之后她一直多难过啊！"接着，他又换成轻柔而正常的语气补充道："你是绝对不想伤害妈妈的，不是吗？"

马格纳斯没有反抗霍芝之后的暴行，图琳也没能坚持看下去。不该发生的都已经发生了。通过霍芝匿名网络的通信记录，图琳发现这个视频已经被分享出去或者被在线直播过了。当然，视频是剪掉开头的对话和出现霍芝真面目的画面再分享出去的。这种事情远远不止发生一次。

劳拉·卡杰尔应该没有发现她儿子受到虐待，但那封发到市政厅的匿名举报信肯定在她心里敲响了警钟。她否认了虐待儿子的指控，但也一定因此感到不安。也许疑惑在她心里生了根，因为收到举报信的时间正好和她开始变得不愿出门的日期吻合——她变得只有孩子在学校时，或者是要和她一起出去的时候才出门。可能她也害怕霍芝，毕竟她趁霍芝去商展会时换了家里的锁。不过不幸的是，尽管如此，她也没能逃掉被杀害的厄运。

"谢谢，再见。"赫斯挂掉了电话，"看来我们在明早之前都联系不到市政厅的社会工作者，也联系不到别的能提供更多信息的工作人员了。"

"你觉得这个匿名举报者就是我们要找的人吗？"

"有可能，调查一下总没错。"

"为什么不可能是霍芝杀了这两个人？"虽然图琳已经知道问题的答案了，但她还是禁不住要发问。这次赫斯耐心地回答了她的问题。

"有充分的证据表明这两起谋杀案是同一个人所为。霍芝也许有杀劳拉·卡杰尔的理由，但他没有杀安妮·塞耶－拉森的动机。不仅没有动机，他还有第二起谋杀案的不在场证明。从电脑里发现的数据来看，他有恋童癖，会通过性虐待儿童获得满足感，但这不代表他也喜欢伤害、杀死女人或肢解她们的躯体。"

图琳没有回应赫斯。她想把满腔的怒火都倾泻在霍芝身上，把所有的时间都花在搜捕他身上。

"你没事吧？"

图琳能感到赫斯正仔细地观察着她的表情，但她不想再继续谈论霍芝了，也不想再提他们在 MacBook 上看到的画面。

"这个问题应该我问你。"

赫斯还是盯着图琳，没能理解她的意思。图琳用手指了指从赫斯耳朵旁流下来的血，而视线仍然看着前方的路。赫斯用那团厨房纸擦了擦血迹。图琳拐了个弯，把车开到自己家楼下，她突然想到一件事。

"那个举报者怎么知道马格纳斯受了虐待？毕竟没有别人知道这件事情。"

"我也不知道。"

"如果那个举报者确实知道马格纳斯在受虐待，甚至知道孩子的妈妈对此毫不知情——那为什么杀她，而不是杀霍芝？"

"我也不知道为什么。但是，如果你非要找到理由，那事情有可能是这样的：也许在举报者眼里觉得劳拉一定是知道这件事的；也许是因为她接到了举报信，但没有采取行动；也许她采取行动了，但不够快。"

"好多个'也许'。"

"是啊，逻辑上也无懈可击。再加上之前那个社会工作者说他们没收到对安妮·塞耶－拉森的类似举报，这下一切都完美地统一起来了。"

赫斯一边嘲讽地说着反话，一边看着手机上的来电显示，按了拒绝键。图琳靠边停车，关掉了引擎。

"话说回来，安妮 · 塞耶－拉森死之前带着一个大包，正要带着她的孩子们出走。我们现在搞清楚了马格纳斯 · 卡杰尔的病究竟是怎么回事，所以再查查安妮大女儿的意外是不是比较好？看看她受伤真的是意外还是另有隐情。"图琳说道。

赫斯看着图琳。图琳觉得他已经明白自己的意思了。尽管他没有马上回答，但图琳感觉自己这番话已经把他的思路引到了新的方向上。

"你刚刚不是说我的理论中有太多'也许'了？"

"可能还不算多。"

刚刚在劳拉·卡杰尔家的车库里发现了那么可怕的东西，现在说笑多少有些不妥，但图琳还是忍不住露出来一个微笑。他们的对话或多或少带着一点儿幽默，这让她觉得案子没有那么不可理解，她突然感觉他们的调查可能在走向正轨。响起一阵手指敲击玻璃的声音。图琳向窗外看了看，这才意识到塞巴斯蒂安就站在车门外，脸上挂着灿烂的笑容。他身着西装，披着风衣，一只手拿着一束被玻璃纸和缎带包裹着的鲜花，另一只手提着一瓶红酒。

## 62

"不接我电话就是这个结果——你就等着我突然出现在你跟前吧！"进了图琳的公寓，塞巴斯蒂安向图琳打趣道。图琳打开厨房灯，她才吃惊地发现太久没有打扫的公寓有多杂乱。她在卡拉姆堡的森林里穿过的湿衣服还堆在角落的衣服堆上，厨房桌子上放着一个早上喝剩下的碗，碗底有一层干掉的酸奶。

"你怎么知道我这会儿到家？"

"我就是来碰碰运气，还挺幸运的。"

在这之前街上发生的事情尴尬至极。图琳有点儿懊恼，责备自己没在塞巴斯蒂安敲玻璃之前，先注意到他停在门口车位上的灰黑色奔驰。她和赫斯都下了车，然后赫斯绕到了驾驶位一侧，准备按他们之前约好的，开她的车回家。在她走向公寓大门之前，两个男人相互点头示意了一下。塞巴斯蒂安容光焕发，而赫斯则拘谨疲惫。这不是什么大不了的事情，但让图琳感到心烦意乱——赫斯见到了塞巴斯蒂安，瞥见了她私生活的一角。不过让她心烦的也有可能是塞巴斯蒂安。每次见他，图琳都觉得见到的是从其他星球来的生物，但在平时，这正是她喜欢塞巴斯蒂安的地方。

"好了，我真的要专心工作了。"

"那是你的新搭档吗？他就是那个被欧洲刑警组织踢出来的人？"

"你怎么知道他是从欧洲刑警组织来的？"

"哦，我今天和一个检察署的朋友吃午饭，他告诉我说有个人在海牙惹了麻烦，被踢回这边的谋杀案小队，再加上你和我说过，你这边有个蠢货刚刚接手工作，但实际上什么事情都不干，所以我就对号入座了一下。你们的案子查得怎么样了？"

这周塞巴斯蒂安打电话过来时，图琳和他说到了赫斯的事情，但她现在有点儿后悔了。案子太过棘手，她比平时忙得多，两个人最近没时间见面。她在电话里向塞巴斯蒂安抱怨过新搭档根本帮不上什么忙，不过现在看来，这样评价赫斯似乎有失偏颇。

"我在新闻上看到，在今晚第一起案子的案发现场发生了什么。他的脸看起来像出车祸一样就是因为这个？"

塞巴斯蒂安向图琳凑了过来，但图琳躲开了。

"你现在得走了，我还有很多材料要看。"

塞巴斯蒂安试图拥抱她，但她拒绝了。他又试了一次，说想念她，想要她，甚至还提醒她今晚女儿不在家，但又一次被她拒绝了。

"为什么不想？是因为小乐吗？她最近怎么样？"

图琳没有心情和他谈小乐的事情，她又一次要求他离开。

"咱们之间就是这样吗？你想什么时候做、怎么做都行，我一点儿发言权都没有？"

"不是一直这样吗？你要是受不了了，那咱们就到此为止吧！"

"你是看上别的什么人了吗？和他在一起比和我有意思？"

"没有，但哪天我要是看上别人，我会告诉你的。谢谢你的花。"

塞巴斯蒂安笑了起来，图琳费了好大力气才把他赶到门外。也许对任何人来说，给带着鲜花和红酒登门的塞巴斯蒂安下逐客令都不是一件容易的事。他已经走了，这正合图琳的意。但他俩这次见面没必要搞成刚刚那样。图琳自己也对把他赶走这件事心怀愧疚,决定明天再主动给他打个电话。

图琳打开了客厅桌上的笔记本电脑,开始跟进当天其他组探员搜集的材料,仔细查看挑出来与埃里克·塞耶－拉森有关的材料。她对着电脑吃掉了半个苹果,手机响起,是赫斯打来的。他们刚刚在车上一致决定让他再去调查一下塞耶－拉森女儿的意外,所以他现在打电话过来也在她意料之中。奇怪的是,他在电话里竟然彬彬有礼地问自己有没有打扰到她。

"没有,你说吧,什么事情?"

"你说的是对的,我刚刚和瑞斯医院急诊部的人通了电话。除了大女儿因为鼻子和锁骨骨折而住院的那一次,塞耶－拉森的两个女儿都在家里发生过意外,都被送到医院急诊过。他们住在布鲁日群岛和卡拉姆堡的时候都发生过类似的事情。虽然没有任何性侵的迹象,但是两个小女孩可能的确受到了虐待,只是和马格纳斯·卡杰尔的情况不尽相同。"

"这种情况发生过多少次?"

"现在还没有确切的数字,但是次数多得不正常。"

听完赫斯对医疗报告内容的介绍,图琳又感到一阵恶心。这种感觉就和她刚刚在地下室里一样。赫斯建议明天一早去根措夫特调查一番,但她几乎没有听到赫斯的话。

"塞耶－拉森在卡拉姆堡的房子受根措夫特市政厅管辖,如果他们收到过针对安妮·塞耶－拉森的匿名举报信,我们现在的调查方向就是对的。"

电话的最后,赫斯用令图琳有点儿惊讶的语气说道:"话说回来,谢谢你最后还回来一趟。要是我之前忘记向你道谢,那我现在补一下。"图琳愣了一下,回道:"没事儿,再见。"随即挂了电话。她没法保持镇定了,决定做些什么转移一下注意力,于是从冰箱里拿出一罐红牛,避免一会儿打瞌睡。

图琳站起身向窗外瞥了一眼。通常情况下,从五楼向外望,她可以俯瞰城市里其他建筑的屋顶和塔楼,远处的点点湖泊也在视野之内。但上个月对面楼顶搭起的脚手架挡住了窗外的大部分风景,每当遇到今晚这样的大风天,脚手架上所有的防水布都会随风飘摆起来,架子接缝处也会发出"吱吱嘎嘎"的响声,好像要塌了似的。有个人影吸引了图琳的注意。不过那真的是个人影吗？她也不敢确定。正对着她公寓脚手架上的防水布上有一个模糊的轮廓，有那么一会儿，那个影子像是在转过头盯着她看。她突然想起开车送小乐上学的一个早上，也曾感觉有人在马路对面盯着她们。她马上警觉起来，直觉告诉她这两次是同一个人。防水布被呼啸而过的狂风刮了起来，在空中展开，像一张巨大的船帆，那个人影被挡住了。等风渐渐平息，防水布又落下来时，那个黑影已经不见了。她合上笔记本，关上灯。在接下来的几分钟里，她就这么站在黑漆漆的客厅里，盯着对面的脚手架，几乎忘记了呼吸。

## 10 月 16 日 星期五

## 63

天色尚早，埃里克·塞耶－拉森不知道现在几点，他那块价值四万五千欧元的泰格豪雅表昨晚就被锁进警察局三楼的柜子里，皮带和鞋带也被他们收走了。一位警官打开地下牢房沉重的铁门，告诉埃里克，他又要接受审问了。他站起身子，穿过地下室，踏上了向上的螺旋楼梯，走向阳光。他做好准备要发泄他满腔的怒火。

昨晚不请自来的警察登门造访带走了埃里克。当时他正在和床上那两个哭泣的孩子说话，家里的互惠生把他叫到前门去，说有两位警察正在等着他。他拒绝和警察离开，辩解说现在这种情况下，他不可以离开家。警察没给他选择的余地，带来了他的岳母，这一下打乱了他的节奏。他在安妮死后就没再和岳母说过话，他知道她肯定会忧心忡忡地问一大堆关于外孙女的问题，还会主动提出帮助他，但他完全不希望她帮忙。可她就站在警察身后，看上去就像和这两个警察是一伙的。她盯着他看，眼里全是怯意，好像认定他就是杀死女儿的凶手。他被领到停在一旁的警车边，与此同时，安妮妈妈的脚跨过门槛进入他的房子，两个女孩过去迎接她，紧紧抱住她的腿。

在警察局里，埃里克接受了审问，警方没对他多做解释，只是问他为什么两个女孩出过那么多次意外，那么频繁地受伤。他一头雾水，完全不懂这些问题与他妻子的死有什么关系。他大吼大叫起来，要求见他们的领导，否则就快点儿送他回家。结果与他期望的正相反，他被拘留了，理由是他蓄意隐瞒有关安妮·塞耶-拉森谋杀案的信息。和其他违法的人一样，他也被关进地下牢房。

在他们的新婚之夜，是埃里克第一次打妻子。两人才刚刚走进彤格乐豪华酒店的套房，他就一把抓住新婚妻子的胳膊，一边摇晃，一边咬牙切齿地把她拖到了最里面的房间。他们那场婚礼奢华至极，因为安妮家穷得叮当响，埃里克家则负担了全部的花销。他请了世界著名厨师，为每位客人上了十二道风味各异的菜肴，在豪尔霍姆城堡订了房间，还承担了各种礼服的费用。但安妮是怎么感谢他的呢？在婚礼上，她一直不知羞耻地和以前寄宿学校的室友卿卿我我，这让他感觉蒙受了莫大的羞辱。等他们离开婚礼会场，开车到了彤格乐豪华酒店，在两人独处的时候，他积攒的愤怒终于爆发了。安妮泪流满面地向他抗议，说她只是和学生时代的朋友说说话，以示友好罢了。但已经被愤怒冲昏了头脑的埃里克根本不听她的解释，把她的裙子撕得粉碎，不停地殴打她，然后强暴了她。第二天他向安妮道歉，说他这样做只是因为太爱她了。在早餐桌上，宾客们看到新娘红红的脸颊，但也只是将此归因于新婚之夜的激情。安妮对他的暴力逆来顺受，长长的睫毛下面忽闪忽闪的大眼睛还是向他投射着爱意。也许就是从那个时候起，她开始对埃里克有了恨意。

在新加坡的那几年，是他们最快乐的时光。埃里克颇为明智地投资了几家生物技术公司，成为社交界一颗冉冉升起的新星，夫妇二人很快也被吸纳进入富裕欧美侨民的小圈子。在那段日子里，他只是偶尔会对安妮发脾气，原因通常是认为安妮对他的忠诚没有达到标准——包括事无巨细地告诉他每天做的一切事情。作为奖励，他会带安妮去马尔代夫玩，去尼泊尔登山，这让他们之间的约定显得甜蜜了一些。然而，当他们的孩子降生时，一切又变了。起初，他对安妮生孩子的愿望是持反对态度的，但后来他逐渐发现繁衍后代在父权意义上的吸引力。他开始在生物科技公司管理层的各类会议上谈论这个话题，也会聆听别人的讨论。令他沮丧的是，他

**136**

的精子质量实在太低，甚至不得不去生育诊所寻求帮助。是安妮提议去生育诊所的，这又给她招来了一顿拳脚相加。九个月过后，在莱佛士医院，诞生了他们的第一个女儿，但他没有感到一丝欣喜。他以为他终将会感受到这份喜悦，只是这份喜悦从未降临，在第二个孩子诞生的时候也没有。他是绝不会为第二个孩子的诞生而高兴。因为医生不得不把莉娜从安妮的肚子里剖出来，安妮的身体受到了极大的损伤。他想要儿子的愿望永远不会实现了，他们的性生活也就此画上句号。

　　在新加坡后面几年的日子里，除了多得数不清的外遇，能让埃里克聊以自慰的只有自己依旧敏锐的商业直觉。因为安妮希望孩子们能回丹麦上学，所以他们从亚洲回到丹麦，搬进了布鲁日群岛上那间宽敞奢华的公寓，在卡拉姆堡的房子完工之前，一直住在那里。哥本哈根狭隘的社交界充满限制而且粗鄙不堪，这对习惯了新加坡国际化的氛围和社交自由的他来说，可谓是翻天覆地的改变。他回到丹麦没有多久，就在布莱德大街上撞见了一些过去的老朋友。他看不起这些人，也看不起这片只有一丁点儿大的穷乡僻壤——这里的人会拿一些鸡毛蒜皮的东西当作身份的象征，而且他们像花瓶一样的老婆，只会唠唠叨叨地讨论房子和孩子这类家长里短。他意识到两个女儿正逐渐长成安妮的翻版，像是两个粗俗、笨拙的克隆人，就连她们天真的蠢话都是在模仿妈妈的多愁善感，这让他失望透顶。更糟糕的是，她们俩和这个嫁给他的女人一样，都是没骨气的东西。

　　一天晚上睡觉前，两个女孩为一点儿微不足道的小事，歇斯底里地哭了起来。安妮和互惠生都不在家，他被困在这两只拖油瓶中间。他不耐烦地给了两个女孩一人一巴掌，哭声戛然而止。几周之后，他发现大女儿吃饭时总是会从盘子里掉出来食物，示范了几次，但她就是怎么都学不会。他狠狠地打了她一拳，把椅子上的女孩打得栽倒在地。女孩被诊断为脑震荡，接受了治疗。他威胁朱迪思对此事守口如瓶，否则就送她坐下一班飞机回老家种地，之后又用随口编的故事，搪塞了匆匆从母亲身边赶回来的安妮——一切容易得出乎他的意料。虽然他女儿智力有限，但她还是明白不能告诉母亲真相。

　　在布鲁日群岛的房子里，发生了多得不正常的意外，但大家都对此保持沉默。安妮偶尔会用怀疑的眼神看着埃里克，但她从未出口询问事情真相，至少在当地市政厅的社会工作者突然出现之前，都没有询问过。市政厅接到匿名举报，说他们家两个女孩一直在受虐待。虽然在接下来的一段时间里，埃里克不得不忍受这名四处窥探信息的社会工作者，但最后还是在律师的帮助下，成功打发走那个人。他暗下决心，至少在找出举报者是谁之前，要多克制一下自己的行为。

事情过后，安妮第一次直截了当地问，女儿身上的意外是不是他造成的，当然了，他对此矢口否认。但等搬到卡拉姆堡，女儿又一次从大厅楼梯上摔下来，安妮就再也不相信他了。安妮自责地大哭了一场，并要求和他离婚。他对此自然早有准备。如果提出离婚的是安妮，他将派出自己的律师对她穷追不舍，并保证她此生再也见不到孩子。几年前她签过婚后财产协议，埃里克婚后挣的每一分钱都归他自己所有。她要是想离开卡拉姆堡这座金鸟笼，就得回去睡她妈妈家的沙发，靠政府的救济金过日子。

两人之间的关系自此就没再好转，但埃里克以为安妮已经放弃挣扎了。直到警察告诉他安妮那晚打算逃跑时，他才知道安妮还没死心，一直在计划离开他，而他就像只被蒙在鼓里的蠢猪。但紧接着，不可思议的事情发生了，她再也不会令埃里克头疼了。埃里克还是想不明白她为什么会死，但他觉得这就是她逃跑的报应。现在两个孩子完全在他的掌控之中，一切对他来说都变得轻而易举，毕竟他不必再考虑其他人的意见了。

埃里克·塞耶－拉森自信满满地进了重案组的审讯室，在里面等他的还是之前那两个警察。那个两只眼睛颜色不一样的家伙，还有那个长着一双鹿眼的小个子女人。要是他在别的场合遇到这个女人，说不定还能让她度过永生难忘的一夜。两个警察看起来都糟透了，一副筋疲力尽的样子，尤其是那个男人，脸上青一块紫一块的，像是刚刚和谁打了一架。埃里克觉得他可以骑在两人头上为所欲为，而且马上就会被无罪释放，毕竟两人手里没有他的任何把柄。

"埃里克·塞耶－拉森，我们和你们家的互惠生又谈了一次，这次她对我们详细描述了你殴打孩子的经过，光她看到的就有四次。"

"我不知道你们在说什么。如果朱迪思说的是看见我打两个女儿，她那是在撒谎。"

埃里克以为他们会就此争论一番，但那两个警察根本就没理会他说的话。

"我们知道她说的是实话。我们和你住在新加坡时，雇用的两个菲律宾互惠生也通了电话，三个人在彼此互不知情的情况下都做出了类似的供述。根据在丹麦期间，你女儿七份医疗报告上描述的情况，检察机关决定指控你殴打和人身攻击孩子的罪名。"

男人继续说着，塞耶－拉森感觉旁边那女人母鹿般的眼睛正在冷冷地盯着他。

"我们已经提交申请了，你的拘留时间会再延长48小时。你有权利请律师，如果你无力承担律师的费用，法院可以免费为你指派一名律师。在法院做出判决之前，你的孩子将由社会工作部门看护，他们将与孩子的外祖母密切合作，保护两人的利益。外祖母已经表示愿意成为她们的监护人。如果你被判有罪并被判刑，法院将决定你是否可以保留亲权，以及是否允许你在警方随行的情况下探望她们。"审讯室里静了下来，埃里克·塞耶－拉森抬头望着天花板，呆呆地看了一会儿。他看向桌面上摊着的几份医疗报告，上面有医生做的伤情概述、照片和女孩伤处的 X 光片。他突然感觉事情走向非常不妙。

朱迪思还说从布鲁日群岛搬来之前，当地政府接到过虐待儿童的匿名举报，有社会工作者来访问过。此次审问只是想和他谈谈这件事情，他的案子之后会由别人接手。

"你知道可能有谁会寄举报信吗？"

"除了互惠生，还有谁可能知道你在打孩子？"

那个脸上青一块紫一块的警察反复强调他的回答有多么重要，但埃里克·塞耶－拉森什么话也说不出来，只是呆呆地看着桌上的照片。过了一会儿，他从审讯室里被领出来送回牢房。随着牢房的门在他身后重重地关上，他蜷缩起来，生平第一次开始想念他的两个女儿。

## 64

赫斯觉得自己的头马上就要炸了，后悔没有待在市政厅的围墙外吹吹冷风。在和汉斯·亨利克·霍芝发生那场恶战之后，他脑袋里持续一周之久的强烈麻痹感被接连不断的疼痛感代替了。而且现在发生的事情，没有一件能有所缓解他的头痛：首先，他们到现在还没找到霍芝；今天一早，他就得去局里参与对埃里克·塞耶－拉森的审讯；之后，他马上又得赶来市政厅，找处理两起案子的社会工作者亨宁·洛布和他的上司面谈。现在，他们坐在少儿服务中心暖气开得过大的办公室里。屋里僵硬的气氛和四周装饰着的红木镶板大概不会受到小朋友的喜欢。

这名社会工作者一直忙着为自己辩解，目的可能主要是为了维护在一旁坐立不安的部门主管。

"我和你说过了，那时系统出现问题，没法帮你查。"

"周二你可不是这么说的。你对我说的是没有关于安妮·塞耶－拉森的孩子的举报，但事实是明明就有。"

"我当时说的可能是'系统没有给我显示出相关信息'。"

"你当时不是这么说的。我给你女孩的身份证号，但你说……"

"好吧，我记不清我当时具体是怎么说的了。"

"你到底为什么不和我们说实话？"

"我不是想向你们隐瞒什么……"

亨宁·洛布的身子扭动着，眼睛不安地瞥向他的上司。赫斯暗暗责怪自己没有早几天按最初的想法来找这个人。

因为没有发现对安妮·塞耶－拉森类似的举报，在发现车库下的地下室之后，他们曾暂时不再怀疑匿名举报劳拉·卡杰尔的人。由于当时这位社会工作者对赫斯说，塞耶－拉森家住在布鲁日群岛时，市政厅里没有接到过对他们的举报，他和图琳把调查的重点转向了负责卡拉姆堡地区的根措夫特市政厅。但根措夫特的工作人员说，他们也没有接到过对安妮·塞耶－拉森的举报，两起谋杀案可能与虐待儿童有关的理论，开始有些站不住脚了。在塞耶－拉森家里，所有人都觉得女孩的伤是意外造成的。他家互惠生的回答虽然言不由衷，但直到昨天傍晚，她才告诉警方事情的真相。在赫斯和图琳向她再三保证，会保护她免受埃里克·塞耶－拉森的迁怒之后，朱迪思失声痛哭，这才将心中积压的秘密一吐为快。她还告诉他们，住在布鲁日群岛旧址的时候，哥本哈根市政厅派社会工作者来过。因为他们收到了指责安妮没有好好照顾孩子的举报信，有人来问了几个问题。赫斯这时才意识到他们浪费了多少宝贵的时间，暗暗骂了自己一番。

140

尽管现在赫斯就在洛布面前，他的状态还是和周二通电话时一样不对劲。图琳和信息技术员去搜查电脑里的匿名信，赫斯独自审问着面前的两人。这位社会工作者试图把谎言粉饰成"技术故障"，等赫斯读完两封信，他似乎明白了当时在电话里，洛布为什么会对第二封举报信避而不谈。

两封举报信大约隔了两个星期时间，都是"告密者计划"的产物。在他们搬到卡拉姆堡前不久，寄来了一封对安妮·塞耶－拉森的举报信。这封举报信异常冗长，内容几乎填满了一页A4纸。信的主要内容说，两个女孩一直在受虐待，要求把她们送到福利院去。整封信杂乱无章，几乎没有逗号，就像一篇长长的意识流小说。信里把安妮·塞耶－拉森描述成一个上流社会的傻瓜，迷恋金钱和奢侈品，只关心自己，不关心孩子。只要看看那几家医院的医疗报告，任何人都能看出两个女孩应该被社会工作部门接走。与之形成鲜明对比的是，对劳拉·卡杰尔的那封举报信简洁而不带一点儿感情色彩。两封举报信的字体字号都明显不一样，但如果把两封信放在一起看，二者在措辞上的相似性显而易见。两封信里都用到了"自私的婊子"和"应该多了解了解孩子"这样的表述。对安妮·塞耶－拉森的那封信里，反复出现了好几次这些词句。由此看来，两封信应该出自一人之手，语言风格上的区别应该也是故意装出来的。赫斯猜测亨宁·洛布也看出来了，这就是他不安的原因，因此才对塞耶－拉森女儿的事情撒了谎。

洛布试图用他们的规章制度为处理案件的方式做辩护：一切都是按照程序来的，几位家长也表示对虐待的情况并不知情。他不停地重复着这句话，就好像家长们在市政厅找上门时，会把自己的所作所为都和盘托出似的。

"但现在警方的调查又给这两起案子提供了新线索，我建议立即进行彻底的内部审查。"部门主管突然插话。

洛布一听此言便沉默了，他的上司继续喋喋不休地向警方做着保证。赫斯感觉自己头皮又紧绷了起来，周二晚上去医院急诊部调查时，应该先找医生给自己看一下的。他那晚回到奥丁的公寓，还把粉刷工具弄得乱七八糟。当晚入睡时，他满脑子都是那个拿着花和红酒等待图琳的男人。出于某种不知名的原因，他对自己见到那个男人时的惊讶异常恼火——有什么可惊讶的，当然会有人等她下班回家，这与他一点儿关系都没有。

赫斯在前所未有的头痛中醒来，手机响了，是弗朗索瓦。他劈头盖脸地质问赫斯为什么在翘掉弗里曼的电话会议之后，没有费心多联络弗里曼几次。脑子里究竟是怎么想的？到底想不想回到原来的工作？赫斯抚摩着欲裂的前额，说一会儿再给他回电话，不等他回答就按下了挂断键。

住在34C好管闲事的巴基斯坦人似乎也听到赫斯醒来了，没一会儿就站在了他家门口，一边打量屋里的一片混乱，一边告诉他，昨天房产经纪人带租客来参观过，但没什么结果。他似乎看不出赫斯有多么心烦意乱，又补充道："你放在过道里的那些油漆桶和地板磨光机要怎么办？你也得为楼里的其他住户想想啊！"赫斯能发的誓都发了，但一个都没兑现；他和图琳忙着调查塞耶－拉森的案子，无暇顾及其他。

"你能给我提供举报人的什么信息吗？在访问这些你声称'你去过'的家庭时，你发现什么了吗？"赫斯又试着问了几个问题。

"我们真的去调查过，不只是'声称'。但我刚刚说过……"

"你少来这套。那个男孩在地下室里被性侵，两个女孩被送去医院包扎那么多次，这么多疑点你们愣是什么都没发现？你也真是够理直气壮的。先不说这些，我现在只想确定，你有没有关于那个举报人的信息。"

"我也不知道更多信息了。我不喜欢你说话的语气。我说过……"

"好了，先休息一下。"

尼兰德到了。他站在办公室门口向赫斯点了点头，表示自己想和他单独谈谈。赫斯也很乐意离开这个闷热的房间，去楼梯间透透气。楼梯间里几位匆匆走过的员工向二人投来好奇的目光。

"市政厅的工作还轮不到你来评判。"

"那我克制一下，不提了。"

"图琳在哪里？"

"隔壁房间。她和信息技术员在设法追踪两封举报信的发信人。"

"我们认为发信人就是凶手？"

尼兰德用了"我们"，这个词总是让赫斯恼火，他努力让自己不要在意这些。弗里曼说话也喜欢用"我们"，赫斯觉得他和尼兰德可能上过同样的管理课。

"现在的思路是这样的。我们什么时候能询问罗莎·哈通？"

"要问她什么？"

"问她……"赫斯话没说完，尼兰德打断了他。

"我已经问过部长了。她不认识劳拉·卡杰尔，也不认识安妮·塞耶－拉森。"

"但现在调查有了新的进展，我们还有别的事要问她。两位受害人都被匿名举报过，信上都要求把她们的孩子送到福利院去。这两人可能根本就不是凶手的目标，凶手可能只是想借此控诉这个无能的系统。无论哪种情况，不是傻子的人都能看出来，这件事情肯定和罗莎·哈通有关，毕竟她是社会事务部的部长。你再想想，这一系列谋杀差不多都是在她恢复职务时开始的。"

"赫斯，你的工作做得不错。我平时不是那种因为别人名声有点儿差就去找碴儿的人。不过你好像在说我傻。"

"你肯定是误会我的话了。你再想想，犯罪现场找到了两个栗子人，上面都发现了罗莎·哈通女儿的指纹……"

"你听我说。你海牙那边的上司要我对你的专业能力进行评估，我也想帮你回到原来的岗位上。但你得把精力集中在重要的事情上。我们不会再一次询问罗莎·哈通，她和这案子不相干。你明白了吗？"

尼兰德突然提到了他海牙的上司，这让赫斯措手不及，一时惊讶得说不出话来。尼兰德看了一眼刚从旁边办公室出来的图琳。

"怎么样？"

"两封举报信都是从同一台位于乌克兰的服务器寄来的。我们追查不到运营这台服务器的人，对方应该不是一般人。不过换个思路，我们可以花几周时间查到那边的 IP 地址，不过等到那时候，这个地址可能也没什么用了。"

"我去找司法部长，看他愿不愿意联系乌克兰那边的同事，这能帮上忙吗？"

"我对此持怀疑态度。就算他们愿意帮忙，那也得花不少时间。但我们没有时间了。"

"我觉得也是。两起案件发生只间隔了七天，如果凶手像你说的一样变态，我们就不能再无所事事，坐以待毙。"

"我们也不是束手无策，两份举报信都是通过'告密者计划'寄到市政厅里的。第一封是三个月前寄到的，第二封在第一封的两周之后。如果我们假设两封信都是凶手寄的，而且他还会再次作案的话……"

"那他可能已经针对下一位受害人寄过举报信了。"

"没错。但是有一个问题，他们说平均每周都会有五封匿名举报信通过'告密者计划'寄到这里，所以一年就是二百六十封信。并不是所有的信都要求把小孩送到福利院去，但这里没有信件分类系统，我们现在还不清楚究竟有多少封信要处理。"

尼兰德点了点头。

"我会和部门主管说明情况，有充分的理由让他们协助我们。你具体都需要什么？"

"赫斯？"

赫斯的头一阵阵抽痛着，弗里曼和尼兰德结盟的消息让他的头更痛了。他试图厘清自己的思绪，好回答图琳的问题。

"六个月内所有举报儿童被虐待或是疏于照管的匿名信。尤其是那些孩子的母亲在二十到五十岁之间，还有信里要求孩子从母亲手里接走的，还有那些已经被处理过但未发现异常、不需要政府干预的案子。"

部门主管出现在他们身后，满怀期待地看着他们三个人。尼兰德借机解释了一下他们要找的东西。

"但是这些案件没有在任何地方归过档。得花些时间才能找全。"部门主管回答道。

"我们一个小时之内就要那些信，还要抓一个恋童癖，还要做好多事情，你最好倾尽整个部门之力来帮忙。"尼兰德看了看转头走回闷热房间的赫斯。

# 65

仔细一查，向哥本哈根市政厅匿名举报的信件出人意料地多。市政厅的工作人员按要求送来符合条件的案子，桌子上摆起了一座座小山。看着文件越摆越高，赫斯有点儿担心这是不是个明智的决定。但既然尼兰德不同意再次询问罗莎·哈通，他们现在也没有什么别的可做，只能先选个方向开始调查。比起看纸质文件，图琳更喜欢去开放式办公室，在她的宏碁笔记本上看电子版卷宗。赫斯待在会议室里，坐下来一页页地翻着文件，有些文件刚刚打印出来，纸还是热的。

赫斯的调查方法很简单，他打开每一个案子的文件，快速浏览一遍匿名信的内容，如果信看起来和谋杀案没什么关系，就塞到左边那一堆；要是看起来有关系，或是里边的内容一会儿还要再着重看一眼，就放到右边那堆。

但赫斯很快就发现这种粗略的分类法，实行起来比他想象中要难。所有的文件都对被举报的母亲表现出相似的愤怒，举报人通常都是在怒火中烧时写的信，和前两个受害人的举报信如出一辙。有些举报人的身份在字里行间明显地暴露了出来，女人的前夫、孩子的姑姑或是奶奶，他们都觉得有必要寄封匿名信，去数落孩子妈妈的过失。但他也不敢肯定，于是他右边的文件堆越摆越高。信件的内容足够骇人听闻，那些孩子就生活在信中描写的人间炼狱中——他们可能仍生活在水深火热之中，因为他看的这些文件里的指控都被驳回了，少儿服务中心得一件件地调查这些指控。虽然举报信很多，但亨宁·洛布仍然难辞其咎。不过赫斯能理解这位社会工作者为什么说话那么愤世嫉俗了，毕竟这些举报信的动机通常都不是从孩子自身的利益出发的。

赫斯看了过去六个月里四十多份要求政府介入的匿名举报，他对此十分厌倦。这比他之前想象的要费时得多，来回翻阅比较原来那两封信，让这项工作耗时更久，他已经花了快两个小时。更糟糕的是，从理论上讲，这些信有可能都出自凶手之手，但他还没发现哪封信也用了"自私的婊子"或是"应该多了解了解孩子"这类表述。

一位员工告诉赫斯符合他要求的案卷只有这么多，赫斯又开始一份份地翻看桌上成堆的文件。等第二遍看完这些文件，他抬头看向窗外，天色已经黑了。才下午4点半，安徒生大街上的灯就已经亮了起来，明暗不齐的灯泡照亮了蒂沃利公园里的树。他千辛万苦地选出了七份举报信，但他完全不确定他们要找的那封在不在其中。这七封信里举报者都强烈地要求政府把孩子从他们母亲那里接走，但几封信风格完全不同，有些很短，有些则很长。一封信的寄件人应该是孩子的亲戚，而另一封信看起来是孩子的老师，因为信里讲到学校课外社团的内部信息。

赫斯从另外五封信里完全看不出什么额外的信息。他从中挑出一封扔掉，因为那信的措辞非常古旧，写信的像是爷爷辈的人。还有一封信上满是拼写错误，也被他扔掉了。现在他手里只剩三封信，分别举报了三个人：一位冈比亚籍的母亲，信里指控她把自己的孩子当童工剥削；一位残疾的母亲，信里指控她因吸毒成瘾而忽视孩子；还有一位失业的母亲，信里指控她和自己的孩子发生了性关系。

三封信里的控诉都令人毛骨悚然。赫斯觉得，如果其中确实有来自凶手的举报信，那么信里所说的就很可能是真相。至少在劳拉·卡杰尔和安妮·塞耶－拉森的案子里都是这样。

"你有什么进展吗？"图琳问着，走进了房间，胳膊下面夹着宏碁笔记本电脑。

"没什么大进展。"

"有三封信比较可疑。一位冈比亚籍母亲，一位残疾人母亲和一位失业的母亲。"

"嗯，有可能。"图琳和他挑出了一样的举报信，这不奇怪。赫斯甚至开始怀疑，图琳如果自己单独办案，案子会不会解决得更快些。

"我觉得我们还得再好好看看这三封信。"

图琳有点儿不耐烦地盯着赫斯，赫斯的头又开始痛了起来。他觉得他们整个下午的工作都毫无意义，但又说不出来到底是哪里有问题。外面的天色更黑了，他很清楚，如果他们今天想取得什么成果，现在就得做决定了。

"凶手肯定也想到，我们能发现两个受害者都在市政厅受到过举报。对不对？"赫斯问道。

"没错，也可能让我们注意到这一点也是他计划的一部分。但他不知道我们什么时候会发现。"

"所以凶手也知道，我们会读对劳拉·卡杰尔和安妮·塞耶－拉森的举报信。对不对？"

"我们可不是在玩什么'你问我猜'的游戏。要是调查不出什么线索，还不如再去审问一下邻居。"

赫斯还是继续问着问题,他不想让自己思考的节奏被打乱。"如果你是凶手,并且写了前面两封信,而且你知道我们会发现这两封信,还觉得自己聪明绝顶,那么接下来你会怎么写第三封信呢?"

赫斯觉得图琳明白他的意思了。她的目光从他身上移开,又回到自己的电脑屏幕上。

"这封信的可读性不会太高。按你说的,凶手会故意把信弄得特别与众不同以此摆脱嫌疑。这样看来,有两封信显得特别突出。那封全是拼写错误的信,还有那封用老式丹麦语写的信。"

图琳的眼睛飞速地扫着屏幕,赫斯也从桌上翻出了两个文件夹,摊开放在一边。这次读那封全是拼写错误的信时,他感觉自己的直觉被唤醒了。这也许完全是他的错觉,也许不是。图琳把屏幕转向他的方向,他看了一眼,便对图琳点了点头。图琳和他挑出来的信是一样的。这封信举报的对象叫婕西·奎恩,今年二十五岁,居住在城市规划住宅区。

## 66

婕西·奎恩带着她六岁的女儿出发了,但就在拐弯走进另一条走廊前,那位和蔼年轻的巴基斯坦老师看到了她。

"婕西,我能和你说两句话吗?"

还没来得及说完"哦,不好意思,我和奥丽薇亚要赶着去上舞蹈课"这句话,婕西就从老师坚定的目光看出来,她这次是逃不掉的。她总是想躲开这位擅长让她良心不安的老师,但现在她得努力发挥自己的魅力摆脱困境。她羞怯地眨着眼睛,上下舞动着长长的睫毛,用刚刚涂过指甲油的长指甲理了理两边的头发,露出姣好的脸庞,好让老师看看她今天有多光彩照人。她刚刚在美发店待了两个小时。虽说只是在阿玛岛大街上一间巴基斯坦人开的店,但那里价格实惠,而且要是等得久了,他们还会帮忙化妆、做美甲,今天她就享受了这些服务。一条崭新的黄裙子紧紧包裹着她的臀部,这是她不久前在市里的 H&M 门店头的,只花了 79 克朗——之所以这么便宜,一部分原因是这款夏季薄裙子即将要下架,而另一部分原因则是她指给导购小姐看了这条裙子马上要开线的接缝。但这完全不会影响她要穿这条裙子做的事。

然而，她的笑容和一闪一闪的睫毛在老师身上完全不起作用。起初，她以为老师又要因为她接孩子的时间太晚，并且总赶在五点钟课外社团结束的时候才来而教训她。她在心里准备好了一套说辞，她为自己的收入交了税，让学校的老师多看护一下女儿也是她应得的权利。然而今天，老师问的是为什么奥丽薇亚没有雨衣和雨靴。

"当然了，她现在穿的鞋是绝对没问题的，但她说鞋子湿了的时候会觉得冷，所以可能这双鞋不太适合秋天穿。"

说着，老师悄悄瞟了一眼奥丽薇亚满是破洞的旅游鞋。婕西非常想冲她尖叫，让她闭嘴。她现在富余不出 500 克朗去买那种东西。如果她有那种闲钱，宁愿花钱尽快把女儿送到别的学校去，这里半个班的孩子都说阿拉伯语，家长会上说的所有话都得找三个不同的翻译官——她从来没去过家长会，这是她听说的。

不幸的是，由于还有几个别的老师在后面走来走去，她不能冲老师尖叫，只能采取备用方案。

"哦，我们确实买了雨衣和雨靴，但是落在度假小屋了，我们下次会记得带来。"

一派胡言。她们根本就没有雨衣，也没有雨靴，更没有什么度假小屋。在城规小区的公寓里只有已经喝掉半瓶的白葡萄酒。她喝完酒才穿好衣服开车过来，酒精总是能在这种时候帮她想出各种说辞。

"好吧，那就没问题了。你觉得奥丽薇亚在家表现怎么样？"

婕西向老师描述着奥丽薇亚在家里表现得多么好，她感受到了来来往往老师投来的目光。老师压低了声音，告诉婕西她有点儿担心，因为奥丽薇亚和别的孩子一直相处得不怎么好。奥丽薇亚看起来很孤僻，这让她很担心，她觉得他们最好尽快找个时间一起聊聊这件事。婕西爽快地答应了，态度极为亲切，就好像老师刚刚是邀请他们去免费主题公园玩似的。

两人坐进了她们那辆小小的丰田轿车，奥丽薇亚在车子后座换上了舞蹈服。婕西打开车窗，一边探出头吸烟，一边告诉奥丽薇亚，老师说得很对，她很快就会去给女儿买雨衣。

"但你得打起精神，多跟别的孩子玩，这很重要，知道吗？"

"我的脚痛。"

"等你暖和一点儿就不痛了。甜心，舞蹈课每次都不能落的。"

舞蹈教室在阿玛岛购物中心的顶层，开课前两分钟，她们才赶到这里，只好从停车场爬楼梯跑上来。其他小公主都已经穿好了昂贵又花哨的舞蹈服，站在光滑的木地板上。奥丽薇亚穿的是去年在超市买的淡紫色裙子，虽然现在肩膀那里紧了点儿，但还能穿。婕西脱下女儿的外套，把她送到了教室里，一旁的老师用亲切的笑容迎接她，其他孩子的妈妈在墙边站成一排。在婕西眼里，这群兴致勃勃地谈论着养生经验、去加那利群岛度假躲避秋寒以及孩子在学校表现的女人，其实就是自大的婊子。婕西向她们微笑，礼貌地打招呼，但是心里希望她们全都下地狱。

女孩们开始跳舞了，婕西也开始不耐烦地用眼睛瞥着四周，整理裙子，但他还没来。婕西一个人孤零零地站在那群女人旁边，一时感觉非常失望。她以为他会来的，但是他没有，这让她更不确定他们之间的关系究竟算什么。她待在这些女人边上，觉得很难为情，虽然原本打算什么话都不说，但出于紧张，她还是开始闲聊了起来。

"天哪，这些小公主今天看起来多迷人啊！真不敢相信她们只跳了一年的舞！"

每多说一个字，她都觉得别人怜悯的目光把她吞没得更加彻底了。门终于开了，他走进了舞蹈室。他也是带女儿来的，那女孩一路小跑着加入跳舞女孩的阵营。男人看了看婕西，也看了看别的母亲，友好地点了点头，露出一个轻松的笑容。婕西感觉自己的心脏剧烈地跳动着。男人举手投足间透着自信，漫不经心地晃着那辆她已经很熟悉的奥迪车钥匙。他和别的母亲说了几句话，把她们都逗笑了。婕西这才意识到他都没有好好看她一眼。尽管她就像一条摇尾乞怜的狗一样站在他身边，他还是故意忽视她。婕西不甘心，脱口说道："话说回来，我想和你谈谈有关'课堂文化'的重要事情。""课堂文化"这个词也是她刚刚从别的女人口中听来的。对方看起来很惊讶，但还不等他回答，婕西就往安全出口走去，半路上还回头瞥了他一眼。她满意地发现，他意识到现在拒绝她的邀请会显得很奇怪，毕竟他们有那么重要的事情要谈。他不得不为自己的失陪向别的母亲道歉，然后随她而来。

她走下楼梯，推开笨重的安全门，来到了舞蹈室下方的走廊上，她能听到对方的脚步声。她停下脚步，等他跟上来。但当她看到男人的脸时，感受到了对方的怒气。

"你究竟有什么毛病？你不懂我们已经结束了吗？看在上帝的分上，你别来烦我了！"

婕西抓住他的裤子，拉开拉链，把手伸了进去。男人试图推开，但她坚持不放手。她俯下身，把男人的身体送进了嘴里，他的反抗变成了压抑的呻吟声。就在男人要到达顶点的时候，她转过身子，弯腰伏在带轮的垃圾桶上，伸手想把自己的裙子提上去。男人的动作更快，他把那条黄色的新裙子扯到一边。她听到了布料撕裂的声音，随即感觉男人进入了她的身体，她把自己的臀部向后耸，这样一来，对方用不了几秒就会缴械投降。男人全身僵硬，喘着粗气。婕西转过身来，亲吻对方失去活力的嘴唇，握住他身体湿漉漉的部分。男人像触电般向后退了一步，然后扇了婕西一巴掌。

婕西震惊得说不出话，只感觉热辣辣的疼痛在脸上蔓延开来。男人拉上了裤子拉链。

"这是最后一次。我对你没感情，一点儿感觉都没有，我是绝对不会抛弃我的家庭。你听明白了吗？"

她听到他远去的脚步声，听到他重重地带上安全门。她被扔在了这里，脸颊还火辣辣地痛着，两腿之间还残留着男人留下的感觉，但现在这让她愈发感到羞耻。墙上的一块金属板映出了她扭曲的倒影。她整理了一下衣衫，但裙子已经被撕破了。裂口在前面，她不得不扣上外套的扣子，好让别人看不出来。婕西擦干泪水，听着从上方舞蹈室传来的欢快音乐，努力让自己重新振作起来。她打算原路返回，但现在通往楼梯间的门锁上了。她徒劳地拽了一下门，试图喊人帮忙，但回应她的只有远处微弱的音乐声。

她决定找另一条路回去，便沿着带暖气管的走廊走了下去，她以前从未来过这里。但沿着走廊再走远一点儿，就出现了岔路，她选了一边继续走，但那是条死路。她又试着拉了拉旁边的另一扇门，但门也锁了。她放弃了，又沿着带暖气管的走廊往回走，但她还没走多远就听到身后有什么动静。

"有人在吗？"

有那么一会儿，婕西以为是他回来道歉了。但走廊里的一片寂静告诉她不是这么回事。她有点儿不安，又继续向前走，很快又转走为跑。一条走廊接着另一条走廊，她听到身后一直有脚步声，但没有呼救。她每经过一扇门都使劲拉一下，终于有一扇门开了，她飞快地跑进楼梯间，拼命爬上台阶。她听到身后门又一次打开了。等到了下一个楼梯口，她用尽全力推开了通向购物中心的门。她使的力气太大，门重重地撞到了另一边的墙上。

婕西·奎恩跑到了顶楼，推着购物车的人们悠闲地逛着，广播里播送着秋季甩卖的消息。她转过身向舞蹈教室看去，一个女人和一个脸上带着瘀青的男人在问那群母亲的其中一个，那位母亲指着她所在的方向。

# 67

"究竟是不是她？"

"我们还不知道。她刚刚在购物中心感觉确实被人尾随了，但她并不积极协助调查。不过也有可能她只是什么都不知道。"

图琳回答了尼兰德提的问题，赫斯在一边站着，透过单向镜盯着审讯室里的情况。他也不确定事实究竟是怎样的，但直觉告诉他，婕西有可能瞒着他们什么事。也许那正是凶手盯上她的原因，因为她和前两位受害者的差异非常明显。在他眼里，劳拉·卡杰尔和安妮·塞耶－拉森都是标准的中产阶级市民，都很注意自己的仪表，但婕西·奎恩看起来不怎么守规矩，更不羁一些。也许正因为婕西这些引人注目的特点，凶手才会把她当成目标。就算把她放在一百个女人中间，旁人都能一下把她挑出来，既会被她吸引，也会有点儿害怕。现在这位年轻的姑娘正气势汹汹地和那位可怜的守门警察争论着，竭尽全力想说服他放她走，赫斯暗自庆幸墙上喇叭的音量被关到了最小，不然他肯定会被烦死。外面天色全黑了，有那么一会儿，他觉得要是能把尼兰德的声音也这样关小就好了。

"如果她帮不上什么忙，你们是不是找错人了？"

"也许她只是被吓到了，我们得多花些时间才能套出话来。"

"多花些时间？"

尼兰德想了想图琳说的话。靠着和领导打了半辈子交道的经验，赫斯猜到了接下来会发生什么。从市政厅出来后，图琳和赫斯直接开车去了城规小区，按响了婕西·奎恩家的门铃，但没人应门，婕西也一直不接他们电话。举报信的调查报告里没提到她还有没有别的亲戚，上面只记了接手此案社会工作者的工号。这位社会工作者当时每周都会拜访这对母女一次，检查一下她们的情况。他们给那位社会工作者打了电话，对方说那女孩每周五下午 5 点一刻都会去阿玛岛购物中心的顶楼上舞蹈课。

一找到婕西·奎恩，图琳就觉得她摊上什么事情了。她说在下楼把停车票放回车里的时候，就觉得有人尾随她。图琳和赫斯马上就检查了楼梯间、走廊和地下区域，但没发现任何可疑的地方。走廊里装了监控，停车场里到处都是周末出来购物的人。

在警局审问婕西·奎恩的时候，她变得越来越有攻击性。满身都是酒味，当让她脱掉外套的时候，二人惊讶地发现她的裙子被撕裂了，她解释说这是因为她被车门夹到过。她要求警察解释带她来局里的原因。图琳努力向她解释了现在的情况，但她也没能提供什么有用的信息。除了今天这次，她没觉得自己还在其他地方被跟踪过。而且在她看来，跟踪她的无疑就是两个月前向市政厅寄匿名信、举报她对女儿奥丽薇亚拳脚相加、视若无睹的人。

"寄信的应该是学校里某个好管闲事的人，一天到晚就知道对别人评头论足，整天都怕得要死，担心自己肮脏的老公会嫌家花不如野花香，连字都写不对几个。"

"婕西，我们觉得举报信不是学校里其他孩子妈妈寄的。你觉得还可能是谁？"

婕西还是坚持认为事情就是她想的那样。尽管那段时间有群人天天在家里查来查去的，简直要烦死了，但最后的调查结果还是让她满意的，因为市政厅最后还是相信了她的说法。

"婕西，你要对我们实话实说，这至关重要，是为你自己好。我们并不是想谴责你，但是如果这封信所言不虚，那么寄它的人可能打算伤害你。"

"你以为你是谁啊？"

婕西·奎恩一下子暴跳如雷，没人有资格说她是个不称职的妈妈。她自己一个人抚养这个女孩，孩子的爸爸没帮一点儿忙——过去几年，他以自己在尼堡贩毒被抓坐了牢为借口，都没给过她们一分钱。

"要是你们还不信的话，直接去问奥丽薇亚她过得怎么样！"

赫斯和图琳没打算去问奥丽薇亚。这个六岁的小女孩正坐在餐厅里和一位女警察一起看动画片，边上放着汽水和薯片，还没脱身上的舞蹈服。她以为妈妈只是去把汽车送去检查了。女孩穿的衣服破旧不堪，满是窟窿，人瘦得有点儿皮包骨，还有些邋遢，但很难下结论说这个女孩是否受到了虐待。在现在这种情况下，她会安安静静地坐在这里也不足为奇。况且如果他们现在真的咄咄逼人地去问她妈妈对她怎么样，那就显得他们在欺负孩子似的了。

图琳和赫斯听见婕西·奎恩又在审讯室里骂了一连串的脏话，和警卫说她想离开，但她的声音被尼兰德的话盖了下去。

"现在没有时间了。你们之前告诉我找她是个正确的决定，那最好赶紧从她身上弄到一点儿有用的信息，不然就换个调查方向吧。"

"要是你能让我们去询问真正该问的人，那案子进展可能会快得多。"赫斯说道。

"你想说的不是罗莎·哈通吧？"

"我只是想说你不让我们和她说话。"

"我到底要和你说多少次才够？"

"不知道。我已经忘记你说过几次了，但你再说几次也没用。"

"你们听我说！现在还有个办法。"

赫斯和尼兰德停止了争吵，双双看向图琳。

"如果我们都认为婕西·奎恩就是下一个受害者，那么按理说，我们只要让她回去继续过日子，然后监视她，等凶手现身就行了。"

尼兰德盯着图琳，摇了摇头。

"不可能。现在已经发生两起命案了，我不会把婕西·奎恩再放到外边乱逛，什么都不做就等那个变态自己出来。"

"不是真送婕西·奎恩回去，送我去。"

赫斯惊讶地看着图琳。她的身高为1.5米左右，是个身手矫捷的小个子，好像一阵风就能把她吹飞似的。但是注视着她的眼睛时，旁人反而会开始怀疑自身的力量。

"我和婕西·奎恩身高相近，头发颜色一样，身材也差不多。如果我们能找个假人做她女儿的替身，我觉得我们能骗过凶手。"

尼兰德盯着图琳，对这个提议产生了兴趣。

"你打算让我们什么时候送你过去？"

"越快越好。这样凶手就不会怀疑她人去哪里了。如果他的下一个目标就是婕西·奎恩，那凶手一定清楚她每天的行动路线。赫斯，你的意见呢？"

图琳的提议是个简单的解决方案，赫斯通常会支持，但是这次他不太喜欢她的提议。不确定的因素太多了，而且凶手还领先他们一步。难道这样做就能一下子扭转局势吗？

"我们再问问婕西·奎恩吧。可能……"

门开了，蒂姆·詹森走了进来，尼兰德生气地瞪了他一眼。

"现在别来打扰我，詹森！"

"我必须现在来找你，你自己打开电视，看新闻怎么说的吧！"

"发生什么了？"

詹森的目光落到了赫斯身上。

"有人把我们发现克莉丝汀·哈通指纹的事情说了出去，现在每个电视台都在报道这件事，都在说可能根本没解决哈通案。"

## 68

在韦斯特布罗区的公寓里，图琳用平底锅在小煤气灶上焖着什么东西，她不得不把电视音量调大，才能盖过油烟机和门铃的声音。

"去，给外公开门去。"

"你自己明明能去开。"

"就帮我个忙吧，我忙着做饭呢！"

小乐手里还拿着iPad，不情愿地走到了前厅。她俩刚刚吵了一架，但图琳现在没那个精力管她了。媒体确实得到了警方在两名受害人尸体旁的栗子人身上，找到了克莉丝汀·哈通指纹的消息。她刚刚上网浏览了相关信息，最初的新闻报道是当天傍晚发表在一家八卦小报上的，这是丹麦两大主流八卦小报之一，另一家主流八卦小报也马上跟进了报道。第二家小报跟进的速度极快，很难判断他们是否有别的消息来源，还是直接抄袭第一家小报的文章。这篇报道《震惊：克莉丝汀·哈通还活着？》就像燎原之火，每家媒体机构或多或少都被卷了进去，都援引了第一家八卦小报作为消息来源，并重复了同样的内容："据匿名消息来源透露，两起凶杀案可能和哈通案有关。警方在两个栗子人身上都发现了神秘的指纹；我们不由得产生怀疑，克莉丝汀是否真的死去？"本质上说，这些报道确实是简化真相，略去了尼兰德和其他高级警官对这些猜测的极力否认。案情的反转实在太有戏剧性，每家媒体的新闻头条都是这个，如果图琳不记得自己第一次听到指纹的事时有多惊讶，现在也回想起来了。各种理论和猜想纷纷出现，一家网站甚至开始用"栗子人"这个代号来指代凶手。很明显，这不过是众多新闻报道的开始。她很能理解尼兰德在得知此事时直接甩下他们两人，赶去参加战略会议和媒体斗争的行为。

图琳已经全身心地投入到晚上在城规小区的行动里了。尽管遭到赫斯反对，但尼兰德还是批准了他们偷天换日的计划。婕西·奎恩在得知她和女儿不能回公寓时又生气又疑惑，但她所有的抗议都没有起效。局里给她们提供了洗漱用具和其他必需品，还要她们做好准备，在警方的严密保护下，去瓦尔比市政厅提供给低收入家庭的小屋住几天。婕西·奎恩和她女儿对那地方已经很熟悉了，今年夏天就在那里度了一周的假。

婕西很乐意回答有关她日常生活的问题。随着他们问的细节越来越多，问得越来越迫切，她终于明白他们之前所说的生命威胁是真的。他们询问完这些细节后，图琳把所有信息都记到了脑子里，现在她精确地知道婕西从开车到到达住宅区的那一刻起会怎么行动。婕西的车也被警方征用，当作行动的道具。

图琳已经准备好，马上出发去城规小区，但结果和婕西平时的路线完全不一样。每周五晚上，她会在女儿上完舞蹈课后去克里斯钦夏广场那边，参加晚上7点到9点的戒酒互助会。她参加这个互助会只是由于市政厅的强制要求，不想失去家庭津贴的福利。在互助会结束之前，奥丽薇亚一般会在走廊的椅子上打瞌睡，等着婕西带她回车上。现在已经过了7点，图琳决定等互助会结束后再开始扮演婕西·奎恩——一个刚从互助会出来的单亲妈妈。

这段时间里，警方的特遣部队长带领队员研究着城规小区的平面图和进出路线，图琳则把小乐从拉马赞那里接回了家，煮了一点儿意大利面，等外公来把她接走。听到图琳今晚的安排时，小乐很失落，这说明图琳没时间帮她在《英雄联盟》里升级了。现在小乐全身心都投入到这个游戏里。而且图琳不得不又一次承认，她在外面待的时间太多，在家的时间太少。

"好啦，吃饭啦！如果外公还没吃饭，就和我们一起吃吧。"

小乐又从前厅回到厨房里，说话的语气有点儿得意扬扬的："不是外公。是你的同事来了，鼻青脸肿的，两只眼睛的颜色也不一样。他说他乐意教我怎么升级。"

# 69

因为不想浪费时间，图琳自己本来没打算吃饭，但现在赫斯出现在前厅的吊灯下面，她便改变主意。

"我来得早了一点儿，他们给了我一些城规小区公寓的平面图。你得在走之前熟悉一下情况。"

"但你得先帮我。"没等图琳回答，小乐就叫了起来，"你叫什么名字呀？"

"赫斯。我和你说了，恐怕我现在没时间帮你玩游戏——下次我会很乐意帮你的。"

"小乐，你现在得吃饭了。"图琳在边上语速极快地插了一句。

"那赫斯和我们一起吃吧。来吧赫斯，给我讲讲怎么升级。妈妈不让她男朋友来家里吃饭，但你不是妈妈的男朋友，所以你能和我们一起吃饭。"

小乐一溜烟地跑进了厨房。图琳觉得这个时候拒绝孩子会显得很奇怪，所以她有点儿犹豫地让到了门边，做了个手势请赫斯进来。

在厨房里，赫斯坐到了小乐的边上，小乐把 iPad 放到一边，拿了电脑过来，同时，图琳拿了三只盘子过来。小乐有着公主般的魅力和气度，吸引了这位客人全部的注意。起初她对赫斯的亲切可能是演出来的，只是想气气图琳，但随着赫斯传授给她越来越多的游戏技巧，她也愈发入迷起来，认真听着他对于如何升到她梦寐以求的第六级的建议。

"你认不认识朴秀？他在全世界都有名！"

"朴秀？"赫斯问道。

马上，小乐拿出一张海报和一个韩国少年的手办放在桌上。他们开始用餐，对话内容也变成了图琳根本不知道的小乐玩过的游戏。但结果他们发现，赫斯只知道《英雄联盟》这一款游戏，没玩过别的。在小乐眼里，他简直是个来向她讨教的学徒。她滔滔不绝地把自己的知识倾囊相授，等到这个话题已经没什么好讲的，她就把装着鹦鹉的笼子拿过来——看来这只鹦鹉马上也要交到新的玩伴，他们的家谱上又可以添新成员了。

"拉马赞的家谱上有十五个人，但我只有三个，如果算上鹦鹉和仓鼠的话有五个。妈妈不想把她男朋友写上去，所以就没别人可写了——不然我能写一大堆上去。"

图琳打断了小乐，告诉她现在可以去为升到第六级而努力。赫斯又给她讲了几个游戏技巧，她这才坐到沙发上，准备在游戏世界里激战一番。

"小姑娘真机灵。"

图琳心不在焉地点了点头，鼓起勇气，准备应付她经常会被没完没了追问的那些问题，像女儿的爸爸是谁，她别的家人都怎么样，女儿平时表现如何之类，但图琳不喜欢回答这类问题。赫斯什么都没问，只是转身去拿他刚刚搭在椅子上的外套，随后从外套里拿出一摞纸，摊在桌子上。

"就这些，来，咱们一起看。快速过一遍这些图。"

赫斯讲得很细，用手指勾描着每层的布局、楼梯井还有建筑外部区域的平面图，图琳的目光跟着他的手指，认真地听着。

"我们监视整座建筑，当然会保持一定距离，如果凶手真的出现了的话，免得被特遣部队吓跑。"

赫斯还提到了假人的事，他们会把假人裹在羽绒被里，这样图琳就可以装成抱睡着的孩子回家的样子。图琳对监视小组的设置提出了异议，她觉得特遣部队的存在会引起凶手的怀疑，但赫斯坚持认为这是必要的。

"我们不能冒险。如果凶手的下一个目标就是婕西·奎恩，那凶手很可能对那边的住房结构了如指掌，我们必须亲自到现场，这样才能迅速干预突发情况，如果有危险，你必须马上通知我们。如果你现在想退出，让别人接手这个任务，那也没问题。"

"我为什么会想退出？"

"因为这个计划并不是万无一失。"

图琳盯着眼前这双蓝绿异色的眼睛，如果她没有这么了解赫斯，她肯定会觉得这个男人是在为她担心。

"没事的，我没问题。"

"这个是你们在找的人吗？"

两人都没注意到从前屋到厨房来接水的小乐，她正盯着图琳放在厨房桌上靠墙而立的 iPad，上面正播着一则以克莉丝汀·哈通为头条的新闻广播，播音员正讲着这起案件过去的情况及现在的发展。

"你不该看，这不适合小孩子看。"

图琳迅速起身，把手伸向屏幕，关掉广播。她和小乐说过晚点还要去工作，小乐追问过她要去干什么，她说要去找人，但没提要找的人是凶手。小乐觉得他们是在找克莉丝汀·哈通。

"她怎么了？"

"小乐，回去玩游戏吧。"

"那个女孩死了吗？"

小乐的语气十分天真，就像是在问博恩霍姆岛上是否还有恐龙一样。然而她好奇的背后藏着担心，图琳不禁暗自发誓，以后只要有她在身边的时候，一定会记得关掉所有新闻。

"小乐，我不知道。我的意思是……"

图琳不知道该怎么回答，任何回答都不够完美。

"没人知道究竟是怎么回事。可能她只是迷路了，怎么也找不到回家的路。你有时候也会迷路吧？但如果她是迷路了，我们会找到她的。"这是赫斯的回答，小乐的眼睛又恢复了光彩。

"我从来不会迷路，你的孩子迷路过吗？"

"我没有孩子。"

"为什么没有？"

图琳看到赫斯朝女儿微笑着，但这次没有回答。前厅的门铃声响起，他们的等待结束了。

# 70

城规小区是一处位于西阿玛岛的公共住宅区，距离位于哥本哈根市中心的市政厅只有 3 千米远。20 世纪 60 年代，哥本哈根市为解决住宅短缺问题修建了这些公寓，但不知出了什么差错，21 世纪初，这片住宅被划为了贫民区，而且到现在市政府也没能修正这个错误。和奥丁一样，任何一个出现在城规小区的白人丹麦警察都非常引人注目，不论他穿制服还是便衣。因此，这个区域内需要抛头露面的职位都被分给了少数族裔警官。赫斯在楼左边昏暗的停车场里，待在其他车子里监视的警官们大多也是少数族裔。

位于公寓的一层几乎空空如也。被留在厨房里的那台烤箱上，时钟显示现在已经接近 1 点了。这间房已经清空挂牌出售，所以警方决定将其为此次行动征用。灯是关着的，从黑漆漆的屋里向外望，赫斯可以看到外面光秃秃的树、远处的儿童乐园及长椅和更远处婕西·奎恩居住的大楼。他能看清楼入口的大堂，大堂过道里亮着灯，再往里是电梯和楼梯间。虽然监视小组已经各就各位了，但他还是很紧张。婕西·奎恩住的那栋楼有东南西北四个入口，每个入口都有人监视。就算不是他自己负责，大楼周围别的警官也在密切关注着入口处来来往往的人。狙击手已经就位，他们技术娴熟到能在 200 米外击中一枚硬币；离这里两分钟路程的地方还停着一辆特遣部队的大巴，只要接到对讲机里传来的命令，队员随时可以出动。尽管如此，他还是觉得不够。

图琳顺利抵达。那辆小型丰田 Aygo 一驶下马路，赫斯就认出了它。它开进停车场，停进了一辆便衣警车前不久给她空出的预定车位。

图琳戴着婕西的帽子，穿着她的衣服和外套，只是裙子换成了另一条差不多颜色的。远远看去，谁也看不出她不是婕西本人。她从车后座把包在被子里的假人抱了出来，用身体撞上车门，然后花了些工夫才把门锁好。她学着婕西的样子，有点儿气呼呼地抱着孩子向楼入口走去。赫斯看着她的身影进入了灯火通明的电梯间。但他们没料到的是，电梯正在使用中，过了许久还没有下来。不过她们的公寓就在四层，她直接走楼梯上了楼。

她每爬上一层都装作出一副十分吃力的样子，好像孩子越来越重了似的。

从图琳身边走过去几个楼里的其他住户，但显然谁都没有多看她一眼。她从赫斯的视野里消失了，赫斯不由得屏住呼吸，盯着公寓的阳台，直到她把屋里的灯打开才松了一口气。

已经过了三个小时，但什么都没发生。早些时候楼里还热闹一些——有人下班才刚到家，还有一些人聚在一起高谈阔论着世界局势；在楼右侧的地下活动室里有人举办一场小型聚会，之后的几个小时里，这几栋楼之间一直飘荡着印度锡塔琴的音乐声。渐渐地，越来越多的公寓熄灭了灯，聚会也逐渐散场。夜深了。

婕西·奎恩房里的灯依旧亮着，但是赫斯知道，它要不了多久也要灭了。婕西一贯是这个时间上床休息的，至少在周五晚上是如此，这是她为数不多会待在家里的日子。

"我是11-7，我和你们讲过'修女和七个欧洲刑警组织的小侦探'的故事吗？完毕。"

"没有，11-7你讲吧，我们听着呢。"

说话的是蒂姆·詹森，正在用对讲机和其他同事打趣，而且毫不客气地把玩笑的矛头指向了赫斯。坐在厨房窗边的赫斯看不到詹森，但他知道詹森坐在楼门西边不远处的一辆车里，和一位少数族裔的年轻警官同行。虽然他不赞同这种用对讲机开玩笑的行为，但还是随他们去了。在他去图琳家之前，局里开了个会，因为他没法肯定婕西·奎恩是否处于绝对的危险中。在会上，詹森质疑了此次行动，甚至怀疑他就是那个向媒体告密的人，还坚持让他必须为此受到惩罚。这几天来，只要詹森在局里，他就能感觉到詹森的视线在盯着自己的后脑勺儿。今天傍晚媒体报道存在神秘指纹后，局里其他几位同事也开始向他投来怀疑的目光，真是荒谬至极。放任媒体大肆报道谋杀案不是什么好事，所以他习惯和那些记者保持距离。实际上，这次消息的泄露也让他心烦意乱。真的是警察局走漏的风声吗？凶手显然也知道指纹的事。他突然想到，凶手可能很乐于见到他们重案组成为大众的笑柄。他提醒自己，必须得调查一下媒体的消息来源究竟是谁。詹森又开始讲另一个笑话了，他不耐烦地拿起了对讲机。

"11-7，不要用对讲机说与行动无关的事。"

"不然你要怎么样，7-3？你要向八卦报纸打电话告状吗？"

对讲机里传来一阵阵哄笑，直到特遣部队队长强制介入并下令肃静才消停。赫斯向窗外望去。婕西·奎恩家的灯已经灭了。

## 71

图琳尽量和窗户保持距离，但仍然时不时地在房间之中游走，好让凶手知道她在家——确切地说，是婕西·奎恩在家。当然了，前提是凶手真的如他们所想在暗中观察着。

图琳在停车场的表演还是挺成功的。那个假人的大小和奥丽薇亚相当，她用被子把假人包了起来，只露出了一点儿黑色的假发。电梯没下来的确是个小插曲，但她判断婕西·奎恩是个没耐心的人，肯定宁愿爬楼梯也不愿意多等。上楼梯时她遇见了一对年轻的情侣，但他们都没多看她一眼。她用婕西的钥匙开了门，一进公寓就把门锁上了。

虽然图琳之前从没来过这间公寓，但她对房间布局已经很熟悉了，所以径直进了卧室，把假人放在床上。卧室里放着婕西和女儿两个人的床，透过那扇没有窗帘的窗户可以看到对面的另一栋大楼。她知道赫斯就在那栋楼底层的某扇窗户后面，但不确定有没有人从高层往她的屋里看。她脱下假人的衣服，把它塞进被窝里，想象自己是在照顾小乐睡觉。她突然感觉很矛盾，身为警察的她在和一个假人道晚安，却没能为自己的女儿盖被子。不过现在不是想这些的时候。她去了前厅，按照婕西平时的习惯打开平板电视，然后背对着窗户坐在扶手椅上，用眼睛扫视着整个公寓。

最后一个进入这间公寓的应该就是婕西·奎恩本人，显然她平时懒得整理房间，东西全都乱七八糟的。在房间里，到处都是空酒瓶、装着剩饭剩菜的盘子、比萨盒和堆成小山的脏碗碟，玩具却没多少。虽然她不能断定婕西·奎恩究竟是否真的不管她的孩子，但在这里长大估计也不会多幸福。图琳好像看到自己的童年，但她并不想回顾那段日子，便专心看起了电视。

克莉丝汀·哈通一案仍然是公众的焦点，而且现在人们对案子是否真的了结产生疑问，案件的所有细节又被媒体翻出来重新讨论。新闻上说罗莎·哈通拒绝回应此事，图琳不由得为这位部长和她的家人难过起来。他们又要再一次面对想要遗忘的创伤了。

现在电视上的讨论达到了高潮："请不要走开，稍后晚间新闻将采访克莉丝汀·哈通的父亲——斯提恩·哈通。"

斯提恩·哈通是当晚最新一期新闻直播的嘉宾。在这次冗长的采访中，他明确表示，相信他的女儿可能还活着。他呼吁对此事知情的人联系警察，还直接哀求绑架克莉丝汀的人，希望他们可以毫发无损地把女儿还回来。

"我们想念她……她还是个孩子，她不能没有爸爸妈妈。"

图琳明白他为什么要上节目，但她不确定这对案情进展有没有帮助。司法部长和尼兰德也接受了采访，他们正面回应了这场舆论风暴，并明确地否定媒体对克莉丝汀还活着的猜测。尤其是尼兰德，他的态度非常强硬，几乎对媒体发了火，但他讲话的兴致极为高涨，图琳不由得怀疑他是在享受这种关注。图琳收到了根茨的短信，问她到底发生了什么大事，记者都开始给他打电话了。图琳叫他不要作出任何评论，而他则开玩笑地说，要是她愿意明天和他去跑15千米就答应，不过图琳没搭他的茬。

在午夜，媒体的喧嚣终于落幕，接下来的节目开始乏味起来，不过是各种重播的老节目。从克里斯钦夏广场开车过来时，她那股乐观又紧张的劲头渐渐消散，开始忐忑起来。他们有多大把握断定婕西·奎恩就是下一位受害者？又有多大把握坚信凶手在今天会行动？听到蒂姆·詹森在对讲机里讲笑话打发时间时，她反倒有点儿能理解他。虽说他无疑是个蠢货，但如果这次行动决定错误，那他们的调查进度就要大大落后了。图琳看了看手机上的时间，然后按之前说好的，起身关掉厅里的灯。她刚要坐回扶手椅上，赫斯打来了电话。

"都没问题吧？"

"没问题。"

图琳能感觉对方在听到回答后平静下来。他们聊了一下目前的情况，虽然赫斯没提，但图琳还是能感觉到他仍然处于高度警戒的状态——起码比她自己警醒得多。

"你别在意詹森说的话。"图琳突然说了这么一句。

"谢了，我不在意。"

"自我进组的时候，他就一直吹嘘自己在哈通案的功绩。现在你和媒体开始质疑他们的调查结果，他们肯定感觉像被你拿霰弹枪打烂了肚子一样。"

"听你这话，好像你自己很想给他来一枪。"

图琳的嘴角上扬起来。她刚想回答，赫斯的语气就马上变了。

"有情况，快听对讲机。"

"怎么了？"

"照做就是了，快点儿！"

通话断了。

图琳放下手机，一种微妙的孤独感涌上她的心头。


# 72


赫斯站在窗边，身体僵直着。虽然他知道从外面是看不见他的，但他还是绷紧全身肌肉，不敢移动分毫。大约 90 米之外，在奎恩那栋楼入口的最里面，有对推着婴儿车的年轻夫妇打开地下自行车库的门，身后的液压门缓缓关上，身影消失在了里面。赫斯看到隔壁楼的影子里有什么东西动了一下。开始他还以为是树在随风摆动，但不久后他又一次看到那东西在移动，一下子蹿出来一个人影，趁车库门还没完全关闭钻进了里面。赫斯拿起对讲机大声喊道："我们的客人可能到了。在东门，完毕。"

"我们也看到了，完毕。"

虽然赫斯从没亲自进过那个入口，但他知道里面的结构。入口通向地下自行车库，下面有上楼的电梯和楼梯。

赫斯离开了自己所在的公寓，顺手带上公寓的门，走进楼梯间。他没从大门出去，而是下楼梯往地下走。他手里拿着手电，没开灯。他在做准备工作时记住了平面图，下到地下一层就知道自己该走向哪里。他举着手电进入了连接两栋楼的走廊，向奎恩那栋楼跑去。他跑了大约 40 多米远就到了奎恩那栋楼的铁门前。对讲机里通报说那对夫妇推着婴儿车乘电梯上了楼。

"那个身份不明的人一定是走了楼梯，但那边没开灯，所以还不能确定。完毕。"

"那我们现在开始就从下到上搜一遍。"赫斯回答道。

"但我们都不确定……"

"现在开始搜,不用说了。"

赫斯关了对讲机,他觉得有什么地方不对劲。那个人影肯定是徒步穿过草坪到的门口,但这条路线也太冒险了。就算凶手从屋顶上跳下来,或者是从井盖里跳出来,赫斯都会觉得合情合理,但他直接从大门口进来了。赫斯给手枪上了膛,闪身进入奎恩的那栋楼,还没等身后的铁门关上,就已经跑上第一段台阶。

# 73

图琳向窗外望去,距离他们发现不速之客已经过去八九分钟了。楼下的院子里什么都没有,她突然意识到这栋楼现在安静得有点儿异常。音乐已经停了,四周只剩下风的声音。讨论这次行动细节时,她同意会一直待在公寓里,但现在看来,好像答应得太草率了。她从来就不是那种能静下心来等的人。而且如果真的出了什么情况,这间公寓也没有后门供她逃生。从前门传来一阵敲门声,她如释重负。肯定是赫斯或其他哪位警官来帮她了。

她透过猫眼向外看去,漆黑的走廊空空如也,视野内没有任何人,只能看到消火栓的柜子。她一时怀疑自己是不是听错了,但刚刚的确有敲门声。她给手枪上了膛,做好准备,拔开门闩,向左拧下门把手,举起枪,开门踏进走廊。

走廊墙上的开关发出微弱的光,但图琳没有碰,对她来说,黑暗更像是一种保护。她沿着宽敞的走廊走着,地上铺着油毡,两侧所有的公寓门似乎都关着,她的眼睛逐渐适应,可以看到左边墙壁的尽头了。她看向右边的电梯和楼梯,不过也什么都没有,整个走廊空无一人。

她留在公寓里的对讲机传来了杂音,有人在焦急地喊着她的名字,她开始往回走。但就在她转过身背对走廊时,一个一直缩在消防栓旁边伺机而动的人露出身形。他用尽全身的力气扑向图琳,把她猛撞进门里,压在了地上。图琳感到一双冰冷的手掐住了她的脖子,那人在她耳边低吼。

"臭婊子，把照片给我，不然我就杀了你！"

男人还没来得及再多说一个字，图琳就用手肘猛击了他两下。他的鼻梁折了，坐在黑暗中，茫然不知所措。还没等他明白是谁打了自己，图琳就又给了他第三记肘击，他整个人一下瘫倒在地上。

## 74

赫斯到达奎恩的公寓时，房门是开着的。他带着两个警官冲进门去，看见男人痛苦地哀号着。赫斯打开灯，公寓里一片混乱，地板上的脏衣服和比萨盒中间趴着一个男人，他鼻子流着血，双臂被扭到了背后。图琳坐在他身上，一只手抓着他的手腕，另一只手忙着搜身。

"你在到底在干吗？快他妈的放开我！"

等图琳搜完身，两个警官把男人拉起来，但仍然把他的胳膊压在背后，男人哀号的声音更大了。

男人四十岁上下，肌肉发达，头发像推销员那样向后梳着，手上戴着婚戒。他的外套里面只穿了一件 T 恤和一条运动裤，好像刚从床上下来似的。他的鼻梁因被打折而肿胀起来，再加上刚刚在地上的剧烈挣扎，血溅得他满脸都是。

"尼古拉·莫勒。家住哥本哈根门图瓦街 7 号。"

图琳读的是男人医保卡上的信息。医保卡是她刚刚在男人内兜的钱包里发现的，钱包里还装着信用卡和家人的照片，兜里还有一部手机和一台奥迪车的钥匙。

"发生什么事了？我什么都没做！"

"快交代你来这里干什么！"

图琳径直走到那个男人面前，把他满是血迹的脸强行扭了过来，好让自己看到他的眼睛。男人仍然一副吓呆了的样子，他面对眼前这个打扮成婕西·奎恩的陌生女人，目瞪口呆。

"我只是来和婕西谈谈。是她发短信叫我来的！"

"说谎。你来这里到底是要干什么？说！"

"我什么都没做，天啊！是她把我骗到这里来的！"

"给我看那条短信。"

赫斯从图琳手中接过手机，举到男人面前。控制男人的警官把他放开，他抽泣着用沾满血的手指输了解锁密码。

"给我快点儿！"赫斯不耐烦了，不知道为什么，他的直觉告诉他，这条短信能解答他刚刚的疑问。

"给我看看，快点儿！"

男人还没来得及把手机递回去，赫斯就把它抢了过来，紧盯屏幕。

没有显示号码，发信人的名字一栏只是写着"未知"。短信内容言简意赅："现在马上过来。不然我就把照片发给你老婆。"

赫斯看到短信还附着一张照片，他点了一下屏幕，将图片放大。照片是在距离两人四五米处拍摄的。他在找婕西·奎恩那个购物中心里见过照片中的带轮垃圾桶，就在舞蹈教室下面的走廊里。照片里两个人的身体紧贴着，显然是在做见不得人的事情。趴在前面的人是婕西·奎恩，身上穿着的就是图琳现在穿的这身衣服，尼古拉·莫勒站在她后面，裤子褪到了脚踝。

赫斯脑子里涌起的万般思绪拧作一团问道："你是什么时候收到的短信？"

"放开我，我什么都没做！"

"什么时候？"

"半小时之前。究竟发生什么事情了？"

赫斯盯着男人看了一会儿，然后放开他，朝门口狂奔而去。

## 75

冬天瓦尔比的哈莫克花园不开放。这里有一百多块园地和木屋，是镇上夏天最热闹的娱乐场所之一。但一到秋天，这些木屋和花园就会被锁起来，任其自生自灭，等来年春天再做整顿。黑漆漆的花园里，只有一间哥本哈根市政府名下的木屋还亮着灯。

夜已深，但婕西·奎恩还醒着。风吹得外面的树和灌木丛"咯咯"作响，有时听起来就像屋顶要被掀翻了似的。小木屋是一室一厅的结构，屋里的气味和她们夏天来的时候不太一样。房间里的灯关了,婕西躺在床上,她幼小的女儿在边上熟睡着,客厅里的灯光从门缝透了进来。她还是不敢相信,现在门的另一边真的坐着两个警察,保护她和女儿的安全。她轻轻地抚摩女儿的脸颊,平时很少这样爱抚女儿。她快要哭出来了,她知道女儿是自己不堪的生活里唯一有意义的东西,但是她明白,如果她的生活一直是现在这个样子,女儿就不得不离开她。

今天真是极具戏剧性的一天。最开始是在购物中心被尼古拉羞辱,然后在走廊里被人跟踪,接着被带到警察局里问话,现在又被发配到这座荒废的花园。虽然婕西坚决表示自己是无辜的,但在审讯过程中受到指控还是令她震惊——市政府接到匿名举报说,她对女儿漠不关心,还施加暴力。她不是第一次面对这类指控了,不过让她震惊的可能并不是举报本身,而是没想到指控得如此严重。那两个警探和市政府派来的那些人不一样,好像他们已经知道了事情的真相。她在警察局里大发雷霆,又喊又叫,因为她想象中受了委屈的妈妈应该会这样做。但不管她说的谎多么逼真,警察都不相信她。虽然她还是没明白为什么要到这个潮湿阴冷的小屋里,但是她心里清楚,这是她的错。和许多别的事情一样,都是她的错。

其他人离开了她们的卧室,婕西开始反省自己。她一开始觉得自己能振作起来,等到明天就能变成一个崭新的自己,不再饮酒狂欢,不再为了获得被爱的感觉,无止境地糟蹋自己勾搭别人。她删掉了尼古拉的联系方式,这样就不会再联系他。但这样又能持续多久呢?不会再有别人出现吗?在尼古拉之前,她就经历过形形色色的男人女人。现在她女儿的人生正变得和她一样,以后也会在这种烂事里挣扎——被扔在学校里一整天,在操场上找不到玩伴,在酒吧度过疯狂的夜晚,第二天早上把陌生人领到家里恣意妄为,盼望那能给生活带来一点儿甜蜜。她恨她的女儿,对其拳脚相加。要不是政府会发放儿童福利津贴,她早就把奥丽薇亚送人了。

但无论她有多后悔自己的所作所为,无论她有多想改变这一切,她都清楚,只凭自己的努力是做不到的。

婕西小心翼翼地从被窝里溜出来,脚踩在冷冰冰的地板上,避免吵醒奥丽薇亚。她花了一点儿时间为女儿掖好被子,然后走出门去。

## 76

警探马丁·里克斯的肚子"咕噜噜"地叫着，他正翻看着一个网站上的色情图片。里克斯已经当警察十二年了，但分配给他的任务永远都像今晚一样无聊，不过网上那些能刺激感官的信息，总能帮助他在漫长的等待中振作精神。他继续往下翻着无穷无尽的图片，但现在无论多么劲爆的画面，都没法缓解心里的烦躁。他满脑子都是那个混蛋赫斯和媒体上对哈通案的轰炸式报道。

自六年前马丁·里克斯从贝拉霍警局转到谋杀案小队起，就一直是蒂姆·詹森的得力助手。起初，他不太喜欢詹森这个高大、傲慢、目光犀利的男人。詹森爱说俏皮话，喜欢奚落别人，里克斯则正和他相反。里克斯一向笨嘴拙舌，从学生时代起就总被别人当成傻瓜，只能忍受旁人的嘲弄，再等待时机把他们臭揍一顿。詹森和那些人不一样，他是一位有经验的警探，在看到里克斯的固执以及对人和世界的不信任中，发现了里克斯独特的价值。一起共事的前六个月，他们一起乘车、审讯犯人、做行动计划、去更衣室和吃饭。当里克斯结束实习期，他们主动找领导说他俩想做搭档，继续一起工作。六年过去了，他们深入地了解彼此。可以毫不夸张地说，尽管这个部门的领导更迭不断，但没人可以挑战他们两人的地位。至少在几周前那个混蛋还没出现的时候是这样。

赫斯是个讨厌鬼。他过去可能风光过，但那也是很久以前的事了。那时他还在重案组工作，而现在他和欧洲刑警组织的人一样，变成了妄自尊大的"精英"。里克斯记得他过去是个独来独往、安静又傲慢的人，他的离开是一件好事，但现在欧洲刑警组织也不要他了。他现在不但自己不好好干活，而且还开始质疑他们的调查成果——那可是里克斯和詹森迄今为止最大的成就。

里克斯仍然清晰地记得去年十月的那些日子。他和詹森夜以继日地埋头苦干，压力很大。两人根据匿名举报逮捕并审讯了莱纳斯·贝克，同时发起搜查。他们发现了如山铁证，让贝克没法抵赖，只能供认罪行。他们如释重负，为犯人的坦白尽情狂欢，喝得酩酊大醉，然后在韦斯特布罗的一家廉价酒吧里，打台球打到凌晨。他们的确一直没找到那孩子的尸体，但这只是个无足轻重的细节。

里克斯现在在瓦尔比政府分配的用房里冻得瑟瑟发抖，还得照顾一个酗酒成性的单身妈妈——这都是赫斯和那个蠢货图琳的错。包括詹森在内的其他团队成员都在城规小区忙碌，所有令人兴奋刺激的事情都发生在那边，而他却被困在了这里。最好的情况下，明早六点半他才能解脱。

卧室的门突然打开，走进客厅的是他们正在保护的女人，她只穿了一件T恤。里克斯把手机屏幕朝下握在手里。她有点儿惊讶地环顾了一下四周。

"另一个警官呢？"

"不是警官，是警探。"

"另一个警探去哪里了？"

虽然这不关她的事，但里斯克还是告诉他另一位警官去瓦尔比市里买寿司。

"你为什么要问这个？"

"没什么。我只是想和今天审讯我的那两个警探谈谈。"

"你想谈什么？可以对我说。"

虽然这个酒鬼妈妈站在沙发后面，但里克斯还是能看到她挺翘的臀部。他暗自想着在搭档带着寿司回来前，有没有机会和她在沙发上翻云覆雨一番。和受保护的证人发生关系是他众多的性幻想之一，不过从未实现过。

"我想对他们说实话。我想找个人谈谈，把我的女儿送到一户好人家借住，等我的生活回归正轨再接回来。"

她说的话让里克斯失望了。于是他只是冷淡地回答说得等一等，现在社会福利办公室还没有开门。不过女人口中的"实话"究竟指什么，他倒是有兴趣一听。她还没来得及开口，里克斯的电话就响了。

"我是赫斯。一切顺利吗？"

电话那头的赫斯上气不接下气。里克斯听见他关上车门，车上另一人发动了引擎。他努力让自己的声音听起来傲慢 些，回答道："怎么会不顺利？你们那边怎么样了？"

花园传来汽车报警器的声音，里克斯没听清对方的回答。

循环播放着震耳欲聋的警笛声，令人心烦。里克斯转身看了看自己停在外面的车，车灯在秋夜的黑暗中闪烁着，就像蒂沃利公园里的旋转木马一样。

马丁·里克斯有些疑惑，他观察了一下，没看到车旁边有人。他还没挂电话告诉那个蠢货赫斯，车的报警器响了时，他听出赫斯的声音立刻警觉了起来。

"待在房子里，我们马上就到。"

"你们为什么要来这边？发生什么事了？"

"待在房子里保护婕西·奎恩！你听到我说的了吗？"

里克斯犹豫了一下，然后挂掉了电话，现在只剩下汽车报警器的声音了。要是赫斯觉得他会乖乖听指挥，那赫斯可就大错特错了。

"发生什么事了？"

那个酒鬼妈妈正忧心忡忡地盯着他。

"没什么，回房间睡觉去吧。"

这个回答显然没能说服她。还没来得及抗议，她就听到卧室里传来孩子的哭声，婕西匆忙赶回卧室里。

里克斯把手机塞进兜里，解开了枪套上的带子。他又不傻，刚刚的电话让他意识到现在局势扭转过来了。这可能是他唯一的机会，一旦成功，他就能让赫斯、图琳还有那个杀手都闭嘴。现在媒体都开始这么称呼凶手，拜服他的功绩。特遣部队很快就会破门而入，但现在整个舞台都是他的，是他大显身手的时候了。

里克斯从外套里取出来车钥匙，打开了门。他手里举着枪踏上了花园的小路，就像走在红毯上一样。


# 77

奥丽薇亚靠着木墙坐了起来，但还没完全清醒。

"出什么事了，妈妈？"

"没事，宝贝。继续睡吧！"

婕西·奎恩走过去坐在床上，轻轻地抚摩着女儿的头发。

"但我睡不着，太吵了。"女儿靠着她的肩膀小声说道。警报器的声音停了。

"好啦，现在没声音了。可以回去睡啦，甜心。"

奥丽薇亚躺下了。婕西看着女儿，还想去找警官说说话，这样她会感觉好一点儿。刚刚说的完全不够，要是能和他多说一点儿，能把自己隐瞒的一切都交代出来就好了。汽车警报器的声音破坏了气氛，让她产生了一种从未有过的恐惧感。现在警笛声已经停了，在花园里响起来警官的电话铃声。她觉得自己很傻，白担心了。但她突然意识到没人接电话，她静静地听着，等待着。铃声停了，然后又重新响起来，这次还是没有人接。

屋外，狂风吹起婕西的头发。她是穿着鞋出来的，但还是觉得冷得要命，有点儿后悔出门的时候没在腿上围张毯子。她能听见电话在车附近什么地方响着，但仍然看不到警探在哪里。

"嘿？你在哪里？"

没人回答。婕西迟疑了一下，靠近篱墙和停在大门外碎石路上的警车。她只差一步就能走到碎石路上看见整辆车，也许能看到手机在什么地方响着。但她想起警探们在审讯时说，她正身处危险之中。她感觉敌人不断迫近，危险从花园弯曲的树和光秃秃的灌木丛中向她袭来，抓住了她光着的腿。她马上转身跑回房子里，撞上了身后的门。

她从刚刚警官打的那通电话中听出增援已经在路上，于是她告诉自己不要慌。她用钥匙锁了门，还把五斗柜顶在了门后，跑进浴室和厨房确认门窗都上了锁，然后在厨房的一个抽屉里找到一把长刀，把它带在了身上。她透过窗户向后花园看去，什么也看不见。她突然意识到自己身在亮处，外面的人能看清她的每个动作。她现在敢肯定外面有人，于是她三步并作两步跑回客厅，忙乱地来回按了几次开关，终于关上了所有的灯。

婕西静静地站着，眼睛死死地盯着房前的花园。外面一个人都没有，只有呼啸的狂风想要掀飞整个木屋。她站在电暖气边上，意识到自己刚刚在关灯时不小心也关了暖气，于是她又弯下腰打开暖气，暖气片开始"嗡嗡"作响。在操作面板上指示灯发出微弱的红光下，她看到刚刚警官坐的椅子上放着一个小人偶。

171

她看了几秒钟，没看出那是什么。醒悟的时刻很快来临。虽然这个小小的栗子人形象天真可爱，将两只火柴胳膊高高地举向天空，但她惊恐不安了起来：刚刚她出门找警探时还不在这里。她看向身后，黑暗中的什么东西好像突然在她面前复生，她使出全身的力气把刀向空中砍了过去。

# 78

警车撞开大门，闯进公共花园，冲上碎石路。四周一片漆黑，小木屋和一块块田地杂乱地挤在一起，唯一的光源就只有车前灯送出的光束，他们看到了远处车牌若隐若现的反光。图琳一路踩着油门驾车向前冲，在到达那辆便衣警车处急刹住，赫斯从车里跳了出来。

他环顾四周，看到几个寿司盒被丢弃在碎石路上，一个年轻的警官俯身跪在另一个人的旁边，他一看到赫斯就尖声呼救。那个警官正拼命地用双手按住马丁·里克斯喉咙上深深的伤口，试图阻止继续喷出血液。地上，里克斯的身体抽搐着，双眼直愣愣地盯着上方黑压压的树枝。赫斯冲向前方的小屋，门被锁住了，他一脚踢开门，顺势推开了挡在门后的五斗柜。客厅一片漆黑，他挥舞着枪向四周寻找凶手的踪迹，慢慢才看清了翻倒在地的桌子和椅子，屋里好像发生过打斗。他走进卧室，看到婕西·奎恩的女儿紧紧抓着被子，眼泪汪汪，不知所措，但婕西不在那里。图琳伸手向赫斯示意，厨房的后门是开着的。

通向后花园的门紧挨着一个陡峭的斜坡，他们三步并作两步来到了花园的草坪上。草坪中央有一棵高大的苹果树。赫斯和图琳向着树的另一边跑去，一边跑一边搜索着四周，直到跑到邻居家的篱墙边都没发现任何人的踪迹。在花园中，狂风呼啸而过，涌向马路尽头的高楼。他们继续搜索，最后在跑回房子的途中发现了婕西。他们本以为苹果树树冠上那些是树枝，但其实是婕西·奎恩光着的腿。她被以坐姿固定在树干的枝丫间，双腿卡在最粗的枝干上，不自然地伸向两边。她的头歪着，失去生命的手臂被树枝支着指向天空。

"妈妈？"

风中传来小姑娘满怀疑惑的声音，他们看到她模糊的轮廓站在厨房门口，正向寒冷的室外走来。赫斯一时间动弹不得，图琳则反应迅速，一个箭步跃上斜坡，将小姑娘一把抱起送回了屋里。赫斯还是呆呆地站在树旁。虽然光线很暗，但是他仍能看出婕西的两只手臂和一条腿都短得不正常。等再靠近一些，他才认出来是一个栗子人，火柴棍做的手脚呈大字张开，撑着婕西的嘴。


## 10 月 20 日 星期二

### 79

图琳冒雨在几栋楼间跑着寻找指示牌，她的鞋子已经被浸湿了。现在是清晨，她刚刚把女儿送去学校。距离在城规小区的矮楼间假扮受害人只过去了几天，她当时没想到赫斯也住在社会福利房里，但出于某种原因，她对此并不感到惊讶。她继续找着路，戴着面纱和头巾的妇女向她投来友好而警惕的眼神，她在这里还是很引人注目的。当她终于找到写着"37C"的牌子时，发现牌子指的正是自己来时的方向。她再次感到厌倦。完全联系不到赫斯，现在所有的线索又断了。

四天来，媒体轰轰烈烈地上演了一出大戏。记者接连不断地在犯罪现场、克里斯钦堡、警察局和验尸所进行直播报道。电视上放出了三位女性被害者和马丁·里克斯的肖像——里克斯最后还是死在了公共花园的碎石路上。他们对目击者、邻居和被害人亲属都做了采访，还请来专家对事件进行评论，并报道了尼兰德的发言。尼兰德近来多次被安排在各种话筒前讲话，他的发言经常和司法部长的讲话交叉剪辑到一起播出。除此之外，他们还开始关注痛失爱女的罗莎·哈通——旧案或许根本没有解决，她现在正在忍受着这种折磨。最后，那些新闻编辑发现没有新东西可讲了，便开始猜测下一场悲剧会在什么时候发生。

自周五起，赫斯和图琳就没怎么合眼。公共花园的双重命案震惊了两人，但繁重的工作让他们应接不暇。他们无休止地审讯、打电话，搜寻城规小区的资料、花园业主的信息，调查婕西·奎恩的家庭状况和情史。婕西六岁的女儿被送到医院体检，医生发现了许多疏于照管、营养不良以及身体遭受虐待的痕迹，不过幸好她没有看到犯罪现场。一位心理学家和她谈了话，希望能帮她走出丧母之痛，但他惊讶地发现，这个小姑娘能够用极为准确的语言表达自己的伤痛。不管怎么说，这是一个好现象。她已经被她的外祖父母接到了埃斯比约，两位老人都无比乐意照顾她，不过还不知道他们能不能做她的长期监护人。图琳与媒体做了交涉，确保老人和女孩不受舆论的侵扰。那些媒体现在为了报道栗子人杀手的新闻已经无孔不入了。

图琳很讨厌将凶手神秘化，尤其是这次。她敢肯定凶手是在有意识地制造恐慌，媒体的报道对他来说可能是种激励。但是，法医鉴定以及无数的审讯都没有取得任何突破，他们也很难平息这场舆论风暴。根茨和他的人夜以继日地工作，但目前还没有进展，他们没能弄清尼古拉·莫勒手机上的短信究竟是谁发送的，也没有任何目击者的证词能帮助他们找到可能对婕西·奎恩不利的人。他们又回去看了一次监控录像，但无论是在城规小区还是在购物中心，都没有发现凶手的踪迹。和劳拉·卡杰尔、安妮·塞耶－拉森的案件一样，凶手仿佛凭空消失了。

根据验尸官的报告，婕西·奎恩的死亡时间是凌晨 1 点 20 分，截肢的凶器和前两起案件是一样的，截肢发生时，她也还活着，至少在双手被截掉的时候肯定是活着的。受害者嘴里的栗子人身上也发现了一枚指纹，也是克莉丝汀·哈通的。现在警局里的所有人达成共识，认为举报三位女性死者的匿名信一定出自同一人之手。遗憾的是，市政厅和几位社会工作者都未能提供实质性的帮助，而且三封信件的来源错综复杂，找不到真正的寄信人。情况异常严峻，尼兰德派了警员去守卫一些被告密者计划匿名举报过的女人，并宣布整个大区进入最高警戒状态。

局里的氛围也深受当前状况的影响。马丁·里克斯可能的确不太聪明，但他在队里工作的六年中仅仅缺勤过几次，就像警局大门上的金星标志一样，无论发生什么事都会雷打不动地来局里上班。而且，出乎大多数同事的意料，他已经订婚了。19 日中午，局里为他的死默哀一分钟，不过这一分钟并不安静，许多同事哭了出来——每次有警员因公殉职的时候都会如此。

对赫斯和图琳而言，现在最大的疑问是谋杀案发生的那晚，凶手是怎么做到技高一筹的。城规小区的埋伏被发现了，图琳不清楚凶手是怎么发现的，但他肯定是发现了。他一定事先就知道，婕西·奎恩夏天曾带女儿到公共花园度过一周的假，并且在他们行动时会被安置在那里。短信是在谋杀案发生之前发给尼古拉·莫勒的，准确地说是在 12 点 37 分用预付电话卡从花园的某个位置发出的，这是凶手更为恐怖的地方。他镇定自如地把一位不知所措的出轨丈夫诱导到了城规小区，让他投进警察布下的罗网。这是在向图琳示威。劳拉·卡杰尔死之后，凶手给她的手机发短信也是出于同一目的。他们工作艰苦但毫无成果，凶手的嘲讽无疑是火上浇油。昨晚赫斯和尼兰德之间爆发了一场大战。

"你究竟在害怕什么？！我们为什么不能询问罗莎·哈通？"

赫斯始终坚持认为这几起谋杀和罗莎·哈通以及她女儿的案子之间存在着某种联系。

"我们只查手里的案子而不去查哈通案根本就说不过去。我们非常清楚栗子人身上三枚指纹的主人是谁！谋杀案不会到此为止，先是没了一只手，然后没了两只，这次是少了两只手一只脚。你觉得凶手接下来打算做什么？再明显不过了！部长要么是破案的关键，要么就是凶手的下一个目标！"

尼兰德依然冷静而克制地向赫斯表示，部长已经被询问过一次，而且她还有好多别的事情要忙。

"还要忙什么？还有什么比我们的案子更重要？"

"赫斯，冷静点儿。"

"我在问你问题！"

"根据情报部门的消息，在过去几周，有位不知名人士一直在骚扰威胁她。"

"什么？"

"你为什么不告诉我们这些消息？你觉得我们不该知情吗？"图琳突然插话。

"只是没必要说，这和谋杀案不可能有关系！情报部门说最近的一次骚扰发生在 10 月 12 号，她的专车引擎盖上被涂了威胁性话语。这正是凶手杀害安妮·塞耶－拉森的时间段，凶手应该没时间干别的。"

赫斯和尼兰德在针锋相对的争执中结束了谈话，而后一怒之下走人了。图琳不由得产生了一种感觉：部门内部产生了巨大的裂隙，这种状态正和案件的调查一样。

图琳走进一条有遮挡的走廊，终于不用淋雨了，走廊的尽头就是 37C 公寓。公寓门两边堆放着油漆罐、清漆和清洗液，瓶瓶罐罐中间放着一台笨重的机器，她觉得那是个地板磨光机。她不耐烦地敲着门，不出所料，无人回应。

"他就是给你打的电话咨询地板的情况吗？"

一个矮小的巴基斯坦人走进走廊。图琳看了看他和跟在他身边的、那个身高只到他膝盖的棕色眼睛小男孩。巴基斯坦人穿着亮橘色的雨衣，戴着园艺手套，拿着垃圾袋，刚才可能在扫附近的落叶。

"算了，那都不重要，只要你是专业的就行了。那人笨手笨脚的，还以为自己是'巴布'，他还差得远呢。你看过动画片《建筑师巴布》[1] 吗？"

"知道……"

"他愿意卖房是件好事，这不是他该待的地方。但如果他想出手这间公寓的话，那可得好好修整一下。他想重新粉刷墙壁和天花板，我没意见，但他连铲子和漆刷都分不清。我没打算帮他磨地板，但我也不想他自己瞎弄一通。"

"我不是来帮他弄地板的。"图琳亮出了警徽，想把男人赶走，但他没动，还是待在那里看图琳敲门。

"你也不打算买他的房子吗？我算是白费力气了。"

"不打算买。'建筑师巴布'在家吗？"

"你自己看吧，他从来不锁门。"

巴基斯坦人把图琳挤到一边，猛推了一下关着的门。

---

[1]《建筑师巴布》，本片为英国 BBC 电视台于 1999 年开播的系列动画，在一座美丽的小镇上，有一名叫巴布的建筑工程师，其出色的建筑本领更是为镇上的人们所称道。

"这人也有问题，有谁会天天敞着自己家门啊？我和他说过好几次了，但他说他家没什么可偷的，无所谓，但是……我的真主啊！"

巴基斯坦人矮小的身子僵住了。图琳能理解他的反应——屋子里弥漫着油漆的臭味，没什么家具，只有一张桌子、几把椅子，地上随手扔着一盒香烟、一部手机、几个外卖盒子、几把刷子和一个油漆桶。看样子赫斯没打算在这里长住。凭直觉，图琳觉得他在海牙或者其他地方的公寓也不会比这里整洁多少。但引人注目的并不是地上的混乱，而是墙上的东西。

两面新漆的墙上贴满了便签、照片和剪报等资料，其间的墙纸上，赫斯用红笔写着各种笔记和字符，把各个事物联系了起来，从而纠缠成一张混乱的蜘蛛网。这张网的起点显然是劳拉·卡杰尔谋杀案的信息，然后扩大到包括马丁·里克斯在内的几宗命案。几起案件中间画着各种线和几个栗子人，旁边附着相关人士以及案发现场的信息，有的贴着照片，有的则直接写着名字。墙上还有几张皱巴巴的收据和从比萨盒上扯下来的纸板，显然是纸不够用了。墙的最下面贴着一张旧报纸，上面的头条是关于罗莎·哈通的，旁边还写着部长的回归日期。赫斯画了一条线把旧报纸和劳拉·卡杰尔的命案连在一起，然后由此繁衍出无数线条，一直延伸到旁边竖排写着的一组词语——克里斯钦堡：威胁、骚扰、情报部门。墙的最上面贴着一张从旧报纸上剪下来的克莉丝汀·哈通的照片，旁边用笔画了一个方框，里面用大字写着"莱纳斯·贝克"，另一侧的墙上也潦草地写着笔记，但大多看不清。赫斯肯定是用梯子费了好大劲才爬到那么高的。

图琳目瞪口呆地看着这张巨大的蜘蛛网，一股复杂的情绪涌上心头。昨天晚上赫斯离开局里的时候一言不发，没有理任何人。今早图琳联系不到他时，心里五味杂陈。不过从这面墙来看，他没有放弃。话说回来，他画的东西太狂乱了，可能他一开始只是想借此看清整个案子的全貌，但结果偏离了轨道。现在就算找个天才密码专家或获得诺贝尔奖的数学家来，估计也破译不出什么有用的东西，只能看出作画者陷入了某种痴迷甚至神经错乱的状态。

矮个子男人看到墙，用巴基斯坦话爆了一通粗口，当赫斯突然出现在门口时，他也没消气。赫斯喘得上气不接下气，身上被雨淋透了。他只穿了一件黑T恤、一条短裤和一双运动鞋，他的身体和呼出来的白气一起在寒风中抖动着。他的肌肉出乎意料地发达，结实有力，但身材已经明显走形了。

"你脑子里怎么想的？我们才把墙刷好！"

"我会再刷一次的，反正你说过我们得刷两层。"

图琳看着赫斯，他用左手撑着走廊墙壁，右手拿着一个卷起来的塑料文件袋。

"已经刷完两层了！我们总共刷了三层！"

棕色眼睛的小男孩一直在等他爸爸，直到他不耐烦了，这个巴基斯坦人才不情愿地退回走廊上。

图琳匆匆瞟了一眼赫斯，也跟着出去了。"我在车上等你，尼兰德想见你。我们一小时后去部长办公室询问罗莎·哈通。"

## 80

"我能进来吗？"

蒂姆·詹森站在门口。他脸上挂着黑眼圈，目光呆滞，身上散发出隔夜的酒臭味。

"请进。"

在詹森身后，重案组依旧忙碌。里克斯的追悼会后，詹森要求继续参与此案，不过尼兰德拒绝了他的请求，所以他现在才会有空。刚刚赫斯和图琳从办公室出来时也碰到了他，不过他没有回应两人的问候，只是像没听到他们说话，直勾勾地盯着前方。尼兰德觉得还是不请他进来为妙。

尼兰德早上一直在和社会事务部联络，罗莎·哈通派参谋沃格尔传信，说她乐意为案件调查提供一切信息。得到部长的回复，尼兰德立刻向赫斯和图琳传达了此事。

"但部长不是此案的嫌疑人，她的威望也绝不能因此受损，此次见面的性质是会谈，不是审讯。明白了吗？"

尼兰德猜沃格尔并不支持部长的这个决定。他应该向部长建议过，不要发起这场"会谈"，但部长本人坚持要协助调查。尽管如此，赫斯还是杵在办公室不动，尼兰德对他的反感与日俱增。

"这代表会重启克莉丝汀·哈通的失踪案吗？"

尼兰德没听错，赫斯说的是"克莉丝汀·哈通失踪案"，而不是"克莉丝汀·哈通谋杀案"。

"不会，这不在考虑范围内。如果你听不懂我的话，还是回城规小区挨家挨户敲门录口供吧！"

前一天晚上尼兰德还想推迟对罗莎·哈通的询问，但是现在组里的压力实在太大了。那天公共花园里的景象简直是一场噩梦，里克斯的死也让组里很多警官产生了为他报仇的心态。人命并无高低贵贱之分，杀死一名警察和杀死别人应该没有区别，但是这位39岁的警探极为可怕的死法，震惊了每个曾发誓效忠警队的人。据验尸官报告，里克斯被人从背后袭击，颈动脉被一刀割开。

早上七点的紧急会议上，领导要求尼兰德汇报案情进展。按理说做汇报并不难，现在大区进入了紧急状态，组里也发起了多项调查，进展顺利。然而，尽管他没提到"克莉丝汀·哈通"，但整个案件都笼罩在旧案的阴影之下，所有人好像都在等他赶紧把废话说完，好开始探讨会议真正的正题，也就是栗子人身上那该死的指纹。

"鉴于目前的情况，越来越多的人开始质疑克莉丝汀·哈通案的调查结果，对吧？"

发问的是副局长，虽然他语气委婉，但这个问题仍极具侮辱性——至少在尼兰德听来是这样。这是这场会议最为关键的问题，尼兰德感觉所有人的目光都聚焦在他这边。在场的领导们没一个愿意站在他这边，向他抛出的问题也满是陷阱。但他还是回答了："就哈通案件本身而言，无论从哪个角度看，案子确实已经结了。当时的调查极为彻底，重案组排查了所有疑点，找到了如山铁证，最终也伸张正义了。"

不过现在情况不一样了。警方在三起谋杀案的现场，都发现了带有克莉丝汀·哈通指纹的栗子人。栗子人身上的指纹并不清晰，出现的原因也有很多种可能。可能它是凶手故意留下的标记，想借此抨击部长以及社会福利部门的玩忽职守；也可能是克莉丝汀·哈通生前摆摊贩卖的玩具。现在下任何结论都为时过早，不过能确定的是，目前还没有任何确切迹象表明那女孩还活着。为了进一步打消领导的疑虑，尼兰德说凶手有可能是在故意传播怀疑和不安的种子。出于他多年的办案经验，应该把调查重心放在有依据的东西上。

"但我听说，你手下不是所有警探都和你想的一样。"

"没这回事。只有一位警探的想法有点儿与众不同，但这也不奇怪，毕竟他去年没有参与哈通案的大规模调查。"

"你说的究竟是谁？"一位高级警官发问道。

尼兰德的副手直言不讳："是马克·赫斯，就是那个在海牙惹了麻烦的联络官，他现在被停了职，原领导还在考虑他的去留。"听到这话，在场的人都纷纷摇了摇头。他让丹麦警局和欧洲刑警组织的关系再度恶化，没必要考虑这种警探的意见了。至此，尼兰德觉得会议到了差不多该结束的时候。副局长突然又插了句话，说他对赫斯的印象很深。赫斯不蠢，虽然做事特立独行，但无疑是组里有史以来最优秀的警探之一。

"把他的意见当成搞不清状况的胡乱猜测，倒是能让人安心一点儿，而且几十分钟前，司法部长也在广播里否认了重新调查哈通案的必要性。但是话说回来，现在我们要解决四起凶杀案，凶手还是一个敢对警察下手的人，我们无论做什么都要争分夺秒。如果这时因为想保护自己的脸面，忽略了什么该核实的信息，那就是搬起石头砸自己的脚了。"

虽然尼兰德否认了他有保护脸面的想法，但质疑他的情绪开始在会议厅的红木圆桌上，蔓延开来。不过尼兰德足够机智，他及时告诉了领导们接下来的重要行动——重案组马上就要对罗莎·哈通部长进行一次更彻底的问讯，确认她或者她的部里有没有什么利于逮捕凶手的额外情报。

尼兰德昂着头走出会议厅，他表面的自信掩盖住了内心深处悄悄滋生的忧虑：他们调查哈通案的时候是不是真的出错了？

他已经在心里过了无数遍案子的细节，但还是没有头绪，究竟哪里可能出了问题。他心里清楚，如果调查再没有进展，他就彻底和局里那些前途无量的职位无缘了。

"你得让我回来查案。"詹森要求道。

"詹森，我们已经讨论过这件事情了。我们不能让你回来。请一周假，回家吧！"

"我不想回家，我想帮忙。"

"不行。里克斯对你那么重要，你会夹带私人感情。"

尼兰德推向蒂姆·詹森一把椅子。詹森没坐，继续站着，眼睛直勾勾地看着窗外的一排排田地。

"现在案子怎么样了？"

"工作太多，不好处理。但我们有什么发现一定通知你。"

"赫斯和那个婊子还能继续查案？"

"詹森，回家。你现在说话都不过脑子了。回家睡觉去。"

"那就是赫斯的错。你明白吧？"

"里克斯的死是凶手的错。给这次行动开绿灯的是我，不是赫斯，如果你想找个人发泄怒火，那也应该找我。"

"要是没有赫斯，里克斯自己是不会离开那栋房子的。是赫斯逼他的。"

"我不明白你的意思。"

詹森一时没有回话。

"我们当时三周没睡觉了，能做的都做了，终于拿到犯人的口供。那个蠢货一到海牙就耀武扬威，还散布谣言说我们把事情搞砸了……"

詹森喃喃念叨着，目光依旧呆滞。

"案子解决了。你们什么都没搞砸，不是吗？"

詹森还是没有回答。他的手机响了起来，便走开去接电话。尼兰德看着他的背影，突然无比希望那两人与部长的会面能有收获。

## 81

社会事务部部长手下的公务员抱进来一堆箱子，堆在高耸的天花板下的椭圆形会议桌上。

"应该就是这些了，你们还需要什么就和我说。"幕僚长说罢便朝门外走去，走之前还不忘加了一句，"祝你们好运。"

那堆箱子沐浴在阳光下，上方飞舞着灰尘颗粒。乌云又一次在窗外聚集了起来，屋里的灯亮了。警探们开始着手整理箱子里的文件，眼前似曾相识的景象让赫斯有些恍惚：他们几天前还在另一间会议室里，整理成堆的举报信，而现在，凶手似乎又把他推入了另一个卡夫卡式的噩梦，又要开始读新的文件。箱子里的文件越多，他就越觉得自己得做点儿完全不一样的事情换换脑子，打破常规，做点儿不可预测的事。但是他不知道该做什么。

他本来寄希望于对罗莎·哈通的问讯。问讯之前，他们和罗莎的参谋沃格尔寒暄了几句，沃格尔特意强调了此次会面的性质不是审讯，而是一场"会谈"。随后，他们三人进入部长办公室，罗莎在里面等他们。赫斯向她出示三名女性受害者的信息，但她还是坚持表示不认识这些死者。在赫斯看来，部长确实在努力回忆，以前是否曾碰到过受害者或她们的家人，但她似乎的确没有见过，赫斯甚至对她产生了同情。罗莎·哈通，一位承受过丧女之痛，美丽又有才华的女子，在赫斯认识她这短短的几天里，就憔悴了许多。她的眼神迷茫而脆弱，就像被猎人追杀的猎物。在她细细翻阅照片和文件时，赫斯能看出她在竭力遏制颤抖的双手。

尽管如此，赫斯仍保持乐观：他坚信罗莎·哈通就是破案的关键，被杀害的几个女人一定有共通的地方。在三起案件中，死者的孩子都在家中受到了骇人听闻的虐待，凶手都寄了匿名举报信，要求福利院接管她们的孩子，然而当时却错误地为这些家庭洗清嫌疑，并决定不实施任何干预。所有的死者身边都发现了栗子人，上面都有罗莎·哈通女儿的指纹。凶手很可能是想把责任推到罗莎身上。这几宗案件一定与罗莎有什么特殊的联系。

"但我想不到什么联系。对不起，我什么都不知道。"

"那你最近受到的恐吓呢？我知道你收到了一封威胁邮件，还有人在你的专车上用血涂了'杀人凶手'。你知道是谁干的或者为什么有人会这么做吗？"

"情报部门的人也问过我，但我想不出来可能是谁……"

赫斯故意没把恐吓信和谋杀案联系起来，毕竟车被损坏和安妮·塞耶－拉森被杀害是同一时间发生的，两件事必然不相关——除非是两个人协同作案，但目前为止，并没有证据表明有两个凶手。图琳开始不耐烦了。

"但你心里肯定清楚是怎么回事吧？显然不是所有人都喜欢你，你肯定知道自己做过什么会让别人想报复你的事情。"

一听此言，沃格尔立即对图琳说话的语气表示抗议，但罗莎·哈通还是坚持继续谈话，只不过她不知道该怎么回答。众所周知，她一直在尽自己最大的努力，为儿童创造最好的条件，一直建议福利部门接管被虐待的孩子，这也是她让各市政府发起告密者计划的原因之一。她一直视儿童的福祉为己任，被任命为部长后，做的第一件事就是鼓励政府加大在这方面的投入。日德兰地区的几个市政厅，在接到举报并处理了几起耸人听闻的儿童案件之后，告密者计划的必要性得到了更广泛的肯定。但她肯定有潜在的敌人，尤其是在地方政府以及受到政策威胁的家庭中。

"但是也可能有人觉得，你对你自己的孩子不好。"图琳又追问道。

"不会的，这怎么可能？"

"怎么不会？身为政府高级官员，你的注意力很容易被……"

"我不是这样的人。这不关你的事，我自己就是被领养的，所以我知道什么最重要，我不会让孩子们失望。"

罗莎·哈通眼里燃烧着怒火，严厉地纠正了图琳的想法。赫斯很高兴图琳能套出哈通的话，他也突然明白了为什么哈通这么受欢迎。当部长的前几年，她的工作并不顺利，但在镜头前面她永远能表现得无比真诚。其他政客也会竭尽全力做出真诚的样子，但对哈通来说，真诚是一种本能。

"那栗子人呢？你知不知道什么人想让你看到它？有什么理由吗？"

凶手的标记很不寻常。如果像赫斯所想，破案的关键就是哈通，他希望这位部长现在能想起些什么。

"对不起，不太清楚。我只知道在秋天，克莉丝汀会和马蒂尔德一起摆摊卖……但我已经告诉过你这件事了。"

部长努力把泪水忍了回去。沃格尔要求赶紧结束这场审讯，但图琳反驳说他们还没问完。在部长的支持下，很多孩子被政府送到了福利院，他们两人想检查一下部长任期内所有这种案子。凶手可能被牵涉到了某个案子中，因此想要报复部长，甚至报复她代表的整个体制。罗莎·哈通向沃格尔点了点头，让他去找幕僚长谈一下这件事情，他应该知道怎么回应两人的要求。赫斯和图琳这才起身，向罗莎·哈通抽时间会见他们表示感谢。罗莎突然提了一个让两人吃惊的问题。

"结束之前，我还想问个问题。我女儿有没有可能还活着？"

问题问得直截了当，他们没有提前做准备，都不知道该如何回答。最后赫斯回答道："你女儿的案子已经解决了。凶手认了罪，也被判了刑。"

"但是那指纹不是都已经出现三次了吗？"

"如果凶手出于自身的原因憎恨你，让你和你的家人相信女儿还活着，可能是他做到的最残忍的事了。"

"但这只是你的假设，不一定是事实。"

"我刚刚说过……"

"你们提什么要求我都答应，但你们得找到她。"

"我们做不到。我说过……"

罗莎·哈通没再说话，只是红着眼睛呆呆地看着两人。沃格尔回来接她，她马上又恢复了镇定。他们把部里的会议室让给了赫斯和图琳，随后尼兰德派了十位警官过来帮他们扫描案子的卷宗。

图琳搬着另一箱文件进来，把箱子放在了桌上。

"这就是最后一箱了。我去隔壁电脑上看，快行动吧！"

刚知道能和部长说话时，那股乐观劲头已经一去不复返了，现在他们又得坐下来看文件。不幸的童年，受伤的感觉，市政府的干预及失败，可能凶手的目的就是让警方再好好审一遍这些案子。赫斯发觉自己最近睡得太少了，不停快速跳跃的思维让他的精力很难集中。凶手会不会就是桌子上某份文件中当事家庭的一员？这似乎符合逻辑，但凶手会跟着这种逻辑走吗？他一定早料到他们会研究这些文件了，所以为什么要冒险把他们引到这个调查方向上来呢？为什么要做栗子人？为什么要切掉死者的手和脚？为什么他更憎恨孩子的母亲而不是父亲？克莉丝汀·哈通究竟在哪儿？

赫斯又摸了摸自己的内兜，塑料文件袋还在，他开始往门外走。

"图琳，咱们走吧。告诉你的人，一旦有什么发现就通知我们。"

"为什么？咱们去哪儿？"

"回到一切开始的地方。"

赫斯没有回头确认图琳是否跟着，就径自消失在了走廊里。他在路上瞥见了弗雷德里克·沃格尔的身影。沃格尔从部长办公室出来，向屋里的人点头告辞后关上了门。

82

"你们为什么问我哈通案的事？尼兰德不是都说了两起案子没关系吗？"

"我也不知道，我是为了砍刀和肢解猪的事情来的。不过你可以问问他

184

到底怎么回事。"

图琳在实验室里和根茨面对面站着，不耐烦地把头扭向赫斯的方向，示意根茨该向谁发问。赫斯正在关门，以防别人听到他们的对话。他们一从部长办公室出来，就直接去了根茨的正方形大楼。取证部大楼在城市的另一边，楼里到处都是玻璃隔间和穿白大褂的人。来的路上，赫斯让图琳打电话确认根茨在不在取证部，他在自己手机上打了另一通电话。根茨很高兴接到图琳的电话，可能是因为没想到图琳会主动给他打电话，但一听她来是因为赫斯想和他确认一些东西，他就有点儿失望了。图琳希望他这会儿没时间接待他们，但正巧他有个会议取消了，刚好有时间。图琳有点儿后悔跟赫斯出来了。现在他们站在根茨第一次展示克莉丝汀·哈通指纹的桌边，但发现指纹好像已经是很久以前的事了。他身后放着一台电焊机，机器旁边是各种日用品，似乎是在加热塑料以测试其延展性。他的目光兴奋又透出一丝警觉，紧紧盯向桌子靠近的赫斯。

"因为我觉得哈通案和我们的案子有关系。但哈通案发生时，我和图琳都不在组里，所以我需要一点儿帮助，而且你是我唯一信任的人。但如果你不想碰这个烫手山芋，尽管直说，我们就不打扰你了。"

根茨微笑着说道："没事，我也挺好奇的。只要你不让我切别的猪就没问题。你想问什么？"

"我来找对莱纳斯·贝克不利的证据。"

"我就知道。"

刚刚坐到椅子上的图琳站了起来，但赫斯抓住了她的手。

"听我说完。到现在为止我们一直被凶手牵着鼻子走，我们要在别处找突破口。如果查这种陈年旧案真的是浪费时间，我们就查这么最后一次，以后我就再也不提这件事情，再也不提克莉丝汀·哈通了。"

赫斯放了图琳的手，她站了一会儿又坐回到椅子上。根茨刚刚绝对看见赫斯抓她的手了。不知为什么，她现在有点儿莫名地难堪，刚才应该直接把手抽出来才对。一旁的赫斯翻开了一本厚厚的案件卷宗。

"去年10月18日下午，克莉丝汀·哈通在打完手球回家的路上失踪了。警方很快就接到了报案，几小时后，他们在树林里发现了她的自行车和书包，于是开始正式立案调查。他们找了三周，但她就像凭空消失了一样。

后来警方接到匿名举报，让他们搜查莱纳斯·贝克的家。莱纳斯·贝克，二十三岁，住在比斯佩山一处居民区一楼的公寓里。我总结的没错吧？"

"没错。我也参与了那场搜查，结果发现那通举报所言不虚。"根茨肯定道。

赫斯并没有接根茨的茬，继续翻着文件："他们去了莱纳斯·贝克家，问他关于克莉丝汀·哈通的问题，并如你所说的搜查他家。这人很可疑，没工作，没上过学，没有朋友，独居，整天坐在电脑前面，唯一的收入来源是上网打扑克。更加可疑的是，他曾强行闯入万洛瑟的一处住宅，强奸一位母亲及其未成年的女儿，因强奸罪蹲过三年监狱。贝克之后还犯过一些妨害风化的轻罪，曾在当地一家诊所接受精神治疗，但他被捕之初一直不承认对克莉丝汀·哈通犯下了罪行。"

"我记得他一开始坚称自己只是个普通人，但之后我们打开了他的电脑，才发现事实并非如此。对了，准确地说是技术部门的人破解了他的电脑密码。"

"没错，据我了解，警方发现莱纳斯·贝克是个自学成才的顶尖黑客。讽刺的是，他对电脑的兴趣是在监狱里上信息技术课时产生的。警方还发现，至少在被捕之前的六个月，他入侵了警方的照片档案库，并且可以随时看各种尸体的照片。"

图琳不想浪费时间，便一直保持沉默，但这时她开口纠正了赫斯。

"准确地说，他并没有入侵警方的系统，只是截获了一台电脑里的本地登录记录，因为系统老、防护差，他靠重新发送登录记录就骗过了系统。局里早就该升级系统了，发生这种事情真丢人。"

"好吧，无论怎么说，贝克能看到多年以来各种案发现场的照片，警方发现这一点时，一定非常震惊。"

"何止是震惊，简直像核弹爆炸。"根茨插嘴道，"他进入了只有我们内部才有权访问的系统，访问记录证明他浏览了近几年所有最恶性案件的材料。"

"我也是这么理解的。他看的主要是针对女性的奸杀案，显然他最爱看被捆绑截肢女性的照片，但也看了一些针对儿童的犯罪案件，尤其被害人是未成年女孩的那些。贝克坦白说这些照片能激起他性虐的欲望，但他否认自己碰过克莉丝汀·哈通，而且当时没有任何证据表明他和女孩有过接触。没错吧？"

"没错，但后来我们分析了他的鞋。"

"仔细讲讲。"

"事情很简单。我们对他公寓里的物品进行了逐一检查,包括一双放在衣柜里的老旧白色旅游鞋。我们化验了鞋底的泥，和克莉丝汀·哈通自行车及书包上的泥土对比，结果证明百分百吻合，证据确凿。但他后来就开始撒谎了。"

"你说的'撒谎'，是指他编造去那片森林的原因？"

"当然。据我所知，他说他去那里是因为被犯罪现场吸引，就像看到系统里的那些照片时一样。他一看到克莉丝汀·哈通失踪的新闻，就开车去了那片树林，你可以问问蒂姆·詹森或者别的警探。但我记得他声称只是和凑热闹的人一起站在警戒线外面，享受案发现场带来的性兴奋。"

"我们稍后再谈这个。但事实上，他此时依旧坚称自己没有杀害克莉丝汀·哈通。他承认自己经常解释不了自己的某些行为，还时常会断片——这是偏执型精神分裂症的症状之一，但他依旧否认杀过人。甚至当警方在他的车库里发现了凶器，也就是那把带有克莉丝汀血迹的砍刀之后，他也没有改口。"

赫斯用手指点了点卷宗的一处。

"当时是詹森和里克斯审的他，他看过凶器的照片之后就供认了罪行。是这样的吧？"

"我不知道审讯中发生了什么，但你说的其他内容都正确。"

"好了，现在能走了吗？"图琳狠狠地盯着赫斯，"我不明白你把这些东西翻出来究竟是想干什么，这和咱们的案子根本就不相干。那人脑子有病，调查他就是浪费时间，简直傻透了，咱们要找的凶手现在还在逍遥法外！"

"我没觉得莱纳斯·贝克是正常人。但我觉得他突然在认罪前说的都是实话。"

"你可拉倒吧！"

"你这话什么意思？"

187

根茨突然好奇起来。赫斯敲了敲卷宗。

"在哈通案发生的前一年，莱纳斯·贝克因妨害风化被逮捕过两次。第一次是在欧登塞一处学生宿舍的后院里，曾有位年轻女性在那里被她男友奸杀。第二次是在阿玛岛，曾有位女性被出租车司机杀害，尸体就被抛弃在那边的树丛里。这两起案子中，贝克都是到案发现场自慰，然后被逮捕判了轻罪。"

"你凭这些就能判断他在哈通案中是无罪的？"

"不，我只是觉得他说得合理，他真的可能一看到新闻就去了克莉丝汀·哈通失踪的树林。可能很多人无法理解，但对于一个有这种癖好的人来说那很正常。"

"是啊，但关键问题是，他没有马上坦白自己的癖好。如果他是无辜的，一定马上就会把这些告诉警方。但他是等我们分析完他的运动鞋之后，才向我们作出解释的。"

"我觉得这也没什么奇怪的。可能他一开始认为你们发现不了泥土的痕迹，毕竟那时距案发已经过了三周。虽然不认识莱纳斯·贝克本人，但我认为他可能是想赌一把，不想和你们直接坦白说，他会对这类案发现场产生性欲。后来泥土的化验结果出来了，他不得不说实话。"

图琳站起身来大声说道："你这根本就是无用功。我不懂为什么突然间我们就认定那个神经病情急之下编的借口是真的了。我要回部里去了。"

"因为莱纳斯·贝克当时就在树林里，就在他自己供述的时间。"

赫斯从内兜里翻出一个塑料文件夹，掏出了一堆皱巴巴的纸，向图琳递过去。图琳马上看出这正是他早上在奥丁公寓里时拿着的文件夹，是他突然失踪后重新现身时带回来的。

"皇家图书馆有全部报纸和照片的电子文件，我在所有案发当晚那片树林里的照片中找到了这一张。这是女孩失踪第二天后，一家晨报封面刊登的照片，相关新闻的其他照片都是特写。"

图琳仔细地看了看这些打印出来的图片，她见过最上面那张，这是哈通案最具代表性的照片，她记得最近与哈通案有关的报道里用的也都是这张照片的1∶1复制件。照片上有树林、照明灯、成群结队的警察和警犬，看起来像正在工作的搜查队伍。警察们严肃的表情给人一种身临其境的感觉。照片的背景里有记者、摄像师和凑热闹的人，他们都站在警戒线后面。图琳又有点儿不耐烦了。她刚想抗议说赫斯又在浪费时间，但后面的一张图片让她把抱怨咽了回去。图片像素颗粒感明显，她马上看出照片中警戒线后面的那些人，认出了站在人群后方的莱纳斯·贝克。他站在第三或第四排，脸几乎被别人的肩膀挡住了。由于图片放得过大，他的眼睛看起来就像两个模糊的黑洞，但是五官的形状和稀疏的浅色头发，都证明图片上的就是他。

"问题的关键在于，他不应该出现在这里。他在口供里声称这个时候正开着车向北行驶，找地方埋掉克莉丝汀·哈通的尸体。"

"什么鬼……"

图琳惊讶得哑口无言，根茨从她的手里接过那摞纸。

"你之前怎么什么都不说？为什么没告诉尼兰德？"

"我得和拍这张照片的摄影师核对时间，保证照片就是当晚拍的。我刚刚在来的路上才给他打电话确认过。至于尼兰德，我觉得咱们先商量一下再告诉他比较好。"

"但这仍然不能洗清贝克的嫌疑。从理论上讲，他可以先杀了克莉丝汀·哈通把尸体藏到车里，回树林里看警察行动，然后再向北开。"

"没错，我们以前也不是没见过这么干的凶手，但我们之前的实验表明，如果他真的肢解女孩，砍刀上不可能一点儿骨粉都没留下。所以谜团就开始……"

"可为什么莱纳斯·贝克要供认他没做过的事情呢？这说不通啊！"

"原因可能很多，我觉得应该问问他本人。说实话，在我看来，哈通案的凶手和我们现在追查的就是同一个人。如果运气好的话，莱纳斯·贝克能帮上忙。"


## 83


他们离斯劳厄尔瑟有 100 千米左右的路程，GPS 计算 1 小时 15 分钟到达，但图琳不到一个小时就抵达了。她拐弯驶进科灵根边的露天集市，朝着精神病院和监牢病房而去。

摆脱城市总是令人感到惬意，在窗外飞掠而过成片被秋色浸染的森林和田地，只留下红色、黄色、棕色的影子。但多彩的颜色很快消逝寂灭，只留下了灰蒙蒙的一片。图琳也努力想欣赏一下沿路的风景，但思绪还没离开取证部的实验室。

赫斯向根茨详细介绍了他的理论。如果莱纳斯·贝克在哈通案里是无辜的，那就说明有别人故意把嫌疑推到他头上，他是理想的替罪羊。他前科累累，精神有问题，注定一走到聚光灯下就会吸引警察的注意。真正的凶手一定很久以前就计划好了一切，可能他当时就打算让大家觉得克莉丝汀·哈通已经死亡。哈通案最关键的突破点是一通对贝克的匿名举报电话，现在看来这也疑点重重。

赫斯向根茨询问那通举报电话的情况，根茨马上就跑到电脑前，翻阅当时的技术报告。匿名电话是在结案前一个周一的早上，打到局里固定电话上的，可惜打的不是112热线，不然系统就能自动把这通电话录下来。奇怪的是，这通电话是直接打到尼兰德行政办公室的。不过这也情有可原，毕竟当时媒体大肆报道尼兰德，所以可能有人一直在跟进案件的进展，找到线索后便想直接报告给他。电话是用未注册的预付卡打的，所以根本不可能找到这位告密者，线索就此断了。报告上还说负责接听电话的秘书没能提供任何线索，只表示电话是一名"说丹麦语的男人"打来的。男人话不多，直截了当地说莱纳斯·贝克与哈通案有关，叫他们搜查他的住所。男人最后又重复了一遍莱纳斯·贝克的名字，就挂了电话。

赫斯让根茨再尽可能地快过一遍取证部当时搜集到的证据，毕竟当调查方向锁定到贝克身上之后，其他线索就被遗弃了，而现在赫斯对那些线索产生了兴趣。虽然要花些时间，但根茨愿意试一试。不过根茨还是问赫斯，如果有人发现他在哈通案的报告里到处找实体和痕迹类的证据该怎么办。

"你就说是我让你找的，这样你就不会惹上麻烦了。"

图琳一时想不出自己该说些什么，赫斯无疑把手伸进了尼兰德明令禁止触及的范围内。如果被尼兰德发现，那国家网络犯罪中心的推荐信就泡汤了，但她又没法说服自己打电话向他报告。她给一位在部长办公室里的警探打了电话，对方还在翻阅文件找罗莎·哈通潜在的敌人，不过在这个方向上没什么新发现。那些案件中的绝大多数当事人都对当局强烈不满，因此，当赫斯提议想办法和莱纳斯·贝克会面时，图琳赞成了他的决定。他给关押贝克的监牢病房打了电话，但精神科的顾问医生正在开会，他向医生的助手大致解释了一下来意，还告诉他，他们已经出发了，一小时之内就会到。

"你也和我一起来吗？要是你不想来，可以不来的。"赫斯问道。

"没事的。"

图琳依然觉得他们去找莱纳斯·贝克没有什么实际意义，就算他供认自己罪行时说的是实话，他也有足够的时间再一次回到树林的警戒线后面。她多少了解蒂姆·詹森和里克斯的行事风格，如果嫌疑人不轻易坦白，他们审讯时不介意采取强硬甚至卑劣的手段。但就算莱纳斯·贝克是由于两人的高压审讯认罪，后面也还有翻供机会，为什么他的口供会有假呢？虽然他声称自己曾多次断片，但他还是有足够的记忆把整件事串联起来。他根据自己记得的片段在脑海中重构了犯罪过程。那天下午，他开车出去转悠，看到一个带着运动袋的女孩；当天晚上，他开着装有尸体的车到了树林北部。他详细描述了侵犯并勒死女孩的过程，还描述了自己载着尸体开车时不知所措的情绪。在法庭上讲述犯罪过程时，甚至还对女孩的父母道了歉。

他的口供肯定是真的，不然整件事就太魔幻了。这是图琳把车停到一处戒备森严的建筑门口前脑子里最后的念头。

## 84

这座监狱是最近才在精神病院边的方形空地上建起来的，监狱四周建了两层6米高的围墙，两层围墙之间还挖了深沟。唯一的入口在南面，大门都和停车场相连，赫斯和图琳站在沉重的大门边，面对球形摄像机和扬声器。

不像赫斯，图琳以前从没来过监牢病房，但她听人说起过这地方。这里是丹麦最大的法医精神病学机构，关押了三十多个极度危险的罪犯。他们是根据特殊条例定的罪，这类情况极少。法庭只有判定罪犯会对他人产生持续的威胁时才会实施这些条例，因精神异常对社会构成威胁的犯人会被送到这座精神病监狱，监狱的建筑融合了精神病院和最高等级监狱的设计。关押在这里的病犯有杀人犯、恋童癖、连环强奸犯以及纵火犯，他们的刑期都不固定，如果精神顽疾一直没有好转，就永远都不能回归社会。

大门开了，图琳跟着赫斯走进一处空车库。一位警卫坐在防弹玻璃后面等着他们，他身后的另一个警卫坐在一排监视器前。他们让图琳交出手机、皮带和鞋带，还让两人交了配枪。对图琳来说最要命的是手机，她没想到会这样，这下她无法联系部里的同事了。他们过了安检，然后等待下一扇门打开。进了门，身后的门关闭，才打开下一扇门，他们就这样慢慢向车库里深入。走到尽头，一名身强力壮的男护士用门卡刷开了最后一道金属门，门卡上写着"汉森"。

"欢迎你们，请跟我来。"

走廊宽敞明亮，庭院景色宜人，乍一看，这里就像是一处现代化的康复中心，只不过家具都是固定在墙上、地板上的。和别的监狱一样，这里开门不用钥匙，所有门上都是自动门锁。二人继续深入机构内部，在路上看到几个病犯坐在沙发上休息、打乒乓球。他们都胡子拉碴，有几个看起来明显已经吃过药，大多数病犯都愁容满面地踩着拖鞋晃来晃去。看着他们，图琳不由得想到养老院里的光景。她记得自己在报纸上看到过其中几个囚犯，虽然他们的脸又老又死气沉沉，但她知道他们手上都有人命。

"这些病犯做的事情都是最残忍的，我也不知道我怎么还没疯。"

精神科医生威兰见到两人并不怎么高兴。虽然赫斯已经和他的助手解释了此次来访的目的，但现在还得重新和他解释。

"莱纳斯·贝克的情况一直在好转。但他不能看关于死亡和暴力的新闻，一看病情就会恶化。他属于那种不能接触任何媒体的病人，每天只能看一小时自然探索节目。"

"我们只是想问问他以前说过的话，这非常重要。如果你不让我们见他，那我们就申请逮捕令强制执行，但耽误时间可能要出人命。"

医生没料到赫斯会这么回答。他犹豫了一会儿，很不情愿地让步了。

"你们在这里等一下。如果他自己同意了，你们就能问，但我不会强迫他。"

过了一会儿，医生回来了。他向汉森点了点头，告诉两人莱纳斯·贝克同意谈话，随后就在他们的视野内消失了。汉森看了看他离开的方向，开始给两人讲注意事项。

"在任何情况下都不要有身体接触。如果贝克的情绪有起伏，你们就拉访客室的应急绳。一有情况我们就会赶过来。明白了吗？"

# 85

访客室长 5 米、宽 3 米，窗户上装着厚厚的强化玻璃，窗外的栏杆显得有点儿多余。从这里可以一览无余地俯瞰绿色的庭院及其周遭 6 米高的围墙。四把固定在地板上的硬塑料椅子，摆在一张三角形的小桌周围。图琳和赫斯被领进屋时，莱纳斯·贝克已经坐在椅子上了。

贝克出人意料地矮小，他的身高大约只有 1.65 米，看起来很年轻，但头发很少，长着一张稚气未脱的脸，不过灰色运动裤和白 T 恤下藏着的是体操运动员般强壮的身体。

"我能坐在窗户边上吗？我最喜欢靠窗坐。"贝克站起身，像紧张的小学生一样盯着他们。

"当然没问题，听你的。"

赫斯向他介绍了自己和图琳，图琳注意到他努力表现出一副友好并充满信任的姿态。自我介绍完，他又感谢贝克愿意抽出时间。

"我在这里有的是时间。"

贝克话里不带讽刺，也没有微笑，只是简单地陈述事实而已。他看着两人，眼睛不自在地眨着。图琳坐到了他对面的椅子上，赫斯向他解释，此次前来是为寻求他的帮助。

"但我不知道尸体在哪里。真的很抱歉，我能说的都说了，真的不记得了。"

"别担心，我们不是为这件事情来的。"

"你们俩当时也参与调查了吗？我不记得你们。"

贝克看起来有点儿害怕，一双无辜的眼睛不停地眨着，他挺直身体坐在椅子上，忧心忡忡地抠着指甲上方红红的死皮。

"我们当时没参与。"

赫斯已经准备好了一套说辞。他掏出自己欧洲刑警组织的警徽，说自己是从海牙来的犯罪侧写师[1]，工作是研究莱纳斯·贝克这类罪犯的性格和行为，帮助解决相似的案件。他此次来丹麦是为了协助本地警方，建立一个类似的部门。他会选取几名犯人与之对话，研究他们犯罪之前的行为模式，希望贝克也能参与他的工作。

　　"但没人跟我说过你要来。"

　　"程序上出了问题，我们本来应该早点儿通知你，好让你准备一下，但是没沟通好。这样吧，你愿不愿意帮忙完全取决于你。你不愿意的话，我们马上走。"

　　贝克向窗外看去，又开始抠自己的指甲，图琳一时以为他会拒绝。

　　"我愿意。这感觉挺重要的，毕竟能帮助别人，对吧？"

　　"是这样没错。谢谢，你人真好。"

　　接下来的几分钟里，赫斯先和莱纳斯·贝克确认了一些基本信息，年龄、住址、婚姻状况、学历、右撇子还是左撇子、住院记录等。这都是些不痛不痒且与案件无关的问题，他早已了解这些信息，问这些只是为了给贝克安全感，建立信任。图琳不得不承认赫斯精于此道，她最初怀疑这没用，看来是多虑了。赫斯要花点儿时间把戏演完，图琳感觉他们就像坐在龙卷风的中心，四周风暴肆虐，但依然风平浪静地说着废话。最后，赫斯终于开始问关于谋杀发生前一天的情况。

　　"你说过已经记不清那天发生的事情，只记得几个片段。"

　　"是这样，我生病时经常昏昏沉沉的，总会断片。当时我一直在看档案里的照片，好几天没睡觉了。"

　　"和我讲讲档案是怎么回事。"

　　"这么说吧，那就像我儿时的梦想。我的意思是，我一直有那些冲动……"

　　贝克停顿了一下。图琳猜测这是心理治疗的效果，让他能抑制自己对性虐以及死尸的冲动。

　　"我会看关于犯罪的纪录片，因此知道了他们会拍摄犯罪现场的照片，

––––––––––––––––––––

[1] 根据罪犯的行为方式推断出其心理状态，以及性格、职业、成长背景等。

**194**

只是不知道这些照片都存在哪里。后来我进入取证部的服务器，发现了那些，然后剩下的就简单了。"

图琳可以证明他所言为实。警局的系统防护的确不堪一击。他们根本没想到有人会入侵只有受害者和犯罪现场照片的电子档案库。

"你和别人讲过这些照片的事吗？"

"没有，我知道这不合法，但是……我刚说过……"

"这些照片对你有什么用呢？"

"事实上我当时觉得这些照片……对我有帮助，因为看了照片就能控制住自己的冲动。但现在我意识到照片的坏处了，照片会让我兴奋，让我成天净想着那事。我还记得那天想出去透透气，就开车出去兜风了。后面的事我就记不起来了。"

"你和别人说过吗？身边的人知道你断片的事情吗？"

"没有，当时我身边没有别人。我一般都在家待着，只有去看现场的时候才出门。"

"什么现场？"

"犯罪现场，新的老的都有。比如说在欧登塞，或者阿玛岛，我被捕过的那些地方，不过也会去别的地方。"

"你去这些地方的时候会有断片现象吗？"

"可能有，我不记得了。毕竟断片就是间歇性失忆嘛。"

"那你能记得多少谋杀发生当天的事情？"

"不多，但很难说，因为有些记忆和后来发现的东西混淆了。"

"你记不记得跟踪克莉丝汀·哈通进树林？"

"不记得，但我确实记得自己进过树林。"

"你都不记得见过她，怎么知道是你袭击并杀害了她？"

贝克露出了惊讶的表情，似乎有点儿猝不及防，好像他早就接受了自己的罪行，不再挣扎。

"因为……他们就是这么和我说的，还帮我记起来了别的事情。"

"谁说的？"

"就是那几个审问我的警官。他们发现了一些东西，我鞋底的泥、砍刀上的血。刀是我用来……"

"但是当时你说不是你干的。你自己记得用过砍刀吗？"

"一开始不记得，但后来事情就往那个方向发展了。"

"最初他们找到砍刀时你声称从来没见过那把刀，说那肯定是有人放到你车库的柜子里的，但是在后来的审讯里，你又承认是你的了。"

"没错，医生和我说我的病就是这样，偏执型精神分裂症会让病人分不清事实。"

"如果真是别人放的刀，你能不能想到有可能是谁？"

"没有别人，是我自己放的。我觉得我要答不上来你的问题了……"

莱纳斯·贝克一脸迷茫地看向门口，但赫斯把身体向他倾了过去，想再和他对视。

"莱纳斯，你做得很好。我想知道，那段时间有没有人和你走得很近？有没有了解你精神状况的人或者你信任的人？比如说你突然遇见或是在网上聊过天的人，或是……"

"没有这样的人，我不懂你为什么问这个。我现在想回房间了。"

"贝克，别紧张。你再帮我一下就好，我们就能搞清楚那天究竟是怎么回事，还有克莉丝汀·哈通身上究竟发生了什么。"

眼看贝克就要站起来，但他又转过头怀疑地盯着赫斯。

"你这么想吗？"

"对，我就是这么想的。你只要告诉我你和谁联系过就好了。"

赫斯用充满信任的目光看着莱纳斯·贝克。一时间，贝克腼腆又孩子气的脸上似乎露出了被说服的神情，放声大笑了起来。

图琳和赫斯一脸惊讶地看着这个矮小的男人。过了一会儿，他才又开口说话，像是摘下了面具，不再有一丝犹豫和紧张。

"你究竟想知道什么，直接问我不就好了？这些废话还是省省吧！"

"你是什么意思？"

"你是什么意思？"

贝克戏谑地模仿着赫斯的声音，眼珠转起来，嘴角露出嘲弄的微笑。

"你是不是特别想知道，如果我没有犯罪，为什么要认罪？"

图琳盯着莱纳斯·贝克，他突然的转变太吓人了。他就是个疯子，彻彻底底的疯子。图琳想把医生叫过来，让他看看贝克的变化，但赫斯努力保持着镇定。

"是的，那你为什么认罪？"

"滚开吧！是他们花钱叫你来打听的吗？大老远把你从欧洲刑警组织弄回来，就为问我这些有的没的吗？还是说你刚刚给我看的警徽是纸糊的？"

"莱纳斯，我不懂你在说什么，但如果你和克莉丝汀·哈通的案子没关系，现在说出真相还不晚。我们可以帮你重审这个案子。"

"但我不需要你帮忙。如果我们真是法治社会，那估计最早圣诞节我就能回家了，要么就是等栗子人杀手把该杀的人杀完之后。"

这几句话重重地打在了图琳身上，赫斯也大吃一惊，全身都僵住了。原来贝克全都知道，他幸灾乐祸地笑着。尽管图琳还是竭力保持镇定，但屋里的气氛已经凝重了起来。

"栗子人杀手……"

"没错，栗子人杀手。你们就是为他来的吧？汉森小乖乖，就是那个大块头，他忘了公共休息室的平板电视会显示新闻。虽然一行只能显示38个字母，但还是能看出些东西的。你们为什么没早点儿来找我？是上司觉得这案子结得干净利落，不想让你们再碰了？"

"你对栗子人杀手知道多少？"

"栗子人，请进来。栗子人，请进来……"

贝克满是嘲弄地哼着歌，赫斯不耐烦了。

"我问你知道多少？！"

"太晚了，他早就把你们甩到后面了。这就是你们来这儿求我的原因吧？因为他把你们耍得团团转，而你们完全不知道该干吗。"

"你知道他是谁？"

"我知道他是什么。他是主谋，我是他计划的一部分，不然我也不会认罪。"

"莱纳斯，告诉我们他是谁！"

"莱纳斯，告诉我们他是谁。"

贝克又开始模仿赫斯说话。

"那女孩怎么样了？"

"那女孩怎么样了？"

"你知道多少？她在哪儿？究竟发生什么了！"

"有必要弄清楚吗？她肯定过得挺开心的……"

贝克一脸无辜地看着他们，然后脸上浮现出一副色眯眯的表情。图琳还没来得及反应，赫斯就扑向了贝克。他早就准备好了，飞快地伸手拉下绳子，警报响了起来，震耳欲聋。几乎就在同时，门被猛地推开，身材魁梧的男护士汉森闯了进来。贝克又变回了那副拘谨的小学生模样，脸上只有胆怯。


# 86


大门缓缓打开，但赫斯等不及了，图琳去保安那取回东西后，看见赫斯从刚打开的门缝里挤出去，进了停车场。图琳跟上去，潮湿的冷风让她放松下来。她深吸一口新鲜空气，想把莱纳斯·贝克抛到脑后。

他俩就这么被赶出来了。贝克的表演太过逼真，在赫斯和图琳面前表现得畏畏缩缩的，仿佛身心受了什么创伤，威兰医生一看到这副景象，就让二人解释为什么要打他。他对医生说赫斯"抓住了他"，还问他"关于死亡和谋杀的奇怪问题"，这让医生站到了他那边。就算二人反驳他，医生也不相信。赫斯和图琳都没想到要把谈话内容录下来，毕竟他们的手机都被保安收走了。他们来这里的行动就是一场灾难。图琳一边听手机里的语音留言，一边走向停车场的另一侧，心情丝毫没有好转。刚刚在医院里这会儿，她手机响了好几次。一听到第一条留言，图琳就匆忙朝车跑过去。

"我们得回社会事务部了，他们发现几宗可疑的案子。"

图琳边说边跑到车边解锁，但赫斯还是站在雨里，没有上车的意思。

"社会事务部那边不重要，凶手不会留下与他自己有关的线索。你没听见刚刚贝克怎么说吗？"

"我只听到一个精神病胡言乱语，然后你也开始胡思乱想。仅此而已。"

图琳打开车门钻了进去，把赫斯的枪、手机等都放在了副驾驶位上。她看了看仪表盘上的钟，估计天黑之前回不了城，今晚还得麻烦外公照顾小乐。赫斯还有一只脚没放进车里，图琳就启动引擎上了路。

"贝克早就知道我们会来。他自被判刑起，就在等我们去找他。他知道我们追查的是谁。"赫斯说着关上了车门。

"他知道个鬼！他就是个变态强奸犯，只是会读电视上的内容罢了。他想激怒我们，牵着我们的鼻子走。你不仅上钩，还把浮漂和鱼线都吃了。你究竟怎么想的？！"

"他知道是谁带走了那女孩。"

"他知道才有鬼！是他自己把她拐走的。全世界都知道那女孩已经死了被埋了，只有你还不明白。不然他为什么要承认自己没犯的罪？"

"因为他知道是谁干的，心甘情愿为对方背锅。他病态的脑子里认为这是更大计划的一部分。他崇拜、仰慕凶手。但莱纳斯·贝克究竟会仰慕什么样的人呢？"

"根本没这人！贝克就是个疯子，他满脑子只有死亡和破坏。"

"没错。这个人擅长的正是贝克最看重的东西，他一定是在那些犯罪现场照片里看到了什么。"

图琳逐渐领会了赫斯的话。她猛地踩了刹车，避免与主路上一辆冲开雨帘的大卡车相撞。在卡车后，一排排车子呼啸而过，图琳觉得赫斯在看她。

"我越界了，对不起，我知道不该这样。但如果莱纳斯·贝克在撒谎，那就没人知道克莉丝汀·哈通身上到底发生了什么，连她是死是活都不知道。"

图琳没有回答。她又踩下油门，同时在手机上拨了一串电话号码。赫斯说的有道理，这正是让她心烦的地方。过了一会儿，根茨接了电话。信号不好，听声音根茨好像也在开车。

"嘿，我刚刚怎么联系不到你？你们和贝克怎么样了？"

"我就是为这个打的电话。你手里有没有他看过的所有犯罪现场的照片？就是他破解的那些？"

根茨的声音有点儿惊讶。

"应该有，我得确认一下。为什么要问这个？"

"我等会儿再解释。我们得弄清楚贝克最感兴趣的是哪张。可以先根据他每张图片的点击次数列个单子，再看他下载了哪些。我们觉得里面有重要线索，所以越快送来越好。不过要确保别让尼兰德发觉，明白吗？"

"好的，明白。我回去之后可以叫几个技术人员帮我。但要不要等詹森那边有结果了再处理这件事？"

"詹森？"

"他没给你打电话？"

图琳突然不安起来。今天早上她离开尼兰德办公室时，和詹森打了个照面，他面如死灰，沉默寡言。不过尼兰德把他叫进了办公室谈话，她便放心不少，觉得他们之后一定会把詹森送回家，但是现在看来事情并非如她所愿。

"为什么詹森要给我打电话？"

"他说希德码头的一处地址有情况。我刚刚听见他在警用无线电里请求增援，因为他觉得嫌犯就在里面。"

"嫌犯？什么嫌犯？詹森不应该在查这件案子。"

"对，不过他好像自己在查。他说他正准备突袭凶手的藏身地点。"

# 87

蒂姆·詹森坐在警车的驾驶位上，取出手枪里的弹匣，数了数子弹，又塞了回去。大概十分钟之后，支援才能到，不过无所谓，他也没打算等他们来。杀死里克斯的人可能就在楼里，无论对方武力反抗还是束手就擒，他都想一个人先去，至少现在大家都知道他在这里了。要是他行动不顺利，或者别人问他为什么要在支援到达之前单独行动，他就说他别无选择，全是情势所迫。

詹森从车里出来，潮湿的风吹在他脸上。希德码头的老工业区里，各种建筑混在一起，高大的仓库、崭新的自助仓储设施、废品站，工业园地之间还夹杂着一堆住宅。空中飞舞着沙尘和垃圾，他大步流星地向那栋楼走去，街上一辆车都没有。

那栋楼面向大街，上下两层，看上去和普通的民宅没什么两样。等他走近才看到残损墙壁上的半块招牌，这里以前是屠宰场。正门两边的橱窗被黑布遮得严严实实，根本看不见里边的情况。见状，他没进正门，而是沿着车道走进了后院。这栋方方正正的楼很大，正面临街，有点儿向后倾斜。这一定是间老屠宰场，楼周围的大门下面有用来装卸货的载物台。屠宰场后边是个有三四棵果树的公园，公园的篱笆破破烂烂，狂风好像要把公园里的一切连根拔起。转过身，他看到了屠宰场正楼的后门，门上没有任何标识，但门口放着一张脚垫和一盆枯萎的云杉盆栽。他举起一只手敲了敲门，另一只手摸进大衣兜里，打开了手枪保险。

对詹森来说，在马丁·里克斯死后，他的日子失去了真实感。那天穿过城市赶到公共花园时，他首先看到的是救护车上闪烁的灯光和狂吠的警犬，在看到他搭档尸体的那一刻，不真实感立刻将他吞没。从城规小区赶去的路上，他不知道里克斯面临着怎样的命运，看见躺在碎石路上的尸体，他难以置信。他怎么也想不到那具脸色苍白的尸体，会是他朝夕相处的同事，死亡让里克斯变得如此陌生，他只认出了尸体脚边冷冰冰的枪套，但这就是事实。几小时过去了，他还是期望能突然出现活蹦乱跳的里克斯，大声斥责他们，为把他扔在冰冷的地上那么久而大发雷霆，但他终究没有活过来。

一开始他们成为搭档只是巧合，但在詹森的记忆中，他俩从一开始就志趣相投。里克斯头脑不够聪明，反应也不够敏捷，事实上连话都说得不多。不过，只要能把他拉到自己的阵营，他就非常顽固，极为忠诚。此外，很可能是因为他几乎整个童年都在受人欺负，对所有人、所有事都保持一种理智的不信任，詹森很快就知道了该怎么最大限度地激发他的潜能——自己出脑，里克斯出力。两人都厌恶那些根本不懂警察该怎么办案的领导和律师，一起抓了数不清的摩托车帮混混儿、家暴犯、强奸犯还有杀人犯，他们本来应该能一路升迁受勋直到退休。然而，社会不是这样运作的，资源分配从来都不公平，他们常说这种话聊以自慰。两人抓到案犯时会私下庆祝，有时去酒馆和俱乐部喝得酩酊大醉，有时去奥斯特布罗外区的小妓院快活一番。

现在一切都结束了。被刻在局里纪念墙上的名字会是里克斯得到仅有的感谢，他的名字会和其他名字排列在一起。詹森不是多愁善感的人，但他昨天早上来上班时，不由自主地走到了纪念墙前。他已经在家待两天了。谋杀案发生的那天他乱了阵脚，除了通报里克斯的情况，什么都没做。当天深夜，他回到万洛瑟的家中。妻子深夜醒来时，发现他面无表情地坐在温室里，连灯也没开。第二天，詹森的家人出门参加生日宴会，他自己则留在儿子的房间里，组装已经搁置很久的书架。说明书太令人难懂了，没过多久他就选择放弃，开始喝白葡萄酒。妻子下午带着孩子回家时，他已经跟跟跄跄地躲进了花园的小屋里，开始喝伏特加兑红牛。等他在地板上醉醺醺地醒来，意识到自己不能再这样下去，得赶紧回去工作。

周一是他回归的第一天。局里的人都忙着各自的任务，但遇到他时都会同情地点点头。不出所料，尼兰德拒绝了他重新参与案件的请求。他在更衣室里召集一大帮同事，要求他们有关于凶手的重要情报就马上通知他。有几个人不同意，但其他人都和他看法一致：里克斯牺牲都是因为赫斯和图琳办案不力害的。不仅如此，他还认为向媒体通风报信的就是他们两人中的一个，最有可能是赫斯。现在里克斯都死了，他还在质疑哈通案的调查结果，这简直是对他们莫大的羞辱。

不幸的是，詹森的同事们被派到社会事务部时，案情依旧毫无进展。分给詹森的活不怎么重要，所以他索性罢了工，开车去格雷沃郊区，还顺道在报刊亭买了六瓶装的啤酒。他喝了几瓶，然后来到地铁站边底楼一间公寓的门，那是里克斯生前住的地方。里克斯那已经以泪洗面几天的女友请他进了家门。他正在喝茶，一位在社会事务部的警探打电话过来。他们找出了几宗可能与连环杀人案有关的案件——每个涉案人都有充足的动机憎恨国家、体制、社会事务部乃至全世界。他听警探概述了一下几宗案子的基本情况，发现其中一宗案件的动机似乎比其他案件强烈得多。他确认赫斯和图琳都对此不知情后，挂了电话，对里克斯的女朋友道歉，然后出发前往希德码头。

"谁啊？"门后传来一个声音。

"警察！开门！"

詹森不耐烦地敲着门，一只手紧握着口袋里的枪。门开了，探出来一张满是皱纹的脸，他竭力掩饰住了自己的惊讶。开门的是个老太太，身后传出来屋里的烟味和食物变质的臭味。

"我找妮迪克特·斯堪斯和阿斯格·尼尔加德。"

詹森说的是社会事务部同事给他发来的名字，但那个老太太摇了摇头。

"他们六个月前就搬走了，不住在这里了。"

"搬走了？搬去哪里了？"

"不知道，他们没说。你找他们什么事？"

"你一个人住这里吗？"

"对。你不该用这种语气和我说话。"

詹森犹豫了一下，他没料到会这样。屋外冷气逼人，老太太咳嗽了一下，裹紧羊毛开衫。

"我还有什么能帮你的？"

"算了。打扰了，再见。"

"再见。"

詹森走开，老太太随即关上了门。有那么一会儿，他不知道自己该干吗，老太太的回答让他措手不及。他刚想回到温暖的车里，给社会事务部的同事打电话，突然看到二楼窗户里有什么东西。仔细一看，那是个吊在天花板上的挂饰，就像那种经常能在婴儿床上方见到的小鸟挂饰。他马上就意识到，如果那两人真如老太太所说的早已搬走，房里是不会有这种东西的。

他又开始敲门，敲得比上次更响。老太太一开门，詹森就把她推到一边，挤进了屋里。他把枪掏了出来，老人则开始在一旁大声叫嚷，但他还是毫不犹豫地穿过走廊、厨房和原本应该是屠宰间的前厅。詹森确认前厅没人，准备上楼梯。那老太婆挡住了他。

"躲开！"

"上面什么都没有！你不能这样……"

"闭嘴，躲开！"

詹森把她推到一边，一个箭步跃上楼梯，那老太婆依然在他身后哀号着。子弹已经上了膛，他的手指随时准备扣下扳机。推开一扇扇门，前两间是卧室，然后是婴儿房。挂饰悬挂在婴儿床上方，但床是空的。一时间，詹森以为自己判断失误，但之后他看了看门后的墙。马丁·里克斯的凶杀案可以结案了。

# 88

夜幕已经降临。平时这会儿最后几辆车都已经离开希德码头，街上也不会再有行人，但今天不一样。昔日哥本哈根最大的屠宰场，现在只剩下一座摇摇欲坠的大楼，四周的街道到处都是拿着航空箱的警官和取证技术员。一辆辆车子排成长队，大楼的每扇窗户里，透出来泛光灯发出的光。

在一楼的房间里，赫斯能听到审讯中老太太时不时爆发出的哭声，还夹杂着警探给下属的命令、急促的脚步声和对讲机里传来的一条条信息。但最突出的还是门口图琳和詹森的争吵声。

"谁给你报的信？"

"谁说有人给我报信了？我就是开车过来兜兜风。"

"那你为什么没打电话？"

"给你和赫斯打？给你俩打电话有什么用？"

照片应该是两年前拍的。玻璃上落满了灰尘，但黑色的相框非常精致。照片放在白色婴儿床的枕头上，床上躺着一个假人，旁边放着一缕细细的白发。照片中的母亲很年轻，站在保育箱旁，怀中抱着裹在毯子里的孩子，微笑着看着镜头。那微笑像是挤出来的，女人明显极为疲惫，身上还穿着皱巴巴的病号服。赫斯推断照片是孩子出生后不久在医院拍的。女人眼里没有任何笑意，表情中有种微妙的情绪，有种不真实的抽离感，好像孩子是别人强塞进她手里的。她努力装出一副母亲的样子，但明显还没准备好。

毋庸置疑，照片里的妮迪克特·斯堪斯就是他们询问侯赛因·马吉德医生那天，在瑞斯医院儿科病房见到的那个护士。护士头发更长了一点儿，容貌也衰老了一点儿，脸上也没有了笑容，不过她绝对就是照片里这个女人。

赫斯努力地思索着其中的关联。自从他和图琳从精神病监狱出来，莱纳斯·贝克的话就像恶性肿瘤一样，在他心里迅速增殖。他把全部的精力和注意力都放在思考，能不能用贝克破解的档案照片来追踪凶手上，但现在各种消息接踵而来。先是来自根茨，然后是来自詹森的增援请求，火速赶往希德码头。不难猜测，给詹森报信的肯定是在社会事务部查案的某个同事。但现在这些都无关紧要了，毕竟他们在妮迪克特·斯堪斯和她男友身上有了重大发现。

"你们进展如何？"

刚刚到达现场的尼兰德打断了两人的对话，詹森似乎松了一口气。

"租房的人是妮迪克特·斯堪斯。二十八岁，瑞斯医院的护士。十八个月前，她和男友的孩子被哥本哈根市政府接管，送到了寄养家庭。她提出上诉，还在媒体上抨击过社会事务部长鼓励政府接管孩子的行为。"

"罗莎·哈通。"

"是的。媒体大肆宣传了她的案件，但随后发现政府接管她孩子的做法是没有问题的，这件事情也就过去了。但她和男友依旧不依不饶，因为他们的孩子没过多久就去世了。孩子死后，她被关进了精神病院，今年春天才被放出来。她回到了原来的岗位工作，和男友搬来了这里。但从墙上能看出来，他们从未忘记发生过的一切。"

赫斯忙着看墙上的内容，没听詹森讲的内容。他已经从某个探员带来的档案里知道大部分信息了。

妮迪克特在汀山的青春都挥霍在了毒品和夜店上，她在精品时装店实习过，但没能转正。二十一岁时，她进入哥本哈根的护士学校，之后以优异的成绩毕业。大约在毕业那年，她遇见了她的男友：阿斯格·尼尔加德。尼尔加德是她在汀山就读的高中里比她大几届的学长，当时他在斯莱格尔的部队服役，之后曾被派驻到阿富汗一段时间。两人在一起后，就在废弃的屠宰场安了家。最开始她在瑞斯医院的儿科当护士，同一时期，她和男友开始打算要孩子。社会工作者的记录显示，她在怀孕时开始表现出焦虑以及过强的自尊心。二十六岁时，早产生下了一个男孩，之后便一直遭受产后精神问题的困扰，孩子的爸爸也没给她什么帮助。社会工作者发现，这位二十八岁的前士兵幼稚、孤僻，有时甚至会在她的怂恿下有暴力行为。政府竭尽所能地提供各种支持方案，但在生产后的六个月里，她的精神问题愈发严重，还被确诊为躁郁症患者。由于连续几个星期联系不到两人，市政府曾向警方求助，警方随后强行闯入家中——后来的事情证明这是极为正确的决定。在婴儿床里，警察发现两人七个月大的孩子失去了意识，身上沾满了粪便和呕吐物，还有严重营养不良的迹象。孩子被送往医院后，医生发现孩子不仅患有慢性哮喘，还对一些食物过敏，很可能是他们给吃的坚果巧克力导致出现生命危险。

虽然政府的介入救了孩子的命，但妮迪克特对此大为火光。她后来在接受采访时，曾表示对家里的遭遇极为愤怒："如果我是不称职的母亲，那像我一样的人到处都是。"这句话曾成为某天报纸的头条标题，看起来她好像的确遭受了不公的待遇。之后罗莎·哈通出面对此事做出回应，并提醒媒体和各地政府尽可能严格遵守及执行相关法律的条款，毕竟这样才最能保证儿童的权益，媒体随后便不再咬住此事不放。孩子在被政府接管的两个月后，染上急性肺炎不幸去世，社会工作者将此事通知了妮迪克特。她对此反应极为激烈，随后被送到了精神科门诊，之后被安排到罗斯基勒的圣汉斯医院住院。今年春天出院后，她又回到瑞斯医院继续当护士，目前仍处于观察期。

此事想想就让人胆寒。门后墙上的内容表明，这名年轻女性的精神状况远远算不上正常。

"我认为她和她男友是共犯。"詹森对尼兰德继续说道，"显然，他们觉得自己遭到了不公正的对待，所以他们病态的脑袋里就酝酿出了这个计划，诋毁部长，让人们觉得她很可笑。他们觉得这样一来揭露了制度的弊端，二来也惩罚了那些不好好照顾孩子的女人。你看这面墙，他们的目标是谁毋庸置疑。"

詹森说得没错。房间一边布置成了死去孩子的陵墓，另一边的摆设则显示出了对罗莎·哈通病态的执着。墙上从左到右都是她女儿失踪事件的新闻剪报，报纸上的照片和相关报道的标题被剪下来贴在墙上，其中还有狗仔队抓拍到部长在追悼会上，情绪崩溃的照片，旁边印着"肢解埋尸"和"先奸后杀"的纸片。有几张剪报的大标题是"罗莎·哈通一蹶不振"或"积郁成疾"。随着时间推移，剪报的内容有所变化，墙右侧钉着一些三四个月前拍的照片，标题是"哈通归来"。在一则报道上，有人用笔圈出了部长回归议会的日期，那张剪报旁边贴着一张满是克莉丝汀自拍的A4纸，上面写着"欢迎回来。你死定了，贱人。"

更让人害怕的是，除了剪报，墙上还贴着一组用相片纸冲洗出来的照片。大概是初秋时节九月末拍的，上面的内容是罗莎家房子的不同角度、她丈夫和儿子、体育馆、部里给她配的专车、她的办公室以及克里斯钦堡，照片旁边还有大量从谷歌地图下载、打印出来的前往市中心的路线图。

墙上的信息多得让人眼花缭乱，赫斯离开精神病监狱时，在脑海中搭建起来的理论体系此时轰然倒塌。他们去找莱纳斯·贝克到底有意义吗？不管赫斯怎么努力，他都想不清楚自己的理论了。困扰他的不止这个，另一个潜在的威胁明显更加棘手，他们以为已经控制住局面了，但事实并非如此，必须马上采取行动。他一遍遍梳理着墙上的信息，尼兰德向詹森发问："那对情侣现在在哪里？"

"那女人几天前给瑞斯医院打电话请了病假，医院的人就没再见过她。我们对她男友所知甚少，也不知道他会在哪里。他们没结婚，所有东西都是在妮迪克特名下的。我们可以向军方请求调出他的档案。这里的情况通报情报部门了吗？"

"通报了，部长现在很安全。楼下住的女人是谁？"

"是阿斯格·尼尔加德的妈妈，好像也住在这里。她说她不知道两人在哪儿，但审问还没结束。"

"我们现在能断定这对情侣就是几起凶杀案的嫌犯吗？"

赫斯发现墙上钉着几张纸片，被压在一两张剪报下面，像是匆忙中没撕干净的照片。

"现在还不知道。在下结论之前，我们得……"詹森还没回答，图琳突然插话道。

"得干吗？天啊，你没长眼睛吗？"詹森抗议道。

"是，满墙的资料都是关于罗莎·哈通的，但这里没有被杀女人的任何信息。如果这对情侣是凶杀案的犯人，这里总该有关于那几个人的线索吧？完全没有！"

"但那女人在儿科病房当护士，她至少见过两位受害者和孩子。这和案子总该有关系吧？"

"这和案子没关系，我们得逮捕审讯他们才行。可现在事情不好办了，你这么大张旗鼓地搜他们的家，不就是告诉全世界我们在找他们吗？"

赫斯找不到那张原本应该钉在墙上的照片，他听见身后尼兰德冷静地插话道："图琳，在我看来，詹森完全有权采取行动。几分钟前莱纳斯·贝克的精神医生联系了我，他说你和赫斯刚刚去骚扰过贝克……我之前还特地明令禁止调查哈通案。你想解释一下吗？"

赫斯知道现在他该挺身而出维护图琳，但他把脸转向了詹森。

"詹森，那个老太太在你进来之前，有没有从墙上取下来什么东西？"

"你俩找莱纳斯·贝克究竟想干吗？！"

争吵还在继续。赫斯似乎置身事外，他想象着如果自己是犯人，警察敲门的时候会把东西往哪里藏。他挪开墙边的五斗橱，缝隙里掉出来一张攒成团的照片。他急忙把照片捡起来展开。

照片上有个年轻人，赫斯猜这就是阿斯格·尼尔加德，他身材高大，腰板挺得笔直，站在车边上，手里拿着一串钥匙。他身穿考究的深色西装，在阳光下，旁边的黑色轿车闪闪发光，好像刚刚洗完打了蜡。这身西装和昂贵的德国车，与他身后摇摇欲坠的屠宰场形成了鲜明的对比。赫斯一开始没明白为什么阿斯格的妈妈要把这张照片藏起来，他又看了一眼车子，然后跑回墙边和部长的专车比较了一下，一模一样，谜团都解开了。赫斯还没来得及说话，根茨的脑袋就从门边探了进来，身上还是他一贯穿的白大褂。

"抱歉，打扰一下。我们刚刚开始搜查这座旧屠宰场，有东西我想让你们看一眼。他们布置了一间房，像是要长期监禁什么人用的。"

# 89

傍晚时分，哥本哈根西南方向的 E20 高速上，车流缓慢移动着。阿斯格按着喇叭，想让外侧车道上的车赶紧走，但挡在他前面的一串白痴司机一定要在雨天缓慢驾驶，他不耐烦地准备插进内侧车道。部长的专车是一辆奥迪 A8，这是他第一次让引擎马力全开。他不在意这样飙车会不会过于引人注目，因为逃跑是当务之急。事情已经闹得沸沸扬扬了，他清楚警察早晚会发现事情是他们干的——也许已经发现了。

直到三十五分钟前，一切都还顺风顺水。为了制造不在场证明，他跟着那个小混蛋去了网球馆，和正在忙着检查球网的经理打了一声招呼。他向经理道了别，开车绕到场馆后面，把车停在了冷杉树丛里，再从侧门溜进体育馆里——跟着男孩进馆时，把侧门打开了一点儿。大厅基本没人，所以他轻松地溜进了更衣室。男孩忙着换衣服，没有注意到有人溜了进来，就在他戴着头套笨手笨脚地想要拿出氯仿时，突然听见有脚步声逼近，经理走了进来。他及时把头套摘了下来，发现古斯塔夫正在看着他，他感到十分尴尬。经理看起来像是松了口气。

"哦，你在这里啊！警方联系不上你，所以他们给我打了电话，让我找到古斯塔夫。现在你自己跟他们说吧！"

经理把电话递给了阿斯格。电话另一头是哈通一位趾高气扬的保镖，命令阿斯格把古斯塔夫接回部里，送到他妈妈那里。他说现在有突发情况，警察发现了谋杀案嫌犯的住址，好像是一座位于希德码头的废弃屠宰场。阿斯格感觉好像有人扼住了自己的喉咙，但他马上意识到，警察还不知道要找的人就是他，保镖只是因为他不接电话斥责了他。他和那个小混蛋一起离开了网球馆，经理在门口目送两人离开。因为在经理眼皮底下，他只好领古斯塔夫上了车，不过现在都无所谓了。反正他不会回部里。

"咱们怎么走这条路？这不是回……"

"闭嘴，把手机给我！"

坐在后座上的男孩惊呆了，一时不知所措。

"把你的手机给我！你聋了吗？！"

古斯塔夫照做了，阿斯格把手机扔到窗户外面，潮湿的沥青路上传来"咣啷、咣啷"的碰撞声。阿斯格觉得男孩被吓得够呛，但他不在乎。他现在唯一担心的是他和妮迪克特究竟该去哪儿，他们从来就没有计划过逃跑路线。在他原来的设想中，在警方反应过来前，他们就已经逃之夭夭了，但是结果并非如此。他脑子里一片混乱，恐慌淹没了他。他知道妮迪克特会原谅他，计划落空不是他的错，她会理解的，只要他们还能在一起，一切都会好起来。

从阿斯格看到妮迪克特乌黑的眼睛那一刻起，他就一直有这种感觉。他们相识于汀山一所又老又破的高中，他是大她几届的学长，从那时起就一直爱着她。他们一起逃学、醉酒、吸烟、躺在坏城公路护栏旁的草地上，向全世界大喊发泄自己的怒火。妮迪克特是他睡过的第一个女孩，后来他因为打架被学校开除，进了南日德兰的一处少管所，他俩也就此分道扬镳。

差不多十年后，在克里斯钦夏的嬉皮士社群，他们再次相遇。重逢的第二天，两人就开始为同居做准备。

阿斯格喜欢妮迪克特像个寻求庇护的孩子般，依偎在他怀里，但他内心深处明白这个女人比他强大得多。他一开始很适应军队的生活，但在第二次被派到阿富汗开巡逻车和补给车后，他申请退伍。他开始受恐慌症折磨，经常在半夜满身大汗地醒来，这令他极为脆弱。在这种时候，妮迪克特会紧紧握住他的手，让他冷静下来，直到恐慌症再次发作。她每次值完班回家后，都会给他讲当天在病房照顾的孩子，直到有一天，她说想有个自己的家。阿斯格从她的表情中看出来这对她有多重要。他们之后在没人愿意住的屠宰场旧址，找到了便宜又宽敞的住处。她怀孕时，他们把阿斯格的地址登记到了他一个老战友的住处，好让她能享受单亲妈妈的社会福利。

在孩子出生之后，他不明白妮迪克特为什么像变了一个人，他开始觉得一切都是孩子的错。当然，孩子被送到福利院对他的打击也不小，但说实话，他没怎么爱过那个孩子。有了小孩之后，他开始去工地上辛苦挣钱，而且在他眼里，妮迪克特是个好妈妈——至少比他的妈妈好得多，他妈妈总是闯进家里，从他们手里骗钱买酒喝。在孩子被抢走后，妮迪克特联系了律师、报社和电视台，要和那个臭婊子罗莎·哈通做斗争，但最后什么结果都没有。她曾向他哭诉那些记者不想继续帮她，不久后孩子死于肺病，自此，一切都变了。妮迪克特和社会福利处的一个混蛋大吵了一架，因此被强行关进了精神病院，那段时间阿斯格每天下班都会开车到罗斯基勒看望她。由于服药剂量过大，一开始她脸上几乎没有任何表情。一位女医生用艰深难懂、晦涩冗长的术语向他解释病情，他听得简直都想撞墙。为了能让妮迪克特早日康复，他虽然阅读速度极慢，但还是朗读报纸和杂志给她听。晚上他一个人孤苦伶仃地回屠宰场，经常在几瓶酒下肚后，睡在电视机前。然而，自从去年秋天部长的女儿失踪之后，妮迪克特的病情开始好转。

部长痛失了自己的女儿，这对妮迪克特来说是莫大的安慰。阿斯格某天下午探望她时，发现她已经准备好报纸，放在椅子上让他读。那天是警方调查结束宣布结案的日子。再往后，报纸上的相关报道逐渐消失，但她的脸上又露出了笑容。等天上开始下雪，医院后面的湖面开始结冰时，他们能出门散步了。冬去春来，他以为一切都已经翻篇，但报纸上突然宣布——在暑期结束之后，哈通会重返岗位，那个臭婊子还说很期待能继续工作。听到这些，妮迪克特紧紧握住了他的手。他明白，为了能握住她的手，赴汤蹈火也在所不辞。

妮迪克特一出院，他们就开始为复仇做计划。他们最初想用匿名邮件和短信威胁哈通，闯进她家把东西砸个稀巴烂，开车撞她再把她扔在路边。但妮迪克特去官网查她的邮箱时，看到了页面上弹出的一则广告——社会事务部正在招募司机，便随之成形更加具体的计划。

妮迪克特帮阿斯格投了简历，部里的负责人员很快就叫他去面试。可能因为他登记的地址在别处，那帮蠢货没有发现他和妮迪克特的关系，也对他们和部长的争执毫不知情。面试过程中，他们非常认可他的军事背景和良好评价，时间灵活而且还未成家也为他加分不少，负责筛选候选人的情报人员甚至还和他闲聊了两句。不久他收到了录用通知。作为庆祝，他和妮迪克特把克莉丝汀的脸书照片拼在一起，写了封邮件，准备当作回归岗位的贺礼发给部长。

阿斯格上班第一天，第一次见到了罗莎·哈通。他在她位于奥斯特布罗外区的豪华别墅外，接她上车，被她的参谋沃格尔呼来唤去。他真是忍不住想揍那个趾高气扬的混蛋。不久后，他们从旧屠宰场弄来了一些老鼠血，在她车上乱抹一气。他们还想出了其他几个恶作剧，但突然冒出来一些离奇的谋杀案，案发现场那些沾着神秘指纹的栗子人，让罗莎·哈通也被卷入其中。他们都觉得这些案子出现得正好，但爆炸性的新闻也随之而来：罗莎·哈通那被断定早已死亡的女儿，也许根本没有死。

这条消息深深刺激到了两人，但现在罗莎·哈通时刻处于警方的严密保护下，就是阿斯格这个司机也没法轻易接近她。妮迪克特把目光投向那个小混蛋，他也同意抓那个小男孩更划算，于是他们转移了目标。他想到过警察可能会以为绑架古斯塔夫的是杀人案的凶手，但现在，他驾车驶下高速公路，觉得事情无比讽刺：他们真的被当成凶案的犯人追捕，而那些凶案根本就与他们无关。

雨点重重地砸在风挡玻璃上，到达临时停车处时，最后一缕天光也消失了。路的尽头停着他们早上租来的货车，他故意把车停在了距货车20米开外的地方，关掉了引擎。他从前座的置物箱里，取出了自己的东西，然后转身看向男孩。

"在有人来找你之前，你就待在这里别动。明白吗？"

男孩拘谨地点了点头，阿斯格下车，关上了车门，向妮迪克特跑去。妮迪克特只穿着一件薄薄的背心和帽衫，跳下货车，在雨里等着他。

妮迪克特肯定发现了事情和计划好的不一样，看起来不太高兴。阿斯格气喘吁吁地向她解释了来龙去脉。

"宝贝，我们现在只剩两条路了。要么逃跑，要么直接去警察局和他们解释清楚，以免事态恶化。你怎么看？"

妮迪克特没有回答。阿斯格打开了货车的门，伸手去拔钥匙。她依旧没有作声，在雨里站着，静静地看着他的背。她沉默而严肃地凝视着他，脸上依旧不带一丝笑容。他向后看去，看到那个小混蛋焦急的脸贴在部长专车的车窗上，她也盯着男孩的方向，打算一切按原计划进行。


## 90

罗莎从首相的办公室出来，跟着情报人员下了楼梯。她给斯提恩打了个电话，但没人接。她现在就想听到斯提恩的声音，她知道斯提恩和她一样忐忑不安。她前面这位情报人员刚刚打断了她和首相的会议，闯进门来通知她，警方突袭了一处住宅——那应该就是凶手的藏身之处。罗莎已经压抑自己的情绪太久了，所以在斯提恩告诉她，栗子人上有克莉丝汀的指纹一定有什么意义时，她心中的希望再一次占了上风。警方的这次突袭可能就是他们一直在等待的转机，但不知为什么，她还是心神不宁。

罗莎到了豪尔根斯王子院门口，平常这里只有首相和他的下属能进，但现在几位情报人员已经在这里等她了。他们围住并保护她上了一辆深色的车，车子开了大约100米就到了社会事务部里，她一边听情报人员介绍各种安全措施，一边下车向大门走去。

记者们已经在大门两侧等候多时了，但罗莎没理会他们抛出的问题。她进了门，过了安保，发现刘在电梯边等她，准备陪她上楼。自从媒体曝出关于克莉丝汀指纹的消息之后，记者就开始对她穷追不舍，但她根本不打算对此事发表看法。起初，她听斯提恩说克莉丝汀去年没做过栗子人，只做过栗子动物时生气极了，她觉得他是在胡言乱语。她知道斯提恩一直在酗酒，每天都只是强装出一副坚强的样子，而实际上他可能比自己更不堪一击。他们就凶案现场栗子人身上的指纹究竟有没有意义、马蒂尔德和克莉丝汀去年究竟做没做栗子人的问题吵了一架，但她发现无论自己说什么，斯提恩都坚持己见。现在无论是家里还是警方，可能都没有人和斯提恩站在一条战线上，但他终究还是说动了罗莎。并不是因为他说得对，罗莎只是相信他，她想相信他。现在，他不再是过去几个月那副失魂落魄的模样了。罗莎曾用颤抖的声音问过他，是不是真的相信女儿还活着。他点了点头，握住她的手，她不禁泪如泉涌。六个月来，他们第一次这般亲密无间。斯提恩给她讲了自己的计划，虽然不确定这计划能进行到哪一步，但罗莎会无条件地支持他。周五晚上，他采取了和一年前一样的行动，在新闻访谈节目上，公开宣称自己相信克莉丝汀还活着，并呼吁知情者提供线索，要求绑匪释放克莉丝汀。罗莎想和古斯塔夫一起看那期专题节目，好为将要到来的苦战做好准备，但被他生气地拒绝了，他不明白为什么要在一年后旧事重提。罗莎能理解孩子的困惑和不情愿，差点儿后悔和斯提恩做了这样的决定。当天深夜，他们接到第三起谋杀案现场，再次发现了带指纹的栗子人的消息，这让他们受到了极大的振奋。尽管重案组的领导和审讯她的警探都否定了女儿还活着的可能性，但他们还是没放弃希望。在新闻上看了斯提恩的演讲之后，许多人寄信表示支持，不过信里都没什么有价值的线索，斯提恩开始自己调查克莉丝汀失踪那天的行踪，但也没有结果。周末时，他把克莉丝汀在失踪那天的活动路线梳理了一遍，希望能有新发现或找到新的目击证人。他是个建筑师，能接触到哥本哈根市下水道、隧道、变电站的规划图，他猜犯人可能就是通过这些地方躲过众人的视线，但这样的梳理和排查就像大海捞针。他这样一心一意地寻找线索，让罗莎感动至极，所以情报人员打断她开会的时候，她也很想把消息告诉斯提恩，看看他的反应。

尽管首相在办公室门口迎接并向她问好，但他们今天开会并不怎么愉快。

"请讲，罗莎，你最近怎么样？"首相顺势拥抱了她一下。

"一般，谢谢关心。我联系了几次格特·布克，想再和他会面一次，但他没给我答复，所以我们得尽快开始和另一方谈判了。"

"我问的不是布克的事情，现在我大致明白他为什么不和我们统一战线了。我是问你和斯提恩怎么样。"

罗莎还以为首相是想听她汇报预算、谈判陷入僵局的事，但今天司法部长也在这里，显然他是为别的事情找她。

"请不要误会，我们很理解你的处境。但你也知道，今年政府的名誉已经受损过好几次了，现在的情况更是火上浇油。司法部长强调过很多次，警方已经彻底调查克莉丝汀的悲剧。去年的案子已经没有任何疑点了，警方能做的都已经做了，你也对此表示感谢。斯提恩上电视访谈就是在变相地批评司法部长的工作，现在人们开始怀疑他了。"

"可以说是怀疑整个政府。"司法部长插了一句，"电话不分昼夜地打到我办公室来，记者要求公布案件细节，反对党想重启案子，还有几通电话要拉我到官方会议上讨论此事。这些都还好，但是今早他们开始要求首相本人对案件表态了。"

"我自然是无意表态，但毋庸置疑，各界压力巨大。"

"你们想让我做什么？"

"我希望你能和司法部长统一战线，和斯提恩的言论划清界限。我知道这对你来说不容易，但我让你重新出任部长，希望你不要辜负我的信任。"

罗莎被激怒了，她坚称案子依然有变数，但司法部长愈发急躁起来，首相想找个折中的办法，就在三人针锋相对之际，情报人员打断了他们。她不介意被打断，她觉得可以改天再和二人讨论，便跟着人回到社会事务部。和刘一起往办公室走的路上，她匆匆给斯提恩留了条语音留言。

"你和首相的会面怎么样？"沃格尔问道。

"先别管这个了。你们有什么发现？"

沃格尔、英格斯、两名情报人员和其他几位同事都围在桌子旁，罗莎坐在人群中间，听几人总结情况。十分钟前，情报人员把希德码头那幢房子的租户姓名发到了部里，英格斯马上就将其和妮迪克特·斯堪斯的案子联系到了一起。罗莎记起了那个案子，但他们还是给她讲了一遍案件始末。英格斯和沃格尔试着猜测了一下可能发生的情况，两人想出的故事一个比一个离奇。一位情报人员的电话响了起来，他走出房间去接。另一位情报人员则向罗莎发问，最近有没有为这件事接触过妮迪克特或是她的男友。他们还没能从军方调出妮迪克特男友的照片，但在一张报纸上找到了妮迪克特的老照片。

"这就是她。"

罗莎认出了这个眼睛里满是愤怒的年轻女人。她上周在大厅里撞到过罗莎，当时她穿着马甲和一件红帽衫。就在这女人撞罗莎的同一天，部长专车被人用鲜血涂了字。

"我能做证，我也看到她了。"

情报人员草草记下了沃格尔的话，英格斯继续读案子的信息：妮迪克特的儿子被政府接管，但不久后在寄养家庭夭折了。听到这里，罗莎突然意识到了自己心神不宁的原因。

"为什么古斯塔夫还没到？"

沃格尔抓住她的手，安慰道："司机正开车带他过来。罗莎，一切都好。"

"你还记得妮迪克特其他信息吗？她那天在克里斯钦堡有没有和什么人在一起？"情报人员继续问道。

罗莎平静了一些，但不知为什么她突然想起一件事。昨天司机问过她，今天是他还是斯提恩送古斯塔夫上网球课。

"目前我们对那位男友的情况所知甚少，他是死去孩子的父亲，我们只知道他被派驻到阿富汗当过司机，名叫阿斯格·尼尔加德……"英格斯的一席话让罗莎僵住了。

沃格尔也僵住了，和罗莎对视了一眼。

"阿斯格·尼尔加德？"

"是的……"

罗莎马上掏出手机，检查应用程序上的信息，沃格尔一下就跳了起来，也不管身后翻倒在地的椅子。罗莎查的是一个安全应用"孩子去哪儿了"。去年的事情发生后，斯提恩就在古斯塔夫的手机里装了这个应用，用来定位他的行踪。GPS 地图一片空白，他的手机没有信号。还没等罗莎说话，之前出去接电话的情报人员回来了，他的手机已经没再放在耳边。看到他的表情，罗莎觉得脚下的地板好像蒸发了，仿佛她正掉进一个无底洞——这感觉正和她得知克莉丝汀失踪时一样。

## 91

赫斯回过神来，发现台上的人已经讲几分钟话了。他们坐在行动指挥室的长桌旁，他在图琳左边，神情漠然地盯着窗户外面已经被黑暗笼罩的庭院。周围人声嘈杂，大家都忙忙碌碌、紧张兮兮的，所有人都意识到情况多严重了。他以前也处理过这种案子，世界上任何地方的绑架案都大同小异，但如果被绑架的是政要的孩子，那情况就大不一样了。

五小时前，在哥本哈根西南方向的高速公路上，警方发现哈通的专车，但没有发现男孩、妮迪克特·斯堪斯或是阿斯格·尼尔加德的踪影。丹麦历史上就此展开一次最大规模的搜查行动。警方向边境、机场、火车站、桥梁、港口以及海岸线都增派了监查人员和巡逻队伍，赫斯觉得重案组所有的警车都被派到街上了。此次行动是由情报部门和哥本哈根警方共同指挥的，甚至民防部队的成员也被临时传唤，参与这场秋夜中的搜查。他们还通知了邻国警方、丹麦各地方政府和欧洲刑警组织，但赫斯希望这些组织不必参与到搜查中。警方向欧洲各国政府通报了情况，以防绑匪有逃出边境的打算——不过如果事情真走到这个地步，应该也没有找到古斯塔夫·哈通的希望了，甚至孩子活着的概率都会很小。根据以往绑架案的经验，破案的黄金时间是孩子失踪后的二十四小时内，这段时间内绑匪的行踪还有迹可循，之后每再过一天，破案的可能性都会变小。赫斯在海牙的时候对此有过了解，无数真实的儿童失踪案数据能支持这一法则。

赫斯几年前参与过一宗德法警方合作调查的儿童绑架案。德国西南部城市卡尔斯鲁厄，失踪了一名两岁的婴儿，说法语的绑匪向孩子当银行经理的父亲，索要两百万欧元的赎金。赎金交付当天赫斯也在场，但没人去指定地点拿钱。一个月之后，警方在离受害人房子不到 500 米的一条下水道里，发现了婴儿的尸体。法医鉴定显示男孩的头骨碎了，很可能绑匪逃离现场的当天，就把孩子摔到了路上。这名绑匪至今仍未归案。

幸运的是，古斯塔夫·哈通失踪案的情况和其他无迹可寻的案子不一样，警方还是有可能找到孩子的。探员们正在审问这对情侣的同事，到目前为止，没人知道他们可能带孩子去哪儿，但现在排除同事知情性的可能

216

还为时过早。现在新闻上到处都是古斯塔夫·哈通的照片,绑匪几乎不可能带他去公共场合——这样既有好处,也有坏处。好处是由于多数市民都能很快认出古斯塔夫,只要有人见到他,当局就会得知;坏处则是绑匪会承受巨大的压力,可能会一时冲动将孩子杀害。高级警官和情报人员就要不要公开找人展开过激烈争论,但最终还是顺应了哈通家发布寻人启事的意愿,赫斯很理解他们的决定。他们才刚刚摆脱一年前经历的噩梦,就又降临了新的噩梦。这回警方的搜查不会漏掉任何一个角落。

图琳正不耐烦地和根茨说着什么。尼兰德开着扬声器的手机放在桌上,取证部的根茨正在向他们汇报情况。

“现在还没追踪到他们手机吗?”

“没有。从今天下午 4 点 17 分开始,他们的手机就都关机了,可以假定那就是绑架发生的时间。可能他们还有别的未注册电话,但我们没能……”

“他们家里的 iPad 或者笔记本里发现什么了吗?有没有机票、船票或者火车票的发票?或者信用卡的消费记录呢?”

“我说了,现在还没发现什么有用的信息。需要花些时间恢复联想笔记本里被删除的文件,因为电脑已经受损了……”

“所以你们什么都没干?根茨,我们现在没时间了!如果笔记本里有删除的文件,你们恢复程序运行就行了,天啊……”

“图琳,根茨知道该怎么做。根茨,你一有发现就通知我。”

“当然。我去干活了。”

尼兰德挂了电话,把手机放回了兜里,旁边的图琳像个不被允许上台的拳击手一样,满脸不甘。

“还有什么其他发现吗?接着讲。”尼兰德继续问道。

詹森把他的本子推到尼兰德前面。

“我联系了罗斯基勒的精神病院。现在没什么有用的信息,但毋庸置疑,妮迪克特在孩子死后精神失常了一段时间。有位医生坚称她在住院期间完全康复了,但也不能排除她会有暴力行为的可能。好极了,这女人在儿科病房工作,可真能让人安心。”

“所以我们现在还不知道她在哪儿。阿斯格·尼尔加德呢?”

“退伍士兵,三十岁,被派驻到阿富汗两次,分别服役于第七和第十一

217

部队。他的记录良好，但据他的战友反映，他退伍不单单是因为厌倦了军旅生涯。"

"说得具体一点儿。"

"他回避与人交流，脾气越来越大，也越来越好斗，还有人说看到过他的手发抖。这些都是创伤后应激障碍的症状，但他从未因此就医。我想不通情报部门为什么选他当部长的司机，估计这下有人饭碗不保了。"

"但是没人知道他可能在哪儿？"

"没有，他的母亲也不知道——至少她说她不知道。"

"会就开到这里，继续调查吧。现在信息不够，咱们都要摊上麻烦了。已经确定犯人的作案动机，我们得全力以赴找到那个男孩。等把孩子毫发无伤地找回来，咱们就把搜查的资源分配到他们犯的四起谋杀案上。"

"但前提是他们确实犯下了那四起案子。"

这是赫斯第一次在会议上发言。尼兰德看赫斯的眼神有点儿冷漠，就像是出现在他家门口的陌生人。

趁尼兰德还没在脑海中把他关在门外，他急忙继续补充道："到目前为止，我们还没找到能证明这对情侣是谋杀案凶手的确切证据。他们给罗莎·哈通寄了死亡威胁信还绑架了她儿子，但没有证据表明两人和那三位女性死者有关系，而且阿斯格·尼尔加德还有一起凶杀案的不在场证明——情报部门说，安妮·塞耶－拉森被害时，阿斯格和罗莎还有她的秘书在一起，就在社会事务部附近的一间院子里。"

"但妮迪克特没有。"

"她是没有，但这也不代表安妮·塞耶－拉森就是她杀的。再说了，她的杀人动机又是什么呢？"

"你这不过是在给去见莱纳斯·贝克的行为开脱。够了，现在妮迪克特·斯堪斯和阿斯格·尼尔加德是我们的头号嫌犯，其他事咱们晚点儿再算账。"

"我不是为自己开脱……"

"赫斯，如果你和图琳聪明一点儿，在社会事务部好好查案件卷宗，你们就能早点儿找到妮迪克特和阿斯格，古斯塔夫也根本就不会被绑架！你明白我的意思了吗？"

赫斯不吭声了。尼兰德说得对，他心里不由得内疚了一下，但他明白自己没做错。尼兰德离开了房间，詹森和其他警察也跟着他走了出去，图琳从身后的椅子上拿起外套。

"现在最要紧的是找到孩子。如果人确实不是他们杀的，到时候再去找杀人案凶手。"

没等赫斯回答，图琳就离开了房间。他看着图琳的背影消失在了走廊里。透过玻璃窗，他看到警探们正奔跑着。他们精力充沛，意志坚定，相信案子已经接近尾声，但赫斯完全没有这种感觉。他站起身，打算出门透透气，那种像提线木偶般被操控着的感觉仍没有散去。

# 92

阿斯格平时不怕黑，他的双眼能很快适应黑暗，就算现在是在倾盆大雨中高速开着车，他也十分冷静，觉得一切尽在掌握之中。

他是在阿富汗服役时发现自己喜欢开夜车的。有时在太阳下山之后，他们还得在营地之间运送人员或物资。虽然他的同事都认为这种任务很危险，但他从不这么想。他喜欢开车，开车时他会变得冷静，视野会随着环境有节奏地变化。尽管夜里什么都看不见，但黑暗让他很有安全感，平时他是感受不到开夜车时的那种平静——但现在他并没有感到平静。漆黑的马路两边是茂密的森林，虽然看不见，但他觉得危险随时有可能从黑暗里冒出来，将他吞噬。他感到皮肤上一阵刺痛，耳朵里的压力也在变大，他像是想要摆脱自己影子似的大力踩下油门。

到处都有警察设置的路障，他们不得不一次次改变行驶方向。起初他们打算去盖瑟的港口，后来又改去赫尔辛格坐瑞典渡轮，但在前往两个地方的路上，都有鸣着笛的警车从他们身边疾驶而过，不难猜测那些警察打算去哪儿。现在阿斯格在往夏兰奥德开，那边也会有从半岛尖端出发的轮渡。大贝尔特桥肯定已经被警方封锁走不了了，但他还心存侥幸，希望没人会查去日德兰半岛的船——不过他也知道可能性不大。现在他的脑子一片混乱，努力思索着要是那条路也被封了该怎么办，但他毫无头绪。妮迪克特坐在副驾驶位上，神情阴郁，一言不发。

阿斯格本来不想把那小东西也带上，但这事没有讨论的余地。他也理解，如果现在放弃，那一切就会功亏一篑，那个贱人部长永远也意识不到自己的错误。让她也经历一次那种地狱般的痛苦才公平。男孩现在被扔在货车后面，但阿斯格并没有良心不安，要怪就怪他妈妈吧。

阿斯格猛地踩下刹车，卡车一时失控地在光滑的柏油路上滑行起来，然后他稍稍松了一下脚，让车头重新摆正。他看到道路旁树木上的露水反射出的蓝光，虽然还没看到警车，但他知道，再拐一个弯，就能看到在路障边上候着的警察了。他放慢车速，把车开到路边，车子停了下来。

"我们究竟在干吗？"

妮迪克特没有回答。阿斯格掉了个头往主路开，对他的女友大致说了几个能走的方向。

她终于说话了，但内容完全出乎他的意料："开到森林里去，在下个路口拐弯。"

"为什么？咱们去那里干吗？"

"我再说一遍，开到森林里去。"

等他们到下一个路口，阿斯格把车开进森林，上了一条更窄、更崎岖的碎石路，他明白妮迪克特想干什么了。她知道已经无路可逃，所以现在只有尽可能地钻进森林深处，等待一切结束。本应该是当过兵的阿斯格想出这个计划，但和往常一样，最后出主意的还是她。他们沿着碎石路开了三四分钟，路两侧的森林还没有变得茂密，她却突然叫他停车。

"还不能停车。我们得再往里开一段。现在他们一眼就能看到我们……"

"停车，现在马上停车！"

阿斯格踩了刹车，车子"嘎"的一声停了下来。他关掉了引擎，但没关前灯。妮迪克特静静地坐着，他看不到她的脸，只能听到她的呼吸声和雨水打在车顶的声音。她打开面前的杂物箱，拿出什么东西，开门下了车。

"你干吗？我们现在没时间停在这里！"

妮迪克特关上车门，车里只剩阿斯格自己的声音。他借着车前灯的光看到妮迪克特从前方绕到了卡车的另一边，从驾驶室的门边走过去。他马上开门，也下了车。

"你在干吗？"

妮迪克特躲开他，继续向前走，坚定地伸手去拉卡车后车厢的滑动门。他瞥见她右手里有什么东西闪了一下，突然想起今早去赫兹租车行取车时，把军刀放在了杂物箱里。他明白她想干什么了，但同时他也惊讶地发现自己对那个小混蛋还是有点儿感情的，于是伸手抓住她。她的力气大得不可思议，他这才意识到她杀人的愿望有多么强烈。

"放开我！我叫你放开我！"

他们在黑暗中扭打起来，挣扎中，阿斯格感觉刀子在他大腿内侧划了一下。

"他只是个孩子！他什么都没做！"

阿斯格终于把她拉进了怀里，她的胳膊瘫软下来，开始抽泣，泪如泉涌。阿斯格觉得他们就这样在森林里站了一个世纪。这些日子以来，他们从未像此时这样亲近过。她渐渐恢复了理智。外界反对的力量太强大了，但他们只要能拥有彼此就足够。阿斯格看不见她的脸，但能感到她的眼泪渐渐止住了。阿斯格从她手里拿过刀，扔到了地上。

"咱们就把孩子扔这里吧，两个人更容易逃。警察发现他之后，戒备也会松懈一点儿。好不好？"

她的身体离他这么近，阿斯格觉得一切都会没问题的。他抚摩着她的脸，吻去她的泪水。依然抽泣着的妮迪克特点了点头，紧紧抓住他的手。他用另一只手拉开滑门，告诉孩子往哪个方向走。古斯塔夫走到警察设卡的地方应该要几小时，这样他们就有足够的时间逃走。

一阵噪声突然传来，阿斯格停了下来，在黑暗中警惕地向四周张望。是引擎的声音，有人开着车向他们靠近。他回过身看向来时的路，仍然紧紧握着妮迪克特的手。大约40米开外，路上的水洼倒映出车灯的光亮。灯光打在他和妮迪克特身上，晃得他们睁不开眼。车停下了，车上的司机观察了两人一会儿，关掉了引擎和灯。

现在路上一片漆黑，阿斯格的脑子里炸裂开来万般思绪。起初他以为来的是一辆便衣警车，可在这种情形下，警察绝对不会这么冷静，也许来的是个农民或是森林管理员。突然间，他意识到这种时候没人会开车走这条碎石路进到森林里，一定是冲他们来的。但没人看见他们开进森林，而且他们的手机信号也早就不会被追踪到了。

阿斯格感觉妮迪克特攥紧了他的手。他听到了车门打开的声音，便开口向一片黑暗询问道："什么人？"没人回答。

"是谁？"阿斯格又问了一遍。他听见脚步声靠近，于是弯腰从草丛里把刀捡了起来。

# 93

图琳把垃圾倒在厨房地板的两沓报纸上，从抽屉拿了一把叉子，在里面翻来翻去。她戴着橡胶手套打开了一张攒成一团的收据，腐烂的食物、烟灰和罐头的气味瞬间钻进她的鼻腔，但愿它能为情侣的去向提供一点儿线索。今天早些时候，根茨和取证部的技术人员已经把整个地方搜遍了，但她还想自己再来现场检查一遍。收据上没什么引人注意的信息，他们只是在超市买了一些日用品，还有一张干洗店的收据，洗的应该是阿斯格给部长开车时穿的制服。图琳把手里的垃圾又扔回报纸上，环顾四周，她现在身处旧屠宰场可居住的区域，但现在楼里差不多已经空了，只剩她和几个巡逻的人。她不得不承认根茨和他的手下工作真是无懈可击。没发现任何证据说这对年轻情侣还有其他住处，也没发现他们计划好的逃跑路线或者其他藏身之处。他们发现了一间准备好床垫、被子、便携式坐便器和几本卡通杂志的冷藏室——显然他们本来是打算把古斯塔夫·哈通藏在那里的。

图琳一想到这点就不寒而栗，不过现在仍没有任何迹象表面，二人就是连环杀人案的嫌犯。阿斯格·尼尔加德确实住在这里，而不是从他前战友那里租住。房间里发现的东西证明他很爱看黄色日本漫画，但他的所有物中最为激进的东西也不过如此。他还很爱看七十年代的情景喜剧，以及迪瑞奇·帕萨和奥夫·斯普罗格出演的丹麦老电影，这比那些漫画更能反映他的性格。这些影视作品都诞生于安宁祥和的年代，画面上到处都是绿色的田野和飘扬的丹麦国旗。他平时应该会把光盘插进那台积满灰尘的 DVD 播放机，然后躺在破旧的皮沙发上，看那台老式的平板电视。图琳不觉得这有什么病态或者疯狂之处。

妮迪克特那边的发现则更令人担忧：取证部发现了有关政府接管儿童权力范围的手册、打印出来的社会福利法以及儿童福利主题的法律期刊。

她已经全部研读过这些材料，并且进行了梳理注释。客厅的几个抽屉里，也发现了一些文件和活页夹，里面是关于他们儿子案件的材料，还有她和当局以及法院指定律师之间的信件。那些文件几乎每页上都有她手写的注释。虽然字迹已经模糊不清，但上面数量惊人的问号和感叹号，还是能让人感受到文字背后的愤怒和沮丧。他们还发现了几本她上学时的相册、护理培训证书和一些有关怀孕和分娩课程的结业证书。

看到的东西越多，图琳就越难相信这对情侣就是他们寻找的凶手，同时也越难相信在过去几周中，就是这两人让他们忙得团团转。图琳不由得相信，赫斯的怀疑是正确的。

今天早上在诺雷布罗看到赫斯家的墙时，图琳觉得他已经因为接受不了哈通家女儿早已死去的事实，而失去理智了。在他说要找根茨和去精神病监狱的时候，图琳依然这么想。她曾暗暗提醒自己，不了解他的过去，也不了解他是什么样的人，但见完贝克之后，她自己心中也产生了怀疑。现在他们要争取再和贝克谈一次，搞清楚他究竟对这几起谋杀案和克莉丝汀·哈通了解多少。

但眼下，当务之急是找到古斯塔夫·哈通。翻完卧室的抽屉，图琳下了楼。要是她现在开车去取证部，就能帮根茨恢复联想电脑里面的文件，毕竟他们那边好像有点儿搞不定。她走下楼梯，拐了个弯，往大厅的方向走去，一阵微弱的响声让她停住了脚步。屋外什么地方的警报响了，比汽车警报的节奏要慢，但同样响个不停。她折了回来，穿过厨房，沿着走廊向屠宰场走去，打开一扇门，声音更加清晰。宽敞的长方形大厅里没有开灯，她停下脚步摸索着电灯开关的位置。一瞬间，她突然觉得，如果那对情侣不是凶手，那真正的凶手现在应该就在这个房间里。她摇了摇头，想打消这个念头，毕竟现在凶手没理由来这里。尽管如此，她还是把枪掏出来上了膛。

借着手机的光，图琳朝着警报声的方向慢慢走着，走过一间间冷藏室门口——其中包括他们为古斯塔夫·哈通准备的那间。这些冷藏室的其中几间几乎完全是空的，屋里只有挂在天花板上的钩子，但大多数房间里都堆着箱子和垃圾。

图琳在最后那间房前面停下来，声音就是从里面传出来的。她跨过门槛，走了两步。阿斯格应该是把这里当健身房用的。在手机苍白的光线下，她看到了几个旧壶铃、一根杠铃、一辆摇摇晃晃的自行车和一个拳击沙袋，一双泥点斑斑的军靴跟一身脏兮兮的迷彩服挤在一起。一股恶臭吸引了她的注意。虽然她现在身处废弃的屠宰场，但一路走过来，她只闻到这个房间里有腐肉的气味。正想着，她突然注意到房间角落里有动静。她把手机的光照了过去。在苍白的光线里，暴露出几只动物，但它们没有反应。角落里有个破旧的小冰箱，边上堆着园艺工具和折叠熨衣板。周围聚集了四五只老鼠，疯狂地啃着冰箱底部。冰箱正面的显示屏闪烁着，发出"哔哔"的声音。也许是因为老鼠咬穿了橡胶条，冰箱门稍稍打开着。她靠近冰箱，用脚轻轻踢了踢几只老鼠，这才从她脚下跑开。它们没跑多远就不再逃窜，而是在原地来回蹿动着，歇斯底里地叫了起来。她小心翼翼地打开冰箱门向里看，里面的东西让她不得不捂住嘴，才能抑制住想要呕吐的强烈冲动。

## 94

"10 月 16 号周五晚，你百分百确定妮迪克特·斯堪斯在值夜班吗？"

"没错，百分百确定。病房的护士长那天也值班，她也确认了。"

赫斯向警探道谢，随后挂了电话。他到罗莎·哈通办公室的时候，已经晚上 11 点了。办公室前厅里的人们都绷紧了神经，屋里的电话也响个不停。几位警探在审问工作人员，两名女员工眼睛红红的，抽泣着低声说些什么。桌上几个白色塑料袋里装着外卖寿司，但没人有空打开享用。

"部长在办公室吗？"

一脸憔悴的部长秘书向赫斯点了点头。赫斯走向那扇红木门，脑子里回想着从克里斯钦堡的司机休息室借来的那台 iPad 密码。

图琳说得对，现在的重中之重是找哈通家的男孩。赫斯从局里出来就直接来了社会事务部，询问那些与阿斯格·尼尔加德有日常来往的人，看看能不能推测出这对情侣下一步会做什么，或者去哪儿藏身。但他很快发现，没人知道什么有用的信息。别的警探已经审问过这些人了，所以他本人再问一遍也不会有什么新发现。阿斯格和谁走得都不近，当然也从没提起过他的私生活，或者在业余时间会做什么这类可能有用的信息。那些人大多只是描述一下他的性格,还有些人从一开始就觉得他不正常——古怪、安静,甚至有点儿危险。在赫斯看来,这类描述不过都是事后诸葛亮。几个小时过去了,电视上一直滚动播放着古斯塔夫·哈通的寻人启事,并描述了两名绑架者的特征,而且说明了其中一名犯人就是罗莎·哈通的司机。这件事引起各方极大的关注,各个电视台的转播车和记者蜂拥而至,聚集在社会事务部外的广场上。媒体上极尽扭曲地描述阿斯格性格,不过,赫斯相信他们的说法有一部分是真实的。至少他性格内向、行事简单、不喜欢与人交往是真的,他在休息时会去河边抽烟打电话,不像其他人那样喜欢待在克里斯钦堡温暖的司机休息室里。

赫斯亲自去了一趟休息室。一位年长的司机说,他帮阿斯格设置过很多次部长专车每晚停放车库的锁。光从这件事来看,阿斯格就不像有能力精心策划三起滴水不漏的谋杀案。

阿斯格的另一位同事给赫斯看了他们的电子日历系统,赫斯便觉得他更不可能作案了。系统密切跟踪了司机的一切活动,例如在什么时间、什么地点、做了什么。赫斯的目光落到了他某一天的日志上,那篇日志让他选择动身回社会事务部。赫斯在路上给派到妮迪克特·斯堪斯工作地点的一位警探打了电话,打算问一下有关罗莎·哈通日程的事。

赫斯走进了部长办公室。罗莎显然为她儿子担心到了极点,双手颤抖着,眼睛红红的,眼神里满是恐惧,好像用手揉过眼睛,睫毛膏也粘到了脸上。她丈夫也在房间里,正全神贯注地打着电话。看到赫斯,他打算挂掉电话,但赫斯摇摇头,表示自己没带来新消息。警方还要向他们询问关于阿斯格的事情,是她和丈夫决定留在部里的一部分原因,另一部分原因则是部里的员工能帮他们及时跟进搜索情况。两人在家里应该也只会相对无言,抱头痛哭,在这里至少还能觉得有事做——比如警探来问话时,问一问进展怎么样。

斯提恩·哈通继续打电话。赫斯看着罗莎·哈通,指了指会议桌。

"我们能去那边坐一下吗?我有几个问题希望你回答,这会对调查有帮助。"

"你在跟进搜索的情况吗?怎么样了?"

"恐怕还没有新消息。但是我们已经动员了所有警车,都在街上巡逻,每一寸边境都在我们的监视之下。"

赫斯能在罗莎的眼睛里看到恐惧，他知道她担心儿子的生命安危，但他得把话题引向新发现，所以话音未落，他就把 iPad 放在了桌上。

"10 月 16 日周五晚 11 点 57 分，你的司机在电子日志上写过去皇家图书馆接你，在门厅一直待命到凌晨 12 点 43 分活动结束。然后写道：'今天工作结束，回家。'他写得准确吗？他在门厅待命到凌晨，但没送你回家？"

"我不明白这有什么重要的。这和古斯塔夫有什么关系？"

赫斯不想告诉她那是第三、四起谋杀案发生的日子，以免让她的情绪更加激动。如果日志记录准确，阿斯格根本没有时间去公共花园杀掉婕西·奎恩和马丁·里克斯，更不可能赶在他和图琳到达之前，截去受害者的两只手和一只脚。再加上现在他知道那天晚上妮迪克特在儿科病房上夜班，所以这个问题现在至关重要。

"我现在还不能告诉你为什么重要。但如果你愿意回想一下的话，会对我们有很大的帮助。他当天真的在那里等你吗？你 12 点 45 分才回家？"

"我不知道他为什么在电子日志上那么写。我取消了当晚的活动，没去过皇家图书馆。"

"你不在那里？"赫斯用平静的语调掩饰自己的失望。

"不在。我的顾问弗雷德里克·沃格尔帮我推掉了活动。"

"你确定你没去过吗？阿斯格·尼尔加德写……"

"我确定。因为离部里不太远，我和弗雷德里克本来说好要走路过去，但后来在活动开始几小时前，我们又考虑了一下，我丈夫那天晚上要上电视，而且弗雷德里克也觉得取消活动没有问题。当时我还松了一口气，因为我想回家陪古斯塔夫……"

"但如果沃格尔帮你取消了活动，那为什么阿斯格在日志上说他……"

"我不知道，你得问弗雷德里克。"

"弗雷德里克在哪儿？"

"他刚刚有事要忙，但很快就会回来了。现在我想知道你们打算怎么找古斯塔夫，还有你们都干了什么。"

弗雷德里克·沃格尔的办公室昏暗又空旷，赫斯进去后随手关上了门。房间布置成了休息室的风格，看起来很舒适，不像部长办公室那样冰冷而庄严。他觉得这可能就是女人们会觉得性感的那种随意又奢华的风格，维奈·潘顿的灯、蓬松的里亚地毯、意大利矮沙发上堆着软垫子，房间里再放上马文·盖伊的音乐就完美了。一时间，他觉得自己产生了嫉妒的情绪——他可能永远都没有精力布置这样一间房。

今晚赫斯不止一次奇怪这位顾问干什么去了，在 7 点钟左右，有别的警探审问了三十七岁的弗雷德里克·沃格尔，问过他关于阿斯格·尼尔加德的情况，但他只是单纯地表示震惊。赫斯几小时后到部里时，他就已经不见了。秘书说他是进城办事去了。鉴于现在部长身陷危机还被媒体围攻，赫斯觉得他有什么事没明说。

赫斯对沃格尔了解得并不多，只知道罗莎·哈通以前说过，他一直都是她坚实的后盾。他们一起在哥本哈根学习了几年政治学，后来他进入新闻学院，两人就分道扬镳了。他们一直保持着联系，他逐渐成了哈通家的朋友。罗莎当选为部长时，他便理所当然地成了部长顾问。在克莉丝汀失踪的那年，他为一家人提供了极大的帮助，也多亏了他，罗莎才有复出的勇气。

"你和你丈夫都抱有希望，觉得女儿可能还活着，那沃格尔对这件事情什么看法？"赫斯之前这样问过罗莎。

"沃格尔很为我们着想，一开始他很担心我作为部长可能会遇到麻烦，但现在他全力支持。"

赫斯四处张望了一下，试图对沃格尔建立一个初步印象。他的桌子上堆满了妮迪克特·斯堪斯案的旧文件和媒体公关策略的手写笔记，除此之外，没什么值得注意的东西。赫斯不小心碰了一下他桌上那台 MacBook 的鼠标，笔记本电脑的屏保开始一张张放映他在各种工作场合的照片：在布鲁塞尔欧盟总部外面、在克里斯钦堡会客厅和德国总理握手、在纽约世贸中心纪念碑旁、和罗莎·哈通一起参观联合国儿童救助营……这些工作照中间，突然出现了几张他和哈通一家的合照：他在生日会上和孩子们打手球，还有一些是在蒂沃利公园照的。这些不过是有他在场的普通家庭照片。

起初，赫斯觉得看到这些照片是好事，起码在他眼里，沃格尔不再是个冷血无情、不择手段的政治家。然而他很快就意识到了这些照片的古怪之处：所有照片里都没有斯提恩·哈通的身影。这些照片里有很多沃格尔和罗莎两人的合照，也有和孩子们的自拍，好像他俩才是一对。

"部长秘书说你想和我谈话？"

门开了，沃格尔的目光落在赫斯身上，然后又移向屏幕。看到屏幕发出的光照亮了赫斯的脸，他警觉了起来。他的大衣被雨淋透了，抬起手理了理乱蓬蓬的棕色头发，让它们变回平时服帖的样子。

"现在什么情况？你们找到司机了吗？"

"还没有。我们刚刚在找你。"

"我刚才到城里开会去了。我得想办法减少那些蠢货媒体能偷窥利用的漏洞。那司机的女朋友呢？这段时间你们总该做了些什么吧？"

"我们正在全力搜查，但现在我需要你协助调查一些别的事情。"

"我没时间在'别的事情'上帮你，请你快点儿问。"

沃格尔趁机合上了笔记本电脑，然后把外套扔到椅子上，掏出手机。赫斯注意到他的动作自然且谨慎。

"10月16日周五，你帮部长取消了晚上在皇家图书馆的活动，因为她丈夫晚上要上电视，在活动开始前几个小时，你们谈过话，然后你说可以取消活动。"

"大体是这样，不过部长想取消活动并不需要我同意——那是她自己的决定。"

"但部长一般会听取你的意见吧？"

"我不知道应该怎么回答你这个问题，你为什么问这个？"

"没什么。是你帮她打电话推掉活动的吗？"

"是。我给活动组织者打电话，代表部长取消了活动。"

"那你也通知阿斯格·尼尔加德取消活动，不用来接部长了吗？"

"我通知他了。"

"但他的电子日志显示他当晚出勤了。大约午夜到凌晨1点这段时间，他在皇家图书馆的门厅待命，等活动结束送部长回家。"

"都这时候了，鬼才会相信他写的东西！他可能是干什么其他事情去了，用这个当不在场证明。我肯定告诉过他。话说回来，现在古斯塔夫·哈通失踪了，你还在揪着这事问，不是浪费时间吗？"

"不算浪费时间。你那天晚上究竟有没有通知阿斯格·尼尔加德？"

"我说过，我非常肯定通知了他，要么就是找别人通知过他。"

"找的谁？"

"这很重要吗？"

"所以有可能你并没有通知他，然后他真的去图书馆待命了？"

"如果你来找我就为了问这个事情，那我没时间奉陪了。"

"那天晚上你在做什么？"

沃格尔本来已经往门口走去，但听到这话，他停下脚步看着赫斯。

"我猜你那天本来是要陪部长去皇家图书馆的，但活动取消了，你就有时间干别的了吧？"

沃格尔的脸上浮现出一丝嘲弄的笑容。

"你要问的不是我想的那件事吧？"

"你觉得我在问什么事？"

"你没把精力放在追踪绑架部长儿子的绑匪上，而是问我谋杀案发生的时候在干什么。当然，但愿我猜错了。"

赫斯没有说话，只是盯着沃格尔。

"你真想知道吗？我回公寓看斯提恩·哈通的直播了，好为媒体的轰炸做准备。我当时一个人，没有目击者，整晚都有时间作案，还有时间弄个栗子人放在现场。你想听的是这个吗？"

"那10月6日晚呢？10月12日晚6点呢？"

"这些等你正式审问我的时候再说吧，那时我会带上律师的。现在我要回去工作了，我觉得你也该回去工作了。"

沃格尔点头告辞。赫斯不想就这么放他走，但这时他的电话响起来，沃格尔便趁机溜出房间。电话是尼兰德打来的。赫斯刚想和他讲自己的新发现和对沃格尔产生的怀疑，尼兰德抢先开了口。

"我是尼兰德。告诉所有人暂停在部里和克里斯钦堡的调查。"

"为什么？"

"因为根茨追踪到那对情侣了。我现在正在带着特遣部队赶过去。"

"去哪儿？"

"霍尔拜克西部的某处森林。根茨恢复了阿斯格的联想电脑，在邮箱里找到了一张赫兹租车行的发票。他们今早给租车公司打过电话，在北港车站租了一辆卡车，现在根茨追踪到他们了。租车公司在每辆车上都安了追踪装置以防失窃。你通知一下大家，然后回局里写报告。"

"但是关于……"

尼兰德已经挂了。赫斯沮丧地把手机揣回兜里，急匆匆地跑到门口，抓住一个警探传达尼兰德的指示，然后继续沿着走廊跑了起来。路上，他向部长办公室开着的门里瞥了一眼。沃格尔正一只手搂着罗莎·哈通安慰她。

# 95

尽管大雨倾盆，赫斯开着警车打着警灯赶到西兰岛只花了四十分钟，但他感觉这段时间有一个世纪那么长。他离那条贯穿森林的路不远了。到了该拐弯的地方，他看到特遣部队的几辆空车停在路边，旁边还停了不少警车。他向两名全身湿透的警官出示了警徽，便继续通行。既然封路的警官放他过了，那就说明行动已经结束。他不知道结果如何，但也不想浪费时间问路边的警察——他们既然被安排在主干道上，那估计知道的也不多。

赫斯开得很快，但一上碎石路就不得不减速。他没听尼兰德的命令回局里，在来的路上，下定主意要查查弗雷德里克·沃格尔——可能早就应该查他了。

赫斯觉得阿斯格·尼尔加德能证实自己10月16日晚工作到了深夜。而且他刚刚问过哈通的秘书，她说阿斯格那天晚上12点半给她打电话，问过她部长在哪里，还说他在皇家图书馆的门厅里等半天了。她当时向阿斯格道歉，忘记通知他活动取消了。如果他当时真在门厅里等部长，那就可能会有别的目击者证实这一点。如果同时妮迪克特在瑞斯医院值夜班，那这对情侣就没法杀害婕西·奎恩和马丁·里克斯。这下沃格尔就更可疑了，公共花园发生命案当晚，他没有不在场证明。赫斯等不及要问阿斯格在另外两起谋杀案发生的时候，沃格尔在哪里。他可能会对沃格尔和罗莎·哈通的关系略知一二。这几起谋杀案背后，可能有赫斯和图琳都没料到的动机。他刚刚从哥本哈根来的路上已经给图琳打过两次电话，但都没打通，他又有了给她打电话的冲动。

狭窄的碎石路上，一辆车迎面向赫斯驶来，他不得不开到一边给对方让路。那是辆急救车，没开警笛，但他不知道这算好事还是坏事。急救车后面跟着一辆便衣警车，他瞥见坐在后座上的尼兰德正全神贯注地打着电话。他继续开车，经过几批满脸严肃地正往回走的特遣队警官身边，看来又出人命了。等他到达警戒线前时，才意识到情况和他预想的并不一样。

在稍远处聚集着一些警察，泛光灯的强光照亮了前方大约10米的区域。区域的中心停着一辆卡车，尾板上有着"赫兹"的标志。卡车的一扇前门开着，后车厢的滑动门也开着，左前轮边上有具尸体盖在白布下面，离车不远处还有另一具尸体。

赫斯从车里出来，外面风雨交加，但他没有在意。在人群里他只认出了詹森的面孔，尽管他们关系不太好，但还是向他走去。

"男孩在哪里？"

"你来这里干吗？"

"他在哪里？"

"孩子没事。看着没受伤，现在带他去医院检查了。"

赫斯顿时觉得如释重负，他知道白布下面盖着的是谁了。

"特遣队先找到了孩子并把他从卡车里放出来。挺顺利的,你待在这里也没什么用，走吧。"

"发生什么事了？"

"不知道，来的时候就已经这样了。"

詹森掀起卡车前面那具尸体上的被单，赫斯认出了阿斯格·尼尔加德的脸。他的眼睛还睁着，身上满是刀伤。

"现在合理的猜测是那女人发了疯。这离我们的封锁线就6千米，他们应该是开到这里来躲避搜查，那女人一定知道事情不妙了。她先是用军刀捅了男友，再切开自己的颈动脉。我们到的时候两具尸体还有余温，所以也就是几小时内发生的事情。我才不想帮他们收尸呢，他们对里克斯做了那样的事，我更希望他们的尸体在这里扔个三四十年，烂成一堆白骨。"

雨点打在赫斯脸上,詹森放下了白布,阿斯格一只苍白的手露在外面。有一瞬间，赫斯觉得他像是在伸手够妮迪克特·斯堪斯。她的尸体被白布包裹着，躺在10米外的污泥里。

# 96

"他们是怎么说的？现在总该知道什么了吧？"罗莎知道弗雷德里克·沃格尔也回答不上来，但还是忍不住要问。

"他们还在搜索调查，重案组的负责人马上就会联系我们……"

"这不够，再问问他们，弗雷德里克。"

"罗莎……"

"我们有权了解事情的进展！"

沃格尔决定迁就罗莎一下，但他觉得现在给局里打电话没有什么用，她也知道这一点，但如果他能打这个电话，罗莎就会打心底感激他。她明白他会为自己竭尽所能，就算是他不赞同她的指示时，也依然如此，而且罗莎真的一刻都等不了。现在是凌晨 1 点 37 分，15 分钟之前，她、斯提恩和沃格尔把古斯塔夫从瑞斯医院接回了家。两名警官守在哈通家门口，保证蜂拥而至的记者不要靠她家太近。罗莎接二连三的问题把两人纠缠得不胜其烦，但他们确实什么都不知道。只有凶案组的负责人才知道克莉丝汀的情况，但她就是火急火燎地要问个明白。

一和斯提恩走进瑞斯医院的急诊室，罗莎就哭了起来。经历一番波折的古斯塔夫身上有点儿脏兮兮的，医生正在给他做检查。她本来担心会看到最坏的情况——但他身上没什么明显的伤口，还可以拥抱他。他现在坐在厨房里常待的角落里，吃着斯提恩刚给他做的全麦饼卷肝酱。很难想象，就在刚才他还面临着生命危险。罗莎走到他身边，摸了摸他的头发。

"你还有什么想吃的吗？我可以给你做意大利面，或者……"

"不用了，我想玩一会儿 FIFA。"

罗莎笑了。古斯塔夫这么回答说明他很健康，但她还有很多事情要问。

"古斯塔夫，究竟发生什么了？他们还说什么了？"

"我和你说过了。"

"再说一次吧！"

"他们把我带走，锁到了卡车里。车开了很长时间，然后车停了，他们开始打架，但当时雨下得大，我听不清他说什么。之后安静了很久，警察来了，开了门。我就知道这么多。”

"他们在吵什么？提到你姐姐的事情了吗？他们本来想开车带你去哪儿？"

"妈妈……"

"古斯塔夫，这很重要！"

"亲爱的，你过来一下。"

斯提恩拉罗莎去了客厅，不让古斯塔夫听见他们的谈话，但罗莎还是不肯冷静下来。

"为什么警察在绑匪住的地方没发现任何和她有关的东西？为什么没说她在哪儿？为什么都不告诉我们？"

"可能的原因很多。但重要的是，他们已经抓住绑匪了，肯定也会找到她的，我一刻都没怀疑过。"

罗莎希望斯提恩说的是对的，便紧紧抱住了他。过了片刻，罗莎突然感到有人在看着他们。她便转过身来，发现沃格尔在门口。她还没来得及开口，沃格尔就告诉他们重案组的负责人到了，不必给警局打电话了。


# 97

九个月前，虽然尼兰德曾为了通知哈通一家结案的消息来过这里，但他现在觉得这间屋子很陌生。历史像是在不断重演，他的脑海中掠过一个想法：如果地狱存在，它应该就是这个样子，一遍遍重复着可怕的场景。尼兰德知道他必须亲自来，不过等一切结束，他就能到外面长舒一口气了。他开始在脑海里盘算起之后会发生的事，等回到局里向领导汇报完案件进展，就可以举行新闻发布会。和过去两周的发布会不同，这次的发布会上将会洋溢着胜利的喜悦。

就在几个小时前，他还没料到事情的结果会是这样。和特遣部队一起抵达森林，发现那对情侣双双躺在地上时，他着实大吃一惊。当然，他发现部长的儿子坐在车里而且毫发无伤的时候，也确实松了一口气。但令人遗憾的是，两个绑匪都再也开不了口，永远拿不到他们的解释和口供，也没法彻底结案了。坐在警车后座上往回走时，他盯着前方载着部长儿子的救护车，一直在思考该怎样才能让那些怀疑论者就此息声。转机突然出现，图琳给他打了个电话。真是讽刺，竟然是图琳通知他旧屠宰场的小冰箱里有什么东西。最近赫斯似乎对她影响不小，她变得比以前还要惹人嫌，但这次她带来的消息为这兵荒马乱的一天完美收尾。尼兰德叫她打电话给根茨，让他们马上妥善保存证据。挂了电话，他已经不怕新闻发布会了，局里的怀疑论者也不再是问题了。

"古斯塔夫还好吗？"尼兰德问候了走进厅里的哈通夫妇。

"挺好的，他恢复得不错，正在吃饭呢。"斯提恩点头回应。

"很好。我不会打扰你们很久的。我来是想告诉你们，凶杀案已经结了，我们……"

"关于克莉丝汀，你们有什么发现吗？"

罗莎·哈通打断了尼兰德的发言，但他已经准备好了，便直接跳到正题，平静而严肃地告诉她警方没有任何新发现。

"你们女儿的案子去年就已经结案了。眼前这个案子，并不影响我们去年的结论。正如我一直对你们说的，这是两起完全不同的案件。等彻底结束调查，一定会向你们提供目前这起案子的详细信息。"

尼兰德看出这对父母被失望吞没了，他们开始提出一个又一个问题，问更多的细节。

"那指纹又是怎么回事？"

"它总有什么意义的吧？"

"绑匪说了什么？！你们审过他们了吗？"

"我能理解你们的失望，但你们得相信我们的调查结果。我的部下已经搜查了那辆卡车以及两名绑匪的住所和工作场所，但没有任何迹象表明克莉丝汀还活着。实际上，我应该说没有任何迹象表明他们和她有关系。我们找到绑匪的时候，他们已经自杀身亡，没法给我们答案了，可能他们不想被捕并接受法律制裁。"

尼兰德能看出哈通夫妇谁都不愿放开手中的最后一根救命稻草，而且罗莎·哈通马上就要爆发了。

"但你也可能是错的！你现在什么都不能确定！那些栗子人上明明就有她的指纹！要是你什么迹象都没发现，那说明他们俩不是真的凶手！"

"有证据证明他们就是凶手，我们百分之百肯定。"

尼兰德把今晚在屠宰场找到的铁证告诉了哈通夫妇。一想到那些证据，他就感到一股强烈的幸福感。听完他的描述，罗莎·哈通眼睛里的最后一丝希望也消散了。她看着他，精神恍惚。一瞬间，尼兰德觉得可能永远无法愈合她的伤痛了。一阵尴尬的感觉和莫名的冲动向他袭来，他想抓住她的手，告诉她一切都会好起来的，他们还有一个儿子，他们还有彼此，他们的生命里还有那么多值得的东西。然而，这话他并未说出口，只是继续嘟嘟囔囔地讲着。

"现在还解释不了凶手用什么手段，弄到了有克莉丝汀指纹的栗子人，很抱歉，但无论怎样，案子都结了。"

部长什么都听不见了，尼兰德起身离开，面朝两人向后倒退了几步。等穿过大厅，他才觉得自己可以转身背对他们。他从前门离开，顺手带上了门。还有二十分钟才开始和高级官员的会议，他喘着粗气，急急忙忙朝车子走去。

## 98

赫斯一路小跑着穿过院子里潮湿的瓷砖路。警局门口的值班室里，传出来平板电视上晚间新闻的声音——电视上放的是罗莎·哈通的直播，直播地点是在奥斯特布罗外区的宅邸。赫斯没有在意，径直走到圆形大厅的楼梯顶端，沿着走廊进了重案组。他看到一瓶瓶已经打开的啤酒，他们是在庆祝案子落幕。终于要结束漫长的一天了，但对赫斯来讲并非如此。

"尼兰德在哪儿？"

"尼兰德现在在开会。"

"我得和他谈谈。这很重要，我马上就得见他。"

看到赫斯狼狈的样子，秘书有点儿可怜他，便叫他在外面等，自己进会议室帮他去叫尼兰德。他的鞋上全是泥，衣服也被雨淋透了。他的手颤抖着，但他不知道那是激动还是寒冷所致。他刚刚几个小时都在森林里，固执地纠缠着验尸官，这份辛苦没有白费。

"我现在没有时间。新闻发布会马上就要开始了。"刚和几个位高权重的人物道别后的尼兰德说道。

据以往的经验，赫斯知道每个警局领导都很期待能公开宣布结案、让聒噪的媒体息声的时刻，但赫斯必须赶在尼兰德会见媒体前，和他说上话。赫斯紧跟在他身后穿过走廊，告诉他这个案子还没有解决。

"赫斯，我都习惯你跟我唱反调了。"

"首先，没有任何证据表明妮迪克特·斯堪斯和阿斯格·尼尔加德认识几位被害女性。在他们的住处甚至都没能找到接近过受害者的证据。"

"这点上我不敢苟同。"

"其次，他们没有杀人的动机，也没有理由砍掉受害人的手脚。他们是对罗莎·哈通感到愤怒，但并不仇视女人或者母亲。虽然从理论上讲，妮迪克特在医院工作，能接触到受害者子女的医疗记录，但如果她真的和阿斯格向政府发了匿名信，我们为什么没有找到证据呢？"

"因为我们的调查还没完全结束，赫斯。"

"而且，在10月16日，也就是婕西·奎恩和马丁·里克斯的凶案发生当晚，他们可能都有不在场证明。如果阿斯格那天真的在皇家图书馆门厅里等部长，那晚他们两人都不可能犯案，这样看来，另外两起案子可能也不是他们做的。"

"我不知道你在胡说些什么，但如果你找到了确凿证据，我倒是愿意洗耳恭听。"

尼兰德已经走到了准备室，正要拿新闻发布会的稿子，但赫斯拦住了他。

"还有，我刚刚和验尸官谈过了。虽然现场情况看起来像是妮迪克特割开了自己的颈动脉，但如果模拟一下案发时的动作，你就会发现那很不自然——这很可能就是有人把犯罪现场伪装成这样。"

"我也和验尸官谈过了。他对我强调过，尽管动作很不自然，但她割开自己的颈动脉也不是不能想象的事。"

"阿斯格身上刀伤的位置也不自然，按妮迪克特的身高推算，伤口位置点有些高；如果她想和男朋友一起死，那为什么两人的尸体隔了10米远，就像她要逃跑似的？"

尼兰德张口还想说些什么，但赫斯抢先一步。

"如果他们真的有能力犯下那些案子的话，就不会蠢到用租来的车去绑架孩子，太容易被发现了！"

"那你觉得现在该怎么做？"

236

尼兰德的问题让赫斯有点儿措手不及，但话在兴头上，也顾不了那么多。赫斯一股脑地说出莱纳斯·贝克身上的疑点，以及看过警局数据库里犯罪现场照片的事情。他告诉尼兰德，必须尽快调查贝克看过的那些照片，而且已经让一位信息员尽快把这些资料发给他。

"还有哈通的顾问，弗雷德里克·沃格尔，我们也得查，尤其得查他几次案发时有没有不在场证明。"

"赫斯，你没听我给你的留言……"

听到图琳的声音，赫斯回过头，他这才发现她也在房间里。她手里拿着一小摞照片，正盯着赫斯。

"什么留言？"

"图琳，你给他讲一下事情经过。我没时间了。"

尼兰德朝门口走去，但赫斯抓住了他的肩膀。

"那栗子人身上的指纹呢？还没弄清这一点，你不能说案子结了！已经死了三个女人，要是你弄错了，以后就会有第四位受害者！"

"我什么都没弄错！搞不清状况的只有你！"

尼兰德摆脱了他，整理一下衣服，然后向图琳点了点头。赫斯一脸疑惑地看着图琳，她犹豫了一下，把手里的照片递给了他。他的目光被最上面的照片吸引住了——照片上是四只被锯掉的人手，杂乱地躺在冰箱里的架子上。

"这是我在那对情侣的住处发现的，在旧屠宰场一间冷藏室的小冰箱里……"

赫斯半信半疑地看着这些女性残肢的照片，翻到其中一张时，他停了下来。照片上是一只从脚踝处被截断的女性的脚，被放在冰箱的抽屉里，脚上的皮肤已经开始发蓝，看起来就像是达米恩·赫斯特 [1] 的艺术品。他困惑了，一时不知道说什么好。

"但是……今天早些时候，取证部的技术人员怎么没发现？那个房间上锁了吗？会不会是有什么人放那里的？"

---

[1] Damien Hirst，英国艺术家，他的标志性作品是《生者对死者无动于衷》，一条用甲醛保存在玻璃柜里的 5 米长的虎鲨。

"看在上帝的分上，赫斯，回家休息吧。"

赫斯抬起头，和尼兰德四目相对。

"那指纹呢？哈通家的女儿呢……如果我们不查了，要是那孩子还活着……"

尼兰德消失在了门口，留下赫斯呆若木鸡地站在原地。过了一会儿，他看向图琳，希望她还站在自己这边，但看到了她同情的目光。她的眼神里满是忧郁和怜悯，但那不是因为克莉丝汀·哈通的人间蒸发，也不是因为栗子人身上指纹之谜未解——全都是因为他。他能从她眼神看出，她觉得他已经失去理智和判断力了。赫斯感觉恐惧已经吞没了自己，因为连他都不确定自己是否还正常。

赫斯跟跟跄跄地向后退了几步，出了房间，进了走廊，他听见图琳呼唤自己的名字。他跑进雨里，冲向庭院的另一头，没有回头，但他能感觉到图琳的目光透过窗户落在自己身上。他到了大门口，又用尽全力跑了起来。

10 月 30 日 星期五

## 99

赫斯觉得今年的雪下得比往年都早。十月份还有两天才结束，但积雪已经有两三厘米厚了，他从机场的国际航站楼向窗外看去，雪还没有停。他刚抽了一支骆驼牌香烟，但愿在前往布加勒斯特的路上烟瘾不要犯。

在 45 分钟前，他发现天空中飘起了雪花。他最后一次关上那间公寓的门，吸了一口寒冷的空气，走下楼梯，坐在楼下等着他的出租车。阳光刺眼，他在口袋里翻出了一副旧墨镜，这让他松了一口气，他根本拿不准墨镜是不是在口袋里。他出门时刚从宿醉中醒来，好多事情他都拿不准了，但是墨镜还在该在的地方，这让他觉得今天可能会是不错的一天。他在来机

238

场的路上欣赏到了秋天慢慢被雪埋葬的景象，过了安检，他的心情依旧不错。国际航站楼里都是游客和外国人，各种语言叽叽喳喳地说个不停，他觉得自己已经把哥本哈根抛在身后了。他看了看屏幕上的出发时刻表，满意地发现自己的航班已经开始登机了。这场雪没有影响他的航班——又一个说明他被幸运之神眷顾的信号。他拎起提包朝门口走去，包里只装着他来时带的几样东西。路过一家服装店的橱窗时，他瞥了一眼玻璃上自己的倒影，突然意识到身上的衣服一点儿都不适合在深秋的哥本哈根穿，可能更不适合布加勒斯特。布加勒斯特暖不暖和？有没有下雪降霜？还是在航站楼买件大衣，再买双靴子比较好。虽然这样想着，但宿醉和离开这个国家的迫切心情榨干了他所有的力气，最后只是买了块羊角面包和一杯咖啡。

昨天晚上，海牙让赫斯官复原职了。弗里曼的秘书给他打了个电话，发来一张去罗马尼亚的单程机票。多讽刺啊，他现在的身材比三周前被贬到哥本哈根时更不成样子了。在过去的十天里，他一直流连在哥本哈根数不清的酒吧里，每天都喝得酩酊大醉，有时接到电话连话也说不清楚。他和弗里曼本人通过电话，这位上司简短地通知他，最后的评估报告对他有利。

"但是你要明白，如果你有任何怠慢、反抗的举动，或者哪怕一点点失联的迹象，别怪我的惩罚措施无情。哥本哈根的领导对你评价很高，肯定了你工作的积极性，所以对你来说，遵守这几点应该不难。"

赫斯没敢多说，只是连声称是。他不明白为什么尼兰德会给他正面的评价，难道只是为了尽快摆脱他？刚结束这边的通话，他又给弗朗索瓦打了个电话，感谢他的帮助。一想到自己马上就能回到欧洲刑警组织那个舒适的窝里，他就一身轻松。当然，回去之前还得绕道去趟布加勒斯特，再解决一桩跨国案件，再住一次乏善可陈的旅馆房间，但哪儿都比这里好。

卖公寓的事也很顺利。虽然合同还没签，但是房产经纪人已经帮他找到了买家。那间公寓能卖出去的主要原因是：他有一天喝得烂醉同意降价二十万克朗。昨天深夜，他把钥匙丢给了管理员，那个巴基斯坦人和尼兰德以及局里的人一样，为终于能摆脱他，一副如释重负的样子。这周前两天，管理员甚至还手舞足蹈地向他表示，很高兴帮他刷了墙、磨了地板，这下房子终于卖出去了。他向管理员道谢，但事实上，他脑子想的只有尽快摆脱这破房子，再也不回来了。至于地板、价格怎么样，这些全都无所谓。

赫斯唯一没能了结的是和娜雅·图琳之间尴尬的关系。不过这实在是无关紧要，不值一提。他清楚地记得，他们最后一次见面时，图琳认定他那套"哈通家女儿没死"的理论是精神错乱的胡言乱语，觉得他对事物本身已经失去了判断力，精神出了问题。她会这么想可能是因为有人讲了他的过去，但可能她想的也没错。从那天晚上起，他再也没想过栗子人和指纹的事情，在旧屠宰场发现的残肢证明了这一点，已经结案了。现在他正拿着登机牌在登机口排队，回想起当时那么激烈地反对，自己都觉得有点儿奇怪。在哥本哈根的这段经历中，唯一能让他心神不宁的大概只有图琳那双清澈而坚决的眼睛，以及未向她打电话道别的遗憾，不过这都可以补救。至少在登上飞机坐进 12B 座位时，他是这样想的。

坐在旁边座位的商人厌恶地看了赫斯一眼，用眼神示意赫斯身上的酒臭味，但商人随后就窝在座位里睡着了。他刚想叫一杯金汤力，恢复一下元气睡个好觉，就收到了弗朗索瓦的短信。

"我一会儿去机场接你。咱们直接去警局总部，到之前好好看案子材料！"

赫斯完全把案子的事情忘了，但现在还来得及——如果他晚点儿睡美容觉，现在就开始看文件的话，飞机落地前就能看完。他不情愿地打开手机邮箱——这是他在过去一周多的时间里第一次查看邮件。他发现邮箱里并没有案子材料，随即回了一条短信，把错推到了弗朗索瓦头上。

"你再查查，晚上 10 点 37 分发你的。丹麦懒鬼。"

赫斯这才发现他为什么没收到弗朗索瓦的邮件，有封邮件的附件太大，占满了整个邮箱空间，新邮件进不来。邮件是取证部的一位技术员发来的，附件是他和图琳见完莱纳斯·贝克后，向根茨要的材料，他还曾经催促几个技术员快点儿把材料发过来。附件里是贝克被捕认罪前，警方档案中最吸引他的犯罪现场图片。

不过这封邮件现在已经没用了，赫斯刚想删，但紧接着好奇心又占了上风。虽说和莱纳斯·贝克那次会面并不愉快，但从专业的角度来看，他的心理还是值得研究一下的，而且现在赫斯也有时间，还有乘客在飞机上侧着身子找座位呢。他双击了文件，下载了一会儿，然后他的手机屏幕被莱纳斯·贝克喜欢的图片填满了。虽然他的手机屏幕很小，但也能看出图片数量不少。

乍一看，莱纳斯·贝克浏览次数最多的基本上全是女人被杀害的犯罪现场照片。受害者大多在二十五到四十五岁之间，从尸体周围以及背景里的玩具拖拉机、儿童护栏和三轮脚踏车这些东西能看出，这些女人很多都有孩子。文件夹里有几张黑白照片，但其余都是彩色的。这些案子前后年份跨度很大，最早的发生在二十世纪五十年代，最晚的则在贝克被捕前不久。光着的女人、穿衣服的女人，深色的头发、浅色的头发，年纪大、年纪小，被枪杀、捅死、勒死、溺死还有被活活打死的。有些受害者明显死前被强奸过。这些图片诡异而疯狂，赫斯很难想象贝克为什么会对这些照片产生性兴奋，他刚刚吃下的面包和咖啡几乎要冲出喉咙。他飞速滑着屏幕，想回到邮件顶部退出，但文件太大了，屏幕卡在了一张他刚刚没注意到的图片上。

照片大约是三十年前在一间浴室里拍的，底部的标签写着：1989 年 10 月 31 日，蒙岛。一具扭曲的裸体女尸躺在地上，水磨石的地板沾满了已经凝固的黑色血迹。女人大约四十岁，但赫斯很难断言，因为她的脸已经被砍得面目全非。女人被截肢的方式引起了他的注意。她的一只胳膊和一条腿被砍掉了，断肢在躯干边上摆着。凶器应该是把笨重的斧子，凶手好像砍了很多次，显然控制得还不太好。砍的方式极为野蛮，看来凶手异常嗜血。他被照片吸引住了，之前从未见过这样的现场。

"请各位乘客回到座位上。"

乘务员们忙着放好最后几件手提行李，乘务长把电话挂回了驾驶舱边的墙上。

赫斯发现，这张浴室里裸体女尸的照片只是一组凶案照片中的一张，文件夹里有几张照片的标签都一样：1989 年 10 月 31 日，蒙岛。应该是同一间屋子里发生了多人死亡的惨案。一对十几岁男孩女孩的尸体躺在厨房里，两人身上都有枪伤，男孩的头靠在炉子上，女孩四肢张开趴在桌上，面部泡在了粥碗里。继续向下翻，他惊讶地发现下一位受害者是位年老的警官，死在地下室里，尸体躺在地板上。从脸上的伤口来看，也是被斧头砍死的，这是这组照片中的最后一张。他刚想滑回去看浴室的照片，突然被地下室照片上带括号的数字吸引了。"(37)"。他意识到，这个数字一定是莱纳斯·贝克点击这张图片的次数。

"请关闭所有的电子设备。"

赫斯向乘务员点了点头表示明白，乘务员往后排走了。没道理，贝克只对女人有兴趣，怎么会看一位警官的尸体37遍？他迅速翻了翻其他几张照片，重点看照片上写的数字。别的照片都没有这张警察的照片点击次数高，就算是浴室那张，括号标记的数字也只是16。

赫斯的胃绞痛起来。这张地下室的照片一定有什么与众不同的地方，也可能是技术员写错了，但他努力不去相信这种可能性。他用余光看到乘务员正往回走，心里暗暗骂着自己手机的屏幕小，半醉半醒地用颤颤巍巍的手指放大照片，看看有没有什么遗漏的细节，这简直太难了。很快，屏幕就被像素格子占满了，但就是这样他也看不出为什么莱纳斯·贝克这么关注这张图片。

"请把手机关掉，谢谢！"

乘务员这次态度很强硬，赫斯打算放弃了，但他的手指不经意扫了屏幕一下，警官尸体上方的架子便被移到了屏幕中间，他顿时僵住了。他一开始没能理解屏幕上的东西是什么，但等他缩小了图片，霎时，时间静止了。

警官尸体上方的地下室墙上，有三个摇摇欲坠的木架，上面摆满了孩子玩的小娃娃：栗子男人、栗子女人、栗子动物。那些娃娃有大有小，有的还没做完，缺胳膊少腿；有的则积满灰尘，脏兮兮的。它们全都站着，眼神空洞，一言不发，就像一群被遗弃的小士兵组成了一支强大的军队。

不知道为什么，赫斯觉得这就是贝克看了这张照片37次的原因。飞机已经开始滑动了，但乘务员没能拦住冲向驾驶舱的赫斯。

## 100

哥本哈根机场的商务休息室里，充斥着香水、新煮的咖啡还有刚烤出来的面包味，虽然没什么人，但门口妆容精致的服务员还是和赫斯争论了五分多钟，才让他进来。虽然服务员笑容灿烂还礼貌地频频点头，但显然在看到他的穿着举止后，仍然不相信他是一名欧洲刑警，他只好费尽口舌向她解释自己的任务有多紧急。好在一名年轻的保安核实了他的警徽，服务员这才大发慈悲，让他进了神圣的商务休息室。

赫斯径直走向休息室后面那三台供客人使用的电脑，屋里为数不多的几个人要么在全神贯注地看手机，要么在圆桌上吃低热量的早午餐，电脑前的高脚椅上一个人都没有。可能从来没人用过这些电脑，最多只有出差的家长会来敲两下键盘。

赫斯坐在键盘前，暗暗骂着脏话，抽着烟，登录欧洲刑警组织的系统。他过了安全识别，打开邮箱。他知道今天还有另外几趟去布加勒斯特的航班，但那几趟航班要到德国某个不起眼的角落转机，如果知道他迟到，弗里曼绝对会大发雷霆的。不过，他觉得自己别无选择。当他打开贝克的照片集，又看到栗子人的时候，就已经把上司的威胁抛到九霄云外去了。

赫斯在更大的屏幕上打开照片，三十年前的栗子人静静地躺在那里，看起来更加诡异了，但他还是不明白这一发现究竟有什么意义。显然贝克很看重这张照片，照片里的受害者完全不是他喜欢的类型，但还是看了37次。为什么？大约在十八个月前，贝克第一次浏览这张照片，那是他第一次入侵档案库的时候，当时媒体上还没有相关新闻，没有什么专挑女人下手还在犯罪现场放栗子人的杀手。在他最开始看照片的时候，那名杀手甚至都不存在，这么一想，这堆手工的栗子人没有任何理由吸引他。但在赫斯看来，他就是被它们迷住了。

1989 年，在蒙岛那起案子的卷宗里，赫斯怀疑有什么东西激起了贝克的兴趣，警方的报告也许能揭示他如此痴迷的原因：比如他发现自己认识受害者、去过案发现场抑或偶然发现了其他信息，导致他反复查看有警察尸体和那些栗子人的照片。但赫斯马上发现，他入侵的档案库里根本就没有案件卷宗——不仅蒙岛这起案子没有，别的案子也没有，档案库里就只有犯罪现场的照片。赫斯想起来了，警方的报告在另一个电子档案库里，不过他只接触过这些能帮他泄欲的照片，没动过别的文件。

赫斯现在没有一点儿头绪，还开始犯宿醉。他有点儿后悔，刚刚像个疯子一样敲驾驶舱的门，强迫说德语的机长让自己下了飞机。要不是一时冲动，现在他已经在去布加勒斯特的路上了，刚刚那架飞机可是准点起飞的。他又转头看了看出发时刻表，恍惚间仿佛看到贝克的脸并听到他嘲讽的笑声。赫斯决定回到文件夹顶端，再看一遍这些照片，向下翻着，一连串可怕至极的犯罪现场映入眼帘。一张比一张残忍，但他还是没明白这些图片能激发贝克欲望的核心是什么。他本来以为会是只有贝克这种变态才会注意到的恶心东西，但他突然意识到那可能是什么了。他还没来得及在照片上确认，但心里已经明白了——这是他能想象到最可怕、最超出常理的事情，所以贝克才会为此兴奋起来。

他看回第一张照片，再次扫视着，专注于找一样东西。他不再看照片的主体，而是在边边角角搜寻着——前景、背景、各种杂物，仔细地看着这些似乎微不足道的东西。终于，他在第九张找到了。这是另一个犯罪现场的照片，标签写着"2001 年 9 月 22 日，里斯森林"。乍一看这张照片和别的没什么区别。被害者是一名金发女人，三十五岁左右，躺在地板上，背景看起来是在一间公寓或者别墅的客厅里。死者下身穿深棕色的裙子，上身的白衬衫被撕破了，一只脚上高跟鞋的鞋跟断掉了。背景里能看到玩具和一圈婴儿围栏，死者左边的桌子上整整齐齐地摆着两人份的饭菜，但还没动过。残忍疯狂的杀戮应该发生在死者的右侧，那边的家具全部被掀翻了，到处都是血迹。吸引他目光的是那圈婴儿围栏，在一个拨浪鼓旁边的栏杆上，挂着一个羞答答的栗子人。

赫斯全身血液沸腾了起来，他继续翻着照片，眼睛快速移动着，集中精力在众多照片中找一个东西。他毫不在意照片上的其他东西，好像世界上就剩这些栗子人。在看到第二十三张照片时，他又停了下来。

"2015 年 10 月 2 日，尼堡"。这次是一具死在一辆黑色轿车里的女尸，照片是从风挡玻璃外向里拍的。她坐在驾驶座上，上半身靠着副驾上的儿童安全椅。受害者穿着时髦，像是在去约会的路上。她一只眼睛被打烂了，但是画面中几乎没有血迹，凶手比犯下里斯森林那起案子时要冷静一些。前方后视镜上挂着一个小小的栗子人，虽然只能看到个轮廓，但无疑是它。

后面大约还有四十张照片没看，但赫斯退出了系统，随后站起身离开休息室。在下楼的电梯里，他突然想到，这些谋杀案前后时间跨度几乎有三十年，不可能是同一个凶手作案。如果真是这样，总会有人注意到这点，总会有人做点儿什么吧？而且栗子人本身也没什么特别之处，在秋天更是常见。可能赫斯只是看到了自己想看到的东西？

尽管赫斯满腹疑惑，但在租车行填完文件，等工作人员取钥匙的时候，脑海中还是不断闪现莱纳斯·贝克的脸。贝克发现了这些案件之间的联系，栗子人就是连环杀手的标识。他拿到了车钥匙，跑进车库。现在雪积得更厚了。

## 101

图琳清空了自己的柜子，旁边的两名警探从显示器后抬头看她，她却躲开了他们的目光，用力关上铁门。她不想让别人注意到今天是她最后一天在局里上班，这也正合她意。能有什么区别呢？这里没有她牵挂的人，估计也没人会想念她。她从来重案组的第一天起就没想和谁深交，而且她马上就要离开这栋楼了，打算低调到最后。她刚刚在走廊里撞见了尼兰德，他正准备参加新闻发布会，一群助手跟在他身后从图琳身边经过。他们最近举办很多这种发布会。今天开发布会是为了刚刚出炉的验尸报告和DNA检测结果，但她觉得真正的原因只是尼兰德很享受站在聚光灯下的感觉，起码看起来是这样。尼兰德穿着一身亮闪闪的西装，站在司法部长边上搔首弄姿，有时还故作慷慨，对媒体强调案情出现最关键的转折都是因为他手下的一名警探调查了希德码头。

尼兰德看到图琳，停下脚步祝她一切顺利。

"再见了，图琳。代我向威戈问好。"

尼兰德说的是伊萨克·威戈，是图琳在国家网络犯罪中心的新领导。听尼兰德话里的意思，图琳知道他是想说现在重案组已经重新获得重视，而她应该后悔离开的决定。她本来都已经忘记调职这件事情了，但周一国家网络犯罪中心的领导亲自给她打了电话，祝贺他们的案子了结。

"我给你打电话还有别的事——你还愿意来我们这里工作吗？"

威戈主动表示要给她一个职位，但她根本没提交过调职申请，尼兰德也没给她写推荐信。现在只要她点头，威戈就会找尼兰德安排后面的手续，放完秋假就可以入职了。她打算趁这段时间和小乐在一起待上整整一周。虽然某种程度上来说，案子算是顺利了结，但她这几天烦躁不已，不得不拼命说服自己，才接受了这个案子确实圆满结束的观点。

她在那幢屠宰场大楼里的小冰箱里发现了安妮·塞耶-拉森和婕西·奎恩的断手，这是无可辩驳的证据。她也想不到案情还有什么别的可能性，只能支持尼兰德对案子的解释。的确，赫斯提出了一些疑点，但更可能是因为他自己过去受创伤，才变得对这些细节极为痴迷。

尼兰德根据从前的事情做出了这样的理性推断。他告诉图琳，赫斯最初是因为他家出了变故才离开重案组和哥本哈根。尼兰德当时和重案组的关联不多，所以也不清楚更多细节，但事情大致是这样的：五年前，他在瓦尔比的公寓失火，二十九岁的妻子葬身火海。

图琳吃了一惊，还特地去数据库里查了警方的报告。当时是凌晨3点左右起的火，火势飞速蔓延。整栋楼的人都被疏散了，但因为火势太猛，消防员上不到顶楼的几间公寓。等火被扑灭，消防员在卧室里发现了一具被烧焦的年轻女尸。女子的丈夫马克·赫斯是一名重案组的探员，当时在斯德哥尔摩查案。他们给赫斯打电话报告了这个噩耗。起火原因不明，消防部门排查了电路故障、油灯泄漏或是人为纵火的可能性，但始终没有得出结论。在火灾发生前一个月，这对夫妇刚刚结婚，女子已经怀有七个月的身孕。

看过报告，图琳心里五味杂陈。突然间，赫斯身上很多特点都说得通了，不过还是有许多捉摸不透的地方。不过事已至此，再去探究他提出来的那些疑点也没有意义了。今天早上，图琳听见副局长告诉尼兰德，他要回海牙恢复原职了。欧洲刑警组织派他去布加勒斯特查案，现在已经动身。图琳如释重负，他要离开这个国家了，这样对谁都好，她那晚给他打了好几个电话，但他没接也没回。小乐问过她那个"眼睛很特别的人"什么时候来看她《英雄联盟》打得怎么样，每次小乐问这个问题时图琳都很窘迫。她给马格纳斯·卡杰尔打电话的时候，男孩也问了一样的问题。马格纳斯被送到了儿童之家，政府还在帮他找合适的收养家庭。管理员说孩子的情况在变好，但他经常会问"警察叔叔"什么时候来，图琳不知道该如何回答。她决定不再想他的事情了。平时图琳想忘掉什么人都是很容易的，比如说塞巴斯蒂安，尽管他还会在图琳的语音信箱留言，但她完全不想联系他。

"娜雅·图琳？"

图琳转过身来，一名邮递员正看着她。尽管她已经下定决心，但当看到花束的时候，脑海里浮现的第一个人，仍然是赫斯。黄色、橙色和红色鲜花组成的花束，她叫不出花的名字，花对她来说从来就没有什么意义。她用快递员的笔签了名，看着他摇摇晃晃地走远。图琳一边打开花束上的卡片，一边暗自庆幸没有同事在旁边。他们都去食堂了，电视上正在直播尼兰德的新闻发布会。

"谢谢你陪我跑步。祝你在国家网络犯罪中心一切顺利！终于要换办公桌啦！☺"

图琳笑了笑，把根茨的卡片扔进废纸篓然后走下楼。她还要赶去参加小乐的万圣节派对。她把花束留在了行政处的办公桌上，知道这些人肯定会喜欢。

警察局外面还在下雪，图琳有点儿懊恼，应该去网络犯罪中心要辆车供这几天使用的。她沿着本斯托夫大街朝火车站快步走着，要从那儿坐轻轨到迪布罗斯桥去。她的旅游鞋很快就湿透了。

图琳今早见根茨时，还没开始下雪。这是她在重案组的最后一天，打算接受根茨的邀约，和他一起跑跑步来纪念这天。他们以后就不再是同事了，以跑步为此画上句号也不错，这之后她就要忙自己的事情了。他们约好去海滩路跑步，6点半在根茨家楼前会合。根茨家位于北港一处新建的小区。她很是惊讶根茨能买得起这里的房子，但想想也不奇怪，他那么小心谨慎，应该也精于理财之道。

刚开始跑的时候，图琳感觉还不错。在厄勒海峡上，看着太阳缓缓升起，还随口聊了聊案情：在孩子的悲剧之后，妮迪克特·斯堪斯和阿斯格·尼尔加德的复仇欲望是如何发展起来的；这位护士如何收集被虐待儿童的信息，并把孩子的母亲选作了目标；这对情侣是怎么弄到了乌克兰的账户，然后在网吧给政府发了举报信；取证部第一次搜查的时候，为什么漏掉了小冰箱里的东西。目前还没找到杀人用的棒子和截肢的锯，但妮迪克特可以利用护士的身份去手术室拿工具，所以他们现在正在检验手术室的器具。

根茨觉得调查结果没什么可疑的地方，但图琳觉得他现在精力都集中在了跑步上，对谈话内容不怎么上心。很快，图琳就后悔说自己也喜欢长跑了，他明显在控制速度，配合着她的脚步。跑了8千米，他们开始往回跑。图琳一开始就落在他后面，像一个业余跑步爱好者，苦苦追在一

247

位肯尼亚运动员身后。等他发现图琳落在后面了，才会放慢脚步，两人的谈话才得以继续下去。她原来以为他的跑步邀请只是一个想和她亲近的借口，但现在发现是大错特错了。他对跑步的热情不亚于对实验室工作的热情。

跑到后面图琳说话开始喘不上气了，他们停在夏洛滕隆堡的红绿灯路口等了一会儿，图琳才抛出来令她最心烦的疑点：为什么犯罪现场会有沾着哈通家女儿指纹的栗子人。那对情侣是怎么弄到这些栗子人的？

"也许尼兰德说得对，出于某种原因，在克莉丝汀·哈通失踪前，那对情侣去了她和朋友摆的摊，买了她们当时做的栗子人。"根茨提出了一种可能。

"但这种可能性有多大？斯提恩·哈通说她们那年都没做过栗子人。"

"有没有可能是他记错了呢？那时妮迪克特在罗斯基勒住院，但阿斯格可以去哈通家的小区踩点，也许他当时就为作案做了准备。"

"然后刚好就被莱纳斯·贝克抢先了一步？几乎在同一时间？怎么可能这么巧？"

根茨耸了耸肩，冲她一笑。

"这不是我想出来的，我只是个技术员而已。"

他们可能永远不能为一切问题找到答案，但栗子人身上总有疑点让人耿耿于怀，好像他们忘记调查了些什么，或是忽略了什么信息。他们终于跑到了天鹅磨坊车站。开始下雪了，图琳跟跟跄跄地跑到站台下面躲雪，但根茨没有停下脚步，开始绕着公园往回跑。

"请问三年级 A 班在哪儿？"

"你去那个教室看看。就是声音很大的那间。"

图琳抖掉了身上的雪，经过两位老师身边，走出了公共休息室。这里已经被装饰成了万圣节的风格。学校位于离迪布罗斯桥不远的一条巷子里，她踩着点到了这里，暗自下定决心以后都要这样。她太多次迟到或缺席小乐学校以前的家长开放日，因此几个家长看到她走进教室时，脸上都闪过惊讶的表情。教室里的家长们站在墙边一排刻好的南瓜旁，孩子们穿戴着万圣节的装扮，在一旁开心地蹦蹦跳跳。其实明天才是万圣节，但因为明天是周末，所以学校决定提前开派对。女孩们扮成女巫，男孩们则扮成怪兽，戴着让人毛骨悚然的面具。每次有孩子跑过，家长们就假装被他们的装扮吓到，发出"哦""啊"之类的惊叹声。孩子们的女老师和图琳同龄，也装扮成了女巫的样子，穿着低胸的黑色连衣裙、黑色网袜和黑色高跟鞋，脸上涂着惨白的粉底，嘴上涂了鲜红的口红，头上还戴着顶尖尖的黑帽子。她看起来就像从蒂姆·波顿[1]电影里走出来的角色。不难想象，孩子们的父亲看到她，心情一定会变得比别的周五下午都好。

图琳的目光在家长和嗜血小怪兽们之间搜寻着，一时没找到小乐和外公。但她随后注意到一个戴着橡胶僵尸面具的小孩。僵尸面具的头骨裂开，从额头中弹出来黄色的大脑，这是《植物大战僵尸》里的形象。小乐昨天拽她去斯钦德大街的漫画商店时，只看中这一身装扮。现在外公在她旁边帮她调整面具，以防僵尸的大脑掉到脖子上。

"哈喽，妈妈，你还能认出我吗？"

"认不出来，你在哪儿呢？"

图琳故意左顾右盼起来。小乐等她转过身时把面具掀了起来，汗津津的脸上满是胜利的笑容。

"我是第一个带南瓜来的，比别人都早。"

"太棒了，快让我看看。"

"你会看完表演留到最后吗？"

"当然了。"

"需要我帮你拿一会儿面具吗？我看你都要热死了。"阿克塞尔问道，同时给小乐擦着汗。

"没关系的，外公。"

小乐的僵尸面具挂在脖子上，向房间另一头的拉马赞跑去，那个男孩装扮成了骷髅。

"一切顺利？"

阿克塞尔看着图琳，她知道他是问在局里的最后一天怎么样。

"挺顺利的，都处理好了。"

阿克塞尔还有问题想问，但老师拍了拍手，所有人都看向了她。"好

---

[1] 美国导演、编剧、制片人，代表作《剪刀手爱德华》《断头谷》《理发师陶德》等。

啦，我们要开始了！孩子们，到我这里来！"她用欢快的语气说着，然后转身面向家长，"在去公共休息室开派对之前，我们得把秋季的周作业收尾。每个孩子都准备了三件作品，很期待能展示给各位家长。"

教室墙上已经挂好了万圣节的装饰，孩子们之前做的家谱海报也还在。图琳以前只参加过一次这种活动。那次的主题是马戏团，孩子们排了一出小品，打扮成狮子的样子，连着钻过三个呼啦圈。家长看到孩子们的表演都非常兴奋并大声鼓掌，但那让她头皮发麻。

这次也和上次差不多。第一组孩子展示了几张海报，上面贴着从森林捡来的树枝和红黄色相间的叶子，家长们笑着用手机把整个过程录下来。一看到这些红黄色相间的叶子，她就会想到那三名女性恐怖的死状。她这才意识到，可能还要很久才能摆脱案子的阴影。下一组展示的是一套制作精美的栗子人，她的心情更加混乱复杂。

最后终于轮到小乐了。她、拉马赞还有别的几个小朋友被老师领到讲台前，告诉大家栗子也是可以吃的。

"但首先得在栗子上切个口子，不然在烤箱里会爆炸！调到225℃烤一下，然后就可以蘸着黄油和盐吃啦！"

小乐的声音清澈洪亮，图琳一时惊讶万分。她女儿天天像个假小子一样，以前从来没表现过对进厨房有什么兴趣。传到家长手里几碗栗子，老师转身面向拉马赞，显然他有什么忘说了。

"拉马赞，在烤栗子、吃栗子之前还有什么要注意的呢？"

"一定要挑能吃的栗子。我们称之为'可食用栗子'。"

"没错，栗子的种类有很多，但只有几种是可以吃的。"

拉马赞点了点头，拿起一个栗子大口嚼了起来。他的父母骄傲地微笑着，其他家长则向他们投去了赞许的目光。老师开始讲孩子们做栗子时发生的趣事，家长们则在下面品尝烤栗子，但图琳没有在意老师后边说的话。

"你说栗子的种类有很多，这是什么意思？"

这个问题提得有点儿晚，而且和老师现在讲的内容也不相关，大家都惊讶地看向图琳，脸上的笑容消失了。

"我还以为栗子只有两种。不是只有可食用的和做栗子人的两种吗？"

"不止，还有其他几种。但现在拉马赞要……"

"你确定吗？"

"很确定，但现在我们要……"

"有多少？"

"有多少什么？"

"有多少种不同的栗子？"

整个休息室安静下来，家长们看看老师，又看看图琳。她的语气很尖锐，像是在审犯人，一开始礼貌客气的态度完全不见了。老师犹豫了一下，没底气地笑了笑，不懂为什么图琳会突然出题考她。

"我也不认识所有种类的栗子，但可食用的栗子有好几种，比如欧洲栗子和日本栗子。不能吃的马栗也有好几种，比如……"

"做栗子动物要用哪种栗子？"

"哪种都行，但最常用的还是马栗……"

休息室里鸦雀无声，所有家长都看着图琳，而她则神情呆滞地看着老师。她的余光瞥到了女儿的脸上，小乐似乎这辈子都没有这么尴尬过。她急匆匆地穿过公共休息室，跑向出口，万圣节派对进入了下个一环节。

## 102

"如果你是想再约我跑一次步的话，那我下周才有空。"根茨笑着对图琳说道。

图琳进门时，他正忙着穿雨衣，身旁放着个长方形的航空箱，手里拎着个旅行袋。图琳来时向前台问过他在哪里，前台表示他刚从犯罪现场回来，现在又赶着要出门——他这周末要参加赫宁展览中心的会议。尽管如此，图琳还是说服了前台放自己进来，她要和根茨说话。她刚刚坐出租车过来时给他打了电话，但没人接，现在看到他还在取证部，着实松了一口气，但她来的仍然不是时候。

"不是跑步的事情，你得帮帮我。"

"那咱们上车说？"

"受害者身边带克莉丝汀·哈通指纹的那些栗子人是用什么栗子做的？"

"什么叫'什么栗子'？"

根茨正要关上一盏盏卤素灯，但听到图琳的问题，他停下了动作，看向她。

图琳爬上台阶，这才发现自己气还没喘匀。

"栗子和栗子不一样，有好几种。那些栗子人是什么栗子做的？"

"我一时想不起来……"

"是不是马栗？"

"你为什么要问这个？发生什么事了？"

"可能什么事也没有。你想不起来也没事，实验报告里肯定写了。"

"是这样没错，但我只是……"

"根茨，如果这不重要，我绝不会问的。你现在能去查吗？"

根茨叹了一口气，坐到大屏幕前的椅子上。他花了几秒钟的时间登录系统，图琳站在他身后，盯着墙上的屏幕。他打开一个文件夹，里面的文件都编好了号。他有目的地向下翻动着，选中一个，双击了一下。文件里的各种图片和分析材料数量巨大，但他已经对报告内容烂熟于心了。他飞快地翻页，在最后一个段落前停了下来。这个段落的标题是"物种与起源"。

"在第一起案子中——就是劳拉·卡杰尔的案子——指纹是印在一粒可食用栗子上的，品种为日本栗。"

"那别的栗子呢？"

根茨转过头盯着图琳，好像已经不耐烦了。

"快点儿，这很重要！"

根茨又向上翻了翻，打开另一份报告。他重复了两遍相同的步骤，还没开口，图琳就猜到了答案。

"另外两起案子也是一样的，都是日本栗。行了吧？"

"你确定吗？不会出错吧？"

"图琳，这部分是我助手分析的，我分析的部分是指纹，所以我没法向你保证……"

"但你的助手也不可能连犯三次错误吧？"

"不太可能。他们也都不是这方面的专家，所以一般在需要做相关分析时，会找专家来鉴定品种。我觉得他们是找专家看的。好了，你现在能告诉我为什么要问这个了吗？"

图琳沉默不语。她刚刚在车上拨了两通电话：一通打给根茨，而另一通打给了斯提恩·哈通。电话里，斯提恩的声音苍白无力，她内疚了起来。她很抱歉打扰他，解释说她正在写案子的报告，想知道他们家栗子是什么品种的——就是克莉丝汀和朋友做栗子人用的栗子。他连惊讶的力气都没有了。她补充说，只是形式上需要这些信息，他也没多说什么，只是告诉她，他们花园里的是棵马栗树。

"出大问题了。现在得马上联系你们请的那位专家。"

## 103

鹿野公园里，红门和彼得·利普斯·胡斯餐厅之间的道路上铺满了新雪。罗莎·哈通慢跑在砾石小道上，没走柏油路，因为现在柏油路滑得一塌糊涂。她跑到了路的尽头，向游乐园的方向看了看。游乐园这个季节闭园，里面的游乐设施上一个人都没有，阴森森的。她向右拐，跑上了一条没什么积雪且被树荫遮蔽的小路。她的腿已经酸痛不堪了，但寒冷而清新的空气让她强迫自己继续向前，希望跑完就能一扫而空自己沮丧的心情。

过去十天里，罗莎没踏出自己的房子一步。尼兰德来家里粉碎了她与女儿重逢的希望，她为回归政坛积攒的所有力量就都被抽走了。一切都灰蒙蒙的，失去了意义。去年冬天和春天的大部分时间也是这样。虽然沃格尔、刘和英格斯都对她很好，还鼓励她继续回部里工作，但都没什么用。她一直待在家里，无论他们怎么说，她都清楚自己在部长的位子上坐不了多久了。首相和司法部长都公开对她表示了深切的慰问，但私底下，她在党内的地位无疑岌岌可危。她知道用不了多久，就会因为没有遵从首相的指示，精神状态过于不稳定而被排挤下去，但她也不在乎了。

可罗莎就是无法平息自己的悲痛。今早她去看了心理医生，医生建议她开始重新服用抗抑郁药物。为此，她一到家就强迫自己换上了跑步的装备。她以前在家办公时，常常会在午饭后跑两圈，但她今天跑步只是因为运动能促进内啡肽的分泌，能让她心情好一点儿，这样她就不用吃药了。

罗莎跑步还有另外一个原因——今天搬运工要来家里清理克莉丝汀的东西。她看完心理医生后绝望至极，只好听从医生的建议：一次性扔掉克莉丝汀的所有东西，这样她才能快点儿摆脱过去。医生说这类行为意义重大，能帮她尽快迎接新生活。她找了个搬家公司，告诉互惠生克莉丝汀的房间里哪些东西该搬走：四大箱的衣服和鞋子，还有书桌和床。这一年里，罗莎常常到她的房间，坐在她的床上或书桌前。罗莎给了互惠生一家位于北自由港大街慈善商店的电话，在搬运工过来后，通知他们这边马上会送衣服和家具过去。安排好这些，罗莎就开车去了鹿野公园。

前往公园的路上，罗莎犹豫着要不要给斯提恩打电话，告诉他这个决定，但她没有勇气面对他，他们几乎不说话了。那天尼兰德说得清清楚楚、斩钉截铁，但他还是不肯放弃，罗莎已经受不了了。他拒绝签字申报克莉丝汀的死亡，但最开始也是他让律师寄文件。虽然他没和罗莎提起过，但罗莎知道他现在还在小区里挨家挨户敲门，问克莉丝汀消失那天有没有见她经过——这是他的合伙人比亚克告诉罗莎的。比亚克忧心忡忡地找过罗莎，说他的办公室里到处是下水道系统、住宅区和公路的规划图，但那些图和他工作一点儿关系都没有，而且他每天早上都不打一声招呼就开车离开公司。比亚克告诉罗莎自己昨天跟踪了他，发现他漫无目的地走在运动场附近的居民区。但电话里的罗莎也是一副听天由命的态度，比亚克有点儿后悔告诉她这件事了。他的调查一点儿意义都没有，但是话说回来，什么才有意义呢？这时候他们两个本该同心同德，一起为古斯塔夫着想，但他们已经失去这种力量了。

罗莎又跑回到红门前，筋疲力尽，满身大汗，身上又冷又难受。她拼命呼吸着，嘴里冒出来白色的雾气，不得不靠在门上歇一会儿，恢复了一点儿力气后才慢慢回到车上。在回家的路上，她看到云层的缝隙间露出了一片天空。天气转晴了，阳光穿过云层，地上的雪亮晶晶的，像是铺了一层耀眼的水晶地毯，她不得不把眼睛眯了起来。等她把车开回车道上，才意识到自己的呼吸更平静了一些，气流能顺利地进入她的五脏六腑，不像先前离开家时那样堵在喉咙和胸腔之间了。下了车，看到雪地上留下了卡车宽宽的车辙，她稍稍松了一口气，总算结束了。出于习惯，她绕到房子后面，走到杂物室门口。她每次出去跑完步都会回这里换衣服，这样就不会把泥水带到前厅里。她今天懒得拉伸了，只想趁还没被思绪淹没，赶紧进屋瘫在沙发上。克莉丝汀的东西永永远远地没了。纯洁的新雪在她脚下"嘎吱"作响，绕过屋后门廊的角落时，她猛地站住了。

在后门的毯子上，有人放了什么东西，但她没看出来那是什么。又走近了一点儿，她感觉那是个精致的花环，四周的积雪让她觉得那像是圣诞节或者降临节时用的装饰。她弯下腰想捡起来那个东西，这才发现地上躺着的是手拉手连在一起、组成花环形状的栗子人。

罗莎警惕地向四周张望了一下，什么人都没有。花园里的一切都埋在洁白的新雪里，那棵老栗子树也是，地上唯一的脚印也是她刚刚留下的。她的目光又回到了地上的栗子人花环上，她小心地把它捡了起来，进了房子。他们问了她那么多栗子人的事情，问过她那么多次究竟有什么含义，次数多得她都数不清了。她只记得克莉丝汀和马蒂尔德每年都会煞费苦心地做些栗子人。她穿着湿漉漉的鞋匆匆跑上二楼，同时呼唤着互惠生的名字。她的情绪完全变了，变得更加不自在了，但又说不出到底哪里有问题。

罗莎在克莉丝汀的房间里找到了互惠生。屋里的箱子和家具都已经清空，女孩正在用吸尘器清理地毯。她关掉了吸尘器，把花环举到女孩前面。互惠生一抬头就被吓了一跳。

"爱丽丝，谁把这个放外面的？它怎么到门口的？"

互惠生什么也不知道，她从没见过这个花环，也不知道谁在什么时候把它放在那里。

"爱丽丝，这很重要！"

罗莎又重复了一遍问题，她坚信眼前这个不知所措的女孩一定看到了什么，但她走后，女孩除了搬运工就没再见过别人。看到女孩的眼里噙满泪水，她这才回过神来，意识到自己在大吼大叫、拼命逼迫眼前这个女孩回答问题，完全没意识到女孩根本就不知道答案。

"爱丽丝，对不起，真的很对不起……"

"我们可以通知警方。你想让我报警吗？"

罗莎看了看花环，把它放在了地上，然后抱住抽泣不止的互惠生。花环由五个被铁丝连在一起的栗子人组成，和警察给她看过的那些差不多。

她注意到其中有两个比另外三个要高，好像高一点儿的是家长，拉着栗子孩子的手，一家人围成一圈跳着舞。

突然，罗莎脑中一闪而过一段记忆，她认出花环是什么了，马上就明白了为什么花环偏偏被放在她家门口。放花环的人就是想让她看到。她记起了第一次见到这样花环时的情景、送花环给她的人以及送给她的缘由。一切都说得通了，但理智告诉她事情不可能是这样的，那不可能是一切的根源，事情已经过去太久了。

"罗莎，我们现在就报警。还是报警比较好。"

"不！不用报警。我没事。"

罗莎没有再和互惠生纠缠。她回到车上，再次上路，突然觉得有什么人在监视她，而且大概已经监视她很久了。

# 104

开车进城的路似乎异常漫长，而且总有事情拖慢她的速度。一路上，她一有机会就加速超车，在三角广场和城堡花园的路口，甚至没等信号灯变绿就直接冲了过去。记忆像潮水般涌来，有的片段清晰，有的则模模糊糊、千疮百孔，她的大脑把这些碎片缝合在了一起，一切好像有了新的意义。她到了部里，把车停在很少有人注意的隐蔽处，随后匆忙地向大楼后门走去。走到门口才发现自己忘记带门禁卡，但保安向她挥挥手，放她进了楼。

"刘，我需要你的帮助。"

刘正在办公室里和两位年轻的女士开会，她们应该是部里的新员工。看到罗莎，刘一脸惊讶，马上放下了手里的事。

"当然没问题。等会儿再说我和她们的事情。"

刘把办公室里的两人打发走，她们起身离开办公室。罗莎感受到两位女士好奇的目光，这才发现自己还穿着运动服，身上是湿的，鞋上还有污泥。

"发生什么事了？你还好吗？"

"沃格尔和英格斯在哪儿？"罗莎没空回应刘的关心问道。

"沃格尔今天没来，英格斯应该在楼里的某个地方开会。需要我联系他们吗？"

"不用了，没关系。咱们两个应该就能找到。部里能查看各地市政府的寄养家庭和儿童接管记录，对吧？"

"能……但你为什么要问这个？"

"我要查一户寄养家庭的资料。他们应该受奥舍德政府管辖，大概从1986年起住在那里，但我不太确定。"

"1986年？我不确定有没有电子档案……"

"先查一下！好不好？"

刘一下子不安了起来。罗莎有点儿后悔，自己态度太强硬了。

"刘，你别问为什么，帮我就好了。"

"好……"

刘坐到了笔记本电脑前，罗莎向她投来感激的目光。她登录奥舍德市政府的数据库，获得了所有权限。罗莎搬了一把椅子，也坐到桌前。

"那个寄养家庭姓彼得森。"罗莎对刘说道，"他们住奥舍德，教堂路35号。父亲名叫波尔，是一位教师。母亲名叫柯尔斯顿，是一名陶艺家。"

刘的手指在键盘上飞快地敲击着，输入信息。

"什么也没查到。你有没有他们的身份证号？"

"没有。但我有他们其中一个养女的身份证号，罗莎·彼得森。"刘把罗莎给的号码敲进电脑，随后她愣了一下，转头看向罗莎。

"这不是你的吗？"

"没错，你搜就是了。我不能告诉你为什么要查这个，但你得相信我。"

刘犹豫地点了点头，继续搜索。几秒钟之后，他们找到了想要的信息。

"罗莎，性别女，出生名尤尔·安徒生，被波尔和柯尔斯顿·彼得森夫妇收养……"

"你现在用他们的身份证号，查一件1986年的案子。"

刘照罗莎说的继续搜索，但在键盘上敲了几分钟后，她摇了摇头。

"数据库里没有1986年的档案，我刚刚说过，他们还没把所有文件数字化，所以可能……"

"那再查查1987年或者1985年，有个男孩和他妹妹来过我们家。"

"你有没有那个男孩的名字，或者……"

"没有，我没有他们的任何信息。他们没在我家很久，就待了几周或者几个月……"

刘一边听罗莎说话，一边继续敲着键盘。她突然停手，眼睛盯着屏幕。

"我应该找到了。1987 年，托克·白令……他的双胞胎妹妹叫爱丝翠。"

罗莎看到刘翻到的一页文件，上面有档案号，还写着一段文字，字体是老式的，像是用打字机打出来的。她对这两个名字完全没印象，也不记得他们是否就是那对双胞胎，但她知道她找的就是这两人。

"文件上说他们在你们家住了三个月，之后就转到别的家庭去了。"

"转到哪里去了？我想知道他们后来怎么样了。"

刘让罗莎来屏幕边，亲自查看这份旧文档。等她读完了社会工作者总结的三页文件后，全身颤抖了起来，眼泪抑制不住地落下，同时感到一阵恶心。

"罗莎，怎么了？这样不行，我给斯提恩打电话吧，还是……"

罗莎摇了摇头，她有点儿喘不上气，但还是强迫自己又看了一遍文档。她觉得里面肯定有什么信息，把栗子花环留在她家门口的人，就是想让她发现这些。但是会不会太晚了？还是说这一切的原因就是这些文件里隐藏的信息？也许凶手就是想惩罚她，让她余生都为此悔恨？

这次罗莎记下了所有细节，疯狂地从中寻找着线索。突然间，她明白了。她的目光落在了这对双胞胎后来被寄养过的地方，显然，她该去的只有这里，也必然是这里。她站起身来，记下了档案里的地址。

"罗莎，你能告诉我这是怎么回事吗？"

罗莎没有回答刘的问题。她刚刚收到了一条匿名短信。短信里只有一个表情符号，一根手指竖在嘴前。她明白了，如果她想弄清楚克莉丝汀身上究竟发生了什么，就必须保持沉默。


## 105

雪花纷纷扬扬地飘落下来，赫斯透过风挡玻璃看到的大部分景象都模糊不清，到处都是白茫茫的一片。因为有扫雪车来来回回地清扫路面，所以在高速公路上时，大雪对他并没有多大影响。但现在他驶下了 E47 高速，正沿着一条乡间小路前往沃尔丁堡，他不得不一直保持着每小时 20 千米的时速，以免撞上迎面来车。

赫斯在离开哥本哈根的路上，驶经西兰岛时，给里斯森林和尼堡的当地警方打了电话，但正如他所担心的那样，他们都没帮上什么忙。2001 年里斯森林那件凶杀案的信息最少，而且因为那是十七年前的旧案，他的问题也没有得到重视。电话被转接了三次，最后一位女警官可怜他，才帮他查了一下这桩很久以前就被当成悬案搁置的案子。女警官对案子并不了解，不过她愿意在电话里给赫斯念警方的报告，但报告里也没什么有用的信息。受害者是一名在实验室当助理的单亲妈妈。她被害那天约了朋友在家吃晚饭，所以把一岁的女儿送到了别人家托人照料。她朋友到达后发现她被捅死在客厅里，随后报了警。当地警方调查了所有嫌疑人，但没有发现任何有用的线索。两年后，调查中止，案子也被搁置了。

2015 年尼堡的凶杀案情况则完全不同。受害者是一个三岁男孩的妈妈，现在调查还在继续。男孩的生父——也就是受害者前男友——是主要嫌疑人，当地警方签发了逮捕令，但据传他现在潜逃到了泰国。不难猜测嫌疑人的动机，不外乎是嫉妒和金钱。这名男子和"飞车党"关系匪浅，当地警方推测他开车尾随了受害者，窥视了她和一位已婚足球教练的约会。在受害者开车回家的路上，男子别住了她的车，让她撞到护栏上，然后用一件未知凶器袭击她，从她左眼捅进去，刺穿了大脑。赫斯觉得，最近哥本哈根那几起案子的凶手不可能是这名受害者的前男友，毕竟他现在还躲在芭堤雅。赫斯向接电话的警官追问有没有别的嫌疑人，比如和受害者相识，但不是她的朋友、前男友或是家人的人，但那位警官表示没有。赫斯感觉警官似乎有点儿不愉快，他一定觉得赫斯这样喋喋不休是在变相质疑他的工作能力，于是赫斯便不再追问，把问题的重心放到了受害人汽车后视镜挂着的栗子人上。

"你们在审问涉案人员，给他们看案发现场照片的时候，有没有人注意到什么特殊的东西，或者是原来不在车上的东西？"

"你究竟是从哪里知道这些的？为什么要问这个？"

"受害者的母亲看到后视镜上挂着栗子人很惊讶。她说受害人从小就对坚果过敏，所以很奇怪。"

警官也不能忍受这种疑团，当年还费了很多精力调查。他去孩子的幼儿园询问了一番，发现几周之前有个班级做过栗子人，所以这位母亲不顾过敏，把自己孩子做的手工作品挂在车里也不是不可能。这条消息让赫斯不寒而栗。虽然这种推论听起来挺有道理，但赫斯一点儿也不信。不过毕竟九十月份到处都是栗子人，没人会因它的出现大惊小怪。一时间，赫斯觉得自己的问题让警官开始自我怀疑起来，但对方马上就不再为此纠结了，他没理由为这种无凭无据的推测自寻烦恼。

两个案子都没法挖到更深的线索，赫斯继续南下，希望能找到什么人问一问蒙岛的案子。幸运的是，蒙岛归位于丹麦最南端的沃尔丁堡管辖，不用开太久的车就能到。但他已经开始后悔自己的决定了，他还没有联系图琳和尼兰德，他一步一滑地踩着台阶，向沃尔丁堡警局走时，脑子里思考自己要不要通知他们。从在机场清醒过来的那一刻起，他就意识到这项任务有多么艰巨。就算最后真的查明几十年来一直杀害、恐吓女人的是同一个凶手，但证明这点需要花的时间很可能和凶手犯案的时间跨度一样长。何况这些案子的凶手有可能根本就不是一个人。

沃尔丁堡警局的接待处十分繁忙，赫斯面不改色地撒着谎，说他在为哥本哈根的重案组查案，想和分局局长谈谈。局里的人们忙得脚不沾地，显然外面一片混乱，估计出了不少撞车事故。即使如此，还是有好心人给他指了指方向，让他去走廊深处找布林克。

赫斯进了一间脏兮兮的开放式办公室，看到一个满脸雀斑的红发男人。这位警官大概六十岁左右，体重大约有一百千克，一边打着电话，一边耸着肩穿外套。

"要是发动不了的话，你就扔那里别管了。我这就来！"

男人挂了电话，大步向门口走去，没有一点儿给赫斯让路的意思。

"你是布林克吗？"

"我现在要出门，你周一再来吧！"

赫斯连忙把警徽摸了出来，但那男人已经顺着走廊走过去了。

"我有很重要的事，有个案子我有几个问题要问，而且……"

"我不是觉得你的事不重要，但我现在要下班过周末去了。你问前台吧，他们肯定能帮上忙的。再见！"

"前台不可能知道，我想问的是 1989 年蒙岛一宗谋杀案的事。"

在走廊中间，身材魁梧的布林克停了下来。他就背对着赫斯站了一会儿，然后转过身来看着赫斯。他的表情就像看见鬼一样。

## 106

1989 年 10 月 31 日是布林克警官永生难忘的日子。与那天相比，他警察生涯的其他一切都显得苍白。赫斯和警官坐在光线昏暗的办公室里，窗外飘着大雪。即便已经过去了很多年，赫斯对面这位体格壮实的男人依然激动得不能自己。

事情发生在布林克警探二十九岁生日前夕。那天下午他应当时警长马吕斯·拉尔森的增援请求，去了欧荣的农场。因为欧荣的邻居给警方打电话，抱怨他的动物跑进了自家田里，不止一次发生过这种事情，拉尔森孤身一人先前往了农场。欧荣当时四十多岁，是几个孩子的父亲，他开了一家小农场，但业余时间也去码头打工。他没有受过农业方面的培训，没有经验，也没有热情，人们都说他养动物只是想挣外快。在一次强制拍卖会上，他以极低的价格买下了他住的农场，牲畜、畜栏和草场也包括在内，试图用它们挣钱，但很不幸，他的计划并不顺利。他张口闭口都离不开"钱"字，"缺钱"二字更是常常挂在嘴边。有些人甚至觉得，他是因为缺钱才和妻子一起注册寄养家庭的。每次有小孩或是青少年被送到他家的农场，他们都能领一张支票，一年下来数目也不少。蒙岛的很多人都觉得他们并不是那种富有同情心和社会责任意识的人，但换个角度想，被送到他家的孩子能享受农场的生活，新鲜空气、田野、成群的动物，倒也不赖。无论是亲生的还是寄养的，他家的小孩很容易被认出来，因为他们总比班里别的孩子穿得差，而且身上的衣服经常不应季。这家人不怎么合群，经常独来独往，被寄养在他家的孩子尤其如此，不幸的出身让他们更加羞怯了。尽管大家不怎么喜欢欧荣一家，但都多少会尊敬他们——不管是不是为了钱，他们的确帮助了那些一无所有的孩子。欧荣喜欢喝酒，而且总是喝得太多太快。他在码头工作，总是坐在港口边破旧不堪的欧宝车里喝得酩酊大醉，但没人对此抱怨过什么，他有这个权利。

三十年前，布林克和另外一个同事到达农场时，对这家人了解也就这么多。应警长的要求，他们叫了救护车一起前往农场。拖拉机后面的死猪向他们预示了屋子里的恐怖屠杀。欧荣两个十几岁的孩子坐在早饭桌旁被枪杀，孩子的妈妈在浴室里被分尸。两位警官在地下室发现了马吕斯·拉尔森余温尚存的尸体，他因脸上的多处砍伤而丧命。应该是同一把斧子杀死拉尔森和孩子妈妈的。

欧荣不在，但他的欧宝车还在车库里，他人间蒸发了。当时拉尔森遇害应该还不到一个小时，所以他应该还没跑远，但他们把方圆几千米范围的地区搜了个遍，始终没发现他的踪影。三年后，农场的新主人偶然间发现了农场后面泥灰坑里的尸体，看来他在布林克和同事抵达之前，用猎枪结束了自己的生命。根据取证组的调查结果显示，泥灰坑里发现的猎枪、厨房里的两名青少年和死猪身上的枪伤吻合，事情就这样落幕。案子结了。

"到底发生什么了？欧荣为什么这么做？"赫斯在一张便利贴上记着笔记，抬起头来看着桌子对面的警察。

"我们也不确定。也许是因为内疚。我们猜是因为他们对被寄养孩子的所作所为。"

"被寄养的孩子？"

"一对双胞胎，一男一女。我们在地下室里发现了他们。"

布林克起初只是迅速检查了一下那对双胞胎是否还活着，然后救护车上的人就把他们带走了。随后他和同事开始尽力搜查欧荣的下落，更多的警官也抵达了现场。后来他又回到地下室，这才发现那地方非同寻常。

"那里看起来像个地牢。门上配了挂锁，窗户上装了栏杆，屋里放了几件衣服、一些课本和一张床垫——你大概不会想知道那地方是用来干什么的。我们在房间里的碗柜上发现了一堆录像带，所以马上就知道发生什么了。"

"发生什么了？"

"这很重要吗？"

"重要。"

布林克盯了赫斯一会儿，然后深吸了一口气。

"女孩一直被虐待、强奸。他们到农场的第一天就开始了，而且一直如此。各种折磨方式都有，施暴者有时候是欧荣，有时候是他的孩子——欧荣和他妻子强迫他们也参与其中。在其中一卷录像带里，他们甚至把那女孩扔进了猪圈里……"

布林克沉默了，他揉了揉耳朵，眨了眨眼睛。赫斯看到他眼里闪着泪光。

"我忍受不了的东西很少。但有时候，我觉得自己还能听见那男孩向妈妈哀号，求她阻止欧荣……"

"她做过什么吗？"

"什么都没做过。录像的就是她。"

布林克哽咽了。

"在另一卷录像带里，她把男孩锁进了地下室，让他在他们完事前做栗子人，他照做了。看样子，男孩每次都照做了，毕竟整间地下室都是那些该死的栗子人……"

赫斯的脑中浮现出了画面——男孩被养母锁进了地下室，而他的妹妹就在墙的另一头被摧残。赫斯试图想象这会对孩子产生什么影响。

"我想看案子的卷宗。"

"为什么？"

"我不能透露更多情报，但我得马上弄清楚那两个孩子现在在哪里。"

赫斯站了起来，以示情况紧急，但布林克还是坐着。

"因为你在为斯劳厄尔瑟一名监牢病房的犯人做犯罪侧写？"

布林克挑起了眉毛，好像在问赫斯是不是把自己当白痴。刚到警察局里时，他这样解释过来意。他觉得，与其再编个新谎，不如把旧谎圆到底。他对布林克说自己在帮丹麦警方监牢病房里的犯人莱纳斯·贝克做犯罪侧写，他非常古怪，对一张1989年蒙岛凶杀案的犯罪现场照片极为痴迷。至于自己的真实意图，赫斯觉得还是少说为妙。

"到此为止吧。你在重案组的领导是谁？"

"布林克，这很重要。"

"我为什么要帮你？我已经在你这里浪费半小时了，我妹妹被困在了雪里，我本来应该去帮她的。"

"因为我觉得不是欧荣杀了你的同事拉尔森警官,其他人也不是他杀的。"

老警官直勾勾地盯着赫斯。有那么一瞬间,赫斯甚至觉得他要难以置信地哈哈大笑起来。但他十分冷静,语气坚定地像是要说服自己似的回答道:"不可能是那孩子。我们当时也讨论过,但是不可能。他当时不是十岁就是十一岁。"

赫斯没有回答。

## 107

关于蒙岛屠杀案的卷宗非常全。沃尔丁堡警局档案的数字化程度已经非常高了,因此赫斯可以在电脑上浏览资料,而不用在身边积满灰尘的报告堆里翻来翻去。不过他还是更喜欢看纸质报告。他一边用眼睛扫着档案,一边不耐烦地听着电话那头的等待铃声。他突然意识到,在这个国家,这种记录人类苦难的档案数量极为惊人,它们静静地被尘封在档案室里,深藏在警局的各个服务器里。

"您排在第七位。"

布林克刚才带他走进地下室,打开档案室的门。房间里面陈设简陋、肮脏,一排排长长的架子上放着箱子和文件夹。房里没有窗户,只有几根老式的灯管用来照明,他还记得以前上学时,教室里也是这种灯管。这个房间又激起了他对这种地下空间的厌恶。

布林克告诉赫斯,由于档案室里案件卷宗的数目极为庞大,出于节省空间的考虑,几年前开始档案数字化时,这个案子是第一批被处理的。赫斯只能在角落里"嗡嗡"作响的旧电脑上,读这个案子的卷宗。布林克主动提出要帮他,态度坚定,但他更愿意一个人把资料看完,避免不必要的打扰。他的手机响了好几次,其中有几通是弗朗索瓦打来的,他猜这个法国人大概已经意识到他根本就没去布加勒斯特了。

即使赫斯很清楚自己在资料里要找什么,但他仍然被案件的各种细节吞没了。看完警官们对第一次见双胞胎时情形的描述,不禁毛骨悚然。两个孩子被发现的时候在地下室里紧紧抱在一起,男孩抱着妹妹,而妹妹却一副对一切都无动于衷的样子，似乎受到了过度惊吓。两人被带到救护车上时，医护人员想从他妹妹身边拉走男孩，但他像只野兽一样极力反抗。两个孩子的体检结果表明他们遭受过虐待，这又印证了警官们在地下室发现的证据。后来警方试图向两个孩子问话，但没有得到任何结果。男孩一直一声不吭，他的妹妹虽然会毫无保留地回答，但显然听不懂他们问的任何问题。根据当时心理医生的诊断，女孩似乎活在一个平行世界里，以此压抑悲惨遭遇带来的痛苦。法官准许两个孩子不出庭做证，后来他们被送到了其他地方的家庭寄养。当局决定把两人分开，希望能帮助这对双胞胎从悲惨的过往里走出来，重新开始。但在赫斯看来，这并不是个明智的决定。

赫斯趴在电脑边上，把那对双胞胎的名字记在了便利贴上——托克·白令和爱丝翠·白令，还记下了他们的身份证号。报告并未过多提及他们的来历。一名社会工作者的备注显示，1979 年，在奥胡斯一家妇产医院的楼梯间里，发现了两个孩子，他们的名字是医院里的助产士起的。备注中还粗略地写道，双胞胎住在过其他几户寄养家庭，被送到栗子农场的两年后，就发生血案了。栗子农场原先的名字是欧荣的农场。赫斯一行行地读着材料，他觉得自己离真相更近了。他在警方的户籍系统中输入两人的身份证号，想查到他们如今的下落。

"您排在第七位。"

户籍系统可以链接到外部的数据库，进行调查的警官可以查到与工作相关的各种数据，查清某人何时在何地居住。信息中包含了此人住过的所有地方、搬走的日期，和一些可能会对警方有用的个人信息，比如是否已婚、离异，是否被指控、判刑或驱逐出境过。

但赫斯的常规搜索操作带来了新的谜团。

数据库显示，托克·白令先是住进了一家为贫困儿童服务的国家机构，十二岁时被送到了朗厄兰岛的一户寄养家庭，然后又转到阿尔斯的一户家庭，后面的档案上还列了三户寄养家庭，但没有他十七岁以后的任何信息。这个身份证号从那之后就没有了任何新地址或是个人情况的记录。

如果托克·白令死了，数据库里也应该会有记录，但他的信息在系统中就这么戛然而止了。赫斯给国家数据档案库打电话，想问对方有没有什么办法。然而接电话的女人也不比他知道得多，她表示托克·白令很可能离开了这个国家。

赫斯借机问了问男孩妹妹的情况，但对方还是没能提供更多的信息。在离开栗子农场后，爱丝翠·白令被送到其他几户寄养家庭，但显然后来社会工作者和儿童心理学家改变了对待这个女孩的策略。他们将她移出了寄养系统，先后送到了几处青少年精神疾病治疗中心。在十八岁到二十七岁之间，她也没有任何登记在案的地址，有可能她也出国了，再之后她还是辗转于各处的治疗中心。最近一条记录是一年前的，在那之后，三十八岁的爱丝翠便人间蒸发了。赫斯联系了她记录中最后的地址，但他们的经理换了人，新的经理并不清楚爱丝翠·白令可能在出院之后去哪儿。

"您排在第三位。"

赫斯决定用最笨的办法调查——一户一户地给双胞胎过去所有的寄养家庭打电话，看看有没有人听说过他们这几年的情况，或现在的下落。赫斯连双胞胎去栗子农场之前待过的寄养家庭也不放过，按时间顺序从最早的寄养家庭开始打电话。前两户人家什么也不知道，虽然很乐于助人，但是早已和两个那孩子断了联系。现在赫斯要打给第三户家庭。

"这里是奥舍德市政府家庭事务部，请问有什么能帮你的吗？"

赫斯打不通奥舍德彼得森一家的电话，便给当地市政府打了电话。简单地自我介绍了一下，想找奥舍德教堂路35号的住户波尔和柯尔斯顿·彼得森。1987年曾有一对双胞胎被寄养在他们家，想问问他们关于双胞胎的情况。

"你想和他们说话那得去找上帝了。我查到，波尔和柯尔斯顿·彼得森都已经去世了。丈夫死于七年前，妻子两年后也随他而去。"

"他们怎么死的？"

出于职业习惯，赫斯开始盘问起来，但对方疲惫地表示屏幕上没有显示这些信息。鉴于两人分别于74岁和79岁去世，而且中间还隔了几年，死因应该并不令人意外。

"他们有孩子吗？以前有孩子和他们一起住过吗？"

虽然老夫妇已经去世了，但他们自己的孩子或是养子之间可能还会有联系。

"没有，我没查到。"

"好吧，谢谢，再见。"

"等等，别挂。之前还有一个孩子在他们家住过，好像后来还收养了她。罗莎·彼得森。"

赫斯刚要挂，但他听到了对方补充的信息。有可能只是巧合。赫斯的理智告诉他，世界上叫罗莎的人成千上万，但他还是要确认一下。

"你有罗莎·彼得森的身份证号码吗？"

对方给赫斯念了号码，他让对方稍等一下，转身回到电脑前，开始调查罗莎·彼得森。她十五年前结婚，冠了夫姓，这下确定了——罗莎·彼得森就是罗莎·哈通。赫斯一下子坐立不安起来。

"关于那对双胞胎在彼得森家的情况，档案里是怎么说的？"

"什么都没写，只写了彼得森夫妇照顾了他们三个月。"

"为什么他们没待更久一点儿？"

"档案上没写。我现在要下班了。"

社会工作者挂了电话，但赫斯还把手机放在耳边。双胞胎在彼得森夫妇家只待了三个月，之后就被送到了蒙岛的欧荣家。他不知道更多信息，但确信这几件事之间存在某种联系。彼得森一家，栗子农场地下室的男孩，受害者身边的栗子人，受害者被肢解——一个想用血肉之躯做栗子人的杀人狂。

赫斯的手指颤抖着，脑海中盘旋着各种影像，他努力想把它们联系起来。一切都和罗莎·哈通有关，从一开始就是。指纹无数次将调查方向指向她，虽然赫斯不知道原因，但他一直苦苦追寻的就是这个。想到这里，他一个激灵站了起来，突然想明白接下来会发生什么，他觉得天似乎都要塌了。

他马上拿起电话给罗莎·哈通打了过去，"嘟嘟"声过后，他被转进了语言信箱。他挂了电话刚想再打一次，一个未知号码打了进来。

"我是布林克，抱歉打扰你。我到处问了一下，没人知道双胞胎后来怎么样了。"

"没事，布林克。我现在没时间。"

布林克刚才问赫斯需不需要自己给社区里的人打电话，赫斯为了把他打发走便同意了，现在他又打电话回来汇报，这让赫斯有点儿烦躁。

"系统里的信息很少，尤其是关于男孩的。我刚刚问了我妹妹的小女儿，她和双胞胎是同学。但她说前几年班会的时候，联系不到他们俩。"

"布林克，我现在得挂了！"

赫斯挂了电话，又给罗莎打了过去。他在电脑旁不耐烦地站着，但罗莎还是没接。留了个言，正打算给她丈夫打个电话，但他收到了一条短信。一开始他还以为是罗莎发的短信，结果是布林克。

"1989 年，5 年级 A 班的班级合影。不知道有没有用。我外甥女说拍照当天女孩没来，最左边的那个是男孩。"

赫斯马上点开了附件照片，仔细查看。照片已经褪了色，上面只有不到二十人，可能是因为乡村学校规模小。一排学生站着，另外一排坐在前面的椅子上，他们都穿着浅色的衣服。照片上有些女孩烫过头发，戴了垫肩，男孩们穿着锐步鞋、卡帕牌或者鳄鱼牌的毛衣。前排有个女孩戴着大大的耳环，皮肤被晒成了古铜色，手里举个写着"5A"的小牌子。大多数学生都对着相机微笑着，好像是刚刚有什么人讲了个笑话，也许引他们发笑的就是摄像师本人。

赫斯一看到站在最左边的男孩，就再也移不开目光了。他在同龄人里不算高，比其他男孩都要瘦弱。他的衣服破旧不堪，但目光异常锐利。他面无表情地盯着相机，就好像全班只有他一个人没有听见笑话似的。

赫斯盯着他，审视着他的头发、颧骨、鼻子、脸颊、嘴唇。这些特征会在青春期发生巨大的变化。赫斯觉得自己认出男孩是谁了，但似乎又没认出来。他把相片放大，大到屏幕上只剩男孩的眼睛，这才真正认出来。不可能是他，但又不可能不是。等赫斯终于明白过来，他突然意识到，现在反击已经太迟了。


## 108

女人的脚踝纤细又精致，踩在高跟鞋里正合适。她领尼兰德从媒体室出来，穿过走廊。这种时候尼兰德总是喜欢盯着她的脚踝看。她转过身来说了什么，但尼兰德只是点头敷衍，心里想着该怎么和她开始一段地下情。今天下午就可以行动了，也许可以请她去车站那家宾馆的酒吧喝个咖啡，谈谈以后的事情。他会先谢谢她的努力，谢谢她作为公关顾问，一天到晚喋喋不休地给他出点子。如果火候拿捏得好，可能不用预热多久，他就能带她上楼去宾馆房间里待一两个小时，然后再回家帮妻子准备周五聚餐的饮料。他很久以前就想清楚了，他还爱着妻子，至少也爱着他的家庭生活，但他妻子一天到晚都忙着照顾孩子、开家长会、修整房子，所以他并不觉得自己偷偷享受自由有什么不对。今天这个念头尤其强烈，在他心头一直萦绕着一个想法：他已经整整辛苦一周了，该犒劳一下自己了。

结束了最后一场新闻发布会，他们终于向公众介绍完案件的始末。一切都如尼兰德预想的那样顺利。很少有人懂得怎么对付媒体，但他很久以前就明白，只有言行举止达到一种精妙的平衡，才能让人觉得严肃可靠，一份审慎严谨的公开声明，也能为他别的计划铺平道路——无论是在警察局、检察院还是司法部。随着在电视媒体上出现的时长增加，他觉得自己在人们心中的地位不断提高，批评他的声音已经显得微不足道了，他根本不在乎别人是否觉得他在聚光灯下过于张扬。他觉得自己已经足够慷慨，在发布会上甚至没忘记称赞自己的手下，尤其是蒂姆·詹森。但他没有特意提及赫斯或是图琳。当然，是图琳发现断肢的，但她也违抗命令去见了莱纳斯·贝克。就在今天早上，他还在感慨把她从自己手下弄走是个多么明智的决定。她有些古怪，但的确能力出众。虽然要把她拱手让给网络犯罪中心，但重案组很快就会涌入新的血液，到时候像她这样的人要多少有多少。

至于赫斯，虽然尼兰德对他没有半点儿好感。尽管如此，尼兰德还是在和欧洲刑警组织弗里曼通话时，把他夸上了天，这不过是为了尽快摆脱他。结案之后，他一天都没来过局里，尼兰德只好叫图琳和其他人替他写了报告。听到他要离开这个国家的消息，尼兰德打心底觉得这是一桩好事。在看到他的来电时，心里不禁奇怪了起来。

尼兰德的第一反应是想把来电按掉，但他突然也有点儿期待赫斯的这通电话。就在几分钟之前，一个同事说："有个欧洲刑警组织的法国人打来电话，问有没有人知道为什么赫斯没有如约去布加勒斯特。"他根本就不在乎，当时只是有一搭没一搭地听着。不过现在，他很想知道赫斯会怎么和他解释错过了班机的事情，求他再给海牙打电话找个借口说情，好保住饭碗。赫斯活该被开除。他接了电话，但心里思考着怎么防止这家伙再被踢回重案组里。

3 分钟 38 秒过去，他们的对话结束了。屏幕上显示着通话时间，尼兰德面无表情地盯着这个数字。他的大脑仍然无法接受赫斯在挂断之前传递的信息，但他内心深处知道赫斯说的有可能是真的。公关顾问那可爱的小嘴还在和他说着什么，但他猛地跑了起来，冲进局里，一把抓住离他最近的一个警探："马上集结特遣队，寻找罗莎·哈通！"

## 109

斯提恩·哈通身上的衣服被降在城郊小区的雪浸湿了，他还在挨家挨户地询问着那天的事。唯一能让他暖和的东西是那些小瓶装的烈酒，但他都喝完了。他觉得自己该去一趟本斯托夫大街的加油站了。他步履艰难地踏上了另一条白雪覆盖的小径，经过了另一排白雪覆盖的万圣节南瓜，按响另一家的门铃。他等了一会儿，回头看了看雪里自己的脚印。在房屋周围盘旋着漫天的雪花，就像雪花玻璃球里的场景一样。有些门会开，而有些则不会，他估摸了一下等待的时间，这扇门大概也不会开了。就在他转身走下台阶的时候，看到身后的门打开的身影。他转身，与开门那人四目相对，他觉得自己很熟悉那双眼睛。他不认识开门的人，但觉得对方似曾相识。他已经走了几个小时依旧一无所获，疲惫让他开始怀疑自己。他心里逐渐意识到，这样拼命搜寻的唯一目的不过是减轻自己的痛苦罢了。他研究地图、规划图，挨家挨户地敲门，但他内心深处渐渐明白，一切都是徒劳。

斯提恩结结巴巴地对门里的人解释自己的来意。他先大致说了一下情况，然后问对方记不记得什么，任何线索都行，去年 10 月 18 日下午，他女儿可能就是沿着这条路骑车穿过小区。他边说边掏出一张女儿的照片，落下的雪花打湿了女孩的脸，照片上的颜色就像晕掉的睫毛膏。他还没说完，门里的男人就摇了摇头。他犹豫了一下，但还是继续说下去，但男人又摇了摇头打算关门。斯提恩突然失控了。

"我见过你，你是谁？！我知道我见过你！"斯提恩的声音里满是怀疑，像是抓到了嫌犯一般。他把脚插进门缝，不让对方关门。

"这不奇怪，我也记得你。你周一按过我家的门铃，问过一模一样的问题。"

斯提恩想了一会儿，才意识到对方说得没错，于是窘迫不堪地道了歉，从门口的台阶退到路上。他听见身后的男人问他是否还好，但他没有回答。他拼命地在漫天的大雪中奔跑，跑到停在路口的车子旁边才停下。他脚下一滑，抓住了发动机盖才没摔倒。他挤进了前座，泪如雨下。车上积满了雪，他坐在昏暗的车厢里，像个孩子一样抽泣着。兜里的手机开始震动，但他没管，等想到打电话的可能是古斯塔夫，这才强迫自己把手机掏了出来。屏幕上显示好几通未接来电。他害怕地接起电话。对方不是古斯塔夫。听到互惠生的声音，他差点儿直接把电话挂掉，她慌慌张张地说着什么"要马上找到罗莎""出事了"之类的话。她说话词不达意，但口中的"栗子人"和"警察"两个词把他从一个噩梦拉进另一个噩梦里。

## 110

三辆警车在前方鸣笛开道，尼兰德坐的车在它们后面的车队里。出城路上，他绞尽脑汁地反复思索着，试图为赫斯刚刚在电话里提出的假设，找到另一种解释。他一遍遍查看赫斯发给他的班级合影。尽管他也认出了最左边那张孩子的脸，但还是无法相信。

快到目的地时，几辆警车关掉了警笛以免惊动嫌疑人。在取证部大楼外，几辆警车停下，车上的人员也按计划分头行动。不到四十五秒钟，整个地方都被包围了。楼里有几个人发觉到外面的动静，好奇地向外张望。尼兰德穿过雪地走向大门。楼里似乎一切如常，接待处播放着柔和的音乐，人们吃着桌上的水果谈论着周末的计划。全身散发着柠檬香气的接待员热情随和，她告诉尼兰德，根茨正在实验室里临时会见什么人。尼兰德开始暗自骂自己。他怎么就听信了赫斯的话呢？折腾这一趟根本就是无用功。

尼兰德也没管门口为雨天准备的鞋套，带着三位探员径直向实验室里走去。几位穿白大褂的技术员从玻璃隔间里好奇地看了看他们。不过这种情况并不少见，每次尼兰德想确认证据与报告是否吻合或想查询通话记录时都会直接来这里。

实验室里没人，根茨的办公室里也没人。不过让人稍微安心一点儿的是，两个房间里的一切物品都井井有条，在大屏幕前的桌子上有一个塑料杯，里面还有些没喝完的咖啡。

接待员也跟着他们上来了，她发现上司不在也没感到奇怪，只是说要去找他。接待员一走，尼兰德就开始盘算起该怎么进一步打击赫斯的事业和生活——他让自己如此失态，总得付出代价。等根茨来了会解释清楚这一切的。他很可能会一边大笑，一边说照片上根本就不是他，他的名字从来就不是托克·白令，也没有蛰伏几年精心策划复仇，更不是赫斯口中的变态杀人狂。

但尼兰德发觉有什么不对劲。他站在实验室里，扫视着房间，随后瞥见了根茨办公室桌上的东西，他刚刚进门时并未注意那些。根茨的身份证、钥匙、工作手机和门卡都整整齐齐地摆在桌上，好像是被扔在那里，不会再用了。不过，让他害怕的不是这些——那些东西旁边的火柴盒上坐着一个无辜的栗子人。

## 111

赫斯打通尼兰德电话的时候，已经驾车上了高速公路，快到哥本哈根了。他打了好几次电话，但这个蠢货直到现在才接——而且听语气，尼兰德明显不想和他说话。

"你想干吗？我忙着呢！"

"你们找到他们了吗？"

实验室人去屋空，根茨下落不明，只有一个栗子人迎接来客。

起初，取证部的员工以为根茨是去日德兰开会了，但他们打电话过去询问，发现根茨并未在会上现身。

"他家那边呢？"

"我们现在就在他家，北港新区一间宽敞的顶楼公寓。这是空的，没有家具，什么都没有。我觉得应该也没留下指纹。"

高速公路上的能见度不到 20 米，赫斯又狠狠地踩了一脚油门。

"那你们找到罗莎·哈通了吗？一切都是因她而起，如果根茨……"

"没有！现在没人知道她在哪里，手机关机了，追踪不到她的位置。她丈夫什么都不知道，但他们家的互惠生说，她在后门发现了个栗子人装饰，之后就开车走了。"

"什么样的装饰？"

"我还没见到。"

"我们追踪不到根茨吗？他的手机或者车……"

"追踪不到。他把手机放办公室了，取证部的车上也没有追踪装置。你还有别的建议吗？"

"他实验室的电脑呢？让图琳来把密码破了，看看里面有什么。"

"我们已经安排人手去破解密码了。"

"把图琳找来！她几下就能……"

"图琳不见了。"

尼兰德的话里有种不祥的征兆。电话另一头的赫斯听到了下台阶的脚步声，便猜测他们已经搜查完根茨空空如也的公寓了。

"你这话什么意思？"

"图琳今天早些时候来取证部找过根茨，据车库的一名技术员说，几小时前看见两人从后门的楼梯下来，上了根茨的车走了。现在我们就知道这么多。"

"几小时前？那你们给她打电话了吗？"

"没人接，他们在取证部外面的垃圾桶里找到了她的手机。"

赫斯踩下刹车，把车头转向了公路一旁减速带的方向，后面几辆车纷纷按起了喇叭。他躲过内侧车道的一辆卡车，把车停到了减速带上。

"根茨和她没有过节，所以可能会把她扔到路边。她可能已经回家了，也可能和她的……"

"赫斯，我们都查过了！图琳失踪了。你还有什么别的信息吗？根茨还可能去哪儿？"

赫斯听着电话里的问题。旁边一辆辆车呼啸而过，他竭力强迫自己做出反应，行动起来，但只有雨刷在来来回回动着。

"赫斯！"

"我不知道。"

赫斯听到电话那头车门撞上的声音，然后是断线的"嘟嘟"声。过了几秒钟，他才把电话从耳边慢慢放下。一辆辆车从他身边的雪地上开过，雨刷在风挡玻璃上不断发出刺耳的声音。

在机场意识到事情不对劲的时候，就应该给她打电话。要是他打了电话，图琳就会和他一起调查贝克看过的犯罪现场照片，那么她就不会去找根茨了。可他终究没有打这通电话。无数种情绪卡在他的喉咙里。他明白，除了愧疚，让他如此失魂落魄的还有一种他不想承认的感情。

赫斯努力让自己保持冷静，现在可能一切都还来得及。他不知道为什么图琳会去找根茨，但如果她是自愿和根茨上了车，那说明她还没发现他的真面目。因此，根茨没理由伤害她。他们不可能是出去约会。一定是她有了什么发现，觉得根茨是可以讨论的伙伴才去找了他。

这个想法还是让人不寒而栗，不过，如果是这样，对根茨来说，图琳最多只是个绊脚石，他是不会大费周章地针对她的。他的仇人是罗莎·哈通，一切都是因她而起，还有他不堪回首的过去。

突然，赫斯有了主意。虽然这只是毫无根据的推测，一种算不上理性思考的感觉，但其他的可能性要么更加不切实际，要么很可能已经被尼兰德和他的手下排除过了。他回过身去，凝视着身边呼啸而过的一排排雾灯光柱和四溅的黑色雪水。等到两车之间有几秒钟的间隔，足够后面的车避开他，他便猛踩油门，横穿高速公路，开向另一侧护栏的缺口。车轮开始打滑，他一时以为车子会像保龄球瓶那样旋转起来，但车轮马上就咬住了柏油路面，他顺势穿过中央的缓冲带，上了反方向的车道。他根本没有观察来往的车辆，只是一个劲儿地按着喇叭插进两辆货车之间，上了慢车道才开始调整车身方向。

赫斯开始沿着原路往回开，几秒钟的工夫，车速就达到了每小时140千米，整条超车道就只有他一个人。

## 112

"今天还挺适合来森林转转的，但据我所见，这附近除了普通的山毛榉没别的树。"

听了根茨的话，图琳也不禁向前面和两侧张望了一下。她发现根茨所言不假。就算是晴天，想在这些树中分辨出栗子树都不容易，更何况现在整个蒙岛都覆盖在白雪之下，想找栗子树更是难上加难。

他们行驶在蜿蜒的乡间小路上，开着车的根茨瞥了一眼手表。

"来这么一趟也不错，不过现在回桥那边去吧。我先送你到沃丁堡火车站，然后我就去日德兰，好不好？"

"好吧……"

想到他们大老远来这里却一无所获，图琳泄了气，靠在座位上。

"对不起，我浪费你的时间了。"

"没关系。就像你说的，反正我本来也要往这个方向开。"

图琳又冷又累，但还是对根茨笑了笑。

二人刚才联系取证部鉴定栗子的专家没花多久时间。对方名叫英格丽·卡尔克，是哥本哈根大学自然科学院的植物学教授。她当上教授的时候非常年轻，只有三十五岁左右。虽然女教授身形单薄，但是这个领域里的权威。她在办公室和他们通了网络电话，确认了她就是鉴定栗子的专家，而且这些栗子不是丹麦境内常见的马栗。

"这些栗子人是可食用栗子做的。这个国家的气候太冷，通常不利于这个品种生长。不过境内还是能找到这种栗子树的，比如利姆海峡。说得再具体一点儿，这是欧洲和日本栗子的杂交品种，也就是欧洲－日本栗，看上去像是法国人工杂交的甜栗。这个品种非常少见，而且大多数专家都觉得它们已经在丹麦灭绝了。我最后一次听说这个品种的事情是几年前，当时这个品种的最后几棵树都因感染特殊的真菌死亡了。我是不是已经和你们讲过这些了？"

年轻的教授表示，已经和取证部联系她的助手讲过这些关于栗子的背景知识。图琳注意到根茨陷入了沉默。他的部门工作出了纰漏，这些信息也一直没送到警方手里，显然有些难为情。

如果图琳没有问最后那个问题，可能关于栗子的调查也就到此为止了。

"那么，最后在丹麦境内，是在哪儿发现这个杂交品种的栗子树？"

英格丽·卡尔克教授和同事确认了一下，说这个品种最后的记录是在蒙岛，但她又强调了一遍：它们现在已经灭绝了。尽管如此，图琳还是认真记下了蒙岛地区这种栗子树出现过的几处位置，之后才和教授道了别。挂了电话，图琳又花了点儿时间说服根茨继续调查，他显然没明白这个发现的重要性。

图琳向根茨解释了前因后果。如果带克莉丝汀·哈通指纹的栗子不是马栗，那么凶案现场的栗子人就不可能是从她们摆摊上来的，这些栗子的来历就比他们最初猜测的更加扑朔迷离。若真如此，妮迪克特·斯堪斯和阿斯格·尼尔加德又是怎么弄到这些栗子人的呢？他们都不太可能找得到这个种类的栗子，更别提带克莉丝汀·哈通指纹的了。这样看来，尼兰德对案子的推论就禁不起推敲。换个角度看，能通过栗子的种类锁定到丹麦的几个地点——准确地说，是蒙岛上的几个位置——也是好事。如果这种栗子真如专家所说的如此稀有，那这几个地点就能为调查打开新的突破口。幸运的话，我们能得到更多凶手的信息，甚至可能是克莉丝汀·哈通的信息。

根茨这才意识到，图琳依然觉得这些谋杀案没有了结。她认为赫斯可能是对的，是有人把这些案子栽赃到那对情侣头上。

"你不是真的这么想吧？你在开玩笑吧？"

一开始，根茨只是哈哈大笑，拒绝开车带她去蒙岛找栗子树。图琳告诉他，如果要开车去日德兰，蒙岛多少也是顺路的，但他还是不愿意。不过后来他意识到，无论他帮不帮忙，图琳都会想办法去蒙岛。他妥协了，图琳对他满怀感激。她当天没有车可以开，而且，如果他们真的碰见了栗子树，根茨能帮她认出来。

可惜事情并没有他们想象的那样顺利。虽然冒着大雪，根茨还是只花了一个半小时就到了蒙岛。但专家给的地点要么就只剩几根埋在雪里的树桩，要么树木都因新住宅区的开发而被砍得干干净净。只剩最后一个地点了。图琳让他驶下主干道，掉头向西兰桥开。这是一条乡间小路，一边是森林，另一边是田野。路上的积雪越来越厚，越来越难开，虽然根茨依旧一副自信满满的样子，但显然他们得放弃这条线索了。

图琳又开始想女儿和阿克塞尔了。学校的派对应该早就结束了，她决定给他们打个电话，说自己已经在回家的路上。

"你看到我的手机了吗？"

她在大衣里摸来摸去，但怎么都没摸到手机。

"没看见。但我想到栗子是怎么从蒙岛的树到哈通家的了。可能他们一家人去蒙岛玩，参观了一下那边的悬崖，然后带了几个栗子回去。"

"是啊，有可能。"

图琳上次拿手机出来时，把它放到了根茨实验室的桌子上，她怀疑是不是把手机落在实验室，但她从不会忘这种事的。她正准备再翻一次口袋，目光突然被路边的什么吸引住了。她一时不确定自己看到的是什么，但那影像印在她的脑海中，挥之不去。她突然明白了，思绪万千。

"停车！在这里停车！停车！"

"为什么？"

"你快停车！停车！"

根茨这才把脚踩在了刹车上，车子滑了一下才刹住。图琳猛地推开门，走进一片寂静之中。现在还是下午，但太阳已经开始落山了。在她的右边，一直延伸到远方的广阔田野都被雪覆盖着，雪和天空合二为一；在她的左边，黑暗厚重的森林层层叠叠。路边不远处立着一棵大树，比其他树都高，大概有 20 米或 25 米，树干像木桶一般粗。它光秃秃的笨重树枝上只有积雪，看起来并不像棵栗子树，但她很肯定。空气凛冽，雪在她脚下"嘎吱"作响。树枝下的雪没有那么厚，她感觉脚下踩到了圆圆的小球。她没戴手套，光着手在雪里挖了挖，捡起来掉在地上的栗子。

"根茨！"

根茨仍然站在车边一动不动。根茨没和她一样兴奋起来，这让她有点儿懊恼。她拂去栗子上的雪，看着左手上这些冷冰冰的深棕色圆球。它们看上去和沾着克莉丝汀·哈通指纹的那些栗子一模一样。她努力回想了一下刚刚植物学家讲过的栗子特点。

"过来看看这些栗子。可能就是它们！"

"图琳，就算真的就是这些栗子，也证明不了什么。可能哈通一家来这附近参观悬崖，走这条路回家，然后他们家女儿在这里捡了栗子。"

图琳没有回答。他们第一次经过这片森林时，她并没有太注意，但到树下才发现，森林没有她想象得那么密。栗子树旁边有一条通往森林深处的蜿蜒小路，路上的雪还是完整的。

"咱们往里开开看吧。"

"为什么？里面什么都没有。"

"你怎么知道？最坏的情况也就是开到中间开不动了，到时候大不了回来呗！"

干劲十足的图琳往车子的方向走去，根茨依旧站在驾驶位的车门边看着她。图琳从他身边走过，绕到车子另一边时，根茨的目光落到了小路尽头，盯着森林深处。

"那好吧，就如你所愿。"

## 113

1987 年，秋。

男孩的手脏兮兮的，指甲里全是泥。他正笨手笨脚地用锥子在栗子上挖洞，而罗莎则在一边给他示范该怎么做。不要这么戳，要慢慢钻进去。要这么转锥子，然后扎到里面的栗子肉。先在上下两个栗子上都打个洞，把半根火柴固定在两个洞之间当脖子。然后再用锥子扎出安栗子人的胳膊和腿用的洞——这些洞要尽可能深一点儿，这样火柴棍才插得牢。

女孩学得更快。男孩的手指比较粗糙，也不那么灵敏，手里时不时会掉出来栗子，滚落到草坪上。罗莎会帮他捡起来，让他继续试。两个女孩笑他笨拙，但她们没有恶意，男孩也并不介意。他们那时也和爸爸妈妈一起去大树下的灌木丛里捡栗子，然后坐在后院中间旧玩具屋的台阶上，不过一开始他们之间没有像现在这么和谐。当时罗莎也笑那男孩做栗子人笨拙，这让双胞胎顿时惊恐万分，但她随后帮了两人，他们这才意识到她的笑并无恶意。

"栗子人，请进来，栗子人，请进来——"

罗莎一边给男孩示范怎么做栗子人，一边唱着儿歌。等他自己终于也能做个像样的栗子人了，就把自己刚做的也放到木板上，和别的栗子人摆在一起。她告诉双胞胎，栗子人做得越多，他们去路边摆摊赚的钱也就越多。她以前没有过兄弟姐妹，虽然她知道双胞胎不会在他们家待太久，可能圣诞节之前就会离开，但她不愿去想离别的事。现在每天早上醒来时有他们在身边，她还是挺开心的。周六和周日早上他们不用上课，她会偷偷溜进离爸妈卧室最远的另一头客房里。双胞胎被她吵醒了也不会生气，只会揉着惺忪的睡眼，听她讲今天要做什么。每次她提议要做什么游戏时，双胞胎都会兴致勃勃地聆听，但很少发言，也没提过自己的建议，不过这些对她来说都无关紧要。她想到什么都会迫不及待地告诉他们，似乎除了只会说"哦""好吧"或者"我们明白了"的爸爸妈妈外，她又有了新的听众。她的想象力变得天马行空了起来，各种有趣的点子接踵而至。

"罗莎，你能过来一下吗？"

"妈，现在不行，我们玩着呢！"

"罗莎，过来吧，一会儿就好。"

罗莎穿过草坪，经过小菜园，走向房子的方向。爸爸的铁锹插在菜园里土豆苗和醋栗丛之间。

"什么事？"

罗莎在杂物室门口，满脸不耐烦，但她妈妈叫她把雨靴脱了，进屋说话。看到爸妈都站在杂物室里等她，她有点儿吃惊。爸爸妈妈脸上都带着不寻常的微笑，大概已经在花园观察他们玩耍有一会儿了。

"你喜欢与托克和爱丝翠玩吗？"

"喜欢啊！究竟有什么事？我们很忙的。"

罗莎有点儿心烦，她不想穿着雨衣待在杂物室里了，双胞胎还在玩具屋等她回去呢。要是今天早上能做完栗子人，他们就可以去车库取几箱水果，在午饭之前摆好摊位。他们没什么时间可浪费。

"我们打算收养托克和爱丝翠，这样他们就能永远住在这里了。你觉得怎么样？"

爸爸身后的洗碗机"嗡嗡"地响了起来，两个大人盯着罗莎。

"他们以前日子过得很苦，需要一个温暖的家。如果你同意，我和你爸爸想把他们留在咱家。你觉得怎么样？"

这个问题让罗莎措手不及，她不清楚自己是怎么想的。她还以为他们想问她要不要来点儿黑麦面包片当点心，或是喝点儿果汁，吃点儿马利饼什么的，但他们问的根本不是这些。面对爸爸妈妈的笑脸，罗莎给出了他们想要的答案。

"好啊，没问题。"

爸爸妈妈走进了潮湿的花园，妈妈穿着雨靴，而爸爸还穿着人字拖。看得出来，两人都很高兴。他们没穿大衣，甚至都没穿毛衣就走到了玩具屋边上。那对双胞胎坐在玩具屋的台阶上，依旧忙着做栗子人。罗莎依爸爸妈妈的吩咐留在杂物室门口等他们。她听不见他们说什么，只是看到爸爸妈妈坐在双胞胎边上，说了半天。她能看到双胞胎的脸，女孩突然抓住了爸爸的手，拥抱了他；男孩哭了起来，只是一动不动地坐着哭泣，然后妈妈搂住了他，安慰他。夫妻两人相视一笑，那是她以前从未见过的表情。突然间，大雨瓢泼而下，她就这么站在门口，而其他人都挤在玩具屋小小的屋顶下，开心地笑着。

"我们完全理解你们的决定。他们现在在哪里？"

"在客房，我去把他们领过来。"

"你们女儿怎么样了？"

"她没什么大碍。发生了这种事情，她的情况算是不错了。"

罗莎坐在厨房的桌子旁，可以清清楚楚听到大厅里的声音。她从稍稍打开的门缝里看见妈妈向客房走去了，而爸爸仍然在厅里接待那一男一女。她刚刚在厨房看到两人是从一辆白色的车里出来的。厅里的声音变小了，逐渐变成了她无法分辨的窃窃私语。在过去一周里，有太多这种窃窃私语，她希望这一切快点儿结束。自从她给爸爸妈妈讲了那个故事就一直这样了，她也不知道自己从哪听来的那个故事，有可能是从幼儿园。那个名叫贝丽特的女孩告诉大人，玩具屋的垫子上发生了什么事情时，她依然记得大人们的反应。贝丽特一直是在男孩堆里玩的，有一天突然有一个男孩想看她的内裤，甚至愿意为此给她五毛钱。她答应了，还问别的男孩想不想看。一来二去，她从男孩们那里挣了不少钱。多付两毛五，男孩们甚至可以把下体凑上去。

大人们显然是吓坏了。那天之后，家长们开始在玩具屋和衣帽间里窃窃私语，没过多久，他们就制定了许多枯燥乏味的新规定。罗莎本来几乎不记得这件事了，但那天，爸爸妈妈买了两张新床，花了一整天时间布置和粉刷客房，到了晚上，这个故事自然地浮现在了她的脑海里，她甚至没有犹豫。

爸爸已经把他们的行李装好了，她从门缝里看到双胞胎耷拉着脑袋走了过去，听见他们走下前门台阶的脚步声。她听见妈妈在走廊里问那位女士，接下来两个孩子会被送到哪里。

"我们还没找到下家，但应该用不了太久的。"

大人们相互道了别，罗莎回到了自己的房间。她胃疼得难受，像有什么东西绞着，不想见那对双胞胎。但她现在没法收回讲过的故事了，话音落定，覆水难收，而且她不该在这种事上说谎。她要控制住自己，不能再和任何人提起此事。然而，当她看到双胞胎留在她床上的礼物时，她的心脏几乎要爆炸了。那东西是由五个栗子人组成的环，就像五个人手拉着手似的。它们被铁丝固定起来，其中两个更大一点儿，就像是一对家长带着三个小孩。

"好了，罗莎，他们现在走了……"

罗莎从爸爸妈妈的身边跑过，冲向大门的方向。他们有点儿吃惊，在后面喊着她的名字。那辆白车刚刚上路，正加速往拐弯处走。她穿着袜子拼命地追那辆车子，直到它消失在视野中。她最后看到的是男孩深色的眼睛，他一直从后车窗里盯着她。

## 114

罗莎踩下油门驶下大路，开进了森林。现在天差不多黑了，雪又下了起来。本来她能靠车灯勉强辨认出几条轮胎印，但它们现在也几乎完全被雪盖住了。一开始她开得太快，错过了这条小路，不得不跑进路边一处民宅问路。她以前从没来过蒙岛，但现在路况这么恶劣，她来没来过也没什么区别。民宅里的女士给她指了路，罗莎便按照她的指示往回开。她一开始居然完全没看到路边那棵巨大的栗子树，这让她有点儿吃惊。从栗子树下一条小路拐进森林，蜿蜒地穿过光秃秃的老树和高大的冷杉，一个接一个地急转弯，不过她沿着别人的轮胎印开，所以也能平稳地快速行驶。

轮胎印逐渐变淡，最后被大雪抹平，罗莎不由得恐慌了起来。这里没有农场，没有人，除了一条路和两侧的森林什么都没有，如果她刚刚又在什么地方走错了路，现在再想回去可能已经晚了。

就在罗莎开始怀疑自己的时候，视野中两旁的森林退去了，路的前方突然出现了一座被巨树环绕的宽阔农场。这里和她想象的不一样——根据部里报告的描述，这里应该是个破败不堪、被人遗弃的地方，然而它看起来却像是座田园小筑，恬静闲适的氛围与她的想象毫不相符。她停下车，关掉引擎，连车门都没锁就匆匆忙忙地跑进了雪里。她环顾四周，嘴边呼出的热气凝结成了白雾。

农舍两侧都有厢房，上下两层，铺着茅草屋顶。一眼看去，这里就像是精心翻修过的乡间别墅。现代风格的室外灯照亮了白墙，灯光一直延伸到院子里她站着的地方。茅草屋檐下的缝隙露出了玻璃圆柱，她认出那是监控摄像头。透过白色的格子窗，她看见前屋里有什么东西闪烁着，随后，她看到了前门上方有黑字规整地写着"栗子农场"几个字，这才确定自己来对了地方。她深吸了一口气，声嘶力竭地大喊起来，院子和森林里回荡着一个名字。

"克莉丝汀——"

农场后面的树林里飞出来了一群乌鸦，它们张开翅膀，冒着雪俯冲下来，等到她的视野中最后一只乌鸦消失，罗莎才注意到谷仓门口站着一个人。

他很高，大约1.85米，身穿一件敞开的油布外套，一只手拎着一个放满木柴的蓝桶，另一只手握着一把斧头。他的脸上表情温和，罗莎一开始没认出他来。

"你找到这里了……欢迎。"

他的声音里带着肯定，语气很友好。他看了罗莎一会儿，便穿过院子，向前门走去，雪在他脚下"嘎吱"作响。

"她在哪里？"

"我想先向你道歉，农场不是它过去的样子了。我买下它的时候本打算翻修一下这个地方，把一切恢复到原先的样子——但这想法太阴郁了。"

"她在哪里？"

"她不在这里，你尽管到处看。"

罗莎的心脏剧烈地跳动着，一切都那么不真实，她屏住了呼吸。男人在门前停住，亲切地开了门，然后向后退了一点儿，敲了敲自己靴子上的雪。

"来，罗莎。咱们做个了结吧。"


## 115


罗莎走在阴暗冰冷房子的走廊里，大声呼唤着女儿的名字。她沿着台阶一路跑上二楼，搜遍了倾斜屋下的所有角落，但仍然一无所获，没有家具，没有物品，什么都没有，油漆和新鲜木头的气味笼罩了一切。这座房子刚刚被翻新过，里面空空如也，这里似乎从来就是这么空着的。她下楼时听到了男人的声音。他在哼着什么，似乎是一首过去的童谣。她意识到他哼的是什么，她全身血都凉了。她沿着走廊从前厅走到客厅，男人背对她蹲着，用烧火棍拨弄着壁炉里冒烟的柴火，身旁放着蓝桶，边上是他那把斧子。她一把捡起斧子，但男人还是蹲着，一动不动。他抬眼看了看她，她的手开始抖了起来，把手移到了斧柄上，准备好随时砍下去。

"你做了什么……"

男人关上了壁炉门，小心翼翼地合上了搭扣。

"她现在在一个好地方。大家不都这么说吗？"

"我问你你做了什么！"

"我每次问我妹妹在哪儿的时候，他们都是这么回答我的，真是讽刺啊。你先把双胞胎锁进地下室，让爸爸为所欲为，而妈妈在边上录像。然后你又把两个孩子分开很多年，切断一切联系，就因为你觉得这样对他们最好……"

罗莎沉默了。男人站起身来，她握紧了手上的斧头。

"什么'好地方'？我要的不是这种回答。最糟的莫过于不知情，不是吗？"

这个男人疯了。在来的路上，罗莎想了很多应对方法，但此刻全无用武之地。面对这双冷静凝视自己的双眼，她没有道理可讲，没有策略可用。但她又靠近了一步。

"我不知道你想干什么，我也不在乎。告诉我，你做了什么？克莉丝汀现在在哪里？听清楚了吗？"

"我要是不依你呢？你要砍我吗？"

男人漫不经心地指了指斧头，罗莎的眼泪涌了上来。他说得对，她不会砍他的，要是砍了，她就永远什么都不知道了。她拼命忍住泪水，但还是流了下来，男人的脸上似乎露出了若有若无的微笑。

"咱们就不要浪费时间了。我们都清楚你想知道的是什么，我也想告诉你。但问题是，你到底有多想知道呢？"

"只要你开口，我做什么都行……你直说好了……"

男人动作很快，罗莎还没反应过来，他就站到了她身边，把一个又软又湿的东西压在了她脸上。一股强烈的气味刺进了她的鼻腔，她想把脸扭开，但对方力气太大，挣脱不开。

男人在罗莎耳边低语着："好了，现在吸进去吧。很快就结束了。"

## 116

强光刺眼，罗莎眨了眨眼睛才勉强睁开。映入眼帘的是白色的天花板和墙壁。在她左边离墙有点儿距离的地方，一张钢质的矮桌在灯光下反着光，她对面一整面墙的屏幕闪个不停，这一切都让她觉得自己像是在医院。她躺在病床上，一切恍然如梦，她想起身，却发现自己起不来。她身下的不是床，而是张钢质的手术台。她光着的胳膊和腿呈大字摊开，被皮带固定在桌子上。见此景象，她不由得叫了起来，但固定她头部的带子勒进了她张着的嘴里，她的声音被闷住了，含混不清。

"你醒啦，感觉怎么样？"

罗莎一阵头昏眼花，看不到对方。

"再过十分钟左右药效就彻底消退了。普通的马栗里含秦皮甲素,如果配置得当,用它配出的药剂效果能和氯仿相当,知道这点的人不多。"

罗莎的眼睛来回扫视着,但仍旧只闻其声,不见其人。

"不管怎样,咱们还有好多事情要做呢,所以你最好保持清醒。好不好?"

男人突然走进了罗莎的视野。他穿着白色塑料工作服,把一只长方形的航空箱放在桌子上。他一边弯腰开箱子的锁,一边慢慢说着,他找她找了很多年,终于有一天在新闻里认出了她,而克莉丝汀的故事也就此拉开了序幕。

"其实,我本来以为我永远都找不到你了。可后来你从议会议员被提拔成为社会事务部长,多讽刺啊,如果你没被任命,我可能永远找不到你。"

罗莎突然意识到,男人身上的衣服和警方技术人员穿的衣服一样,他箍着蓝色的发网,戴着白色的面罩和手套,把航空箱的盖子掀了起来。她尽全力把头向左边转,大致能看出箱子里面填满了塑料泡沫,上面有两个凹进去的坑。男人的身体挡住了第一个坑里的东西,但她能看到另一个坑里有一根反光的金属棒。那棒子一端装着一个拳头大小的金属球,球上布满了锋利的小倒钩;另一端有个把手,而把手尽头有个五六厘米长的金属尖。她拼命地拉拽着皮带,男人则继续说着。他进奥舍德市政府查了一份旧档案,才发现当初他和妹妹被转到栗子农场的原因。

"当然了,当时你只是个天真的小女孩,意志力也不坚定。他们没发现你撒谎,而且你每次脸上都带着得意上台讲那些孩子有多可怜,看来你也忘了自己的所作所为。"

罗莎尖叫着,想告诉他自己从没忘记过,但她发出的声音就像野生动物的嚎叫。她从余光看到男人把塑料泡沫上第一个坑里的东西拿了出来。

"不过,直接杀了你未免太仁慈了。我想让你真正体会一下自己给别人造成的痛苦,不过当时还没想好该怎么做。后来我发现你有个女儿,我和妹妹分离的时候,和她的年龄差不多,我有了一个主意。我开始研究你们的生活信息,当然,重点是观察克莉丝汀,她不太聪明,也没什么自己的想法,只是循规蹈矩地过着娇生惯养的上流社会生活,我很快就摸清了她的路线,做好了计划,只等秋天来临。话说回来,教她做栗子人的是你吗?"

285

罗莎试图弄清楚自己在哪里，但她目之所及，没有窗户，没有楼梯，更没有门。她拼命尖叫了起来。虽然她大部分的声音都被嘴里的皮带压住了，但余下的声音也充斥了整个房间，这让她有了挣脱的动力。但男人的声音突然靠近，在她旁边摆弄着什么。

"对我来说观察她是一种特别的乐趣。她和她的朋友摆摊卖栗子人，我当时还不知道该怎么利用这点，但这有种奇妙的诗意。我甚至还为此犹豫了几天，但后来她从体育馆出来的时候，我还是尾随了她，我尾随过她很多次。就在离你们家几条街的地方，我把她叫住，问她城市广场怎么走，然后把她推进了卡车里。我给她下了药，把她的运动包和自行车扔到了树林里，好让警察忙活一阵，然后就离开了。你们把她教得真好，真不愧是你女儿。她对人充满信任，十分友善，不是什么家长都能养出这样的孩子……"

罗莎哭了起来，胸口随着啜泣的节奏起伏，她哽咽着，互相纠缠的复杂情绪涌上咽喉，让她想要由此挣脱。她被一种强大的宿命感压得动弹不得，觉得自己活该被绑在这里。她犯了错，应该受罚。无论当时是什么情况，是她没能照顾好自己的女儿。

"好了。整个故事一共有四章，我刚刚讲了第一章。咱们休息一下再讲吧，好不好？"

远处传来一阵刺耳的噪声，罗莎转过头去。男人手里的东西大约像熨斗一样大，是钢或铝质的，由两个手柄、一块金属板和一个草草焊上的导锯器构成。她花了点儿时间才意识到噪声来自机器前端飞旋的锯片。她突然明白了为什么她的四肢被固定成这个样子，为什么她的手脚都刚好伸出了手术台边缘。锯片咬噬着她手腕的肌肉和骨头，她咬着嘴里的皮带，再次尖叫了起来。

"你还好吗？听得见我说话吗？"

罗莎耳中传来了一个声音，眼前又开始闪烁刺眼的白光。她挪了挪身子，试图回想昏迷之前发生了什么。有那么一瞬间，她松了一口气，以为噩梦已经结束了，但随即她发现身体左侧失去了知觉。她转过头，看向自己身体左侧，恐慌立刻吞没了她——一只巨大的实验室钳夹在她原来左手的位置，血止住了，地上的蓝桶里露出了一只手的几根指尖。

"故事的第二章发生在这间地下室。就在你开始发觉事情不对劲的时候，我和克莉丝汀已经在这里了。"

罗莎继续听男人讲着，他带着电锯和蓝桶走到了桌子的另一边。白色塑料工作服上的喷溅状血迹一直蔓延到男人的肩膀，他的面罩上也都是血。

"我知道，你女儿一旦失踪，整个国家都会炸锅，所以我准备得很充分。当时地下室不是现在这个样子的。我早就布置好了，就算有人发现了这栋房子，也发现不了这里。当然了，克莉丝汀在这里醒来的时候，惊讶极了。更确切地说，是害怕极了。我向她解释，我只是需要给她娇嫩的小手切个口子，弄点儿她的 DNA 来吸引警方的注意力，她很勇敢地配合了我。不过大部分时间里，她都是独自一人在这里，因为我在哥本哈根工作。我猜你肯定很想知道她当时什么感觉。她难不难过？害不害怕？说实话，肯定都有。她苦苦哀求我，让我放她回去找你，那场面真是感人啊，不过这种情况并没持续多久。过了一个月，这场风波逐渐平息，就到了说再见的时候。"

男人的话比胳膊上的伤口更让罗莎痛苦，她又啜泣了起来，像是胸口被撕裂了一般。

"讲完了故事的第二章，我们再休息一下。这次不要昏迷太久，我可没时间陪你。"

男人把蓝桶放在了罗莎的右手下方，罗莎乞求他住手，但她嘴里发出来的只有含混不清的杂音。电锯又发出了"嗡嗡"声，锯片转动了起来，切进了罗莎的手腕，她又开始痛苦地哀号。她的身体紧绷着，向天花板弓了起来，她感觉锯片在自己的骨头上滑动，然后卡在了一处凹陷上。锯片随即咬紧这个地方，切了下去。巨大的疼痛超出了她的想象。男人突然停手关掉了机器，疼痛仍然持续着。一阵"哔哔"的警报声淹没了她的尖叫，这也是男人停手的原因，他的注意力转移到了警报上。他转身面对那面满是屏幕的墙，电锯还在手里。她试图弄清男人在看什么，她发现其中一个屏幕上，有什么东西在动，才意识到这些屏幕上是各处监控摄像头拍下的影像。可能从远处过来了一辆车。这是罗莎脑海中闪过的最后一个念头，随即她便陷入了昏迷。

## 117

图琳全力挣扎着，血从头顶流到了脸上，她拼命深呼吸，勉强保持清醒。胶带杂乱无章地缠在她头上，只能用一个鼻孔呼吸。她的两只手也被捆了起来，所以没法把胶带撕下来。她在后备厢里侧身躺着，等吸入的氧气充足了些，便开始在黑暗中用膝盖撞向可能是车锁的位置。她全身肌肉紧绷着，后颈和背部上方紧贴着后墙，继续用膝盖一下下地撞着锁。鼻涕混着血液从她的鼻孔流了出来，然而锁纹丝不动。她觉得有颗螺丝钉嵌入了她膝盖下面血肉模糊的伤口。由于缺氧，她很快就筋疲力尽了。她放弃挣扎瘫成一团，疯狂地喘着粗气。

图琳不知道她在后备厢里躺了多久。刚刚的几分钟好像有一个世纪那么漫长，她只能听见远处机器的"嗡嗡"声，其中还夹杂着女人的尖叫。尖叫声是从通风井传来的，声音含混不清，好像女人的嘴里被什么东西堵住了。她从未听过这么让人难受的声音。要不是手被捆住了，她肯定要把自己耳朵堵上。这尖叫，仿佛把那血淋淋的场面带到了她眼前。现在她的手被捆得没有知觉了。

图琳刚醒来时根本不知道自己身在何处，身边只有一片漆黑。她摸索了一下四周，发现上方是冰冷的金属板，这才意识到自己应该是被关在汽车的后备厢里了，可能就是她和根茨来时开的那辆车的后备厢。

当车子驶过小路两边渐渐稀疏的森林，进入农场的院子时，图琳的全部注意力都被农舍所吸引了。她踩在洁白无瑕的新雪上，观察着四周高大的栗子树。随后，她看到了前门上方的招牌，便掏出来了手枪，农舍黑漆漆的茅草屋顶让人很不舒服。她一走近，农舍外的灯就亮了，屋檐下的监控摄像头也被灯光照亮。门锁上了，屋里没人，而且也没什么东西可看，但她知道自己这次来对地方了。

图琳绕着农舍走了起来，寻找其他入口。就在她决定打破一楼的窗户爬进去的时候，根茨出现在她身后，说在前门的门垫下面找到一把钥匙。图琳并不惊讶，她只是觉得自己也该想到这个可能性。两人一起从前门进了屋，她走在前面，走廊迎面扑来油漆和新鲜木头的气味。房子好像是新盖的，似乎没人住过。但等她走到客厅角落的壁炉旁，发现这里明显有人住的痕迹，但在屋外看不到房子里的这片区域。这里有张白色的桌子，上面摆着两台笔记本电脑，电脑旁还有些电子设备、几碗栗子、平面结构图、圆底烧瓶和实验器具。桌子旁边的地板上放着几个易拉罐，墙壁的上方挂着劳拉·卡杰尔、安妮·塞耶－拉森和婕西·奎恩的照片，最上面则是罗莎·哈通的照片。除此之外，她和赫斯的照片也在墙上。

见状，图琳不由得打了个寒战，感到后背发凉。她给手枪上了膛，准备继续搜索这栋房子。她的手机找不到了，于是马上叫根茨通知尼兰德这里的发现。

"图琳，我恐怕不能通知他。"

"你这话什么意思？"

"我一会儿有客人要来，我得专心工作。"

根茨站在客厅的走廊上，身后院子里的灯依然亮着。一瞬间，她脑海里闪过那天晚上公寓对面脚手架防水布后面的人影。

"你说什么鬼话呢？现在给他打电话！"

图琳突然发现根茨手里拿着一把斧头，他握着斧柄的手向下垂着。

"用农场里的栗子的确很冒险，但可能一会儿你就明白为什么非用这些栗子了。"

图琳盯着根茨，她花了好一会儿才明白他话里的意思，然后才意识到自己找他帮忙是个多么大的错误。她抬起手，用枪指着根茨，但根茨抢先一步抢起了斧头。她猛地仰头向后躲闪，但还是被打中了。良久，她在昏暗的后备厢里醒来，头痛欲裂，周遭的声音惊醒了她——根茨的声音，还有个女人疯狂的尖叫声，像是罗莎·哈通的声音。声音从院子里传来，但一会儿就消失了，再过了一会儿，又传来了含糊的尖叫声。

图琳屏住呼吸仔细听着，机器的声音停了，尖叫声也停了。她不知道这短暂的寂静是不是意味着她也要受同样的折磨。她开始想念家里的小乐和外公，脑中掠过了一个念头：她可能再也见不到女儿了。

然而，汽车引擎靠近的声音打破了寂静。一开始，她不敢相信自己的耳朵，随后传来汽车驶入院子的声音，车停了，引擎熄了，她这才确定自己没听错。

"图琳！"

图琳听出了他的声音，第一反应是不可能，怎么会是他，他不可能在这里——他应该已经去很远的地方了，但一想到来的可能是他，图琳心中便充满希望。她拼尽全力喊了起来，但只发出了一点儿微弱的声音，他在院子里肯定听不到。她开始在黑暗中向四周踢来踢去。她发现踢到其中一侧时，会响起空洞的撞击音，于是便一遍遍地踢着这个地方。

"图琳！"

他继续叫着图琳的名字。不一会儿，声音渐渐消失了，图琳意识到他进了房子。根茨肯定也知道他来了，不然机器是不会停的。她这样想着，继续在黑暗中踢着。


# 118

前门没锁，赫斯没花多久就发现一楼和二楼都是空的。他掏出手枪，匆忙跑下楼梯，从二楼回到了一楼。他穿过昏暗的房子，但没发现任何生命迹象，宽大的木地板上只有自己湿湿的脚印。他到了客厅，看到壁炉旁的工作台，墙上有三名受害者和罗莎·哈通的照片，还有图琳和他的。他停住脚步，侧耳细听，除了自己的呼吸声以外没有任何声音。壁炉还是温的，房子里到处都是根茨的影子。

第一眼看到农场的这副面貌时，赫斯惊讶不已。这里和警方旧报告中的描述相差甚远，并非一座破旧、摇摇欲坠的废墟，他有些不安。他一下车就认出了停在院子里罗莎·哈通的车，车子已经被大雪盖住了，估计已经停了一个小时。他没看到根茨和图琳开进来的车，可能是被藏起来了，要么就根本不在这里——他更希望是被藏起来了。他一进农场就发现了好几个装在房子正面的监控摄像头，如果根茨在房子里，他肯定已经知道赫斯来了。因此赫斯也就毫无顾忌地喊了起来，他先是呼唤图琳的名字，然后是罗莎·哈通。如果她们在附近，而且还活着，就有可能听到他的声音。没有任何人回答，只有一片不祥的死寂。赫斯呼吸急促起来，仔细听着，然而死寂依旧。

虽然他已经在房子里走过一遍了，但还是匆匆地回到厨房，努力回想着档案里犯罪现场的老照片。照片上有两个青少年坐在凌乱不堪的桌子两侧，但这不是重点，照片背景里有扇门，他觉得那就是通往地下室的门。他们之后在地下室发现了马吕斯·拉尔森和那对双胞胎。但现在，他站在重新装修过的厨房里，觉得自己像是身处宜家的样板间一样。那扇门已经完全不见了。墙被移动过，角度也变了，房间中间是个体积很大，但看起来从没用过的厨房岛台，上面有六眼煤气灶和一个铬合金的油烟机，岛台四周放着美式冰箱、两个白色的双层碗柜、一个陶瓷水槽、一台洗碗机和一台还没揭塑料膜的巨大烤箱。根本就没有什么通向地下室的门，只有一个走廊通向杂物间。

赫斯回到前厅，在楼梯上下看了看，希望能突然出现地下室门或是地板舱口，但什么都没有。他开始怀疑那间地下室现在还是否存在。根茨——不管他真名到底叫什么——也许早就用水泥填上了地下室，这样就不会再回忆起他们住在这里遭遇的一切。

远处传来"砰"的一声，赫斯僵住了，他听不出来这是什么声音，也不知道是从哪里传来的。眼前没有任何改变，只有雪花飘落在外面的灯光下。他急忙回到厨房，这次他打算去杂物室看看，再从后门出去，到楼另一侧检查一下有没有窗户或是竖井。总之，寻找一切可能与地下室有关的东西。他在经过厨房岛台的时候，停下了脚步。他脑中想到一个老套的情节，便走到了第一个白色碗柜旁边。他记得照片上通往地下室的楼梯就在这儿附近。他打开两扇柜门，但什么都没有，只有空空的架子。他又打开了旁边的碗柜，马上映入眼帘的是一个白色的门把手。碗柜里的隔板和后柜板都被人取了下来，厨房墙壁上有一扇白色铁门。他走进碗柜，转动把手，拉开笨重的大门，门后露出几级台阶。

混凝土台阶向下3米左右就到了底端的地板，这里白色的强光让赫斯几乎睁不开眼。他对地下空间的厌恶感又被唤醒了：奥丁公园公寓的地下室，劳拉·卡杰尔的车库，城规小区的地下走廊还有沃尔丁堡警局的档案室——现在又来一个地下室。他给手枪上了膛，一步步走下台阶，目光紧盯着下面的地板。下了五级台阶，他突然看到了什么，不由得停下脚步。下面的台阶上有什么东西，是塑料做的，又皱又粘。他用手枪戳了一下，发现那是一双蓝色塑料鞋套，他和同事去犯罪现场时候穿的那种。不过，这

291

双鞋套是用过了的，上面沾满鲜血。他又看了看下面的台阶，台阶上有一串向上的血脚印，但到鞋套的位置就终止了。他突然意识到了这代表着什么，便转过身来向上看去。有个人影已经站在门口了。斧头像摆锤一样呼啸而下，从赫斯的眉毛边擦了过去。他的脑中闪现出警察马吕斯·拉尔森的死状。

## 119

奶奶房子的地下室潮湿至极，到处霉迹斑斑。石料地板坑坑洼洼，墙壁粗糙不平。光秃秃的灯泡装在黑色瓷砖底座上，从天花板上垂下来，发出惨淡的光芒，电线上缠着的布料也被磨得不成样子。这是个扭曲而混乱的世界，陌生的房间，陌生的走廊，但只要穿过向上一层的门，就是另一个完全不同的世界了。

一楼的一切都已经发黄了，笨重的家具，花朵图案的墙纸，用泥灰糊过的天花板，窗帘，还有奶奶方头雪茄的臭味。被送到养老院之前，她白天总是坐在客厅里的花园软垫椅子上，身边那个和风珐琅碗里的烟灰堆得像小山一样。赫斯一点儿也不喜欢一楼，但他更不愿意待在地下室。那里没有窗户，没有通风口，除了摇摇晃晃的楼梯没有别的出口。他还记得每次下楼给奶奶拿酒的时候，总会左摇右摆地踏上这些台阶，脚下是无尽的黑暗。

赫斯在栗子农场的地下室里醒来时，又一次感受到他儿时常有的恶心和心悸。有人在狠狠地抽他的脸，血从眉骨流下来，流过他的一只眼睛。

"还有谁知道你在这里？快说！"

赫斯被拖到了地板上，半边身子倚着墙。根茨站在他对面，还在用手掌打赫斯。他穿着白色的塑料工作服，从沾满血的面具和蓝色发网的缝隙里，露出来一双眼睛。赫斯试图抵挡，但他的双手被类似束线带的东西绑在了身后。

"没人知道……"

"把你的手伸出来，不然我把它们都剁了。伸到这里来！"

根茨弯下腰，把他推倒在地。赫斯的脸被按到了地上，他用眼睛扫视着房间，寻找自己的枪。他发现它躺在几米外的地板上。他感觉根茨把自己大拇指按到了手机的指纹识别键上，等根茨拿着手机站起身，他才意识到那是自己的手机。他试着蜷起身子，好抵御根茨即将袭来的暴怒，结果对方猛地一脚踢在他的头上，差点儿昏过去。

"你九分钟之前给尼兰德打了电话。那会儿你在院子里刚下车吧？"

"哦，对，我都忘了。"

赫斯的脸上又挨了一脚，一口鲜血吐了出来，他差点儿呛到。他暗自保证再也不这样挖苦别人了，但根茨刚刚透露的信息是有用的。如果从他开车进院、认出罗莎·哈通的车、给尼兰德打电话已经过了九分钟，那布林克很快就会带着一队警车从沃尔丁堡赶来了。如果不是因为下雪，他们还能更快。

赫斯又吐了一口血。他突然意识到，脚下那摊血迹不可能是自己的。他顺着地板上的血迹找去，一条被截肢胳膊的伤口断面进入了他的视野。罗莎·哈通躺在一张手术室的钢桌上，一动不动，她左手手腕夹着一个塑料夹子，手已经没了；右手手腕也被锯了，不过只锯到一半。地板上有个蓝色水桶，已经准备好接她的残肢了。他看了一眼桶里的东西，胃里翻腾起来。

"你对图琳做了什么？"

但根茨不见了。他刚刚把手机扔到了赫斯腿上，然后走到房间的另一头。听声音他是在翻什么东西，赫斯趁机努力站起来。

"根茨，放弃吧。他们已经知道你是谁了，你逃不掉了。图琳在哪儿？"

"他们抓不到我的。你忘了'根茨'是谁了？"

远处又传来一阵刺鼻的汽油味。根茨带着一罐汽油回来了。他已经在墙上泼了一些汽油，然后来到罗莎身边，在她柔弱无力的身体上，从头到脚洒了一遍，把剩下的部分洒在房间其他地方。

"根茨有在取证部工作的经验，等警察来了，他也就人间蒸发了。我创造根茨只有一个目的，不过等他们发现的时候，再做什么都晚了。"

"根茨，你听我说……"

"算了，你不用说了。你肯定是运气好，发现了这里当初发生过什么，但你用不着说什么'你同情我''如果我愿意自首就能从轻发落',这些都是废话。"

"我不同情你。你可能一生下来就是精神病,一开始就不该从地下室里出来。"

根茨有点儿惊讶地看着赫斯,嘴角微微上扬。赫斯还没反应过来,脸上就挨了第三脚。

"我早该弄死你的。你在公共花园看着奎恩那个婊子,背对着我站着的时候,就该杀了你。"

赫斯又吐了一口血,舌头周围都是铁锈味,几颗上牙已经松动了。他在公共花园的时候,从来没有想过凶手就藏在暗处。

"说实话,我原本以为你是个无关紧要的人。他们说你是个一事无成又自大的蠢货,被欧洲刑警组织踢到这里来的,但后来你突然来找我肢解死猪,还想和莱纳斯·贝克谈谈,我这才意识到,我要对付的不止图琳一个人。话说回来,在城规小区的行动之前,我看到你去图琳那里和她女儿玩了过家家。我说,你是爱上那个小婊子了,对吧?"

"她在哪儿?"

"你可不是第一个为之倾倒的人,不少人去过她家,但恐怕你不是她喜欢的类型。不过你放心,在割断她喉咙前,我会转告她你向她问过好。"

根茨把剩下的汽油一股脑儿全倒在了赫斯身上。汽油的刺激让他睁不开眼,头上的新伤旧伤一并刺痛了起来,他屏住呼吸,等根茨停手。他摇了摇头,甩掉脸上的液体。等他睁开眼睛时,发现根茨已经把工作服脱掉,揉成一团扔到了一边,面罩和发网也被扔在地上。根茨站在房间尽头一扇白色的铁门前,很可能那就是通向厨房和台阶的门。他注视着赫斯的眼睛,手里拿着一个栗子人,用栗子人的一只腿在火柴盒上擦了一下,打出了火花。等火焰燃起,他把栗子人扔到地板上的汽油里,转身而去,关上了门。


120


车座后方传来一声巨响,车座也应声向前滑动,车厢与后备厢之间的板子上出现了一个裂口,图琳终于看到光了。她大汗淋漓,筋疲力尽地躺了一会儿，然后把脑袋探进裂口，但身子留在后备厢里。她转过脸，院子里狭长的灯光透过她右上方的车窗直射进来，这说明车子就停在谷仓之中。

她弄不开后备厢的锁，不过她发现，用膝盖抵住后车厢板时，板面就会微微凹陷，于是她开始用颈背一下下撞起那块板子，最后终于撞裂了它。她抵住后备厢，挪向后座的方向。要是她能找到什么东西切开手脚上的胶带，那一切就还来得及。屋内的一片死寂让她心烦意乱起来，但如果她能进屋并找到她的枪，局势就变成二对一了。赫斯不傻，既然他都找到了这里，那么他一定已经发现根茨就是幕后黑手，自然会多加小心。正想着，她突然听到火焰"噼里啪啦"的声响，就像狂风吹打摇摇欲坠的帆船桅杆的声音。声源应该就在不远处，可能是在屋里什么地方，也许和刚刚的尖叫声是同一个位置，那些尖叫声已经消失很久了。

图琳屏住呼吸，仔细听着，那就是火焰燃烧的声音，而且她开始闻到烟味了。她扭动着，试图把整个身体挪到后座上，脑中飞快地思索着起火的可能性。她突然想起前厅的桌上放着两个汽油桶，她一进屋就看到了它们，不过注意力很快就被墙上的照片吸引了，然后根茨袭击了她。如果是根茨一手策划的这场大火，那赫斯的情况就不妙了。她继续努力把躯干摆到后座上，下半身用力一蹬，终于侧身躺了上去。她已经物色好了能帮她割开胶带的东西，她马上就能进屋了。就在这时，她透过谷仓的门缝看见了根茨。

根茨正从房子的前门往外走，手里拿着一桶汽油四处泼着，下了最后一级台阶才停手。他把空汽油桶扔进门里，扔了一根点燃的火柴进去，然后转向谷仓，径直向她走来。无情的烈火在他身后蔓延。等他走到谷仓门口，屋里的火焰已经燃到了屋顶。火光明亮，根茨变成了一团黑色的剪影。

在谷仓两扇门都被拉开的那一刻，图琳纵身藏到了驾驶座后面。狂野的火光闪烁着涌了进来，她尽可能地缩成一团。汽车前门开了，她的脸颊贴在驾驶座后面，根茨的重量压了上来。他插上车钥匙，发动引擎，驶过白雪覆盖的院子，图琳听到了窗户在热浪中爆裂的声音。

## 121

死亡对赫斯早已无关紧要了。他不是不想活，只是活着太痛苦了。他没寻求过帮助，没去找过他仅有的几个朋友，也没听过谁的建议。他逃了，能跑多快就跑多快，逃离了紧追不舍的黑暗。有时候这挺有用的，他在欧洲异国的角落避难，让身心被新的事物、新的挑战占据。不过黑暗总会伴随着尘封的记忆和越来越多死人的脸，再次吞噬他，他身边谁也不剩了，而且他也谁都不欠。他只对死人有所亏欠，所以即便死神真的来了，他也没什么可失去的。

他以前一直这么想，但当根茨把他扔在地下室的时候，他的心境不同了。

根茨走了，关上了门，火势开始蔓延。赫斯马上爬到罗莎·哈通后面，从地上捡起了那台血迹斑斑的机器。机器的用途显而易见，金刚石材质的锯片，没两下就割断了他手腕上的束线带，随后脚上的带子也被割断。火已经烧到房间中央，朝着罗莎扑过去了。他站起来捡起自己的手机和枪。滚滚黑烟聚在天花板下面，他一边注意着凶猛的火势，一边以最快的速度解开了罗莎手脚上的皮带。就在火苗从地板跳到钢桌上的时候，他把罗莎瘫软的身体移到了一旁，放在根茨没有泼汽油的角落里。

但这只是权宜之计。火舌已经燃到墙上的纤维板，眼看就要烧到屋顶，而且两人身上都浸满了汽油。他们顶多能再撑几秒钟，之后要么火会烧到他们这里，要么他们会在高温下自燃。房间唯一的出口就是根茨刚刚关上的那扇门，但他们根本出不去。门把太热了，赫斯脱下夹克想包住手，结果夹克直接着火了。天花板下方的黑烟越变越厚，他注意到对面墙上纤维板的接缝处，有一小股烟打着旋被吸了出去。他抓起锯子，把金刚石锯片切进那道接缝，打算撬开纤维板。他一用力，板子就被撬开了一个角。他用手抓住翘起的部分，拼命拽着，终于掰断了板子。

板子后面露出了地下室的窗户，窗户上装着两根铁栏杆，窗外漆黑的院子里有汽车的尾灯扫过。赫斯绝望地拽着栏杆，看着车子消失在阴影里。他脑中闪过了一个念头：他的死期到了。他转回身，面对着火焰，看了看她脚边躺着的罗莎·哈通。她胳膊上的切口断面让他有了主意。他一把抓起锯子，飞身跑回窗边。这两根栏杆应该没有人的骨头粗。锯条像切黄油一样切进了第一根栏杆，三两下就把栏杆都锯断了。接着他推了推窗户，打开了。

赫斯背上的皮肤火辣辣地疼着。他把罗莎·哈通抬到窗台上，再撑起自己，爬了出去，接着回头把罗莎也拉了出来。他感觉自己脖子、衣服上都着火了，便仰面躺进窗外湿湿的雪里。

赫斯咳嗽着站了起来，开始把罗莎·哈通拉向院子另一头，他还是感觉全身像着火了一样，想迫切地一头扎进雪里凉快凉快，再把肺里清一清。等他走到离农舍20米的地方，便把罗莎靠在一堵石墙边上，自己飞快地跑起来。


## 122

图琳的内心尖叫着让她赶紧行动，她蜷缩在驾驶座后面的暗处，一边注意着车的速度和动态，一边回忆着来时走过的路，试图推测根茨什么时候可能分心。窗外的大雪和黑暗对她有利，根茨开车必须全神贯注——路上伸手不见五指，而且雪已经至少有5到10厘米厚了。她手脚依然被绑着，脑中思索着自己制服根茨的概率有多大，她不做行动的每一刻都是浪费时间，她得尽快回农场才行。虽然车子在离开谷仓、穿过院子的时候，她没敢探头看窗外的情况，但她能感觉到火势有多凶猛。

车子好像突然减速，上了一个大弯道。图琳全身的肌肉都绷紧了，她意识到他们已经快行驶到主路和农场的中间了，便猛地坐了起来，下定决心举起被绑住的双手，当作套索向驾驶座甩去。在仪表盘微弱的亮光中，隐约闪烁着的那双眼睛从后视镜中看到了她。他像早就准备好了似的，重重击打她的手臂，把她打了回去。她试着发起第二次进攻，而这次根茨松开了踏板和方向盘，转过身子，一拳一拳地打在她的脑袋上。汽车自己停了，发动机"嗡嗡"地空转着。图琳一动不动地躺在后座上，拼命用鼻孔吸着气。

"我要表扬你一下，整个谋杀案小队，你是唯一一个我觉得要看紧的人。换句话说，我知道关于你的一切。我能分辨出你的气味，也知道你容易出汗。你还好吗？"

根茨的问题毫无意义。他一直知道图琳就藏在后面。他抽出一把刀，抵在她嘴上的胶带上。她一时还以为他要把刀插进自己嘴里，不过他只是划开一个口子，为了让她方便呼吸。

"他们在哪儿？你对他们做了什么？"

"你已经知道了。"

图琳仍然躺在后座上喘着气，脑中浮现着农场燃烧的画面。

"实际上，赫斯也没什么心思活着了。不过话说回来，他让我在割断你的喉咙之前，代他向你问个好。这是不是多少能安慰你？"

图琳闭上眼睛，无数的情绪涌上心头，眼泪流了下来。她为赫斯和罗莎·哈通哭泣，但更多的是为小乐哭泣。她还在家里，她没做错任何事。

"哈通家女儿的案子，也是你做的？"

"是的，我必须这么做。"

"但为什么……"

图琳的声音又细又弱，她不喜欢这样。突然间，一切都安静了。她睁开眼睛，看向根茨漆黑的身影。他只是盯着黑暗，若有所思，然后摇摇头摆脱了思绪，又将脸转向她。

"说来话长，但我没那个时间，你该睡了。"

他拿刀的那只手动了起来，图琳把双手举到面前抵挡。

"根——茨——"

一声大喊划破了寂静，但图琳没听出喊的人是谁。是从远方传来的声音，像是来自森林深处，或是更远的地方。根茨的身体绷住了，用闪电般的速度转向叫声传来的方向。图琳看不见他的脸，但他似乎带着难以置信的表情看着什么。她挣扎着坐了起来，透过风挡玻璃顺着车灯看去，明白根茨为何惊讶了。


## 123


他的胸膛快要爆炸了，心脏像个铁锤一样撞击着疼痛的肋骨。他的呼吸从嘴里翻滚出来，在空气中形成了不规则的白色云朵。他的胳膊颤抖着，手里的枪指着前面的车。赫斯站在马路中间，车灯光束的边缘处，离车子足足有 75 米远。几分钟之前，他像个僵尸一样从黑漆漆的森林里爬了出来。

农场在他身后燃烧，发出的光照亮他脚下的路。在他后面，火焰散发出狂野的光芒，树木拉出了长长的影子，他向影子拉长的方向跑去。他记得来农场的路不是直的，是个字母 C 形的大弯道，他打算抄近路走直线，赶在汽车之前到达小路另一头。但他在森林里跑得越深，火光就越暗，虽然雪的反光起了一点儿作用，但随着他身边的森林越来越茂密，他几乎什么都看不见了，只能像瞎子一样跑着。他周身一片黑暗，但在黑暗之中，他能看到颜色更深的树影，他决定继续朝这个方向跑，无论遇到什么障碍都不停。他在雪里摔了好几跤，几乎完全失去了方向感。就在这时，他瞥见左边远处有光源移动着。然而，光源移动的速度突然放慢了。等他跑到路边时，发现车子就在他身后，引擎空转着，车灯依然亮着。

赫斯不知道车为什么停了，他不在乎。根茨就在风挡玻璃后面，但赫斯不打算马上就靠近。他站在路中央一动不动，手里的枪指着正前方。轻柔的风声划过树梢，他听到手机铃声响了。突兀的铃声让他有种不真实感，过了一会儿他才意识到响着的是自己的手机。他盯着面前的车，注意到驾驶席上有手机屏幕的亮光。他犹豫了一下，从兜里掏出来手机，但眼睛还是死死地盯着前方。

电话里传来的声音冰冷单调。

"哈通在哪里？"

赫斯能看到方向盘后有个人影。根茨的问题提醒了赫斯——他唯一在乎的事情是折磨罗莎·哈通。赫斯努力稳住呼吸，让声音尽可能地冷静下来。

"她没事。她现在坐在院子里等你回去，告诉她女儿怎么样了。"

"你说谎。你根本就没把她救出来。"

"你做的那把锯子能锯断的可不只是骨头。作为一个优秀的取证人员，你把它扔下的时候应该想到这一点的。不是吗？"

电话另一头的根茨沉默了。赫斯知道他在检查地下室的摄像头，想搞清楚究竟发生了什么，掂量赫斯的话是真是假。虽然警察已经在来的路上了，但有一瞬间，赫斯还是很怕他会直接开回农场去。

"告诉她，我改天还会回来看她的。你让开，图琳在我手上。"

"我不在乎。你下车，把武器放在地上。"

一阵沉默。

"根茨，下车！"

赫斯的枪瞄准了车子。他唯一的目标就是方向盘后亮着的屏幕，但这点儿光亮马上就消失了，电话也挂断了。一开始，他不明白对方的意图，但随后汽车引擎开始咆哮，发动机飞速运转起来，似乎油门被踩到底了。车轮在雪地里"呼呼"地飞转起来，尾气在车后灯的红光中翻腾。轮胎随即咬住了地面，向前冲去。

赫斯把手机扔到一边，继续瞄准，车子径直向他冲了过来，越开越快。他开了第一枪，第二枪，第三枪。前五枪都瞄准了汽车水箱，什么都没发生，他双手的颤抖造成了这个结果。他继续试着，双手紧紧握着枪柄，一次又一次扣下扳机。他的信心渐渐动摇了，那辆车周围好像有什么隐形防护罩。车子离他30米的时候，他突然想到，如果图琳在车上，他再打偏就可能误伤到她。扳机上的手指僵住了，他举着枪站在路中央，听着发动机的轰鸣声，但还是扣不下去扳机上的手指。车马上就要撞到他，他没时间躲开了。千钧一发之际，他瞥见风挡玻璃后面有什么动静。车猛地偏离了方向，从他身边掠过，引擎盖上的热量拂过他身体右侧。他转过身，看到车子在马路上翻滚着。爆发出一连串的巨响，金属碎裂声、玻璃破碎声、发动机的声音变得尖锐刺耳，车喇叭也开始轰鸣。两个纠缠在一起的身影从风挡玻璃甩了出来，就像两个无力的人偶般飞进了树林。他们在空中旋转着，紧紧抱在一起，但随后两人都松了手。一人继续沿弧线飞着，而另一人"砰"的一声撞在树上，和黑暗融为一体。

赫斯跑了起来。引擎盖卡在了树桩上，但车灯还亮着，他一眼就看到了树上的人影。一根粗壮弯曲的树枝穿过了他的胸膛，双腿吊在空中抽搐着。他看见了赫斯，开口说道。

"救救……我……"

"克莉丝汀·哈通在哪儿？"

对方只是睁大眼睛盯着他。

"根茨，回答我！"

生命迹象渐渐消失了。他在树枝上挂着，几乎和树合为一体。他脑袋耷拉着，双手垂在两边，就像他的其中一个栗子人一样。赫斯绝望地环顾四周，呼唤着图琳，栗子在他脚下的雪里"嘎吱"作响。

## 11 月 3 日 星期二

### 124

日出了，罗斯托克刮着寒风，三辆警车一同沿着坡道驶出渡轮码头，向着距此有几小时车程的目的地进发。赫斯开着最后面那辆车，尽管他无法预知这次会有怎样的结果，但能离开的感觉很好。过去的几天里，局里的各个部门都弥漫着沮丧的情绪，人们都忙着撇清关系。十一月的阳光照耀在高速公路上，他可以安然地打开收音机，不用再担心被迫收听有关国内乱象的报道了——人人都在相互中伤，找替罪羊。

根茨就是栗子人杀手的消息震惊了所有人。他是取证部的总负责人，而且一直都是同事的指路明灯。他在取证部里的追随者至今无法相信事实——他不仅滥用职权，手上还有好几条人命。反对的声音指出，他掌握的权力太多了，但批评和自我反省并没有止步于此，至少媒体没有就此罢休。重案组任用他、采用他的技术，但没有对其产生丝毫怀疑，因此也就成了媒体的主要攻击对象。当然，提拔过他的高级官员也难逃一劫。不过到目前为止，虽然司法部长面临四面楚歌的境地，但没有为这些错误承担任何后果——至少在他们公开解释西蒙·根茨的行为之前，部长还不会受到惩罚。

媒体一片喧嚣，赫斯和其他警探则集中精力收拾残局。最让赫斯震惊的是，根茨竟然能成功地引导调查方向。最开始他让罗莎·哈通入局，引导图琳和赫斯调查带指纹的栗子人。然后他让两人追踪装着劳拉·卡杰尔手机的包裹，找到埃里克·塞耶-拉森，自己则借机去卡拉姆堡袭击了安妮·塞耶－拉森。他入侵了瑞斯医院的儿科数据库，调查了劳拉·卡杰尔、安妮·塞耶－拉森以及婕西·奎恩的孩子——后来警方发现，奥丽薇亚·奎恩曾因在家中发生意外在瑞斯医院住过院——然后给市政府寄了匿名信，就此暴露出来体系的无能，而相关部门也不得不为此焦头烂额。他及时发现了他们在城规小区给凶手设下的埋伏，到哈莫克花园袭击了婕西·奎恩。图琳和赫斯对莱纳斯·贝克的探访无疑给他施加了压力，所以他受官方调遣前往斯堪斯和尼尔加德住处的时候，趁机在那里留下了断肢。最后，他还利用租赁卡车的追踪装置，跟着这对情侣去了森林，然后再打电话给尼兰德，通报两人的位置。这些发现已经很让人不快了，但很可能还有更多的真相没有浮出水面，特别是因为警方还没调查完去年他在克莉丝汀·哈通一案中扮演的角色。

警方调查根茨的个人历史时，赫斯在数据库中查到的相关信息已经被核实扩充过了。在离开欧荣农场之后，双胞胎孤儿就被分开了。在托克·白令十七岁时，因为找不到新的寄宿家庭，当局便把他送到了西兰岛西部的一所寄宿学校。他在那里得到了命运的垂青。一位上了年纪但膝下无子的商人，在那个学校为穷困的孩子办了一个基金会，商人最终收养了他。那位姓根茨的商人给了他一个重新开始的机会，送他到索罗的精英高中读书，让他改名为西蒙·根茨。因为学习速度惊人，他在精英高中时便开始大放异彩。然而，这个男人只是表面上成功的社会改造：二十一岁时，他在奥胡斯的一所大学，学习经营经济学和信息技术，当时显然已经和里斯森林案的实验室助手有了勾结。警方仔细查看了奥胡斯警方的案件卷宗，他们发现这样一段话："西蒙·根茨，学生，住案发现场对面的学生宿舍，有可能在谋杀发生当天目击到死者前男友的出现，因此接受审问。"换句话说，谋杀案很可能就是根茨犯下的，而他还为案子提供了对他人不利的证据。

在他的监护人死于心脏病之后，他继承了一大笔遗产。他一获得经济自由就搬到了首都，转校到警察学院，并立志成为一名取证技术人员，人们很快注意到他在这门学科上的天赋和敬业精神。但显然，他在警察学院学到的第一件事就是入侵国家身份证数据库，删除了自己和托克·白令的一切关联。根茨之后频频高升，他的成绩从前引人注目，但现在只让人毛骨悚然——警方不得不重启 2007 年至 2011 年间两起悬而未决的女性谋杀案，因为在犯罪现场发现了栗子人照片。

2014 年，根茨已经是领域内的知名专家，开始同时为德国联邦警察局和苏格兰场工作。大约在两年前，他被任命为哥本哈根警方取证部的负责人，便辞去德国和英国的职务。罗莎当时因被任命为社会事务部长而名震全国，他申请取证部职位的真正原因——应该就是希望利用自己的职权，完成报复罗莎·哈通的计划。他买下了栗子农场，用遗产剩下的钱把农场重新装修了一遍。在去年秋叶开始飘落的时节，他把自己复仇计划的第一部分付诸行动。作为取证部的负责人，他能轻而易举地操控调查中的各类证据。他让警方误判了克莉丝汀绑架的地点，然后伪造了能坐实莱纳斯·贝克罪名的证据。警方上周末检查他在实验室里的电脑。图琳发现，在警方发现之前，他就知道莱纳斯·贝克入侵过犯罪现场的档案库，但没和任何人提及此事。他肯定已经意识到莱纳斯·贝克就是他在找的替罪羊，之后的事情就是小菜一碟了：他把带血的砍刀放到贝克公寓的车库里，然后再匿名向警方举报。贝克决定承认罪行对他来说一定是个意外惊喜，但这对他的计划没有影响，毕竟给他定罪的证据已经堆积如山了。

对赫斯来说，最主要的问题是，在根茨少得可怜的财产中，没有任何线索能知道克莉丝汀·哈通身上究竟发生了什么。所有相关资料都被删除、破坏或是焚毁了，就像被烧焦的栗子农场一样。起初，他把希望寄托在森林中被撞坏汽车里的两部手机上，但后来他发现，那两部手机都是全新的，案发当天才开始使用。不过，汽车的 GPS 定位记录显示，根茨常去德国北部，罗斯托克东南部的一个地区。由于根茨过去为德国联邦警察工作过，这条线索起初并未引起警方注意。但赫斯昨天下午联系了法尔斯特岛和洛兰岛的渡轮码头，罗斯托克这条线索变得耐人寻味起来。罗斯托克的渡轮码头称，有一辆深绿色的租赁汽车始终没人来取，但它从上周五开始就一直停在那里了。那正是根茨被栗子树刺穿身亡的日子。他们给德国租车公司打电话，发现车子是以一个女人的名义租的。

"租车人的名字是爱丝翠·白令。"电话另一头的声音说道。

调查自此加速了。赫斯迅速联系了他在德国警方的熟人，费了不少周折，发现根茨的双胞胎妹妹现在就居住在德国。具体地说，她住在一个叫布格维茨的小村子里。那里靠近德国与波兰的边境，离罗斯托克大约有两小时的车程。他记得，这位双胞胎妹妹一年前离开精神疗养院之后，数据库里的信息就没有更新了。显然，在此期间根茨一直和她保持联系，至少 GPS 定位记录是这么显示的。她可能是唯一知道克莉丝汀·哈通下落的人。

"图琳，醒醒。"

赫斯旁边座位上衣服里的手机响了，图琳从一件夹克衫底下探出头来，一副睡眼惺忪的样子。

"可能是德国警方打来的，因为我要开车，所以我让他们有什么情况就给你打电话。你直接把电话给我吧。"

"别把我当病人，而且我德语说得好着呢！"

赫斯笑了笑。图琳从夹克口袋里掏出手机，带着一点儿被吵醒的起床气。她的左臂断了两处，满脸都是瘀青，缠着绷带的胳膊吊在脖子上，简直就是一个行走的车祸现场。赫斯也好不到哪里去，半小时前在渡轮上吃早饭的时候，样子简直般配到家了。一回到车里，她就问赫斯能不能小睡一会儿，赫斯没有反对。从周六下午开始，两人就没怎么休息过，他们各自的新雇主都给他们放了几天假，好好把眼前的案子收尾，顺便休养一下身体，但赫斯猜她最近都没怎么睡。他对图琳满怀深切的感激，要不是她在车上踢了根茨一脚，他可能已经被撞死了。那天晚上，他在挂着根茨的树后面搜寻了一阵，才发现失去知觉的图琳，他无法判断她的伤势严不严重。一听到警笛声接近，他便把她抱到路边，送上急救车，然后她就被送去了最近的医院。

"对……好……知道了……谢谢。"

图琳挂断电话，眼睛里有了神采。

"他们怎么说？"

"特遣队在离地址 5 千米远的地方待命。一名当地人说有个女人住在那栋小屋里，而且据他描述，女人和爱丝翠·白令的年龄相符。"

"但是呢？"

赫斯从图琳的表情看出她还有什么话要说，但他猜不出是好事还是坏事。

"那个女人很少与别人接触,但有人在森林见过她几次。她有时会带着个十二三岁的孩子在那里散步,他们一直以为那是她的儿子……"

## 125

阳光透过磨砂玻璃照了进来。爱丝翠站在走廊里,她脚边的门垫上放着几个包。她不安地等骑车出游的那家人再骑远一点儿,这样他们就不会看到她开门冲出去的画面。她离车库和里面那辆又小又破的西雅特不过十五步之遥,但她依然不耐烦地蹭着脚。她想赶在别的自行车或汽车经过前回来接上穆勒。

爱丝翠有点儿睡眠不足,她昨天晚上大部分时间都躺在床上睡不着,脑子里翻来覆去地想着所有可能发生的事情。等到早上六点一刻,她终于下定决心要违抗哥哥的命令离开这里。她打开了食物储藏室的门,进去摇醒了穆勒,让她在自己做早餐的时候穿好衣服。今天早餐只有几片可以抹果酱的脆面包吃,她把最后一个苹果留给了穆勒,她整整一周都没敢出门买东西了。上周五晚上就打包好了两人的行李,哥哥让她在他回来前做好出门的准备,但他始终没有回来。她站在厨房水槽上方的窗户旁,焦急地凝视窗外的乡间小道,观察着偶尔出现在黑暗中的车灯。但这些车子都会径直开过这栋孤零零的房子,在她周围环绕的只剩田野和森林。每次有车经过,她总会害怕起来但最终又会如释重负,但她什么都不敢做,只是又等了一天,接下来的每一天也是如此。平时哥哥总会像闹钟一样准时地早晚各打一次电话,向她确认一切正常,但从上周五早上起,他就没有再打电话过来。她没法给哥哥打电话,因为不知道他的电话号码。他很久以前和她说过,留固定的号码太过危险,所以她也只好忍受这样的安排。她一贯对哥哥的所有提议言听计从,因为他很聪明,知道怎样做最好。

如果没有哥哥,爱丝翠可能早就迷失在毒品、酒精和自我厌恶之中了。哥哥不知疲倦地走访各家各户,敲开精神疗养中心的门,让他们再想新疗法治疗她,她这才振作起来。他一次又一次地听精神医生和心理治疗师解释她精神上受的伤害,但她一直没能明白,自己的痛苦有多深,哥哥的痛苦就有多深。她知道哥哥能做出什么事来,当年她在欧荣农场亲眼见过了。

她这些年来一直沉浸在自己的痛苦中，没能注意到哥哥的痛苦。等她终于明白的时候，一切都为时已晚。

大约一年前的一天，他去她当时住着的疗养院接她，带她上了车。他们开车去了渡口，然后去了罗斯托克南部的一个地方，来到一间用她名字买的小别墅前。她有些迷惑，但那天，那栋包裹在秋日色彩之中的小屋无比迷人，她感动极了，对哥哥的爱护充满了感激。然而随后哥哥和她讲买这栋房子的目的，以及之后要在这里做什么，她的这些情绪也就消失了。

一天晚上，他从后备厢里抱出一个被下药的小女孩。爱丝翠害怕极了，她一个月前在疗养院的电视上见过这个女孩。哥哥得意扬扬地告诉她这女孩的妈妈是谁。爱丝翠反对他的计划，他便勃然大怒，声称如果爱丝翠不照顾她，他立刻就杀了那女孩。他把女孩留在改造过的食物储藏室里，随后就离开了。走之前，他告诉爱丝翠，这栋房子里装满了监控摄像头，她们的一举一动他都看在眼里。爱丝翠一直很怕他，他的举动让爱丝翠无比恐惧，甚至比当年看到他拿着斧子站在警察尸体边上还要害怕。

起初，她一直避免和女孩接触，每天只在进储藏室里送食物的时候，靠近她两次。但永不停歇的哭声实在让人受不了，女孩悲惨的遭遇也让她想起了自己被关在地下室的日子，很快，爱丝翠就放她出来了，让她到厨房和自己一起吃饭，或是去客厅看德国台的儿童节目。爱丝翠觉得她们都是一个屋檐下的囚犯，两人在一起的时候，时间就过得没那么慢。她试图从前门逃跑过一次，爱丝翠不得不挡住她的去路，把她锁回储藏室里。周围没有邻居，所以吵闹一点儿也没关系，但这还是令人不悦。爱丝翠并没有精力庆祝圣诞节和新年这种节日，但她决定制定一些固定的日常活动，这样她们就能更有意义地利用时间了。她突然发觉自己对她生了怜悯之心。

每天都从早饭开始，然后是做功课。爱丝翠有次去附近稍大一点儿的镇上，给女孩买了粉色铅笔盒以及数学和英语课本，她开始尽己所能地给女孩上课。她找到了一个网站，让女孩在上面学丹麦文学，女孩抓住了这个机会，十分感激她。她们上午上三节课，然后一起做午饭，一起吃，之后再上一节课。这节课通常是体育课，她们会在客厅将就着锻炼一下。就是在体育课上，她们第一次一起笑了出来，因为她们一起做原地高抬腿跑的时候，都觉得对方看起来傻透了。这是三月底发生的事，她已经很多年没有这么开心过了。她开始管女孩叫穆勒，因为这是她能想到的最好听的名字。

但每次哥哥来的时候，气氛都会变得不同。哥哥每周至少会来一次，爱丝翠和穆勒在他来时都会变得腼腆而沉默，那场面就像是刽子手进了房间一样。她哥哥也发现两人之间建立起了情谊，为此斥责了爱丝翠好几次。他看监控发现她对女孩如此宽容时，还打电话来骂过她。他们三人一起吃饭，一般没人说话，他通常只是阴沉着脸坐着，盯着穆勒，看她收拾盘子、洗碗。爱丝翠在这种时候总是警惕地关注哥哥的一举一动，不过什么事都没发生过。穆勒夏天也曾试图逃跑，哥哥在那时打过她一次，但仅仅是用掌心打了一下。

她那次逃跑前夕，由于天气热了起来，待在屋里闷得要死，所以他们就把功课挪到了屋后的露台上，也在那里上体育课。一天，穆勒问他们能不能去森林散步，爱丝翠觉得没什么危险，森林很大，而且她很少在里面碰见什么人。不管怎么说，他们离丹麦很远，而且穆勒也不是来时的样子了。她的头发剪短了，穿着打扮也像个男孩。哥哥大发慈悲，准许了这个请求，但在一次散步时，她逃跑了。像往常一样，他们一看到别人在树林里闲逛，就会背过身朝房子走回去，不过那次，她摆脱了爱丝翠，朝一对老夫妇跑去。爱丝翠不得不把歇斯底里的她一路拽回家。显然，监控里记录下了这不寻常的一幕，几个小时之后哥哥就到了，作为惩罚，他们关了她一个月的禁闭。整整三十天，她只有上厕所的时候，才能从储藏室出来。惩罚结束后，爱丝翠带她去了露台，给她买了最大的冰激凌。她告诉穆勒自己有多失望。穆勒向她道了歉，然后她抱了抱女孩虚弱的身体。自此，一切都非常顺利，她们每天照常上课、锻炼，她希望日子能永远这样下去。秋天来临了，她哥哥开始带栗子回家。

"穆勒，你在这里待着。我马上回来。"

骑自行车的一家人已经走了，爱丝翠打开前门，一只手拎着一个包，踏入寒冷清新的空气里。她匆忙跑进车库，思索着如果开快点儿她们今天能走多远。她没时间做计划了，平时都是他哥哥负责这类事情，但现在她只能靠自己。只要穆勒还在自己身边，一切就都还好。她和穆勒属于彼此，早就不觉得女孩除了这里还有别的家了。也许哥哥不在也是好事，既然复仇已经结束，他保不齐会对女孩做什么。

她一边想着，一边转身进入车库，一只戴着手套的手突然捂住了她的嘴。

"里面有多少人？"

"女孩在哪儿？"

"回答我！"

他们抢过她手里的包。她吓坏了，说不出一句话。一个双眼异色，满脸瘀青的高大男人用丹麦语和她说话。她结结巴巴地回答起来，不停地说他们不能把女孩带走。她的喉咙哽住了，眼泪夺眶而出，对方完全没有听她讲话。

"她在哪儿？"男人继续问道。爱丝翠意识到，不论回不回答，这些举着步枪、戴着邪恶面具的人都会把房子扫荡一空。她给了男人想要的答案，然后整个人瘫倒在他脚边的瓷砖上。


## 126


厨房空荡荡的，她知道自己不会再回来了。她穿着大衣坐在凳子上，旁边桌上的油布污迹斑斑。她在等妈妈来接她，因为他们不让她独自出门。

所谓的"妈妈"不是她真正的妈妈，只不过那个女人让她这样叫，她真正的名字是爱丝翠。她们出门的时候，她更是坚持如此。她依然记得自己真正的爸爸妈妈，也记得自己有一个弟弟，而且每天都期盼着能再见到他们。期盼是痛苦的，她学会了乖乖听话，但等时机成熟，她就会抓住机会逃跑。她试图逃跑太多次了，但无论是在现实中还是幻想中，一次都没成功过。然而，此时此刻，她透过窗户警惕地看着车库，心里油然而生一种奇怪的希望。

也许几天前在她心里，这种希望就扎了根，因为从那天起，那个男人就没再来过。妈妈那天收拾好了所有行李，让她在这个板凳上坐好。但是，男人没有来。第二天、第三天也没来，甚至都没打来一通电话，妈妈似乎比平时还要紧张不安。今天早上妈妈叫醒她时，她听出妈妈的声音里有决绝的意味。

逃跑可能是件好事。离这栋可恨的房子远点儿，离那男人和他无处不在的摄像头也远点儿。但是去哪儿做什么呢？要是一切变得更糟了怎么办？她没敢继续想下去，然而对未来的迷茫并没抹杀她的希望。前门开着，一缕阳光照射进来，妈妈还没有回来。她心中的希望就此而生。她小心翼翼地站起来，踩在地板上，眼睛紧紧盯着车库前面的空地。这可能是她最后的机会了。天花板的角落里，摄像头的红灯闪烁着，她一只脚慢慢挪到了另一只的前面。


# 127

尼兰德很不情愿事情发展到这般田地，他现在和德国的特遣队站在森林边上，等里面的人确认克莉丝汀·哈通在不在那间小木屋里。从上周五开始，一切逐渐失控，就像有人把他脚下的地毯一下抽走了。祸不单行，他还被媒体现场直播受到羞辱的画面。在那个他想勾搭的公关顾问怂恿下，他承认自己误判了案情，破案的功劳自然而然地落到了赫斯和图琳头上。

在尼兰德眼里，他们这样做简直等同于把他的命根子切下来，钉在警察局外面示众，但他还是照领导说的做了。他不得不眼睁睁地看着自己的手下和专家，在根茨寥寥无几的财产中搜寻哈通家女儿的踪迹。然而，仅仅几天之前，他还对着无数摄像机宣称这个案子已经尘埃落定。

他觉得根本收拾不完自己的烂摊子，但还是坐上警车，一大早就离开了哥本哈根警局，来了德国。他很快就能知道那致命一击会不会落到他身上，就不用紧张了。如果克莉丝汀·哈通不在房子里，那损失就还可控，她的案子就依然是个谜，他就可以朝这个方向对媒体自由发挥；如果克莉丝汀·哈通就在房子里，那地狱之门就向他敞开了。当然，他也可以推卸责任，说他自己并非圣贤，犯错也是人之常情，而罪魁祸首应该是把取证部交给根茨这个心理变态的人。

德国特遣队包围了房子，兵分两路向中央靠近。然后，他们突然停下脚步。前门开了，冲出来一个瘦弱的身影。尼兰德紧紧盯着那个人影。她跑到郁郁葱葱的花园中间就停住了脚步，盯着园中长长的挂着露水的野草发呆。

没人敢轻举妄动。她长大了，变了样子，眼神也变得深邃而荒凉。尼兰德已经成百上千次看过她的照片，一眼就认出了她。

## 128

时间花得太久了，罗莎觉得这不是个好兆头。他们站在主路边上，看不到小屋，但警方告诉他们，小屋就在500米外田野的另一边，树丛和灌木的另一侧就是。阳光明媚，但寒风刺骨，他们躲在两辆大型警车后面，却依然冻得瑟瑟发抖。

前一天晚上，警方告诉罗莎和斯提恩，他们在追踪一条与德国有关的线索，两人便坚持今天一起来。凶手的妹妹住在德国与波兰边境附近的一间小屋里，有迹象表明，凶手在栗子农场附近的林间公路上身亡时，正在准备去找他妹妹的路上。这是一次真正的机会，他妹妹可能是共犯，或许她知道克莉丝汀的情况。警方没有其他线索可以调查了，再加上凶手已死，再也开不了口，两人便斩钉截铁地要求乘车一起来。

手术后，罗莎最先看到的是斯提恩满是泪痕的脸。她意识到自己在一家真正的医院里，而不是那间地狱般的白色地下室。她醒来后问的第一个问题是那个人说什么了没有。斯提恩摇了摇头算是回答。罗莎看出他现在已经不在意这事了。对他来说，罗莎活着就已经是莫大的宽慰，她在古斯塔夫的眼中也看到了这种情感。他们看到她被折磨、截肢的身体时，自己也同样痛苦不已。她左臂末端的止血夹避免了她失血过多，算是救她一命，但她被截下来的手已经被大火吞噬。医生告诉她，会慢慢减轻疼痛，过段时间就能做好为她专门定制的义肢，很快就能习惯偶尔消失的疼痛和手臂末端缠着绷带的残肢。

不过奇怪的是，罗莎并不为此心烦，也没有因此崩溃，她觉得这只是微不足道的牺牲，她愿意付出一切。虽然她的右手保住了，但她愿意失去这只右手，甚至是自己的生命，只希望时光能够倒流，她能救回克莉丝汀。躺在病床上时，内疚压垮了她，她为很久以前犯下的罪过责备自己而哭泣。那时她还是个小女孩，一切都是她的错。虽然她长大之后的大部分时间都在弥补过错，但也无济于事，克莉丝汀也因此受了苦。她什么都没做错，只是做了自己的女儿。想到这点，罗莎害怕了。斯提恩试图让她不要再自我折磨，但克莉丝汀终究是不在了。声称绑架她的男人也死了，罗莎每时每刻都在希望那男人绑架的是自己。

前一天晚上，在悲伤和自责中，两人接到了警方关于新线索的消息，他们给两人留了位置，会在日出之前带他们前往德国。几小时后，斯提恩到了停车场，德国警车在那里等候，他从丹麦和德国警方交流的信息中得知，去年夏天，曾有人看到住在那个地址的女人带着一个孩子在森林里散步，那个孩子和克莉丝汀同龄。丹麦的几位警官没做任何保证，行动一开始，他们就抛下了罗莎和斯提恩，让两人和德国警官一起走。突然之间，罗莎意识到，她有点儿不敢相信克莉丝汀还活着。这种相信意味着她要再建立起一个希望，一个梦想，一座空中楼阁，但它随时都可能摔得粉碎。昨天晚上，她起床穿衣服，为出发做准备时，选了克莉丝汀能认出来的衣服，深蓝色牛仔裤、绿色套头衫、老旧的秋大衣和一双皮毛衬里的靴子。克莉丝汀总管这双靴子叫"小熊靴"。她试着说服自己，只是随便找点儿衣服穿，但她选这些衣服的原因只有一个——她怀有希望，觉得今天能再见到自己的孩子，能跑向克莉丝汀，紧紧地抱住她，用自己全部的爱淹没她。

"斯提恩，我想回家。我觉得我们得回去了。"

"什么？"

"打开车门吧。她不在这里。"

"他们还没回来呢……"

"我们不应该离开家这么久的。我想回古斯塔夫身边。"

"罗莎，我们现在要待在这里。"

"开门！你听到我说话了吗？开门！"

她拼命地拽着门把，但斯提恩不想掏钥匙让她进去。突然，斯提恩在她身后看到了什么，她也转身朝同一个方向看去。

树丛和灌木中走出来两个人影，穿过田野，向警车靠近。他们的脚抬得很高，可能是因为田野里的泥沾到了鞋上。一个人是那个叫作图琳的女警察，另一个人拉着她的手，乍一看，好像是一个十二三岁的小男孩。头发很短，穿着邋遢，肥大的衣服挂在身上，就像个稻草人。他一直低头看着地，在泥地里费力地迈着步子。然后男孩抬起了头，目光在警车旁搜寻，罗莎和斯提恩就站在那边，罗莎知道那就是她。罗莎胃里剧烈翻腾起来，她瞥了斯提恩一眼，看他是不是和自己想的一样。斯提恩的脸已经扭曲了，眼泪从脸颊上滑落。罗莎全力奔跑着，把警车抛在身后，冲进田野。当克莉丝汀也放开图琳的手跑起来时，罗莎才意识到一切都是真的。

## 11 月 4 日 星期三

### 129

赫斯抽着烟，香烟的味道好像和平时不同，此刻他并不像平时那样急着拥抱机场的国际氛围。他现在在三号航站楼的入口，尽管外面大雨倾盆，他还是想再等等，看图琳会不会出现。

他心中依然没有消散昨天的情绪。就算他有片刻遗忘，只要随便在手机或 iPad 上面看看新闻，就能马上回想起来。哈通一家和女儿团圆的新闻已经取代了有关西蒙·根茨的报道，成为各大媒体的头版头条，唯一能压过这条报道的风头可能只有中东地区爆发新战争的消息。看到那对父母站在风中的田野里拥抱那个女孩的时候，赫斯把眼泪强忍了回去。离开德国后，他回到奥丁瘫在床上。昨晚，他多年以来第一次睡够十个小时。

今天他带着一种早已遗忘的幸福感醒来，然后开车接上图琳和她女儿，一起去了马格纳斯·卡杰尔所在的疗养中心，这对母女现在正享受着迟来的秋假。两个孩子很快就因为他们的共同爱好《英雄联盟》混熟了。马格纳斯的继父汉斯·亨利克·霍芝上周末在日德兰一处休息站被交警发现并逮捕了，不过这不是他想去看望马格纳斯的原因。部门主管告诉图琳和他，已经为马格纳斯找到了一户不错的寄养家庭。这户家庭来自吉勒莱厄，在做寄养家庭方面有十年的经验。他们还有一个比马格纳斯稍小的养子，想为他再添一个兄弟姐妹。马格纳斯和新家庭的会面很顺利，不过他后来还是表示，如果有可能，他还是想和"两只眼睛颜色不一样的警察"住在一起。当然了，这话也不能太当真。图琳带小乐去散步的时候，赫斯和马格纳斯一起玩了一会儿。他们这局推了一座塔，消灭了一群杂兵，杀了对方一个英雄。赫斯把电话号码写在一张纸上交给马格纳斯，然后离开了房间。他又和部门主管确认了马格纳斯的寄养家庭足够好，这才出了门。

在科技馆里，赫斯和图琳吃了当日特色菜。小乐忙着玩光迷宫，他们两人则继续在小餐馆里坐着。周围都是带小孩的家庭，整个场馆充斥着吵闹声和尖叫声。他们心里都明白，赫斯马上就要去布加勒斯特了，这几天两人之间亲密自然的氛围突然变得尴尬了起来。赫斯对图琳那双眼睛着了迷，他想说点儿什么，但就在这时，小乐跑了回来，把两人拽到狮子洞前。这是一个游乐设施，只要把头伸进箱子的洞里，用尽全力大声叫，狮子洞就能测出你吼声的威力。图琳该走了，分别的时候，她告诉赫斯会去机场为他送别。听到这话，赫斯精神一振，赶回奥丁和管理员、房产经纪人安排了会面。

房产经纪人却是一副垂头丧气的样子。买家反悔了，说是在奥斯特布罗找到了"更安全"的房子。但和赫斯相比，这个消息好像对那位巴基斯坦管理员的打击更大。赫斯向他道了谢，给了他钥匙。去机场的路上，他觉得自己全身充满了力量。他让出租车司机顺路在威斯特列公墓停了一下。

这是赫斯第一次来扫墓，他不知道墓的确切位置，但公墓管理处的工作人员给他指了路。他来到一棵小树旁边，正如他所害怕的，坟墓看上去无比凄凉。她的墓上布满青苔，草木和鹅卵石覆盖了墓碑，他不由得内疚起来。他在森林里摘了一朵花，放到鹅卵石上，然后把婚戒摘了下来，埋到墓碑下面。她应该很多年前就希望他这么做了，但即使是现在，对他来说也很困难。他站在墓边，这是他这么久以来第一次任由记忆流淌。走向墓园出口的时候，他感觉自己的心情比来时轻松了许多。

三号航站楼又经过一辆出租车，赫斯捻灭了香烟，转身背对着外面的大雨。图琳没来，但也许这样最好。他活得就像个无家可归的人，不可能安稳下来。他把手伸进口袋，掏出手机，翻找着自己的登机牌。在通向安检的扶梯上，他看到一条未读短信。

屏幕上只有"一路顺风"寥寥几个字。他看了看收件人，打开了图片附件。

一开始，他没看出照片上的是什么。那似乎是幅儿童画，画上是孩子用稚嫩的笔描绘出的一棵奇怪的树，树枝上粘着他、一只鹦鹉和一只仓鼠的照片，他发自内心地笑了出来。到安检处的时候，他已经仔仔细细看了好几遍照片，但依然抑制不住地笑着。

"你发了吗？他看了吗？"

小乐看着图琳，图琳放下手机，在厨房抽屉附近寻找可以贴海报的地方。

"嗯，发了。现在给你外公开门去吧。"

"他什么时候回来？"

"不知道，现在去开门！"

小乐不情愿地回到走廊，向门铃走去。对图琳来说，这是奇怪的一天，在她发完照片之后，奇怪的程度达到了顶点。在看望卡杰尔家的儿子之后，她和赫斯都变得感性了。小乐说服了两人带她去科技馆玩，那里挤满了出游的家庭。在小餐馆的尖叫声和孩子的午餐盒中间，图琳突然感觉到了一种危险——她的生活要沦落得和周遭的这些家庭一样了。她知道赫斯不是这类人，他看着她，好像有什么话就要脱口而出，但她脑中不禁浮现出独栋别墅、养老金还有核心家庭这些词汇。片刻之后，她说会去机场送他，但她这么说只是为了能摆脱这一切安全回家。

到家之后，小乐坚持要打印一张在狮子洞拍的赫斯的照片，不仅如此，她还想把赫斯贴到学校的家谱海报上。图琳很不情愿。但等她把照片贴了上去，赫斯和他旁边的那些动物看起来一样自然。她让图琳发给赫斯的就是这张家谱照片。

图琳在厨房抽屉旁犹豫着，脸上挂着无法抑制的微笑。她决定在厨房墙上找个不起眼的地方贴上海报，油烟机边上就挺好，反正就贴一两天而已。她听见小乐开门让外公进了走廊。

### 130

莱纳斯·贝克呼吸着新鲜空气，但他头顶上乌云密布。斯莱格尔车站的站台空荡荡的，站台上只有他自己和脚边的一个小背包，背包里面装了他从监牢病房带回来的东西。他刚被释放，心里应该感到高兴和宽慰，然而他并没有这种感觉。他自由了，但这又怎么样呢？

他一部分大脑思考着律师的建议，也许他应该为自己痛苦的经历和折磨申请赔偿。他被关押的时间远远超出必要，因为他仅犯了入侵档案库一项罪行。他觉得能要到钱挺好的，但他又感觉钱改变不了内心的失望——栗子人杀手一案没有走向他期待的结局。在去年底的审讯中，他意识到自己是这台机器上一个重要的齿轮，自那时起，他一直都雀跃不已。起初他完全没有头绪是谁把砍刀放进自己车库的，但试图让他招供的警探，给他看了无数次架子上凶器的照片之后，他注意到了照片背景里有个小小的栗子人。他暗自得出结论，便供认了罪行。在地狱般监牢病房的每一天，他都无比期盼秋天的来临，到了秋天，栗子人杀手就要实施下一步行动计划了。病房里传开谋杀案的新闻，他明白自己的等待是值得的。然而，等这场盛宴落幕，他发现栗子人杀手不过是个笨手笨脚的业余爱好者，根本不值得他信仰。

火车进站了，莱纳斯·贝克拿起背包上车，坐在靠窗的位置。生活单调乏味得让人沮丧。坐在他斜对角的位置上，有个带着女儿的单身妈妈向他微笑着点了点头，出于礼貌他也回了一个微笑。

火车开了，乌云散去。贝克心想，自己也许还是能想出打发时间的方法。

# 致 谢

感谢拉尔斯·格拉鲁普，他是五六年前第一个鼓励我写犯罪小说的人。他是《政坛报》的高级数字编辑，我在丹麦广播公司与他相识，但当时他已经卸去了媒体主管一职。

感谢林恩·尤尔，政治家出版社的总负责人。他和拉尔斯一起说服了我，让我最终接受了这一挑战。我在创作中途灵感枯竭，但林恩坚定地相信我，给了我需要的时间和空间。

感谢艾米莉·列贝克·凯，制作人以及文学爱好者。她在我最需要的时候，给予了我支持，帮我保持乐观。

感谢我的朋友罗兰·杰尔加德和奥利·萨斯·特拉内，他们阅读了我最初的书稿，为我提供了继续创作的灵感。特别感谢奥利，感谢他和我分享了在信息技术方面的知识。

感谢编剧迈克尔·W.豪斯顿，他在我最初的试探性写作过程中做了倾听者。感谢妮娜·奎斯特和埃丝特·尼森，他们帮我搜集资料。感谢梅塔·露易丝·弗达戈和亚当·普利斯，感谢他们在共用空间中对我的耐心。

感谢我的妹妹特莱茵，她给予了我支持和信任。

感谢我的经纪人拉尔斯·灵霍夫，他拥有丰富的经验和敏锐的直觉，给了我有用的建议。

感谢我在政治家出版社的编辑安妮·克莉丝汀·安徒生，她是个敏锐、严格、异常聪明的人。

感谢苏珊娜·奥特曼·赖特，感谢她的指导和极富感染力的幽默感。

最后要感谢我的妻子，克里斯蒂娜。感谢她对我的爱，感谢她从未停止对《寒栗》一书的信任。